全国高职高专院校药学类与食品药品类专业"十三五"规划教材

U0267120

计算机基础

第 2 版

（供药学类、药品制造类、食品药品管理类、食品类专业用）

主　编　叶　青　刘中军

副主编　胡　明　刘金忠　徐海利

编　者　（以姓氏笔画为序）

叶　青（江西中医药大学）　　　　　　刘　雅（江西中医药大学）

刘　霞（长江职业学院）　　　　　　　刘中军（天津生物工程职业技术学院）

刘月娟（天津医学高等专科学校）　　　刘金忠（湖南食品药品职业学院）

张　涛（天津生物工程职业技术学院）　张光华（河南应用技术职业学院）

胡　明（安徽医学高等专科学校）　　　钮　靖（南阳医学高等专科学校）

信伟华（首都医科大学燕京医学院）　　徐海利（黑龙江中医药大学佳木斯学院）

彭　鲲（长沙卫生职业学院）

中国健康传媒集团

中国医药科技出版社

内容提要

　　本教材是全国高职高专院校药学类与食品药品类专业"十三五"规划教材之一，是依据教育部教育发展规划纲要等相关文件要求，根据《计算机基础》教学大纲的基本要求和课程特点编写而成。本教材共分七部分，内容上涵盖计算机基础知识、操作系统、字处理软件、电子表格处理软件、演示文稿制作软件、计算机网络基础及应用和计算机实用工具软件等内容。本教材体现了高等职业教育的特点，采用"项目引领、任务驱动"为主线的模式，旨在帮助学生掌握计算机的基础知识和基本技能，着重培养学生利用计算机分析问题、解决问题的意识与能力，提高学生的信息技术素养，为其职业发展和后续学习奠定基础。

　　本教材供药学类、药品制造类、食品药品管理类、食品类专业高职高专师生教学使用，也可作为医药卫生行业培训和自学用书。

图书在版编目（CIP）数据

计算机基础/叶青，刘中军主编．—2版．—北京：中国医药科技出版社，2017.1
全国高职高专院校药学类与食品药品类专业"十三五"规划教材
ISBN 978-7-5067-8777-2

Ⅰ．①计…　　Ⅱ．①叶…　②刘…　　Ⅲ．①电子计算机-高等职业教育-教材　　Ⅳ．①TP3

中国版本图书馆 CIP 数据核字（2016）第 320807 号

美术编辑　陈君杞
版式设计　锋尚设计

出版　中国健康传媒集团｜中国医药科技出版社
地址　北京市海淀区文慧园北路甲 22 号
邮编　100082
电话　发行：010-62227427　邮购：010-62236938
网址　www.cmstp.com
规格　787×1092mm ¹⁄₁₆
印张　24½
字数　544 千字
初版　2013 年 1 月第 1 版
版次　2017 年 1 月第 2 版
印次　2019 年 12 月第 5 次印刷
印刷　三河市万龙印装有限公司
经销　全国各地新华书店
书号　ISBN 978-7-5067-8777-2
定价　49.00 元

获取新书信息、投稿、为图书纠错，请扫码联系我们。

出 版 说 明

　　全国高职高专院校药学类与食品药品类专业"十三五"规划教材（第三轮规划教材），是在教育部、国家食品药品监督管理总局领导下，在全国食品药品职业教育教学指导委员会和全国卫生职业教育教学指导委员会专家的指导下，在全国高职高专院校药学类与食品药品类专业"十三五"规划教材建设指导委员会的支持下，中国医药科技出版社在2013年修订出版"全国医药高等职业教育药学类规划教材"（第二轮规划教材）（共40门教材，其中24门为教育部"十二五"国家规划教材）的基础上，根据高等职业教育教改新精神和《普通高等学校高等职业教育（专科）专业目录（2015年）》（以下简称《专业目录（2015年）》）的新要求，于2016年4月组织全国70余所高职高专院校及相关单位和企业1000余名教学与实践经验丰富的专家、教师悉心编撰而成。

　　本套教材共计57种，均配套"医药大学堂"在线学习平台。主要供全国高职高专院校药学类、药品制造类、食品药品管理类、食品类有关专业〔即：药学专业、中药学专业、中药生产与加工专业、制药设备应用技术专业、药品生产技术专业（药物制剂、生物药物生产技术、化学药生产技术、中药生产技术方向）、药品质量与安全专业（药品质量检测、食品药品监督管理方向）、药品经营与管理专业（药品营销方向）、药品服务与管理专业（药品管理方向）、食品质量与安全专业、食品检测技术专业〕及其相关专业师生教学使用，也可供医药卫生行业从业人员继续教育和培训使用。

　　本套教材定位清晰，特点鲜明，主要体现在如下几个方面。

1.坚持职教改革精神，科学规划准确定位

　　编写教材，坚持现代职教改革方向，体现高职教育特色，根据新《专业目录》要求，以培养目标为依据，以岗位需求为导向，以学生就业创业能力培养为核心，以培养满足岗位需求、教学需求和社会需求的高素质技能型人才为根本。并做到衔接中职相应专业、接续本科相关专业。科学规划、准确定位教材。

2.体现行业准入要求，注重学生持续发展

　　紧密结合《中国药典》（2015年版）、国家执业药师资格考试、GSP（2016年）、《中华人民共和国职业分类大典》（2015年）等标准要求，按照行业用人要求，以职业资格准入为指导，做到教考、课证融合。同时注重职业素质教育和培养可持续发展能力，满足培养应用型、复合型、技能型人才的要求，为学生持续发展奠定扎实基础。

3.遵循教材编写规律，强化实践技能训练

遵循"三基、五性、三特定"的教材编写规律。准确把握教材理论知识的深浅度，做到理论知识"必需、够用"为度；坚持与时俱进，重视吸收新知识、新技术、新方法；注重实践技能训练，将实验实训类内容与主干教材贯穿一起。

4.注重教材科学架构，有机衔接前后内容

科学设计教材内容，既体现专业课程的培养目标与任务要求，又符合教学规律、循序渐进。使相关教材之间有机衔接，坚持上游课程教材为下游服务，专业课教材内容与学生就业岗位的知识和能力要求相对接。

5.工学结合产教对接，优化编者组建团队

专业技能课教材，吸纳具有丰富实践经验的医疗、食品药品监管与质量检测单位及食品药品生产与经营企业人员参与编写，保证教材内容与岗位实际密切衔接。

6.创新教材编写形式，设计模块便教易学

在保持教材主体内容基础上，设计了"案例导入""案例讨论""课堂互动""拓展阅读""岗位对接"等编写模块。通过"案例导入"或"案例讨论"模块，列举在专业岗位或现实生活中常见的问题，引导学生讨论与思考，提升教材的可读性，提高学生的学习兴趣和联系实际的能力。

7.纸质数字教材同步，多媒融合增值服务

在纸质教材建设的同时，还搭建了与纸质教材配套的"医药大学堂"在线学习平台（如电子教材、课程PPT、试题、视频、动画等），使教材内容更加生动化、形象化。纸质教材与数字教材融合，提供师生多种形式的教学资源共享，以满足教学的需要。

8.教材大纲配套开发，方便教师开展教学

依据教改精神和行业要求，在科学、准确定位各门课程之后，研究起草了各门课程的《教学大纲》（《课程标准》），并以此为依据编写相应教材，使教材与《教学大纲》相配套。同时，有利于教师参考《教学大纲》开展教学。

编写出版本套高质量教材，得到了全国食品药品职业教育教学指导委员会和全国卫生职业教育教学指导委员会有关专家和全国各有关院校领导与编者的大力支持，在此一并表示衷心感谢。出版发行本套教材，希望受到广大师生欢迎，并在教学中积极使用本套教材和提出宝贵意见，以便修订完善，共同打造精品教材，为促进我国高职高专院校药学类与食品药品类相关专业教育教学改革和人才培养作出积极贡献。

中国医药科技出版社

2016年11月

教材目录

序号	书　名	主　编	适用专业
1	高等数学（第2版）	方媛璐　孙永霞	药学类、药品制造类、食品药品管理类、食品类专业
2	医药数理统计 *（第3版）	高祖新　刘更新	药学类、药品制造类、食品药品管理类、食品类专业
3	计算机基础（第2版）	叶　青　刘中军	药学类、药品制造类、食品药品管理类、食品类专业
4	文献检索	章新友	药学类、药品制造类、食品药品管理类、食品类专业
5	医药英语（第2版）	崔成红　李正亚	药学类、药品制造类、食品药品管理类、食品类专业
6	公共关系实务	李朝霞　李占文	药学类、药品制造类、食品药品管理类、食品类专业
7	医药应用文写作（第2版）	廖楚珍　梁建青	药学类、药品制造类、食品药品管理类、食品类专业
8	大学生就业创业指导	贾　强　包有或	药学类、药品制造类、食品药品管理类、食品类专业
9	大学生心理健康	徐贤淑	药学类、药品制造类、食品药品管理类、食品类专业
10	人体解剖生理学 *（第3版）	唐晓伟　唐省三	药学类、药品制造类、食品药品管理类、食品类专业
11	无机化学（第3版）	蔡自由　叶国华	药学类、药品制造类、食品药品管理类、食品类专业
12	有机化学（第3版）	张雪昀　宋海南	药学类、药品制造类、食品药品管理类、食品类专业
13	分析化学 *（第3版）	冉启文　黄月君	药学类、药品制造类、食品药品管理类、食品类专业
14	生物化学 *（第3版）	毕见州　何文胜	药学类、药品制造类、食品药品管理类、食品类专业
15	药用微生物学基础（第3版）	陈明琪	药品制造类、药学类、食品药品管理类专业
16	病原生物与免疫学	甘晓玲　刘文辉	药学类、食品药品管理类专业
17	天然药物学	祖炬雄　李本俊	药学、药品经营与管理、药品服务与管理、药品生产技术专业
18	药学服务实务	陈地龙　张　庆	药学类及药品经营与管理、药品服务与管理专业
19	天然药物化学（第3版）	张雷红　杨　红	药学类及药品生产技术、药品质量与安全专业
20	药物化学 *（第3版）	刘文娟　李群力	药学类、药品制造类专业
21	药理学 *（第3版）	张　虹　秦红兵	药学类，食品药品管理类及药品服务与管理、药品质量与安全专业
22	临床药物治疗学	方士英　赵　文	药学类及药品经营与管理、药品服务与管理专业
23	药剂学	朱照静　张荷兰	药学、药品生产技术、药品质量与安全、药品经营与管理专业
24	仪器分析技术 *（第2版）	毛金银　杜学勤	药品质量与管理、药品生产技术、食品检测技术专业
25	药物分析 *（第3版）	欧阳卉　唐　倩	药学、药品质量与安全、药品生产技术专业
26	药品储存与养护技术（第3版）	秦泽平　张万隆	药学类与食品药品管理类专业
27	GMP实务教程 *（第3版）	何思煌　罗文华	药品制造类、生物技术类和食品药品管理类专业
28	GSP实用教程（第2版）	丛淑芹　丁　静	药学类与食品药品类专业

序号	书 名	主 编	适用专业
29	药事管理与法规*（第3版）	沈 力　吴美香	药学类、药品制造类、食品药品管理类专业
30	实用药物学基础	邸利芝　邓庆华	药品生产技术专业
31	药物制剂技术*（第3版）	胡 英　王晓娟	药品生产技术专业
32	药物检测技术	王文洁　张亚红	药品生产技术专业
33	药物制剂辅料与包装材料	关志宇	药学、药品生产技术专业
34	药物制剂设备（第2版）	杨宗发　董天梅	药学、中药学、药品生产技术专业
35	化工制图技术	朱金艳	药学、中药学、药品生产技术专业
36	实用发酵工程技术	臧学丽　胡莉娟	药品生产技术、药品生物技术、药学专业
37	生物制药工艺技术	陈梁军	药品生产技术专业
38	生物药物检测技术	杨元娟	药品生产技术、药品生物技术专业
39	医药市场营销实务*（第3版）	甘湘宁　周凤莲	药学类及药品经营与管理、药品服务与管理专业
40	实用医药商务礼仪（第3版）	张 丽　位汶军	药学类及药品经营与管理、药品服务与管理专业
41	药店经营与管理（第2版）	梁春贤　俞双燕	药学类及药品经营与管理、药品服务与管理专业
42	医药伦理学	周鸿艳　郝军燕	药学类、药品制造类、食品药品管理类、食品类专业
43	医药商品学*（第2版）	王雁群	药品经营与管理、药学专业
44	制药过程原理与设备*（第2版）	姜爱霞　吴建明	药品生产技术、制药设备应用技术、药品质量与安全、药学专业
45	中医学基础（第2版）	周少林　宋诚挚	中医药类专业
46	中药学（第3版）	陈信云　黄丽平	中药学专业
47	实用方剂与中成药	赵宝林　陆鸿奎	药学、中药学、药品经营与管理、药品质量与安全、药品生产技术专业
48	中药调剂技术*（第2版）	黄欣碧　傅 红	中药学、药品生产技术及药品服务与管理专业
49	中药药剂学（第2版）	易东阳　刘 葵	中药学、药品生产技术、中药生产与加工专业
50	中药制剂检测技术*（第2版）	卓 菊　宋金玉	药品制造类、药学类专业
51	中药鉴定技术*（第3版）	姚荣林　刘耀武	中药学专业
52	中药炮制技术（第3版）	陈秀瑷　吕桂凤	中药学、药品生产技术专业
53	中药药膳技术	梁 军　许慧艳	中药学专业
54	化学基础与分析技术	林 珍　潘志斌	食品药品类专业用
55	食品化学	马丽杰	食品营养与卫生、食品质量与安全、食品检测技术专业
56	公共营养学	周建军　詹 杰	食品与营养相关专业用
57	食品理化分析技术	胡雪琴	食品质量与安全、食品检测技术专业

*为"十二五"职业教育国家规划教材。

全国高职高专院校药学类与食品药品类专业
"十三五"规划教材

建设指导委员会

本教材为全国高职高专院校药学类与食品药品类专业"十三五"规划教材之一。是为了深入贯彻落实《国务院关于加快发展现代职业教育的决定》以及《现代职业教育体系建设规划（2014－2020 年)》的有关文件精神，在教育部、国家食品药品监督管理总局的领导下，在全国高职高专院校药学类与食品药品类专业"十三五"规划教材建设指导委员会的指导下编写而成。

《计算机基础》是以着力培养高职高专学生信息素质为目的的公共基础课，对学生的计算机素质教育的培养起着重要作用，为其职业发展和后续学习奠定基础。教材设计和编写理念基于"以职业能力培养为根本"，根据高职高专"计算机基础"课程教学的基本要求编写，系统、详细地介绍了当前计算机应用基础知识，是一本集系统性、知识性、操作性、实践性于一体的计算机应用基础类教材。

本教材编写特色：①定位明确，面向应用，注重实用：本教材以提高计算机应用能力为主线，以案例导向、面向应用、注重实用为特色，强调计算机基本原理、基础知识、操作技能三者的有机结合。②任务驱动，案例导向，项目实训：本教材通过项目引领，任务驱动，引入与专业相关的案例学习，使学生在案例实现过程中加深对知识点的理解、掌握，提高使用计算机解决实际问题的能力。③语言简洁，层次清晰，图文并茂：本教材注重教材的科学性、系统性和实用性，既注重计算机操作技能，又注重基础理论；既通俗易懂，又突出案例导向。每章都配有重点小结、项目实训和目标检测题，以便学生课后练习。

全书共分七部分，主要包括计算机基础知识、Windows 操作系统、文字处理软件 Word、电子表格处理软件 Excel、演示文稿制作软件 PowerPoint、计算机网络基础及应用和计算机实用工具软件。该教材既可作为高职高专、各类职业技术学校计算机基础课程教材，也可作为其他各类计算机基础教学和自学者的参考书。

参与本书的编写人员都是多年从事计算机基础教学的一线专职教师，具有丰富的理论和实践教学经验，是整个编写团队的集体贡献。由叶青、刘中军担任主编，并进行全书的统稿；胡明、刘金忠、徐海利任副主编，钮靖、刘月娟、信伟华、张光华、彭鲲、刘霞、刘雅、张涛参与编写。

本教材在编写过程中得到江西中医药大学领导以及各参编院校领导和同行的支持与帮助，在此一并表示感谢。由于信息技术发展速度快，本书涉及新内容又较多，加之编者水平有限，书中难免有疏漏与不妥之处，希望广大读者和教师批评指正。

编　者
2016 年 8 月

目　录
CONTENTS

模块七

**计算机实用
工具软件**

模块一

计算机基础知识

随着计算机和信息技术的飞速发展，计算机应用日益普及。在 21 世纪的信息时代，计算机的应用已经渗透到了社会的各个领域，有效地使用计算机可以推动社会的发展与进步，对生产、生活、科研等各个领域产生极大的影响。了解计算机的发展、现状与前沿方向，熟悉计算机系统的组成及运行机制、掌握计算机常用的数值与编码、了解多媒体数据的存储格式，是学好计算机技术的基础。

项目一　认识计算机

计算机是一种能自动、高速地进行数据信息交换的机器，是 20 世纪人类最伟大、最卓越的科学技术发明之一。随着计算机技术的发展，计算机已经广泛地应用于现代科学技术、国防、工业、农业、企业管理、办公自动化及日常生活的各个领域，并产生了巨大的效益。近年来随着计算机网络技术的快速发展，计算机在各级医疗卫生机构也得到了广泛的应用。

纵观人类的历史，计算一直是人类探索自然的方法之一。计算工具作为提高计算的精度和速度的有力助手，也经历着不断发展变化的过程，从算盘到计算尺再到手摇机械计算机、电动机械计算机等，它们在不同的历史时期发挥着重要的作用，也为今天电子计算机的出现奠定了基础。

计算机因擅长运算而得名，同时计算机在记忆、分析和判断能力方面可以与人脑相媲美，甚至在某些方面已经超过人脑，故人们常亲切地把它称为"电脑"。

一、计算机的发展概况

（一）计算机的诞生

1946 年 2 月，由美国宾夕法尼亚大学物理学家约翰莫奇利（John W. Mauchly）教授和他的研究生普雷埃克特（J. P. Eckert）领导的研究小组，研制成功世界上第一台电子计算机，取名为 ENIAC（ElectronicNumerical Integrator And Computer 埃尼阿克，"电子数字积分计算机"），并成功投入商业运行。这台计算机的研制成功被公认为世界上第一台商业运行的电子计算机，如图 1 - 1 所示。其主要元件为电子管，ENIAC 占地面积约 170 平方米，重达 30 吨，耗电量

150 千瓦，造价 40 多万美元。它包含了 18800 只电子管，1500 个继电器，70000 多只电阻，10000 多只电容，每秒钟可完成 5000 次加法运算，或 400 次乘法运算。与以前的计算工具相比，它计算速度快，精度高，能按给定的程序自动进行计算。但与现代计算机相比，速度却很慢，容量小，操作复杂，稳定性差。尽管如此，这台计算机的问世，标志着计算机时代的开始，它开创了计算机的新纪元。

图 1 - 1 ENIAC 计算机

（二）计算机的发展

自从第一台电子计算机问世以来，计算机发展过程中进行了几次重大的技术变革，计算机性能得到极大的提高，体积大大缩小，应用越来越普及，人们以计算机物理器件的变革作为标志进行划分，计算机的发展至今已经经历了第一代、第二代、第三代、第四代计算机四个阶段。如表 1 - 1 所示。

表 1 - 1 计算机发展阶段

时期 / 特征	第一代 1946～1956 年	第二代 1957～1964 年	第三代 1965～1970 年	第四代 1971 年以后
电子器件	电子管	晶体管	中小规模集成电路	大规模、超大规模集成电路
主存储器	磁鼓、磁芯	磁鼓、磁芯	磁鼓、磁芯、半导体存储器	半导体存储器
辅助存储器	磁带、磁鼓	磁带、磁鼓、磁盘	磁带、磁鼓、磁盘	磁带、磁盘、光盘
运算速度	几千～几万	几十万～几百万	几百万～几千万	几百万～几百亿
代表机器	ENIAC、IBM705	IBM7090、CDC6600	IBM360、PDP II	IBM370、CARY II
应用范围	科学计算	科学计算、数据处理、自动控制	广泛地应用于各领域	普及深入到社会生活各方面

1. 第一代计算机（1946—1958 年） 20 世纪 50 年代是计算机研制的第一个高潮时期。这一代计算机的主要特点是：主要元器件采用电子管，如图 1 - 2 所示，功耗大，易损坏；主存储器采用汞延迟线或静电储存管，容量很小；外存储器使用了磁鼓；输入/输出装置主要采用穿孔卡；采用机器语言编程，即用"0"和"1"来表示指令和数据；运算速度每秒仅为几千至几万次。这一时期计算机的应用开始由军用扩展至民用，由实验室开发转入工业生产，同时由科学计算扩展到数据和事务处理。

2. 第二代计算机（1958—1964 年） 采用晶体管制造的计算机，主要特点是：电子元器件采用晶体管，如图 1 - 3 所示，与电子管相比，其体积小、耗电省、速度快、价格低、寿命长；主存储器采用磁芯，外存储器采用磁盘、磁带，存储器容量有较大提高；软件方面产生了监控程序（Monitor），提出了操作系统的概念，编程语言有了很大的发展，先用汇编语言（Assemble Language）代替了机器语言，接着又发展了高级编程语言，如 FOR-TRAN、COBOL、ALGOL 等；计算机应用开始进入实时过程控制和数据处理领域，运算速度达到每秒数百万次。

图 1-2　电子管

图 1-3　晶体管

3. 第三代计算机（1964—1970 年）　采用中小规模集成电路作为构成计算机的主要元器件，主要特点是：逻辑元件采用集成电路（Integrated Circuit，IC），如图 1-4 所示，它的体积更小，耗电更省，寿命更长；主存储器以磁芯为主，开始使用半导体存储器，存储容量大幅度提高；系统软件与应用软件迅速发展，出现了分时操作系统和会话式语言；在程序设计中采用了结构化、模块化的设计方法，运算速度达到每秒千万次以上。最有影响力的是 IBM 公司研制的 IBM-360 计算机系列。

4. 第四代计算机（1970 年至今）　采用大规模集成电路和超大规模集成电路组装成的计算机，主要特点是：采用了超大规模集成电路（Very Large Scale Integration，VLSI），如图 1-5 所示，主存储器采用半导体存储器，作为外存的硬盘，其容量成百倍增加，并开始使用光盘；输入设备出现了光字符阅读器、触摸输入设备、语音输入设备等，使操作更加简洁灵活，输出设备已逐步转到了以激光打印机为主，使得字符和图形输出更加逼真、高效。第四代计算机的另一个重要分支是以超大规模集成电路发展起来的微处理器和微型计算机。20 世纪 70 年代，IBM 推出了个人计算机（PC），计算机继续缩小体积，从桌上到膝上，再到掌上，使计算机进入到一个全新的时代。

新一代计算机（Future Generation Computer Systems，FGCS），即未来计算机的目标是使其具有智能特性，具有知识表达和推理能力，能模拟人的分析、决策、计划和其他智能活动，具有人机自然通信能力，称其为知识信息处理系统。现在已经开始了对神经网络计算机、生物计算机等的研究，并取得了可喜的进展。特别是生物计算机的研究表明，采用蛋白分子为主要原材料的生物芯片的处理速度比现今最快的计算机的速度还要快 100 万倍，

图 1-4　中规模集成电路

图 1-5　大规模集成电路

而能量消耗仅为现代计算机的 10 亿分之一。

（三）计算机未来的发展趋势

计算机技术是世界上发展最快的科学技术之一，产品不断升级换代。当前计算机正朝着巨型化、微型化、智能化、网络化等方向发展，计算机本身的性能越来越优越，应用范围也越来越广泛，从而使计算机成为工作、学习和生活中必不可少的工具。

计算机技术的发展主要有以下几个特点：

1. 多极化 今天包括智能手机、平板电脑、笔记本电脑等在内的微型计算机在我们的生活中已经是处处可见，同时大型、巨型计算机也得到了快速的发展。特别是在 VLSI 的技术基础上的多处理机技术使计算机的整体运算速度与处理能力得到了极大的提高。图 1-6 所示为我国自行研制的面向网格的曙光 5000A 高性能计算机，每秒运算速度最高可达230 万亿次，标志着我国的高性能计算技术已经迈入世界前列。

图 1-6 曙光 5000A

除了向微型化和巨型化发展之外，中小型计算机也各有自己的应用领域和发展空间。特别在运算速度提高的同时，提倡功耗小、对环境污染小的绿色计算机和提倡综合应用的多媒体计算机已经被广泛应用，多极化的计算机家族还在迅速发展中。

2. 网络化 计算机网络是计算机技术发展的又一重要趋势，是现代通信技术与计算机技术结合的产物。网络化就是通过通信线路和设备将分布在不同地理位置的计算机连接起来按照网络协议互相通信，共享软件、硬件和数据资源。计算机网络的出现只有 40 多年的历史，但网络的应用已成为计算机应用的重要组成部分，现代的网络技术已成为计算机技术中不可缺少的内容。现在，计算机网络在交通、金融、企业管理、教育、邮电、商业等行业中得到了广泛的应用。

3. 多媒体化 多媒体计算机是当前计算机领域中最引人注目的高新技术之一。媒体可以理解为存储和传输信息的载体，文本、声音、图像等都是常见的信息载体。过去的计算机只能处理数值信息和字符信息，即单一的文本媒体。多媒体计算机则集多种媒体信息的处理功能于一身，实现了图、文、声、像等各种信息的收集、存储、传输和编辑处理，被认为是信息处理领域在 20 世纪 90 年代出现的又一次革命。多媒体计算机将真正改善人机界面，使计算机朝着人类接受和处理信息的最自然的方式发展。

4. 智能化 智能化使计算机具有模拟人的感觉和思维过程的能力，使计算机成为智能计算机。智能化虽然是未来新一代计算机的重要特征之一，但现在已经能看到它的许多踪影，比如能自动接收和识别指纹的门控装置，能听从主人语音指示的车辆驾驶系统等。让计算机来模拟人的感觉、行为、思维过程，使计算机具有视觉、听觉、语言、推理、思维、学习等能力将是计算机发展过程中的下一个重要目标。

由于电子电路本身的局限性，理论上电子计算机的发展也会存在一定的局限性，因此人们正在研制不使用集成电路的计算机，例如：生物计算机、量子计算机、光子计算机、超导计算机等。

📎 **拓展阅读**

脑电波控制机械手臂

来自美国科罗拉多州 19 岁少年 Easton LaChappelle，就利用 3D 打印技术开发出了一种神奇的装置——脑电波控制机械手臂 Anthromod，帮助残障人士完成最最基本的动作。

Anthromod 机械手臂的运行方式有点像肌肉传感器，能够读取大脑的大约 10 个信道，信道被转化为软件可读取的数据，通过跟踪分析不同脑电波代表再将其转化成某一特定动作。

二、计算机的分类

（一）按数据处理的类型分类

计算机处理的信息，在机内可用离散量或连续量两种不同的形式表示。离散量也称为断续量，即用二进制数字表示的量（如用断续的电脉冲来表示数字 0 或 1）。

连续量则用连续变化的物理量（如电压的振幅等）表示被运算量的大小。在传统的计算工具中，算盘运算时，是用一个个分离的算盘珠来代表被运算的数值，算盘珠可看成是离散量；而计算尺运算时，是通过拉动尺片，用计算上连续变化的长度来代表数值的大小，即是连续量。根据计算机信息表示形式和处理方式的不同，可将计算机分为模拟计算机、数字计算机以及数字模拟混合计算机。模拟计算机，主要用于处理模拟信息，如工业控制中的温度、压力等。模拟计算机的运算部件是一些电子电路，其运算速度极快，但精度不高，使用也不够方便。数字计算机采用二进制运算，其解题精度高，便于存储信息，是通用性很强的计算工具，既能胜任科学计算和数字处理，也能进行过程控制和 CAD/CAM 等工作。混合计算机是取数字、模拟计算机之长，既能高速运算，又便于存储信息，但这类计算机造价昂贵。现在人们所使用的大都属于数字计算机。

（二）按使用范围分类

根据计算机的用途和适用领域，可分为：通用计算机、专用计算机。

通用计算机的用途广泛，功能齐全，可适用于各个领域。专用计算机是为某一特定用途而设计的计算机。其中，通用计算机数量最大，适应性很强，应用最广，目前市面上出售的计算机一般都是通用计算机。

专用计算机与通用计算机在其效率、速度、配置、结构复杂程度、造价和适应性等方面是有区别的。专用计算机针对某类问题能显示出最有效、最快速和最经济的特性，在导弹和火箭上使用的计算机很大部分就是专用计算机。

（三）按性能规模分类

根据计算机的规模（主要指硬件性能指标及软件配置）大小，可分为：巨型机、大型机、小型机、微型机。

1. 巨型机 巨型计算机又称高性能计算机、超级计算机，其不但运算速度快而且存储功能强，运算速度可达 10 亿亿次每秒的浮点数运算。主存容量可达几百万兆字节，巨型机主要为现代化科学技术、国防尖端技术服务。我国由国家并行计算机工程中心研制成功的"神威·太湖之光"超级计算机如图 1 – 7 所示。在北京时间 2016 年 6 月 20 日下午德国法兰克福举行的"2016 世界超算大会"上成为新的世界冠军。其峰值性能高达 12.54 亿亿次/秒。内存总容量为 1.25PB（1PB = 1024TB）。巨型计算机是全世界公认的 21 世纪最重要的科学领域之一。

2. 大型机　大型计算机是指通用性能好、外设负载能力强并且处理速度很快的一类计算机。其运算速度比巨型计算机要慢，存储能力也较巨型机小，但是它的通用性强，综合处理数据的能力强，较巨型机的覆盖面要广。主要应用于各社会管理部门，网络公司、银行和制造厂家等，也通常称大型机为"企业级"计算机。IBM 公司一直在大型机市场处于霸主地位。随着计算机网络技术的迅速发展，大型主机的市场正在缩小，很多计算中心的大型机都已被其他机型所取代。

图 1-7　神威"太湖之光"超级计算机

3. 小型机　小型机的可靠性高，对运行环境要求相对较低，比较容易操作和维护。而且小型计算机的规模较小，结构相对简单，因此，方便及时更新技术和工艺。小型机对于广大用户具有很强的吸引力，加快了计算机的推广和普及。一般小型机被应用于测量仪器、医疗设备中的数据采集等方面。此类机器有时也作为巨型机或者大型机的辅助机器。被广泛应用于研究所或者大学中的科学计算。

4. 微型机　微型机是微型计算机的简称，也称为个人计算机（PC），此类机型是目前发展最快、应用范围最广的一类计算机。通常人们所称的计算机都是指此类机型。微型机的中央处理器（CPU）采用微处理芯片，体积小巧轻便，但功能却能满足普通用户对于计算机应用的要求。目前市场上常用的微处理芯片主要是 Intel 公司的 Pentium 系列和 Core 系列、AMD 公司的 Athlon 系列等。在选择个人 PC 时可根据用户的实际情况选择适合工作和学习要求的微型计算机。

三、计算机的应用

计算机的应用已广泛且深入地渗透到人类社会的各个领域。从科研、生产、国防、文化、教育、医疗、卫生直到家庭生活，都离不开计算机提供的服务。计算机大幅度地提高了生产效率，将社会生产力的发展推高到前所未有的水平。目前，计算机的应用领域主要有以下几个方面。

（一）科学计算

科学计算，即数值计算，是计算机应用的一个重要领域。利用计算机运算速度快、存储量大的特点，可以完成科学技术研究中靠人工无法完成的大量科学计算。例如在石油勘探中，依靠人工地震产生大量的地震测线剖面数据，然后根据十分复杂的数学模型进行巨大的数学计算，对剖面进行信息处理和分析，以判断储油前景；在现代战争中使用的巡航导弹，其自身所带的地形信息数据需要与地面数据实时匹配，通过数学计算来完成，既对运算速度有要求，又对计算精度有要求；天气预报，过去预报一天需要计算几个星期，失去了时效，若使用大型计算机，取得 10 天的预报数据只需要计算几分钟，这就使中长期预报成为可能。科学计算在天文、地质、生物、数学等基础学科研究及航天技术、现代军事技术、石油勘探技术及其他高新技术领域中占有非常重要的地位。

（二）数据处理

数据处理也称信息处理，是指人们利用计算机对各种信息进行收集、存储、整理、分类、统计、加工、利用以及传播的过程，目的是获取有用的信息作为决策的依据。信息处理是目前计算机应用最广泛的一个领域，已应用于办公自动化、企事业计算机辅助管理与决策、文档管理、情报检索、文字处理、电影电视动画制作、电子商务、图书管理和医疗诊断等各个行业，大大缩短了日常事务的处理时间，提高了工作效率。

（三）计算机辅助系统

随着计算机技术的不断发展，计算机的应用已深入到人们工作、学习和生活的各个领域，为人们提供很多帮助，常用的辅助功能有以下四类：

1. 计算机辅助设计（CAD） 计算机辅助设计（Computer Aided Design，CAD）是指利用计算机帮助设计人员进行各种设计。包括模拟实物设计、展现新开发的高品的结构、外形、色彩等设计。由于计算机有快速的数值计算和较强的数据处理能力，辅助设计系统配有专门的计算程序用来帮助设计人员完成复杂的计算。CAD 技术已在科学领域、机械设计、软件开发、机器人、服装设计、出版业、工厂自动化、地质、建筑设计等领域得到广泛应用。目前，CAD 技术不仅用于绘图和显示，还通过整合其他领域的知识，使设计过程更加"智能"化。从而提高了设计质量。

2. 计算机辅助制造（CAM） 计算机辅助制造（Computer Aided Manufacturing，CAM）是指在机械制造业中，利用计算机进行生产设备的管理、控制和操作的过程。利用计算机辅助制造技术可以很轻松地完成产品的加工、装配、检测和包装等制造过程。使用 CAM 技术可以提高产品的质量，降低成本，以缩短生产周期。

3. 计算机辅助教学（CAI） 计算机辅助教学（Computer Aided Instruction，CAI）是指利用计算机帮助或者代替教师执行部分教学任务，以对话方式与学生讨论教学内容、安排教学进程、进行教学训练的一种教学方式。利用 CAI 可以为学生提供一个良好的个性化学习环境，可以帮助学生练习、复习、解题、辅导和测验等。与传统教学想比较，克服了教学方式单一、片面的缺点，实现了以学生为中心的教学方法。提高了教学质量和教学效率，实现最优化的教学目标。

（四）计算机过程控制

过程控制又称为实时控制，指使用计算机对所控制对象进行实时数据检测，按最佳值迅速地进行自动控制和自动调节的过程。使用计算机对机械装置的运行过程或者对工业生产过程进行状态检测并实施自动控制。这样不但提高控制的自动化水平，而且还能提高控制的及时性和准确性。从而提高新产品的质量及合格率。

（五）多媒体技术的应用

多媒体是计算机技术与图形、图像、声音、动画和视频等媒体相结合的产物。多媒体计算机的出现使得人们能把文本、图片、音频、视频等多种媒体结合起来。从而扩大了计算机的应用范围。目前，多媒体的应用领域已经渗入到人们生活的各个方面，如：教育、娱乐、医药、工程、广告、商业及科学研究等行业。多媒体技术的迅速发展给传统的计算机系统、音频和视频设备带来了方向性的变革，给人们的工作、学习、生活带来了深刻的变革。

（六）网络应用

计算机网络是指将在不同地理位置的具有独立功能的多台计算机及其外部设备，通过通信线路、通信介质连接起来，在网络操作系统和管理软件及通信协议的管理和协调下，实现资源共享和信息传递的计算机系统。目前，人们所使用的最广泛的网络是因特网（Internet即国际互联网）。因特网作为 20 世纪最伟大的发明之一，已经成为信息时代人类社会发展的战略性基础设施，已成为推动经济发展、文化发展、社会进步的重要手段。因特网的发展接近了人类的距离，为国内、国际交流提供了便利。近几年来，互联网产业向其他产业的渗透使得其成为社会生产的新工具、经济贸易的新载体、公共服务的新手段。

（七）电子商务

电子商务是指利用计算机技术、网络技术和远程通信技术所进行的商务活动，是传统商业活动各环节的电子化、网络化。电子商务包括企业间电子商务、消费者与企业间的电子商务、政府与企业间的电子商务等类型。其中最发达的类别是消费者与企业间的电子商务。随着电子商务的发展，人类的消费方式已发生巨大的变化，网络购物和消费已占据了人们消费方式中很大比重。

（八）人工智能

人工智能（Artificial Intelligence，AI）（学科）是计算机科学中涉及研究、设计和应用智能机器的一个分支。它的近期主要目标在于研究用机器来模仿和执行人脑的某些智力功能，并开发相关理论和技术。如判断、推理、证明、识别、感知、理解、通信、设计、思考、规划、学习和问题求解等思维活动。人工智能是计算机应用的一个新领域，此方面的研究正处于发展阶段。机器人是人工智能的典型例子。机器人的核心是计算机。机器人能够感知和理解周围环境，具有使用人类语言、推理、规划和操作工具的技能。机器人和人类相比较有不怕疲劳、精确度高、适应能力强等优势。因此，机器人已被人们应用到搬运、焊接、喷漆、放射线、污染有毒、高温、低温、高压、水下作业等危险工作中。我国自行研制的"玉兔号"月球车就是一个典型的例子。它是一个能适应恶劣条件并开展科学探测的航天器，同时，它也是一个智能化、低能耗、高集成的机器人，它实现了华夏儿女的探月梦想。

（九）医药学领域中应用

1. 医院信息系统（HIS） HIS（Hospital Information System）用以收集、处理、分析、储存和传递医疗信息、医院管理信息。一个完整的医院信息系统可以完成如下任务：病人登记、预约、病历管理、病房管理、临床监护、膳食管理、医院行政管理、健康检查登记、药房和药库管理、病人结账和出院、医疗辅助诊断决策、医学图书资料检索、教育和训练、会诊和转院、统计分析、实验室自动化和接口。

2. 计算机辅助诊断和辅助决策系统 计算机辅助诊断系统可以帮助医生缩短诊断时间，避免疏漏，减轻劳动强度，提供其他专家诊治意见，以便尽快做出诊断，提出治疗方案。诊治的过程是医生收集病人的信息（症状、体征、各种检查结果、病史包括家族史以及治疗效果等等），在此基础上结合自己的医学知识和临床经验，进行综合、分析、判断，做出结论。计算机辅助决策系统则是通过医生和计算机工作者相结合，运用模糊数学、概率统计以及人工智能技术，在计算机上建立数学模型，对病人的信息进行处理，提出诊断意见和治疗方案。这样的信息处理过程，速度较快，考虑到的因素较全面，逻辑判断也较严谨。

3. 医疗专家系统 医疗专家系统是根据医生提供的知识，模拟医生诊治时的推理过程，为疾病等的诊治提供帮助。医疗专家系统的核心由知识库和推理机构成。知识库包括书本知识和医生个人的具体经验，以规则、网络、框架等形式表示知识，存贮于计算机中。推理机是一个控制机构，根据病人的信息，决定采用知识库中的什么知识，采用何种推理策略进行推理，得出结论。有的专家系统还具有自学功能，能在诊治疾病的过程中再获得知识，不断提高自身的诊治水平。

4. 计算机医学图像处理与图像识别 医学研究与临床诊断中许多重要信息都是以图像形式出现，医学对图像信息是十分依赖的。医学图像一般分为两类：一是信息随时间变化的一维图像，多数医学信号均属此类，如心电图、脑电图等；另一是信息在空间分布的多维图像，如 X 射线照片、组织切片、细胞立体图像等等。

5. 计算机辅助药物研究 以计算机为工具，通过理论模拟、计算和预测，来指导和辅助新型药物分子的设计和发现，以缩短药物的开发周期。计算机辅助药物设计技术已应用于中药及其复方的研究。

6. 虚拟现实（VR）技术 虚拟现实技术是利用计算机技术建立一种逼真的虚拟环境，集成了计算机图形学、多媒体、人工智能、传感器、网络、并行处理等技术的最新发展成果。

VR 技术的医学应用是指对特定的医学环境的真实再现，是从医学图像开始，发展到虚拟人体、虚拟医疗系统、虚拟实验室和药物研究。计算机仿真技术通过具体的模型，进行模拟操作，可实现医疗操作的科学化、精确化。

7. 移动医疗　通过使用移动通信技术——例如 PDA、移动电话和卫星通信来提供医疗服务和信息，具体到移动互联网领域，则以 android 和 iOS 等移动终端系统的医疗健康类 App 应用为主。移动医疗，改变了过去人们只能前往医院"看病"的传统生活方式。无论在家里还是在路上，人们都能够随时听取医生的建议，或者是获得各种与健康相关的资讯。医疗服务，因为移动通信技术的加入，不仅将节省之前大量用于挂号、排队等候乃至搭乘交通工具前往的时间和成本，而且会更高效地引导人们养成良好的生活习惯。

项目二　计算机的系统组成

案例导入

案例：计算机的模拟选购与组装

开学了，小明想买一台计算机，便于日常学习和上网。面对计算机琳琅满目的配置和参差不齐的各种报价，小明觉得眼花缭乱，不知如何选择了。我们给他一些建议，让他选择购买性价比高的计算机。

讨论：1. 计算机系统是如何组成的？
　　　2. 计算机是如何工作的？

完整的计算机系统是由计算机硬件系统和软件系统两部分组成的。计算机硬件系统主要包括组成计算机的所有电子设备，是计算机能够正常工作的物质基础。计算机软件系统则是指在计算机上运行的所有程序或者软件的集合，能够帮助用户实现各种丰富多彩的应用。计算机系统的组成如图 1-8 所示。

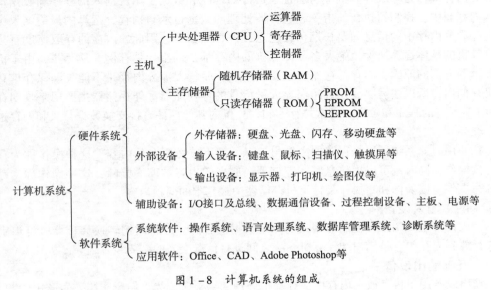

图 1-8　计算机系统的组成

任务一　计算机的硬件系统

计算机的硬件系统是指计算机中看得见、摸得着的电子设备实体。从第一台电子计算机 ENIAC 诞生以来，计算机的硬件性能和软件系统发生了巨大的变化，但无论其硬件技术如何发展，计算机硬件的五大基本部件一直没有改变。

一、计算机硬件系统的五个基本组成部分

计算机硬件系统包括控制器、运算器、存储器、输入设备和输出设备五个基本组成部分。这五大部件相互协调，互相辅助完成计算机的各种运算工作。

（一）控制器

控制器是计算机的神经中枢。在它的控制之下，整个计算机系统有条不紊地进行各项工作，自动执行事先编制好的各种程序。控制器的工作过程是：首先从内存中取出指令，并对指令进行分析，然后根据指令的功能向有关部件发出控制命令，控制它们执行这条指令规定的操作。当各部件执行完控制器发来的命令后，都会向控制器反馈执行的情况。这样逐条执行一系列的指令，计算机就能够按照由这一系列指令组成的程序自动完成各项基本操作任务。

（二）运算器

计算机最主要的功能是进行快速的重复运算，大量的运算工作是在运算器中完成的。计算机运算器的主要任务是进行算术运算和逻辑运算。运算器又称算术逻辑单元（Arithmetic and logic Unit，ALU）。在计算机中，算术运算是指加、减、乘、除等基本运算，逻辑运算是指逻辑判断和逻辑比较等基本逻辑运算。运算器的运算速度非常快，因此计算机具有高速的信息处理能力。运算器中的数据取自内存，运算的结果又返回到内存中。运算器对内存的读写操作是在控制器的管理之下进行的。

控制器和运算器是计算机中最核心的部件，他们共同组成中央处理器 CPU（Central Processing Unit），CPU 的处理性能决定计算机的整体运算和分析能力。

（三）存储器

存储器的主要功能是存放各类应用程序和数据信息。存储器主要分为内存储器和外存储器。内存储器是存放计算机中当前正在运行的程序和数据。用户输入的程序和数据最初送入内存当中，控制器执行的指令和运算器处理的数据也取自内存，运算的最终结果保存在内存中，内存中的信息如要长期保存应送到外存储器中。因此，内存的存取速度直接影响计算机的整体运算速度。绝大多数计算机的内存都是以半导体存储介质为主，由于价格和技术等方面的原因，内存的存储容量受到限制，而且大部分内存是不能长期保存信息的随机存储器，所以还需要能长时间保存大量信息的外存储器。外存储器主要用来长期存放"暂时不用"的程序和数据。通常外存不和计算机的其他部件直接交换数据，只和内存进行数据交换。

在使用时，系统可以从存储器中取出信息，而不破坏原有的内容，这种操作称为存储器的读操作；同时也可以把信息写入存储器，原来的内容被彻底删除，这种操作称为存储器的写操作。读操作和写操作是计算机存储器中最基本的两项内容。

（四）输入设备

输入设备主要用来接受用户输入的原始数据和程序，并将它们转换为计算机可识别的形式存放到内存中。是用户和计算机系统之间进行信息交换的主要装置之一。

（五）输出设备

输出设备用于将存放在内存中由计算机处理的结果转变为人们所能接受的形式。

二、个人计算机的硬件组成及配置

随着计算机技术的不断发展，计算机已深入人们生活的各个领域，为满足日常学习和工作的需要，人们要配置满足各自需求的计算机。通常我们认为个人计算机硬件系统是由主机和外部设备组成。

（一）主机

通常习惯于把机箱内的所有部分称为主机，这些部件也是人们在购买计算机硬件时必须重点考虑的部件，同时这些部件的性能直接决定所购买机器对数据处理的能力。主机的机箱里有主板、CPU、硬盘、内存条、电源、光驱、显卡、声卡、网卡等部件，主机配置的主要部件及作用如表 1 - 2 所示。

表 1 - 2　主机配置各主要部件及作用

部件图片	部件名称	作用
	主板	主板是固定在机箱内的多层印制电路板，其作用是连通各部件的基本通道，几乎所有的计算机部件都需要连接到主板上才能正常工作
	CPU	CPU 是计算机的核心部件之一，负责整个系统指令的执行，进行数学与逻辑的运算，数据的储存与传送，以及对内外输入与输出的控制。主要是由运算器和控制器组成，分为通用式和嵌入式，微型计算机一般采用通用 CPU
	硬盘	计算机系统的记忆设备，用来存放程序和数据。由一个或者多个铝制或者玻璃制的盘片组成，盘片外面覆盖有铁磁性材料。硬盘的容量单位用 GB 或者 TB 来表示
	内存	内存也称为主存，是 CPU 直接寻址的存储空间，由半导体器件制成。计算机中所有程序的运行都在内存中运行，运行完之后将处理结果送入到外部设备上。内存的主频用 MHz 来表示。容量单位用 GB 表示
	电源	安装在主机箱内的封闭式独立部件，它的作用是将交流电通过一个开关电源变压器转换为可以供应主机箱内主板、硬盘、各种适配器及扩展卡等系统部件能正常工作所需的直流电的装置
	光驱	读取光盘上的文件，如果是刻录光驱，还可以对光盘写入文件
	显卡	显卡又称为视频卡、视频适配器、图形卡、图形适配器和显示适配器等。是控制电脑的图形输出，负责将 CPU 送来的影像数据处理成显示器认识的格式，再送到显示器形成图像

部件图片	部件名称	作用
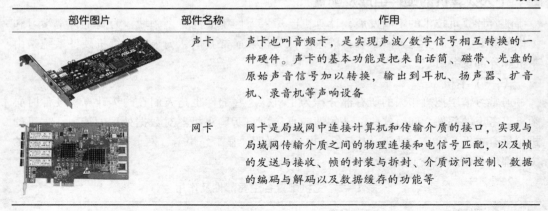	声卡	声卡也叫音频卡，是实现声波/数字信号相互转换的一种硬件。声卡的基本功能是把来自话筒、磁带、光盘的原始声音信号加以转换，输出到耳机、扬声器、扩音机、录音机等声响设备
	网卡	网卡是局域网中连接计算机和传输介质的接口，实现与局域网传输介质之间的物理连接和电信号匹配，以及帧的发送与接收、帧的封装与拆封、介质访问控制、数据的编码与解码以及数据缓存的功能等

（二）外部设备

计算机外部设备主要包括两大类：输入设备和输出设备。

1. 输入设备　常用的输入设备有键盘、鼠标、扫描仪、麦克风、数字化仪等。在配置计算机时要充分考虑到输入设备与主机各部件之间兼容性的问题，以最大程度发挥所配置计算机的工作效率。

（1）**键盘**　是计算机中最基本的输入设备，广泛应用于微型计算机系统和各种终端设备上（图1-9）。用户通过键盘向计算机输入各种操作命令，指挥计算机按照用户的思想和意图开展工作，是人机对话过程中重要的操作工具。目前常用的键盘有101键盘、104键盘和107键盘等不同型号，基本上都包括数字键、字母键、符号键、功能键和控制键等操作功能区域。

目前市面上还有一种无线键盘。无线键盘的按键和普通键盘相同，但其接收信号的方式与普通键盘有一定的区别：无线键盘是通过一个无线接收装置与电脑系统主机相连接，采用不同频道的无线电波将用户所需要输入的数据输入到计算机内部。

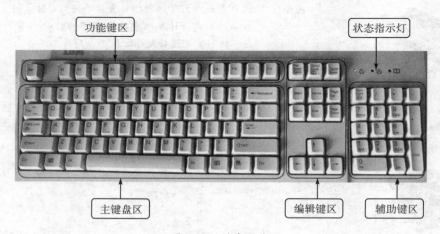

图1-9　键盘图片

（2）**鼠标**　鼠标又称为鼠标器，是一种手持式控制屏幕光标移动的相对定位设备，它不受平面空间移动范围的限制，也是目前微机系统中常用的输入设备之一。在计算机操作系统的统一管理下，用户通过鼠标向计算机发出指令，完成各种基本操作。

目前微机常用的鼠标有机械式鼠标和光电式鼠标两种（图1-10，图1-11）。机械式鼠标底座有一个滚动的圆球，当鼠标在平面空间上移动时，圆球与不同方向的电位器接触，通过获得不同方向上的相对位移量来控制屏幕上光标的移动；光电式鼠标则通过底部装有的红外线发射和接收装置，将发出的光信号经反射板转换成移位信号，使屏幕上的光标随之移动，目前市面上还有一种无线鼠标。无线鼠标的接收信号的方式与普通鼠标有一定的区别：无线鼠标是通过一个无线接收装置与电脑系统主机相连接，采用不同频道的无线电波将用户所需要输入的数据输入到计算机内部。

图1-10　机械鼠标

（3）扫描仪　扫描仪是利用数字处理技术和光电技术，通过扫描方式将各种图形或图像信息转换为计算机可以编辑、存储、分析和处理的数字化输入设备（图1-12）。现在扫描仪可以处理的对象非常丰富，各种照片、图纸、软片资料、文本文档等都可以作为扫描对象。扫描仪的基本工作步骤是：首先将要扫描的对象放置在扫描仪的玻璃板上，然后启动扫描仪驱动程序，安装在扫描仪内部的可移动光源开始扫描原始对象。扫描仪光源为长条形，分别沿y方向和X方向扫过整个对象，将得到的RGB（Red Green Blue，RGB）彩色光带分别反射到各自的CCD（Charge-coupled Device，CCD）上，然后CCD将RGB光带转变为模拟信号，此信号又被转

图1-11　光电鼠标

图1-12　扫描仪

换为计算机能够处理的二进制信号，通过串口发送到计算机上，完成整个扫描过程。

（4）触摸屏　触摸屏是一种可接收各种接触信息的感应式液晶输入设备，是目前最直接、最简单的一种人机交互方式。当用户接触到屏幕上的图形按钮时，屏幕上的触觉反馈系统会根据预先编制好的驱动程序连接各种设备。触摸屏可以安装在任何一台显示器的外表面，一般包括触摸屏控制器和触摸屏检测装置两个部分。触摸屏是一种全新的计算机输入设备，目前已经广泛应用于通信、金融、电力等许多专业领域。

2. 输出设备　常用的输出设备有：显示器、打印机、绘图仪、音响等。对于个人选配计算机来说要考虑的主要是显示器的价格与尺寸要求。

（1）显示器　显示器是微型计算机的主要输出设备。显示器主要由监视器、显示适配器和相关电子元件组成，主要用来显示各种数据、文档、图像等多媒体信息。显示器的类型可以分为电子管显示器（CRT）和液晶显示器（LCD）。其中，液晶显示器是当前发展的主流，是目前普遍采用的显示器设备（图1-13）。

显示器的性能参数主要有：

①分辨率：分辨率是衡量显示器的一个重要指标。分辨率表示显示器屏幕上最多可以显示像素的多少，像素数量越多，分辨率就越高，显示器的图像就越清晰。分辨率通常由屏幕上行、列像素数量的乘积来表示。如：1024×768 表示显示器的像素为 786432，其中，1024 为水平像素数值，768 为垂直像素数值。显示器常用的分辨率有 1280×1024，1280×1920 等，用户可以根据应用程序要求和自身硬件配置来自由选择显示器的分辨率标准。

②刷新频率：刷新频率是指显示器每秒钟出现新图像的次数，单位用 Hz（赫兹）来表示。刷新频率越高，计算机显示图像的效果就越好，通常用户感觉会比较舒适。显示器的刷新频率通常人为设定在 $70Hz - 75Hz$，这样可以保证较好的显

图 1 - 13　液晶显示器

示效果和操作环境。

（2）打印机　打印机也是微型计算机常见的输出设备，是将计算机的运算结果以特定的文字、图片、符号等形式表现在相关介质上的电子设备。打印机的种类繁多，工作原理和性能也不尽相同。下面主要介绍常见的针式打印机、喷墨打印机和激光打印机。

①针式打印机：针式打印机的打印成本较低，操作比较简单，打印时通过打印机中的钢针和色带打印在各种纸张上。针式打印机的缺点是噪声很大、打印质量不高、打印速度较慢，目前的应用领域仅仅在一些单纯使用票据打印的场所。

②喷墨打印机：喷墨打印机的打印效果要优于针式打印机，操作也更加灵活，其工作方式是将墨水通过技术手段从专业的喷嘴中喷出，从而实现"打印"操作。目前广泛应用于纸张、胶片、数码照片、光盘表面等各种介质的打印。

③激光打印机：激光打印机是激光技术和照相技术的复合产物，目前正在逐步代替喷墨打印机，为用户提供高质量、低成本的打印方式。激光打印机在光栅图像处理器的控制下，将要打印对象的位图信息转换为相应的电子脉冲信号送往激光发射装置，激光发射装置有规律地释放光束，光束被感光鼓接收，逐步形成打印对象的位图，循环上述过程，完成打印。

（3）绘图仪　绘图仪的基本功能是在人们事先编制好的绘图软件支持下绘制出复杂、精确的图形，也是微机系统中常见的一种图形输出设备。绘图仪的硬件一般是由驱动电机、控制电路和机械传动等部分组成。此外，绘图仪还需要配备丰富的绘图软件才能发挥其全部功效。

（三）配置个人计算机硬件的注意事项

在配置计算机之前要对所需要购买的计算机的价位、性能等方面进行全面调查，主要从以下几个方面考虑：

1. 配置计算机的主要用途是什么？

2. 配置什么价位的计算机。

3. 配置笔记本还是台式机。

4. 各硬件之间的兼容性问题。

5. 多渠道查询资料，不同硬件的主要生产厂家不同，价格会有所区别，在配置计算机时要尽量购买专业生产某个部件的厂家与品牌，以免日后维修等后继麻烦的发生。

任务二　计算机的软件系统

计算机的强大功能都是在硬件系统和软件系统相互配合的基础上实现的，没有软件系统的计算机称为"裸机"。计算机只有通过软件系统的支持，才能实现其丰富的操作功能和友好的人机界面。下面将对软件系统知识进行介绍。

一、软件系统基础知识

计算机软件系统是指在计算机硬件平台上工作的各种程序以及运行时所需数据和文档的集合。其中，各种程序是一系列特定的计算机指令集合，主要由软件开发人员编写完成，计算机在各种专业指令的控制下完成各项复杂任务；数据和文档则包括程序运行时的内容、设计、功能以及测试等文字资料。软件是计算机用户与硬件系统的接口，用户通过软件系统与计算机进行交互，在进行计算机系统设计与开发时，工作人员必须考虑用户对软件的具体使用需求。

软件系统不同于硬件设备，它是人类智力劳动和逻辑思维的产品，用户要保证软件的知识产权不受侵犯，支持使用正版软件。同时，在使用软件的过程中，计算机不能保证软件没有潜在的错误，因此要对软件实时进行"适应性维护"和"完善性维护"，保证软件的整体性能和环境的适应性。

二、软件的分类

根据计算机软件的用途，我们将其分为系统软件和应用软件。

（一）系统软件

系统软件是指控制计算机系统高效工作并协调硬件设备运行的程序系统，其主要功能是管理计算机中的各种硬件设备和监控计算机系统正常工作。各种操作系统、语言编译处理程序、文件系统程序和数据库管理软件都属于系统软件的范畴。系统软件能够很好地发挥计算机快速运算的特点，并方便用户操作计算机系统。

1. 操作系统　操作系统（Operating System）是计算机系统中最基本、最重要的系统软件，它统一管理和调度计算机系统中的各种软件资源和硬件资源，能够保障计算机系统中所有软、硬件资源有序工作。对于计算机用户来说，操作系统是应用平台，是人与计算机进行交互的有效界面；对于系统设计人员来说，操作系统是功能强大的系统资源管理程序，可以管理、控制和协调计算机中各种软、硬件资源和相关设备。

2. 程序设计语言　计算机程序设计语言可以分为机器语言、汇编语言和高级语言三大类。

（1）机器语言　机器语言是按照一定规则编写的由二进制代码0和1组成的语言体系，也是计算机硬件唯一能识别和执行的语言。在机器语言中，每条语句都是由0或1组成，让计算机执行各种不同的操作。机器语言可被计算机直接识别并执行，因此速度快、效率高，但是其指令中的二进制代码难以记忆，编写的程序十分烦琐，不便于人们理解和掌握。

（2）汇编语言　为了克服机器语言的通用性较差和难以调试等缺点，人们设计了汇编语言。汇编语言使用英文助记符代替机器操作码，用地址符号代替地址码，汇编程序把汇编语言翻译成机器语言的过程称为汇编。汇编语言不能被计算机直接识别和执行，其指令与机器语言的指令相对应，汇编语言和机器语言都是面向机器编程的低级语言。

（3）高级语言　由于汇编语言记忆复杂，过分依赖计算机硬件设备，人们又发明了便于理解和使用的高级语言。高级语言是独立于机器硬件、接近自然语言的程序设计语言。它使用人们更容易理解的符号和单词构成语法结构，编程时只要选择正确的数据结构和高效的计算机算法，就可以设计出专业化的应用程序。常见的高级语言有C，JAVA，C#等，高级语言的源程序必须通过编译系统或解释系统的翻译生成目标程序，才能被计算机所理解和执行。

3. 数据库管理系统 数据库（data base）是指按照一定结构组织起来的大量相关数据的集合。数据库系统主要是由数据库和数据库管理系统组成。数据库管理系统是对数据库进行高效管理和操作的平台，是数据库与用户之间的基本接口，它提供了数据库的建立、修改、删除、排序等基本命令功能。常用的数据模型主要分为层次型、网络型和关系型三种。其中关系型数据库管理系统应用最为广泛，常见的数据库管理系统有 ORACLE、SQL Server、INFORMIX 等。

（二）应用软件

应用软件是为解决各种特定实际问题而开发的应用程序和数据文档。应用软件种类繁多，不同的应用软件对运行环境的要求不同，为用户提供的服务也不同，它可以是一个特定的程序，也可以是一组功能联系紧密的软件集合。计算机系统通过各种丰富的应用软件程序实现其强大的功能。

1. 办公应用软件 办公软件主要是在办公应用过程中使用的各种软件集合，主要包括文字处理程序、数据图表的计算、文档演示操作等应用软件。其中常见的有 Microsoft Office，金山 WPS 等办公套件。

2. 图像处理软件 图像处理软件是浏览、编辑、制作和管理各种图形、图像文件的专业软件。在目前人机交互快速发展的背景下，图像处理已经成为计算机的重要功能之一。其中既包含专业人员开发使用的图像处理软件，如 Photoshop，也包括各种非专业用户使用的软件，常见的有 ACDsee、光影魔术手等。

3. 安全管理软件 在目前网络安全要求较高的环境中，安全管理软件变得越来越重要。安全管理软件的主要功能是协助用户进行计算机安全的管理工作，其中主要包括防病毒软件、系统防火墙、木马监测安全程序等。常见的安全管理软件有 360 安全卫士，QQ 医生等。

4. 多媒体软件 多媒体软件是指管理、播放和转换各种视频、音频的软件集合。多媒体的数据文件通常先经过压缩编码，每种编码方式都需要专业的软件进行解码才能播放和处理。目前流行的各种多媒体文件都有其特定的压缩编码方式和解压缩技术。常见的多媒体播放软件有暴风影音、百度影音等。

5. 信息系统软件 信息系统软件是针对特定行业制定的专业化软件。随着信息系统的广泛应用，越来越多的专业性软件得到开发，极大地提高了人们的生产活动效率。常用的信息系统软件包括科学计算软件、计算机辅助设计软件、工程制图软件和信息检索软件等。

任务三 计算机工作原理和性能指标

计算机在工作时，处理器从存储器中取出一条指令，计算机按照指令的要求完成各种基本操作。指令系统通过程序自动控制计算机系统中的全部操作和任务，具有十分重要的地位。下面介绍计算机的指令及其工作原理的相关知识。

一、计算机的指令系统

1. 计算机指令 计算机指令就是机器语言的一条语句，是程序设计的最小单位，它通过特定含义的二进制代码来表示。一条指令的基本格式包括操作码字段和地址码字段，操作码表示指令的操作性质及功能，地址码则表示操作数或操作数的地址信息。指令是计算机硬件和软件之间的桥梁，是计算机正常工作的基础。

计算机指令的执行分三个步骤：第一步，取指令。计算机从内存中取出现行指令的指令码，送到控制器的指令寄存器中。第二步，分析指令。计算机将寄存器中的指令根据操作码进行译码，确定计算机进行什么操作。第三步，执行指令。计算机根据指令分析结果，由操作控制部件发出完成操作所需的控制电位命令，指挥计算机完成对应操作，同时准备取下一条指令。总之，计算机控制器中周而复始地执行取指令、分析指令和执行指令的过程，保证了指令序列的自动运行过程。

2. 计算机指令系统　计算机指令系统是指计算机在运行过程中执行的全部指令集合，是描述计算机性能的重要因素，它表示计算机内部控制信息和逻辑判断的基本能力，直接影响到计算机的硬件结构和软件系统。指令系统主要包含逻辑运算型、数据传送型、算术运算型和信息控制型等方面。

二、计算机的基本工作原理

1946 年，冯·诺依曼在他的论文《电子计算机装置逻辑结构初探》中首次提出了"程序存储控制"的基本概念，其核心思想可以归结为以下几个方面，具体工作过程如图 1-14 所示：

1. 计算机中的程序和数据都以二进制形式来表示。

2. 将程序（数据和指令序列）预先存放在主存储器中（程序存储），使计算机在工作时能够自动高速地从存储器中取出指令，并加以执行（程序控制）。

3. 计算机硬件系统由五个部分组成：控制器、运算器、存储器、输入设备和输出设备。

计算机的工作过程就是执行程序的过程，而程序是由基本的指令系统组成，因此，执行程序的过程可以理解为执行指令系统的过程，即逐条地执行对应的指令。由于执行每一条指令，都包括取指令、分析指令和执行指令的基本过程，所以，依据冯·诺依曼结构，在指令系统的指挥下，计算机通过输入设备获取用户的指令或数据，处理器在接收基本指令后，进行处理、分析并将结果保存在存储器上等待输出。综上所述，计算机自动工作是执行预先编写好的程序，而执行程序的过程就是周而复始地完成取指令、分析指令和执行指令等基本操作的过程。

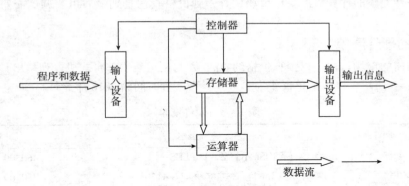

图 1-14　计算机工作原理示意图

三、计算机性能指标

计算机的种类很多，整体性能也各不相同。通常根据以下几个方面的性能指标来综合评价一台计算机系统的性能。

（一）字长

字长是指中央处理器一次所能同时传送和处理的二进制数据位数。它直接关系到计算机的功能、用途和应用领域，是计算机一个重要技术性能指标。计算机可同时处理的数据位数越多，CPU 的档次就越高，功能就越强。目前计算机的字长已经从原先的 32 位处理器扩充到 64 位处理器。

（二）时钟频率

主频是指 CPU 中电子线路的工作频率，系统执行指令的速度与时钟频率有直接的关系。一般来说，主频越高，系统执行一条指令所需的时间就越短，CPU 的运算速度就越快。

以兆赫兹（MHz）为单位。目前，市场上的很多 CPU 是多核的，如双核、4 核、8 核甚至是 16 核的，CPU 的实际频率是主频数乘以核数，再乘以 0.8 左右。如 8 核 1.5GHz 的某 CPU 的实际频率就是 $8 \times 1.5 \times 0.8 = 9.6$（GHz）。

（三）存储容量

存储容量是评价计算机整体性能的基本指标之一。计算机的存储容量越大，它所能存储的数据和运行的程序就越多，计算机的整体性能也就越高。

（四）运算速度

运算速度是综合性很强的计算机性能指标。现在普遍采用单位时间内执行指令的条数作为运算速度指标，并以 MIPS（百万条指令/秒）作为计量单位。主频越高，执行指令的时间越短，运算速度就越快。

（五）存取周期

存储器进行一次写入或读出操作所需的时间称为存取周期。计算机的存取周期越短，存取速度越快。计算机中使用的是大规模或超大规模集成电路存储器，其存取周期在几十到几百毫微秒。

（六）兼容性

兼容性是指各类计算机之间在使用上具有的相容性，即指一种微型机的硬件和软件与使用同样微处理器的另一种机器是否具有通用性。兼容性越强，计算机的整体性能越好。

任务四　个人计算机的基本配置

配置一台完整的计算机需要从市场调查，到价格查询直到最后组装调试需要经过以下几个步骤：

一、配置的硬件清单

根据当前的市场行情，以预算价格约 4000 元为例组装 1 部台式机，列举出具体的硬件清单如表 1-3 所示，以下清单仅作为参考（参考配置时间为 2016 年 5 月）：

表 1-3　硬件清单

序号	部件名称	型号	价格（元）
1	主板	华硕（ASUS）B85M-D PLUS	460.00
2	CPU	英特尔（Intel）酷睿双核 i3-4170	780.00
3	内存	金士顿（KING STON）8G DDR3 1600	210.00
4	显卡	华硕（ASUS）GTX750TI-OC-2GD5	820.00
5	硬盘	三星（SAMSUNG）750 EVO 250G SATA3	430.00
6	电源	安钛克（Antec）额定 400W BP400PX	210.00
7	机箱	爱国者（aigo）嘉年华 V2MICRO	150.00
8	显示器	三星（SAMSUNG）S24D360HL 23.6 英寸	1000.00
9	光驱	华硕（ASUS）DRW-24D5MT 24 速	120.00
10	声卡	主板集成	
11	网卡	主板集成	
12	键鼠套装	赠送	
13	音箱	赠送	
合计			4180.00

二、配件的组装方法

选购各硬件之后，需要将它们组装到一起，将各个部件与主板相连接。具体操作步骤如下：

（一）将 CPU 安装到主板上

1. 第一步 稍向外/向上用力拉开 CPU 插座上的锁杆与插座呈 90 度角，接着将插座上的金属顶盖也向上拉起，以便将 CPU 能够插入处理器插座内。如图 1－15 所示。

2. 第二步 仔细观察 CPU 和 CPU 插槽上的小三角箭头，在安装时要将小三角箭头方向对正确。对准插座的针脚后，将 CPU 轻轻放入插座即可，如图 1－16 所示，安装正确后，CPU 应与插槽顶端平齐。如图 1－17 所示。

3. 第三步 放下金属顶盖，将金属杆拉回位，扣在小金属片下，保证 CPU 安装到位，如图 1－18 所示。

图 1－15　拉起拉杆和金属顶盖

图 1－16　对准三角形的小箭头

图 1－17　将 CPU 放入插座

图 1－18　按下拉杆

4. 第四步 在 CPU 的核心上均匀涂上足够的散热膏（硅脂）。但要注意不要涂得太多，只要均匀地涂上薄薄一层即可。

提示：一定要在 CPU 上涂散热膏或加一块散热垫。这有助于将废热由处理器传导至散热装置上。没有在处理器上使用导热介质会导致死机甚至烧毁 CPU。此外，一旦散热装置的接触面有任何细微的偏差，甚至有一点的灰尘，都会导致 CPU 无法有效地将废热从处理器传导出来。散热膏同时在 CPU 的接触面上（就是印模）也充满了极微小的散热孔道。一些散热装置的制造商会在其产品中附有散热膏。如果购买时没有，在大多数计算机或电子零件商店都会有卖，价格很便宜，可以自行购买。

（二）安装散热器到 CPU 上

1. 第一步 散热器扣具周围有 4 个带凸起的螺丝孔，在主板背面 CPU 的对应位置上也有 4 个预留孔，将扣具凸起的螺丝孔插入到主板预留孔中，如图 1 – 19 所示。

2. 第二步 把主板翻转过来将散热器放到 CPU 上，并将散热器四角上的螺丝对准主板上的预留孔，用螺丝刀拧紧固定螺丝，安装完成，如图 1 – 20 所示。

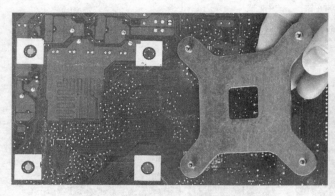 

图 1 – 19　对准扣具　　　　　　　　　图 1 – 20　拧紧固定螺丝

（三）安装内存条到主板上

1. 第一步 先将要安装内存条对应插槽两侧的塑胶夹脚（也称为"保险栓"）往外侧扳动，使内存条能够插入到插槽内，如图 1 – 21 所示。

2. 第二步 将内存条引脚上的缺口对准内存插槽内的凸起或者按照内存条上的标示编号相对应，适度用力向下按，使内存条垂直插入到插槽内，安装好后保险栓会自动卡住内存条两侧的缺口，如图 1 – 22 所示。

图 1 – 21　扳动保险栓　　　　　　　　图 1 – 22　安装内存条

（四）安装主板到机箱内

主板是连接其他各部件的主要部分，因此，要保证主板的正确安装，才能使其他部件顺利地工作，因不同的机箱主板的安装位置有所区别，在此以联想机箱为例。

1. 第一步 双手平行托住主板，将主板放入机箱中如图 1 – 23 所示。

2. **第二步** 确定机箱安放到位，可以通过机箱背部的主板挡板来确定，如图1-24所示。

3. **第三步** 拧紧螺丝，固定好主板（在装螺丝时，注意每颗螺丝不要一次性就拧紧，等全部螺丝安装到位后，再将每粒螺丝拧紧，这样做的好处是随时可以对主板的位置进行调整。）如图1-25所示。

（五）将硬盘安装到机箱内

1. **第一步** 将硬盘先放入机箱安装硬盘的相应位置，如图1-26所示。

2. **第二步** 将硬盘固定到机箱上，如图1-27所示。

3. **第三步** 连接硬盘电源线和数据线，如图1-28所示。

图1-23 主板放入机箱

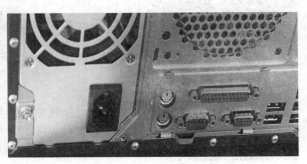

图1-24 确定安装位置

图1-25 固定主板

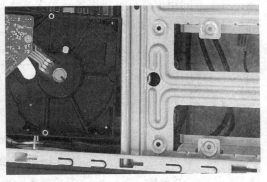

图1-26 放入硬盘

图1-27 固定硬盘

图1-28 连接硬盘数据线

（六）将电源安装到机箱上

1. 第一步 将电源放入机箱安装电源的相应位置，如图 1 - 29 所示。

2. 第二步 将电源上的螺丝孔对准机箱上的螺丝孔，固定好电源，如图 1 - 30 所示。

图 1 - 29　放入电源　　　　　　　　　　　　图 1 - 30　固定电源

（七）整理好机箱内的各种线，以便机箱内散热。最后连接好所需要的输入、输出设备。注意要看清楚各设备的接口，以保证能够正确安装。

三、常用的装机软件

（一）选择常用的装机软件

对于不同用户而言可根据各自需求选择具体的应用软件，表 1 - 4 列举出目前用户常用的一些装机软件作为装机时的参考。

表 1 - 4　常用装机软件列表

序号	软件分类	常用软件
1	操作系统	Window XP、Window 7、Window 8、Window 10
2	视频软件	迅雷看看、QQ 影音、暴风影音
3	聊天软件	腾讯 QQ、阿里旺旺、YY 语音
4	浏览器	360 安全浏览器、谷歌浏览器、世界之窗浏览器
5	音乐软件	酷狗音乐、QQ 音乐、千千静听
6	安全杀毒	360 安全卫士、360 杀毒、卡巴斯基安全软件
7	下载工具	迅雷 7、QQ 旋风、iTudou
8	办公软件	MicrosoftOffice、WPS、
9	输入法	搜狗五笔输入法、搜狗拼音输入法
10	图形图像	Adobe Photoshop、美图秀秀
11	阅读翻译	CAJ 全文浏览器、PDF 阅读器、灵格斯词霸
12	压缩记录	360 压缩、WinRAR、光盘刻录大师

（二）软件的安装方法

用户在选择组装完硬件后，接下来要做的工作就是安装所需的各种软件，系统软件操作系统是其他应用软件的基础，起到协调硬件和软件之间工作的作用，其具体安装方法见模块二内容，此处以 Microsoft Office 2010 为例，讲解应用软件的具体安装方法。

1. 在安装之前首先要在网上下载所需版本的 Microsoft Office 2010 安装包。

2. 解压安装包后，会在相应文件夹中出现 setup. exe 应用程序文件图标，如图 1 – 31 所示。

图 1 – 31　解压安装包

3. 双击 setup. exe 运行程序后会出现"安装程序正在准备必要的文件"窗口，如图 1 – 32 所示。

图 1 – 32　"准备必要文件"窗口

4. 当系统准备好必要文件后会出现"阅读 Microsoft 软件许可证条款"窗口，如图 1 – 33 所示。用户需要将"我接受此协议条款"复选框选中。

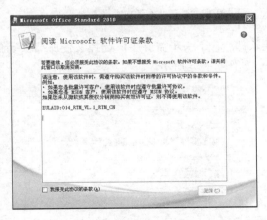

图 1 – 33　"阅读 Microsoft 软件许可证条款"窗口

5. 用户接受协议后会自动弹出"选择所需的安装"窗口，如图 1 – 34 所示。初次安装需要单击【立即安装】按钮。

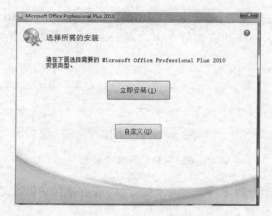

图 1 - 34   "选择所需的安装"窗口

6. 单击【立即安装】按钮后会弹出如图 1 - 35 所示窗口，需要用户选择所要安装的程序模块。通常情况下只安装 Microsoft Word、Microsoft Excel、Microsoft PowerPoint 就能够满足普通用户的需要。

图 1 - 35   "选择所安装软件"窗口

7. 选择好所需安装软件后，下一步需要用户选择文件所要安装位置，一般情况下用户只需选择默认路径即可，如图 1 - 36 所示。

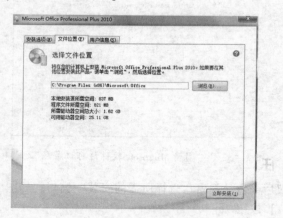

图 1 - 36   "软件安装位置"窗口

8. 选择好安装位置后单击【立即安装】按钮，系统会弹出如图 1 - 37 所示 "安装进度" 窗口。

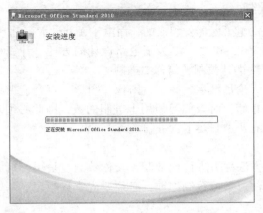

图 1 - 37　"安装进度" 窗口

9. Microsoft office 2010 软件完成安装，如图 1 - 38 所示。

图 1 - 38　"完成安装" 窗口

项目三　数据信息处理

　　数据处理是对数据的采集、存储、检索、加工、变换和传输。数据的形式可以是数字、字符、声音、图形或图像等。数据经过解释并赋予一定的意义之后，便成为信息。计算机可以通过输入设备接收各种形式的信息，然而在计算机内部处理的并不是输入的信息形式，而是将它们转换为计算机中的数。所以，计算机中的数是信息在计算机内部的表达式（载体），这种表达方式是信息处理的基础，是学习和使用计算机的基本知识。

任务一　计算机常用的数制及数制转换

　　在日常生活中，常用不同的规则来记录不同的数，如 1 年有 12 个月，1 小时为 60 分钟，1 分钟为 60 秒，1 米等于 10 分米，1 分米等于 10 厘米等。按进位的方法，表示一个数的计数方法称为进位计数制，又称数制。在进位计数制中，最常见的是十进制，此外还有十二进制、十六进制等。在计算机科学中使用的是二进制，但有时为了方便也使用八进制、十六进制。

一、计算机常用的数制

由于计算机硬件是由电子元器件组成的，而电子元器件大多都有两种稳定的工作状态，可以很方便地用来表示"0"和"1"。为了电路设计的方便，计算机内部使用的是二进制计数制，即"逢二进一"的计数制，简称二进制。

任何形式的数据，无论是数字、文字、图像、图形、声音、视频，进入计算机都必须转换成二进制形式进行存储，而人们习惯用十进制的数，因此必须对数据进行编码。计算机领域中常用的数制还有八进制及十六进制。

（一）数制

表示一个数的记数方法称为进位记数制，又称数制。是用一组固定的数码符号和统一的规则来表示数值的方法。学习数制之前，必须要先掌握数码、基数、位权和进位规则的概念。

1. 数码 是数制中表示基本数值大小的不同数学符号。

二进制有 2 个数码：0，1

八进制有 8 个数码：0，1，2，3，4，5，6，7

十进制有 10 个数码：0，1，2，3，4，5，6，7，8，9

十六进制有 16 个数码：0，1，2，3，4，5，6，7，8，9，A，B，C，D，E，F

2. 基数 数制中所能使用数码的个数

二进制的基数为 2；八进制的基数为 8；十进制的基数为 10；十六进制的基数为 16.

3. 位权 某一位上的数码所表示数值的大小即位权。对于 R 进制的数，整数部分第 i 位上的位权为 R^{i-1}，小数部分第 j 位上的位权为 R^{-j}。例如十进制 567.12，5 是百位上的数，其位权为 $10^{3-1}=100$，6 是十位上的数，其位权是 $10^{2-1}=10$，7 是个位上的数，其位权为 $10^{1-1}=1$。

4. 记数规则 在不同数制中都存在着一套统一的记数规则，如 R 进制的记数规则是"逢 R 进一，或者借一为 R"。

（二）二进制（B）

基数为 2 的记数制称为二进制，其用 0 和 1 两个数码表示数的大小。二进制记数方法是"逢二进一，借一当二"，位权是 2 的不同次幂。任何一个二进制数都能用一个多项式表示，例如：$(11011.11)_2 = 1 \times 2^{5-1} + 1 \times 2^{4-1} + 0 \times 2^{3-1} + 1 \times 2^{2-1} + 1 \times 2^{1-1} + 1 \times 2^{-1} + 1 \times 2^{-2}$。由上式可见，二进制数的整数部分的位权由低位到高位依次为 2^0，2^1，2^2，2^3，2^4，……，2^{i-1} 小数部分的位权由高到低依次是 2^{-1}，2^{-2}，……，2^{-j}。

（三）八进制（0）

基数为 8 的记数制称为八进制，其用 0，1，2，3，4，5，6，7 共 8 个数码来表示数的大小。八进制记数方法是"逢八进一，借一当八"，位权是 8 的不同次幂。任何一个八进制数都能用一个多项式表示，例如：$(3456.12)_8 = 3 \times 8^{4-1} + 4 \times 8^{3-1} + 5 \times 8^{2-1} + 6 \times 8^{1-1} + 1 \times 8^{-1} + 2 \times 8^{-2}$。由上式可见，八进制数的整数部分的位权由低位到高位依次为 8^0，8^1，8^2，8^3，8^4，……，8^{i-1} 小数部分的位权由高到低依次是 8^{-1}，8^{-2}，……，8^{-j}。

（四）十进制（D）

基数为 10 的记数制称为十进制，其用 0，1，2，3，4，5，6，7，8，9 共 10 个数码来表示数的大小。十进制记数方法是"逢十进一，借一当十"，位权是 10 的不同次幂。任何一个十进制数都能用一个多项式表示，例如：$(3456.12)_{10} = 3 \times 10^{4-1} + 4 \times 10^{3-1} + 5 \times 10^{2-1} + 6 \times 10^{1-1} + 1 \times 10^{-1} + 2 \times 10^{-2}$。由上式可见，十进制数的整数部分的位权由低位到高位依次为 10^0，10^1，10^2，10^3，10^4，……，10^{i-1} 小数部分的位权由高到低依次是 10^{-1}，10^{-2}，……，10^{-j}。

（五）十六进制（H）

基数为 16 的记数制称为十六进制，其用 0，1，2，3，4，5，6，7，8，9，A，B，C，D，E，F 共 16 个数码来表示数的大小。十六进制记数方法是"逢十六进一，借一当十六"，位权是 16 的不同次幂。任何一个十六进制数都能用一个多项式表示，例如：$(34AB.12)_{16} = 3 \times 16^{4-1} + 4 \times 16^{3-1} + 10 \times 16^{2-1} + 11 \times 16^{1-1} + 1 \times 16^{-1} + 2 \times 16^{-2}$。由上式可见，十六进制数的整数部分的位权由低位到高位依次为 16^0，16^1，16^2，16^3，16^4，……，16^{i-1} 小数部分的位权由高到低依次是 16^{-1}，16^{-2}，……，16^{-j}。需要注意的是在十六进制数的数码 A ~ F 中不能分别用 10 ~ 15 来表示，否则数的位数将发生变化，与数值本身的大小不相符合。为同区分十六进制数与 A ~ F 字符串，通常情况下在以 A ~ F 开头的十六进制数前面加 0 以便区分，例如：AB251 是一串字符串，而 0AB251 是一个十六进制数，数的大小为 AB251。

二、常用数值表示方式

数在计算机内部的表示称为机器数。对于定点带符号位机器数而言，常用的表示方式有 3 种：即原码、反码和补码。

（一）原码

原码是机器中最简单、最直观表示数的一种方式。原码的最高位是符号位，字长的其余部分表示数的绝对值大小。人们通常规定所表示数的最高位为符号位。用"0"或者"1"来表示，用"0"来表示正数，用"1"来表示负数。在原码中符号位不参与数值运算，在运算过程中需要单独处理。

（二）反码

反码也是机器数的一种表示方法。在求反码时，正数的反码与其原码相同，负数的反码符号位为 1，表示数的其余各位按位取反，即原先 0 变为 1，1 变为 0。

（三）补码

补码表示法是目前计算机中最重要，使用量广泛的数据表示方法。使用补码表示数的目的有两个：一个是使符号位也可以作为数值的一个部分直接参与数据运算，简化了加减运算的方法，在很大程度上节省了运算时间；另外一个是将减法运算转化成加法运算，这样就进一步简化了计算机中运算器的线路设计。求补码时，正数的补码与其原码相同；负数的补码是在反码的基础上末位加。

三、数制之间的转换

同一个数值用在不同的使用范围内，用来表示的符号也不尽相同，但是数的大小是不变化的，人类习惯用十进制记数，但是在计算机中却采用二进制、八进制和十六进制的记数方式，这些数制之间是可以相互转换的。主要包括：非十进制转换为十进制，十进制转换为非十进制。非十进制之间的相互转换。

（一）任意 R 进制转换为十进制

对于任意一个 R 进制的数转换为十进制的方法为：按权（位权）展开再求和。

【例 1 – 1】 将 $(11011.11)_2$，$(245.4)_8$，$(0AB4.8)_{16}$ 转换为十进制数。

解：

$(11011.11)_2 = 1 \times 2^{5-1} + 1 \times 2^{4-1} + 0 \times 2^{3-1} + 1 \times 2^{2-1} + 1 \times 2^{1-1} + 1 \times 2^{-1} + 1 \times 2^{-2} = (27.75)_{10}$

$$(245.4)_8 = 2 \times 8^{3-1} + 4 \times 8^{2-1} + 5 \times 8^{1-1} + 4 \times 8^{-1} = (145.5)_{10}$$

$$(AB4.8)_{16} = 10 \times 16^{3-1} + 11 \times 16^{2-1} + 4 \times 16^{1-1} + 8 \times 16^{-1} = (2740.5)_{10}$$

（二）十进制转换为 R 进制

将一个十进制数转换为 R 进制数，需要将十进制数的整数部分和小数部分分别转换，转换完之后再合并到一起，得到最终结果。

1. 整数部分转换方法　除基（基数）取余，倒序书写法。先将十进制数的整数部分除以所要转换的数制的基数 R，取余数，该余数为 R 进制数的最低位即第 0 位的数码 D_0；再将商除以 R，取余数为 R 进制的次低位即第 1 位的数码 D_1 位；依此类推，一直除到商为 0 为止，最后得到的余数为 R 进制的最高位，按照倒序的顺序依次从高位到低位写出转换成的 R 进制数。

【例 1 - 2】 将十进制数 26 转换成二进制，八进制，十六进制。

解：

$$
\begin{array}{rl}
2\underline{)\,26} & \text{余0}\quad D_0\text{位} \\
2\underline{)\,13} & \text{余1}\quad D_1\text{位} \\
2\underline{)\,6} & \text{余0}\quad D_2\text{位} \\
2\underline{)\,3} & \text{余1}\quad D_3\text{位} \\
2\underline{)\,1} & \text{余1}\quad D_4\text{位} \\
0
\end{array}
\qquad
\begin{array}{rl}
8\underline{)\,26} & \text{余2}\quad D_0\text{位} \\
8\underline{)\,3} & \text{余3}\quad D_1\text{位} \\
0 \\[4pt]
16\underline{)\,26} & \text{余10}\quad D_0\text{位} \\
16\underline{)\,1} & \text{余1}\quad D_1\text{位}
\end{array}
$$

由此可得：$(25)_{10} = (11010)_2 = (32)_8 = (1A)_{16}$

2. 小数部分转换方法　乘基（基数）取整，顺序书写法。先将需要转换的小数乘以基数 R，截取所得积的整数部分，该整数即为 R 进制小数点后第一位的数码 D_{-1}；将积的整数部分去掉，再用积的小数部分乘以基数 R，所得积的整数部分为小数点后第二位的数码 D_{-2}；依此类推，直至乘积的小数部分为 0 或者达到所要求的精确度为止。最后按照先后顺序书写出各个积的整数部分就是转换完成的 R 进制数。

【例 1 - 3】 将十进制数 0.325 转换成二进制，八进制，十六进制。

解：

0.325 × 2=0.65　整数部分0	0.325 × 8=2.6　整数部分2	0.325 × 16=5.2　整数部分5
0.65 × 2=1.3　整数部分1	0.6 × 8=4.8　整数部分4	0.2 × 16=3.2　整数部分3
0.3 × 2=0.6　整数部分0	0.8 × 8=6.4　整数部分6	0.2 × 16=3.2　整数部分3
0.6 × 2=1.2　整数部分1	0.4 × 8=3.2　整数部分3	0.2 × 16=3.2　整数部分3

由此可见：$(0.325)_{10} \approx (0.0101)_2 \approx (0.2463)_8 \approx (0.5333)_{16}$

【例 1 - 4】 将十进制数 17.625 转换成二进制，八进制，十六进制。

解：

$$
\begin{array}{rl}
2\underline{)\,17} & \text{余1}\quad D_0\text{位} \\
2\underline{)\,8} & \text{余0}\quad D_1\text{位} \\
2\underline{)\,4} & \text{余0}\quad D_2\text{位} \\
2\underline{)\,2} & \text{余0}\quad D_3\text{位} \\
2\underline{)\,1} & \text{余1}\quad D_4\text{位} \\
0
\end{array}
\qquad
\begin{array}{l}
0.625 \times 2=1.25 \quad \text{整数部分1} \\[6pt]
0.25 \times 2=0.5 \quad \text{整数部分0} \\[6pt]
0.5 \times 2=1 \quad \text{整数部分1}
\end{array}
$$

如上方法可以将 17.625 转换成八进制和十六进制。最终结果如下：

$$(17.625)_{10} = (10001.101)_2 = (21.5)_8 = (11.A)_{16}$$

（三）二进制、八进制和十六进制之间的转换

在二进制的基础上演变出的八进制和十六进制，因此二进制转换为八进制或者十六进

制是一个合并的过程，八进制和十六进制转换为二进制是一个展开的过程。

1. 二进制转换为八进制或者十六进制　二进制转换为八进制或者十六进制只需要以小数点为分界线，分别向左右 3 位（八进制）或者 4 位（十六进制）为一组分组。不足 3 位或者 4 位的用 0 补充（整数部分在高位补 0，小数部分在低位补 0），然后将每组分别用相对应的八进制或者十六进制的 1 位数替换，即可完成转换。

【例 1 - 5】将二进制数 1101111010.1010101 转换成八进制，十六进制。

解：

$(\underline{001}\ \underline{101}\ \underline{111}\ \underline{010}.\ \underline{101}\ \underline{010}\ \underline{100})_2 = (1572.524)_8$
(　1　　5　　7　　2　．　5　　2　　4　)

$(\underline{0011}\ \underline{0111}\ \underline{1010}.\ \underline{1010}\ \underline{1010})_2 = (37A.AA)_{16}$
(　3　　　7　　　A　．　A　　A　)

2. 八进制或者十六进制转换为二进制　八进制或者十六进制转换为二进制只需要以小数点为分界线，分别向左右将 1 位八进制数展开为 3 位二进制数，1 位十六进制数展开为 4 位二进制数。展开过程不能省略有意义的 0。即可完成转换。

【例 1 - 6】将八进制数 234.56、十六进制数 0A23.BC 转换成二进制数。

解：

(　2　　3　　4　．　5　　　6　)_8 = $(10011100.10111)_2$
(010　　011　　100.101　　110)

(　A　　2　　3　．　B　　C　)_16 = $(101000100011.101111)_2$
(1010　　0010　　0011.1011　　1100)

（四）八进制和十六进制之间的转换

八进制与十六进制之间的转换可以借助二进制，先将八进制或者十六进制转换为二进制，再转换为另外一个进制就可以顺利完成转换。表 1 - 5 列出了常用的十进制、二进制、八进制和十六进制数的表示及其之间的对应关系。

表 1 - 5　4 种进位计数制之间的关系

十进制	二进制	八进制	十六进制	十进制	二进制	八进制	十六进制
0	0	0	0	9	1001	11	9
1	1	1	1	10	1010	12	A
2	10	2	2	11	1011	13	B
3	11	3	3	12	1100	14	C
4	100	4	4	13	1101	15	D
5	101	5	5	14	1110	16	E
6	110	6	6	15	1111	17	F
7	111	7	7	16	10000	20	10
8	1000	10	8	⋮	⋮	⋮	⋮

任务二　计算机常用的信息编码

所谓信息编码，就是采用少量基本符号（数码）和一定的组合原则来区别和表示信息。基本符号的种类和组合原则是信息编码的两大要素。现实生活中的编码例子并不少见，如用字母的组合表示汉语拼音；用 0 ~ 9 这 10 个数码的组合表示数值等。

计算机采用二进制码 0 和 1 的组合来表示所有的信息称为二进制编码。计算机存储器中存储的都是由 0 和 1 组成的信息编码，它们分别代表各自不同的含义，有的表示计算机指令与程序，有的表示二进制数据，有的表示英文字母，有的则表示汉字，还有的可能是表示色彩与声音。它们都分别采用各自不同的编码方案。

一、字符编码

字符是各种文字和符号的总称，包括各种文字、各种标点符号、图形符号、数字等等。是人类和计算机相互作用的桥梁，字符各类很多，包括各国文字、标点符号、图形符号、数字等。不同的字符要通过键盘输入到计算机中，通过在计算机中的处理，最后把结果以字符的形式输出到显示器或者其他输出设备上。

由于计算机只能识别和处理二进制数据，因此，需要输入计算机处理的字符都以不同的二进制代码的形式被输入、处理和输出。字符编码有很多种，下面我们只介绍目前最常用的几种字符编码方式。

（一）西文字符编码

在西文字符编码方式中，目前国际通用的编码是美国国家信息交换标准字符码（American Standard Code for Information Interchange，ASCII）。它是基于罗马字母表的一套计算机编码系统，主要针对现代英语和其他西欧语言。标准 ASCII 采用 7 位二进制数对 128 个字符进行编码，计算机中处理数据的最小单位是 1 个字节，也就是 8 个 0、1 代码，ASCII 码的最高位通常为 0，有效位为 7 位，它包括 10 个十进制数字（0~9）、52 个英文大写（A~Z）和小写（a~z）字母、32 个控制符号和 34 个专用符号，如表 1-6 所示。其排列次序为 D_6 $D_5 D_4 D_3 D_2 D_1 D_0$，D_6 为最高位，D_0 为最低位。

表 1-6 ASCII 字符编码表

$D_3 D_2 D_1 D_0$ ＼ $D_6 D_5 D_4$	000	001	010	011	100	101	110	111
0000	NUL	DLE	SP	0	@	P	`	p
0001	SOH	DC1	!	1	A	Q	a	q
0010	STX	DC2	"	2	B	R	b	r
0011	ETX	DC3	#	3	C	S	c	s
0100	EOT	DC4	$	4	D	T	d	t
0101	END	NAK	%	5	E	U	e	u
0110	ACK	SYN	&	6	F	V	f	v
0111	BEL	ETB	,	7	G	W	g	w
1000	BS	CAN	(	8	H	X	h	x
1001	HT	EM	)	9	I	Y	i	y
1010	LF	SUB	*	:	J	Z	j	z
1011	VT	ESC	+	;	K	[	k	{
1100	FF	FS	`	<	L	\	l	|
1101	CR	GS	_	=	M	]	m	}
1110	SO	RS	.	>	N	↑	n	~
1111	SI	US	/	?	O	↓	o	DEL

常用控制字符的功能如下：

BS（Back Space）：退格；　　LF（Line Feed）：换行；　　FF（Form Feed）：换页；

CAN（Cancel）：取消；　　　HT（Horizontal Table）：水平制表；

SP（Space）：空格；　　　　VT（Vertical Table）：垂直制表；

DEL（Delete）：删除；　　　CR（Carriage Return）：回车；

ASCII 码的具有以下规律：

1. 常见字符在 ASCII 码表中的先后顺序按照 ASCII 码值由小到大排列如下：

空串 < 空格 < 0 ~ 9 < A ~ Z < a ~ z

2. 大写字母的 ASCII 码值比小写字母的 ASCII 码值小 32。字符 A 的 ASCII 码值为 65，字符 a 的 ASCII 值为 97。

3. 分别位于 0 ~ 9、A ~ Z、a ~ z 之间的字符，其 ASCII 码值有连续性。

（二）中文字符编码

由于汉字的字数繁多、字形复杂、再加上读音又有很多变化，所以，汉字在计算机中的表示方法要比字符更复杂。要想顺利地将汉字输入到计算机中，在计算机中完成处理再将结果输出到用户终端。

在我国由于大多数用户都是把计算机用做中文信息处理的工具，因此首先遇到的问题是如何有效地把汉字输入到计算机内。

由于汉字属于图形符号，结构复杂，多音字和多义字比例较大，数量太多。这些导致汉字编码处理和西文有很大的区别，在键盘上难于表现，输入和处理都难得多。一个完整的汉字系统必须具备汉字的输入、存储、显示、打印等功能。为了实现这些功能汉字必须有不同的表示方法，所以每一个汉字都有相应的编码，即输入码、内码、汉字字形码和字形输出码等，通过这些编码完成汉字的输入、存储和输出。

1. 输入码　输入码（也称外码）是指用户从键盘上输入的代表汉字的编码。不同的输入方法，其输入的编码方案也不同。目前输入码有区位码、拼音码（搜狗拼音）、字形码（如五笔字型编码）及音形混合码等。输入码由键盘管理程序转换为机内码，以便保存、显示和打印。

2. 内码　内码（也称机内码）是计算机系统内部存储、处理加工和传输汉字时所用的代码，通过内码可以达到通用和高效率传输文本的目的，比如 MS Word 中所存储和调用的就是内码而非图形文字。计算机在存储汉字时，每一个汉字用两个字节的二进制数来表示。

3. 输出码　由于汉字的数量很多，每个字的笔画、形状也各不相同，因此汉字系统在输出时一般采用点阵来表示汉字。一个汉字点阵的字形信息称为该字的字模。如图 1 – 39 所示是一个 24 × 24 点阵，在点阵中用"1"表示黑点、"0"表示白点，黑白信息就可以用二进制数来表示。每一个点用一位二进制数来表示，一个 24 × 24 的点阵要用 72 个字节来存储。

存放在存储器中的常用汉字和符号的字模集合称为汉字字模库，简称汉字库。汉字字形码是指存放在字库中的汉字字形点阵码。一般

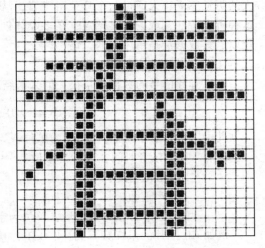

图 1 – 39　汉字点阵示意图

来说，使用的点阵越大，显示的汉字字形越美观，质量越高，但所需要的存储量越大。因此汉字库容量的大小取决于字模点阵的大小。常用的汉字库有 16×16 点阵汉字库、24×24 点阵汉字库、32×32 点阵汉字库、64×64 点阵汉字库等。

二、声音编码

（一）声音

当运动使空气发生振动时就产生了声音。声音可以用声波来表示，声波是一条随时间连续变化的曲线。

声波有两个基本参数：频率和振幅。

频率 f 是指声音信号每秒钟变化的次数，以赫兹（Hz）为单位。比如人说话的声音频率为 300~3000Hz，频率越高则音调越高。

振幅是波形最高点或最低点与时间轴之间的距离，它反映了声音信号的强弱程度。为了表示上方便，一般用分贝（dB）来表示声音的振幅，它是声音信号取对数运算后得到的值。

音频信号依据其覆盖的带宽分为电话、调幅广播、调频广播和宽带音频四种质量的声音。一般来说，覆盖频率越高的声音质量越好。对于通常的语音信号，电话或调幅广播的质量已经基本满足要求；而对于音乐则要求用调频广播或宽带音频质量。

（二）音频信号的采样与量化

对声音进行采样和量化是多媒体计算机获得声音最直接和最简便的方式。把模拟的声音信号变为数字信号的过程称为声音的数字化，它是通过对声音信号采样、量化和编码来实现的。

1. 采样　为了进行声音信号的转换，就必须以固定的时间间隔对当前的声音波形幅度进行测量，这个过程称为采样。采样频率越高声音失真越小，而数字化音频的数据量也就越大，应根据需要选择适当的采样频率。

2. 量化　量化就是把采样得到的值加以数字化，即用二进制数来表示。量化时采用的二进制的位数称为量化精度。增加量化精度同样也会增加数字音频的数据量。

3. 声道数　反映数字化音频质量的另一个因素是声道个数。所谓单声道，就是每一次生成一个声波数据。若同时生成两个声波数据，则称为立体声或双声道。立体声更能反映人的听觉感受，人通过两个耳朵听声音，从而可以判断生源的方向和位置。立体声反映了这种听觉特性，现场真实感强，在多媒体创作中也得到越来越广泛的应用，但立体声数字化以后其数据量是单声道的二倍。

（三）音频编码与标准

数字音频信号的数据量是很大的，未经压缩的数字化音频的数据量可由下列公式计算：

$$S = R \times D \times (r/8) \times C$$

其中：R 为采样频率，以 Hz 为单位；

　　　　D 为录音时间，以秒为单位；

　　　　r 为量化精度；

　　　　c 为声道数

　　　　s 为数字音频的数据量，单位为字节数。

例如 CD 唱片的采样频率为 44.1kHz，量化精度为 16 位，双声道，那么一分钟的数据量 S 为：

$$S = 44100 \times 60 \times (16/8) \times 2 = 10584000 （字节）$$

由此看来，音频数字化后，占用了很大的存储空间，所以有必要对他们进行压缩。从语音压缩方法上讲，压缩编码可以分为波形编码、参数编码和混合编码。下面介绍几种常见的编码技术：

1. PCM　PCM 脉冲编码调制是 Pulse Code Modulation 的缩写。PCM 编码的最大的优点就是音质好，最大的缺点就是体积大。常见的 Audio CD 就采用了 PCM 编码，一张光盘的容量只能容纳 72 分钟的音乐信息。

2. WAV　WAV 是 Microsoft Windows 本身提供的音频格式，由于 Windows 本身的影响力，这个格式已经成为了事实上的通用音频格式。通常我们使用 WAV 格式都是用来保存一些没有压缩的音频，但实际上 WAV 格式的设计是非常灵活的，该格式本身与任何媒体数据都不冲突，换句话说，只要有软件支持，用户甚至可以在 WAV 格式里面存放图像。

虽然 WAV 文件可以存放压缩音频甚至 MP3，但由于它本身的结构注定了它的用途是存放音频数据并用作进一步的处理，而不是像 MP3 那样用于聆听。目前所有的音频播放软件和编辑软件都支持这一格式，并将该格式作为默认文件保存格式之一。这些软件包括：Sound Forge，Cool Edit Pro 等等。

3. MP3　MP3 的全称是 MPEG（MPEG：Moving Picture Experts Group）Audio Layer – 3，刚出现时它的编码技术并不完善，它更像一个编码标准框架，留待人们去完善。MP3 是第一个实用的有损音频压缩编码。在 MP3 出现之前，一般的音频编码即使以有损方式进行压缩，能达到 4∶1 的压缩比例已经非常不错了。但是，MP3 可以实现 12∶1 的压缩比例，这使得 MP3 迅速地流行起来。MP3 之所以能够达到如此高的压缩比例同时又能保持相当不错的音质是因为利用了知觉音频编码技术，也就是利用了人耳的特性，削减音乐中人耳听不到的成分，同时尝试尽可能地维持原来的声音质量。由于 MP3 是世界上第一个有损压缩的编码方案，所以可以说所有的播放软件和音频编辑工具都支持它。

4. MIDI　MIDI 技术本来不是为了计算机发明的。该技术最初应用在电子乐器上，用来记录乐手的弹奏，以便以后重播。MIDI 规定了电子乐器与计算机进行连接的电缆与硬件方面的标准，以及电子乐器之间、电子乐器与计算机之间传送数据的通信接口，用以保证各种乐器设备之间的数据、控制命令的信号传送。

随着网络的快速发展出现了 RA 格式、APE 格式等压缩编码技术，各种各样的音频编码都有其技术特征及不同场合的适用性。

三、图形和图像编码

数字图像技术作为多媒体技术的重要组成部分，已经深入到社会生活的各个方面。它给计算机增添了更加丰富、形象的表现力，也给人们提供了更方便有效地图像处理手段。图像编码主要利用图像信号的统计特性以及人类视觉的生理学及心理学特性，对图像信号进行高效编码，即研究数据压缩技术，目的是在保证图像质量的前提下压缩数据，便于存储和传输，以解决数据量大的矛盾。一般来说，图像编码的目的有 3 个：①减少数据存储量；②降低数据率以减少传输带宽；③压缩信息量，便于特征提取，为后续识别做准备。经典的编码技术有：熵编码、预测编码、变换编码、混合编码等，第二代编码技术有：分型编码、小波变换编码等。作为普通的计算机用户，只需要了解一些图形图像的基础知识。

（一）图像的种类

计算机图像分为两大类：位图图像和矢量图形。

1. 位图图像　位图图像也叫作栅格图像，Photoshop 以及其他的绘图软件一般都使用位图图像。位图图像由像素组成，每个像素都被分配一个特定位置和颜色值。在处理位图图像时，用户编辑的是像素而不是对象或形状，即编辑的是每一个点，每一个栅格代表一个像素点，而每一个像素点，只能显示一种颜色。位图图像具有以下特点：

文件所占的存储空间大，对于高分辨率的彩色图像，用位图存储所需的储存空间较大，像素之间独立，所以占用的硬盘空间、内存和显存比矢量图都大；位图放大到一定倍数后，会产生锯齿。由于位图是由最小的色彩单位"像素点"组成的，所以位图的清晰度与像素点的多少有关；位图图像在表现色彩，色调方面的效果比矢量图更加优越，尤其在表现图像的阴影和色彩的细微变化方面效果更佳。

2. 矢量图　矢量图也称为面向对象的图像或绘图图像，是计算机图形学中用点、直线或者多边形等基于数学方程的几何图元表示图像。矢量图形最大的优点是无论放大、缩小或旋转等不会失真；最大的缺点是难以表现色彩层次丰富的逼真图像效果。

矢量图以几何图形居多，图形可以无限放大，不变色、不模糊。常用于图案、标志、VI、文字等设计。

（二）图像的大小和分辨率

1. 像素尺寸　像素是图像的基本组成单位，像素尺寸即位图图像高度和宽度的像素数目。图像的文件大小与像素尺寸成正比。

2. 屏幕显示的大小　图像在屏幕上显示的大小取决于图像的像素尺寸、显示缩放比例、显示器尺寸以及显示器分辨率设置等因素。

3. 图像分辨率　图像分辨率指图像中存储的信息量，是每英寸图像内有多少个像素点，分辨率的单位为 PPI（Pixels Per Inch），通常称为像素每英寸。相同尺寸的图像，分辨率越高，单位长度上的像素数越多，图像越清晰，反之图像越粗糙。

（三）图像文件的格式

图像格式即图像文件存储的格式，目前流行的图像文件存储格式有以下几种：

1. BMP　BMP（Windows 标准位图）是最普遍的点阵图格式之一，也是 Windows 系统下的标准格式，是将 Windows 下显示的点阵图以无损形式保存的文件，其优点是不会降低图片的质量，但文件大小比较大。

2. TIFF　TIFF（标记图像文件格式）用于在应用程序之间和计算机平台之间交换文件。TIFF 是一种灵活的位图图像格式，实际上被所有绘画、图像编辑和页面排版应用程序所支持。而且几乎所有的桌面扫描仪都可以生成 TIFF 图像。TIFF 格式的好处是大多数图像处理软件都支持这种格式，并且 TIFF 格式还可以加入作者、版权、备注及用户自定义信息，存放多幅图片。

3. JPG/JPEG　JPG/JPEG 格式最适合于使用真彩色或平滑过渡式的照片和图片。该格式使用有损压缩来减少图像文件的大小，因此用户将看到随着文件的减小，图片的质量也降低了，当图片转换成 .jpg 文件时，图像中的透明区域将转化为纯色。

4. PNG　PNG 格式适合于任何类型，任何颜色深度的图片。也可以用 PNG 来保存带调色板的图片。该格式使用无损压缩来减少图片的大小，同时保留图片中的透明区域，所以文件也略大。尽管该格式适用于所有的图片，但有的 Web 浏览器并不支持它。

5. GIF　GIF（图形交换格式）最适合用于线条图的剪贴画以及使用大块纯色的图片。该格式使用无损压缩来减少图片的大小，当用户要保存图片为 .GIF 时，可以自行决定是否保存透明区域或者转换为纯色。同时，通过多幅图片的转换，GIF 格式还可以保存动画文件。但要注意的是，GIF 最多只能支持 256 色。

目前，网页上较普遍使用的图片格式为 gif 和 jpg（jpeg），它们在网上的装载速度很快。

所有较新的图像软件都支持 GIF、JPG 格式，要创建一张 GIF 或 JPG 图片，只需将图像软件中的图片保存为这两种格式即可。

项目四　信息安全防范

案例导入

案例：了解信息安全方面知识

　　小明新买了一台计算机非常高兴，感觉对学习帮助很大。在周末闲暇之余，小明想装一个游戏软件放松一下，可是没想到运行游戏以后计算机的系统崩溃了。小明找到老师帮忙，老师检查了后说，这是由于感染了计算机病毒导致的。这时小红也来了，说自己的手机绑定了银行卡，但下载使用了一个优惠购物的 APP 之后，银行卡里的钱就被盗了。老师让她立刻报警。面对日趋严重的信息安全问题，我们要学习相关的知识，增强防范意识。

讨论： 1. 网络上的信息安全问题主要由哪些原因引起，应如何防范？

　　随着全球信息化技术的快速发展，在信息技术的广泛应用中，安全问题正面临着前所未有的挑战。目前因特网（Internet）已遍布世界 200 多个国家和地区，网民人数多达 20 多亿，计算机已经被广泛应用到政治、军事、经济、科研、文化等各行各业，人们在日常生活中对计算机的依赖程度越来越高，尤其是近年来国家实施的信息系统工程和信息基础设施建设，已使计算机系统成为当今社会的一个重要组成部分。同时，随之面临的信息安全问题也日益突出，非法访问、信息窃取、甚至信息犯罪等恶意行为导致信息的严重不安全，如何确保信息系统的安全已成为全社会关注的问题。

任务一　信息安全问题陈述

　　通信、计算机和网络等信息技术的发展大大提升了信息的获取、处理、传输、存储和应用能力，信息数字化已经成为普遍现象。互联网的普及更方便了信息的共享和交流，使信息技术的应用扩展到社会经济、政治、军事、个人生活等各个领域。

　　信息是人类社会的宝贵资源。功能强大的信息系统是推动社会发展前进的加速剂和倍增器，它已经成为社会各部门不可缺少的生产和管理手段。信息与信息系统的安全，已经成为崭新的学术技术领域；信息与信息系统的安全管理，也已经成为社会公共安全工作的重要组成部分。

　　无论在计算机上存储、处理和应用，还是在通信网络上传输，信息都可能被非授权访问而导致泄密，被篡改破坏而导致不完整，被冒充替换而导致否认，也可能被阻塞拦截而导致无法存取。这些破坏可能是蓄意的，如黑客攻击、病毒感染；也可能是无意的，如误操作、程序错误等。

一、网络黑客

　　网络黑客（Hacker）指的是网络的攻击者或非法侵入者。黑客攻击与入侵是指未经他人许可利用计算机网络非法侵入他人计算机，窥探他人的资料信息，破坏他人的软件系统或硬件系统的行为。它可以对信息所有人或用户造成严重损失，甚至可能对国家安全带来严重后果，具有严重的社会危害性。网络攻击与入侵已经成为一种最为常见的网络犯罪。

（一）黑客攻击的手段和方法

黑客攻击的手段和方法很多，其主要攻击方式有以下几类。

第一类是进行网络报文嗅探，指入侵者通过网络监听等途径非法截获关键的系统信息，如用户的账号和密码。一旦正确的账户信息被截取，黑客即可侵入你的网络。更严重的问题足，如果黑客获得了系统级的用户账号，就可以对系统的关键文件进行修改，如系统管理员的账号和密码、文件服务器的服务和权限列、注册表等，同时还可以创建新的账户，为以后随时侵入系统获取资源留下后门。

第二类是放置木马程序，如特洛伊木马等，这种木马程序是一种黑客软件程序，它可直接侵入计算机系统的服务器端和用户端。它常被伪装成工具软件或游戏程序等，诱使用户打开带有该程序的邮件附件或从网上直接下载。一旦用户打开这些邮件附件或执行这些程序之后，它们就会像古特洛伊人在敌人城外留下藏满士兵的木马一样留在用户计算机中，并在计算机系统中隐藏一个可在 Windows 启动时自动执行的程序。当用户连接 Internet 时，此程序会自动向黑客报告用户主机的 IP 地址及预先设定的端口。黑客在获取这些信息后，就可利用这个潜伏在用户计算机中的程序。任意修改用户主机的参数设定、复制文件、窥视硬盘中的内容信息等，从而达到控制目的。另外，目前网络还流行很多种新的木马及其变种，通过隐蔽手段隐藏不易察觉危险的文件或网页中，诱使用户点击运行，从而达到监听用户键盘，窃取用户重要的口令信息等。很大一部分的涉及网络金融案件、私密信息被盗案件都与用户服务器或计算机内被放置这种木马软件有关。

第三类是 IP 欺骗。IP 欺骗攻击指网络外部的黑客假冒受信主机，如通过使用用户网络 IP 地址范围内的 IP 地址或用户信任的外部 IP 地址，从而获得对特殊资源位置的访问权或截取用户账号和密码的一种入侵方式。

第四类是电子邮件炸弹。指将相同的信息反复不断地传给用户邮箱，实现用垃圾邮件塞满用户邮箱以达到破坏其正常使用的目的。

第五类是拒绝服务和分布式拒绝服务。其主要目的是使网络和系统服务不能正常进行。通常采用耗尽网络、操作系统或应用程序有限的资源的方法来实现。

第六类是密码攻击。指通过反复试探、验证用户账号和密码来实现密码破解的方式，又称为暴力攻击。一旦密码被攻破，即可进一步侵入系统。目前比较典型的是黑客通过僵尸软件远程控制网络上的计算机，形成僵尸网络，黑客通过控制的僵尸主机进行大规模的运算试探破解用户密码，进而入侵系统。

第七类是病毒攻击。许多系统都有这样那样的安全漏洞。黑客往往会利用这些系统漏洞或在传送邮件、下载程序中携带病毒的方式快速传播病毒程序，如 CIH、Worm. Red Code、震荡波、冲击波、熊猫烧香等，从而造成极大危害。另外，利用许多公开化的新技术，如 HTML 规范、HTTP 协议、XML 规范、SOAP 协议等，进行病毒传播逐渐成为新的病毒攻击方式。这些攻击利用网络传送有害的程序包括 Java Applets 和 ActiveX 控件，并通过用户浏览器的调用来实现。

第八类是端口扫描入侵．指利用 Socket 编程与目标主机的某些端口建立 TCP 连接，进行传输协议的验证等。从而侦知目标主机的扫描端口是否处于激活状态、主机提供了哪些服务台、提供的服务中是否含有某些缺陷等，并利用扫描所得信息和缺陷实施入侵的方式。

（二）网络入侵的抵御和防范

对个人上网用户来说，抵御和防范网络入侵显得尤为重要。应采取切实可靠的安全防护措施。

1. 使用病毒防火墙，及时更新杀毒软件 在个人计算机上安装一些防火墙软件，如金山毒霸，可实时监控并查杀病毒。同时，用户要认识到任何防护环节都具有一定的安全时效，即只有在一定时间内，防护软件具有较高的安全防护能力。因此，为了确保已安装的防火墙软件的有效性，用户在使用时应注意及时对其升级，以及时更新病毒库。

2. 隐藏自己主机的 IP 地址 黑客实施攻击的第一步就是获得你的 IP 地址。隐藏 IP 地址可以达到很好的防护目的。可采取的方法有：使用代理服务器进行中转，用户上网聊天、BBS 等不会留下自己的 IP。使用工具软件，如 Norton Internet Security 来隐藏自己主机的 IP 地址 – 避免在 BBS 和聊天室暴露个人信息。

3. 切实做好端口防范 黑客经常会利用端口扫描来查找你的 IP 地址，为有效阻止入侵，一方面可以安装端口监视程序，如 Netwatch，实时监视端口的安全；另一方面应当将不用的一些端口关闭。可采用 Norton Internet Security 关闭个人用户机上的 Http 服务端口（80 和 443 端口），因一般用户不需提供网页浏览服务；如果系统不要求提供 SMTP 和 POP3 服务，则可关闭 25 和 110 端口，其他一些不用的端口也可关闭。另外，建议个人用户关闭 139 端口，该端口实现了本机与其他 Windows 系统计算机的连接，关闭它，可防范绝大多数的攻击。

4. 关闭共享或设置密码，以防信息被窃 建议个人上网用户关闭硬盘和文件夹共享，如果确需共享，则应对共享的文件夹设置只读属性与密码，增强对文件信息的安全防护。

5. 加强 IE 浏览器对网页的安全防护 IE 浏览器是用户进行网页访问的主要工具，同时也成为黑客使用 HTTP 协议等实施入侵的一种重要途径。个人用户应通过对 IE 属性的设置来提高 IE 访问网页的安全性。如：提高 IE 安全级别；禁止 ActiveX 控件和 JavaApplet 的运行；禁止 Cookie；将黑客网站列入黑名单；及时安装补丁程序；上网前备份注册表等。

二、盗号木马

盗号木马是指隐秘在电脑中的一种恶意程序，并且能够伺机盗取各种需要密码的账户（如游戏帐户，应用程序帐户等）的木马病毒。盗号木马程序一般分为服务器端程序和客户端程序两个部分，当服务器端程序安装在某台连接到网络的电脑后，就能使用客户端程序对其进行登陆。这和 PcAnywhere 以及 NetMeeting 的远程控制功能相似。但不同的是，木马是非法取得对对方电脑的控制权，一旦登陆成功，就可以取得管理员级的权利，对方电脑上的资料、密码等是一览无余。一般他们都会采用只有服务器端的小木马，这类木马通常会把截取的密码发到一个邮箱里，不需要人为操作，有空去收趟邮件就可以了。这种木马遍布互联网的各个角落，防不胜防，由于木马程序众多，加之不断有新版本、新品种产生，使得杀毒软件无法完全应付，所以手动检查清除是十分必要的。

木马会想尽一切办法隐藏自己，别指望在任务管理器里看到他们的踪影，有些木马更是会和一些系统进程寄生在一起的。如著名的广外幽灵就是寄生在 MsgSrv32. exe 里，它也会悄无声息地启动，木马会在每次用户启动 windows 时自动装载服务端，Windows 系统启动时自动加载应用程序的方法木马都会用上。如启动组、win. ini、system. ini、注册表等等都是木马藏身之地。

三、手机病毒

手机病毒是一种具有传染性、破坏性的手机程序。其可利用发送短信、彩信，电子邮件，浏览网站，下载铃声，蓝牙等方式进行传播，会导致用户手机死机、关机、个人资料被删、向外发送垃圾邮件、泄露个人信息、自动拨打电话、发短（彩）信等进行恶意扣费，甚至会损毁 SIM 卡、芯片等硬件，导致中毒者无法正常使用手机。

为了防止手机病毒，应下载360手机卫士，或金山手机卫士，或安全管家（推荐），这些软件都有防自动联网功能与查杀手机木马的功能。

四、个人隐私安全

在现代生活中，互联网络的广泛应用为人们提供了更为广泛的信息收集与传播的途径，从而极大地改变了人们的活动空间与具体生活方式，为人们的日常生活带来了新的体验。然而，在享受着互联网络为人们日常生活带来的方便快捷的同时，互联网络的广泛应用同时也导致个人隐私的安全问题遭受了极大的威胁。由于当前互联网络自身的一些特点，个人的网络隐私权益遭到侵犯的事件时有发生，其受侵害的程度也日趋严重。

早在几年前，一些名人们就开始被"门"了。我们的隐私泄露可能来自于对网络信息的不重视，可能是来自于一个木马病毒，可能是一些存有安全隐患的网站被黑客利用，还有一些厂商的有意泄露，也有可能是来自软件收集用户隐私了。不过，如何界定何为隐私一直是网友所迷惑的问题。而在技术层面，很早就有一些软件厂商或网站会在提供服务时在经过用户允许的前提下捕获收集一些用户的行为习惯，方便在软件升级时使用更加直观，很多社区网络、即时聊天工具、电子邮箱等也在收集用户的手机号码和个人信息，包括一些大型门户网站也在这么做，个人用户最好不要留下自己的重要信息，目前的互联网环境还不足以保护你的信息安全。

为了保护个人隐私安全，应该做到以下几点。

1. 要严密防范SNS网站的蠕虫攻击。对于普通用户来讲，可以安装免费的"瑞星卡卡上网助手6.0"，利用其中的漏洞扫描功能，弥补系统漏洞；安装瑞星杀毒软件，其中的基于云安全系统的"防挂马模块"，可以利用行为分析方法，拦截SNS网站上的盗号木马、蠕虫等。

2. 在社交网站填写任何个人资料之前，都要了解到其中蕴含的风险　尽量不要在社交网站填写过于详细的个人资料。尤其是自己的收入水平、婚姻状况，自己是否买股票、基金等个人隐私，很容易被有心人利用，进行商业推广和诈骗。

3. 不要轻易加MSN好友、QQ好友、SNS网站好友　随着SNS网站的发展，这些个人资料往往有集中、整合的趋势，例如，你一旦加了某人为MSN好友，则他在很多SNS网站会自动成为你的好友。这样，即使是一个十分陌生的人，也可能了解到你最隐私的个人资料。

4. 在使用SNS网站时，要充分利用其安全机制　例如，通过SNS网站邀请好友时，如果输入了自己的MSN帐号密码、邮箱帐号密码，在使用完该功能之后要马上修改密码。这样，就可以规避掉一些安全风险。

5. 检查自己的计算机名，是否是自己的名字，密码跟自己的银行密码是否相同，如果是最好改掉。电脑上保存文件也忌讳使用真实名字，因为电脑丢失、资料失窃时刻，可能还会有其他连锁性的效应。电脑上如果保存重要的账户资料、客户资料，最好设置在一个隐蔽的地方，一定不要出现一打开分区就是"银行账户"、"重要客户资料"等这样标识的文件夹。

6. 招聘网站尽量使用X先生或X小姐的称呼，因为在后台数据里，大部分用户的信息全部可以查出来，也是泄密的多发地点。

7. 在线交易地址检查确认正确无误后，才可以输入自己的帐号号码和密码等信息，防止钓鱼网站，防火墙安装病毒库及时更新，系统补丁能打最好打上，关键的交易不要在公共计算机上进行。

8. 手机拍照后的照片，最好不要长期保持在手机中。手机如果有开机密码功能最好开启使用，并设置足够强度的开机密码。要注意自己手机发送草稿和已发送信息保存功能，该定期删除的还是要删除掉。手机上网用户的登录信息、银联信息等，一定每次输入，不要保存。

任务二　常用的网络安全技术

随着信息化时代的到来，互联网、计算机等信息传播工具被使用到的范围越来越广泛，所以计算机信息安全技术也变得日益重要起来，常用的网络安全技术主要有：数据加密技术、访问控制技术、入侵检测技术和病毒防治技术等。

一、数据加密与认证

通过使用加密技术将明文转换成为无法被识别的密文后，再进行传播的技术称为数据加密技术。一般情况下存储数据加密和传输数据加密是比较常见的两种加密技术。其中对传输过程中的信息数据进行加密的技术称为数据传输加密技术，常见的加密方法有节点加密、链路加密和端到端加密三种加密方法，通过对传输中的数据使用相关的加密技术进行加密，可以有效地保证传输数据的完善性和数据传输过程中的安全性。一个完善的加密系统主要是由算法、明文、密文、密钥、加密和解密等方面组成的。其中密钥决定了加密系统数据的安全性，因此进行信息安全技术管理的过程中要对密钥进行严格的管理。

（一）数据加密

数据加密又称密码学，它是一门历史悠久的技术，指通过加密算法和加密密钥将明文转变为密文，而解密则是通过解密算法和解密密钥将密文恢复为明文。数据加密目前仍是计算机系统对信息进行保护的一种最可靠的办法。它利用密码技术对信息进行加密，实现信息隐蔽，从而起到保护信息的安全的作用。

数据加密（Data Encryption）算法是一种数学变换，在选定参数（密钥）的参与下，将信息由易于理解的明文加密为不易理解的密文，同时也可以将密文解密为明文。加、解密时用的密钥可以相同，也可以不同。加、解密密钥相同的算法称为对称算法，典型的算法有 DES、AES 等；加、解密密钥不同的算法称为非对称算法，通常一个密钥公开，另一个密钥私藏，因而也称为公钥算法，典型的算法有 RSA、ECC 等。

密码理论是信息安全的基础，信息安全的机密性、完整性和抗否认性都依赖于密码算法。密码学的主要研究内容是加密算法、消息摘要算法、数字签名算法以及密钥管理协议等，这些研究成果为建设安全平台提供理论依据。

密码理论的研究重点是算法，包括数据加密算法、数字签名算法、消息摘要算法及相应的密钥管理协议等。这些算法提供两方面的服务：一方面，直接对信息进行运算，保护信息的安全特性，即通过加密变换保护信息的机密性，通过消息摘要变换检测信息的完整性，通过数字签名保护信息的抗否认性；另一方面，提供对身份认证和安全协议等理论的支持。

（二）消息认证

消息认证是指使合法的接收方能够通过对消息或者消息有关的信息进行加密或签名变换进行的认证，目的是为了防止传输和存储的消息被伪造或篡改，包括消息内容认证（即消息完整性认证）、消息的源和宿认证（即身份认证）及消息的序号和操作时间认证等。它在票据防伪中具有重要应用，如税务的金税系统和银行的支付密码器等。

消息认证主要通过密码学的方法来实现，对通信双方的验证可采用数字签名和身份认证技术，对消息内容是否伪造或篡改通常使用的方式是在消息中加入一个认证码，并加密后发送给接收方，接受方通过对认证码的比较来确认消息的完整性。

消息内容认证常用的方法：消息发送者在消息中加入一个鉴别码（MAC、MDC 等）并经加密后发送给接受者（有时只需加密鉴别码即可）。接受者利用约定的算法对解密后的消息进行鉴别运算，将得到的鉴别码与收到的鉴别码进行比较，若二者相等，则接收，否则拒绝接收。

消息源和宿的常用认证方法有两种。一种是通信双方事先约定发送消息的数据加密密匙，接收者只需要证实发送来的消息是否能用该密匙还原成明文就能鉴别发送者。如果双方使用同一个数据加密密匙，那么只需在消息中嵌入发送者识别符即可。另一种是通信双方实现约定各自发送消息所使用的通行字，发送消息中含有此通行字并进行加密，接收者只需判别消息中解密的通行字是否等于约定的通行字就能鉴别发送者。为了安全起见，通行字应该是可变的。

消息的序号和时间性的认证主要是阻止消息的重放攻击。常用的方法有消息的流水作业、链接认证、随机树认证和时间戳等。

（三）数字签名

数字签名（DigitalSignature）是采用密码学的方法对传输中的明文信息进行加密，以保证信息发送方的合法性，同时防止发送方的欺骗和抵赖。数字签名的原理是将报文按双方约定的 HASH 算法计算，得到一个固定位数的报文摘要值，只要改动报文的任何一位，重新计算出的报文摘要值就会与原始值不符，这样就保证了报文的不可更改；然后把该报文的摘要值用发送者的私人密钥加密，并将该密文同原文一起发送给接收者，所产生的报文即为数字签名。接收方收到数字签名后，用同样的 HASH 算法对报文计算摘要值，然后与用发送者的公钥进行解密解开的报文摘要值相比较。如相等则说明报文确实来自发送者，因为只有用发送者的签名私钥加密的信息才能用发送者的公钥解开，从而保证了数据的真实性。数字签名是个加密的过程，数字签名验证是个解密的过程。

数字签名主要是消息摘要和非对称加密算法的组合应用。从原理上讲，通过私有密钥用非对称算法对信息本身进行加密，即可实现数字签名功能。数字签名相对于手写签名在安全性方面具有如下特点：数字签名不仅与签名者的私钥有关，而且与报文的内容有关，因此不能将签名者对一份报名的签名复制到另一份报文上，同时能防止篡改报文的内容。

（四）密钥管理

密码算法是可以公开的，但密钥必须严格保护。如果非授权用户获得加密算法和密钥，则很容易破解或伪造密文，加密也就失去了意义。密钥管理（Key Management）就是研究密钥的产生、发放、存储、更换和销毁的算法和协议等。

（五）身份认证

身份认证（Authentication）是指验证用户身份与其所声称的身份是否一致的过程。最常见的身份认证是口令认证，口令认证是在用户注册时记录下其用户名和口令，在用户请求服务时出示用户名和口令，通过比较其出示的用户名和口令与注册时记录下的是否一致来鉴别身份的真伪。复杂的身份认证则需要基于可信的第三方权威认证机构的保证和复杂的密码协议来支持，如基于证书认证中心和公钥算法的认证等。

在进行编码信息、文件和邮件的传输过程中，可以使用数字认证对身份进行绑定。通过使用数字认证进行加密，确保了信息传播的完整性和不可否认性。不过需要注意的是相关数据在使用数据认证加密后，在规定时间内有效，当超过有效时间后要重新申请证书。

二、访问控制

在计算机安全技术中，访问控制也是一个非常重要的技术，主要是由访问机制和访问原则组成，其中访问原则主要是用来对所有用户的权限进行限制，访问控制机制主要是用来对访问策略进行控制。当安全系统中存在很多加密资源不同、用户等级不同的情况时，就需要使用强制访问的方法进行控制。在对相关人员权限进行设置时，只有系统管理员才有权限进行相关设置。

访问控制（Access Control）指系统对用户身份及其所属的预先定义的策略组限制其使用数据资源能力的手段。通常用于系统管理员控制用户对服务器、目录、文件等网络资源的访问。访问控制是系统保密性、完整性、可用性和合法使用性的重要基础，是网络安全防范和资源保护的关键策略之一，也是主体依据某些控制策略或权限对客体本身或其资源进行的不同授权访问。其主要目的是限制访问主体对客体的访问，从而保障数据资源在合法范围内得以有效使用和管理。

访问控制涉及的技术也比较广，包括入网访问控制、网络权限控制、目录级控制以及属性控制等多种手段。

（一）入网访问控制

入网访问控制为网络访问提供了第一层访问控制。它控制哪些用户能够登录到服务器并获取网络资源，控制准许用户入网的时间和准许他们在哪台工作站入网。用户的入网访问控制可分为三个步骤：用户名的识别与验证、用户口令的识别与验证、用户账号的缺省限制检查。三道关卡中只要任何一关未过，该用户便不能进入该网络。对网络用户的用户名和口令进行验证是防止非法访问的第一道防线。为保证口令的安全性，用户口令不能显示在显示屏上，口令长度应不少于6个字符，口令字符最好是数字、字母和其他字符的混合，用户口令必须经过加密。用户还可采用一次性用户口令，也可用便携式验证器（如智能卡）来验证用户的身份。网络管理员可以控制和限制普通用户的账号使用、访问网络的时间和方式。用户账号只有系统管理员才能建立。用户口令应是每用户访问网络所必须提交的"证件"、用户可以修改自己的口令，但系统管理员应该可以控制口令的以下几个方面的限制：最小口令长度、强制修改口令的时间间隔、口令的唯一性、口令过期失效后允许入网的宽限次数。用户名和口令验证有效之后，再进一步履行用户账号的缺省限制检查。网络应能控制用户登录入网的站点、限制用户入网的时间、限制用户入网的工作站数量。当用户对交费网络的访问"资费"用尽时，网络还应能对用户的账号加以限制，用户此时应无法进入网络访问网络资源。网络应对所有用户的访问进行审计。如果多次输入口令不正确，则认为是非法用户的入侵，应给出报警信息。

（二）网络权限控制

网络的权限控制是针对网络非法操作所提出的一种安全保护措施。用户和用户组被赋予一定的权限。网络控制用户和用户组可以访问哪些目录、子目录、文件和其他资源。可以指定用户对这些文件、目录、设备能够执行哪些操作。受托者指派和继承权限屏蔽可作为两种实现方式。受托者指派控制用户和用户组如何使用网络服务器的目录、文件和设备。继承权限屏蔽相当于一个过滤器，可以限制子目录从父目录那里继承哪些权限。我们可以根据访问权限将用户分为以下几类：特殊用户（即系统管理员）；一般用户，系统管理员根据他们的实际需要为他们分配操作权限；审计用户，负责网络的安全控制与资源使用情况的审计。用户对网络资源的访问权限可以用访问控制表来描述。

（三）目录级安全控制

网络应允许控制用户对目录、文件、设备的访问。用户在目录一级指定的权限对所有文件和子目录有效，用户还可进一步指定对目录下的子目录和文件的权限。对目录和文件的访问权限一般有八种：系统管理员权限、读权限、写权限、创建权限、删除权限、修改权限、文件查找权限、访问控制权限。用户对文件或目标的有效权限取决于以下两个因素：用户的受托者指派、用户所在组的受托者指派、继承权限屏蔽取消的用户权限。一个网络管理员应当为用户指定适当的访问权限，这些访问权限控制着用户对服务器的访问。八种访问权限的有效组合可以让用户有效地完成工作，同时又能有效地控制用户对服务器资源的访问，从而加强了网络和服务器的安全性。

（四）属性安全控制

当用文件、目录和网络设备时，网络系统管理员应给文件、目录等指定访问属性。属性安全在权限安全的基础上提供更进一步的安全性。网络上的资源都应预先标出一组安全属性。用户对网络资源的访问权限对应一张访问控制表，用以表明用户对网络资源的访问能力。属性设置可以覆盖已经指定的任何受托者指派和有效权限。属性往往能控制以下几个方面的权限：向某个文件写数据、拷贝一个文件、删除目录或文件、查看目录和文件、执行文件、隐含文件、共享、系统属性等。

（五）服务器安全控制

网络允许在服务器控制台上执行一系列操作。用户使用控制台可以装载和卸载模块，可以安装和删除软件等操作。网络服务器的安全控制包括可以设置口令锁定服务器控制台，以防止非法用户修改、删除重要信息或破坏数据；可以设定服务器登录时间限制、非法访问者检测和关闭的时间间隔。

三、防火墙

随着互联网的发展，网络安全成为网络建设中的关键技术，企业及组织为确保内部网络及系统的安全，必须设置不同层次的信息安全解决机制，防火墙（Firewall）就是最常被优先考虑的安全控管机制。

所谓防火墙指的是一个由软件和硬件设备组合而成，在企业的内部局域网（Intranet）和外部网（Internet）之间、专用网与公共网之间的界面上构造的保护屏障，用于限制 Internet 用户对内部网络的访问以及管理内部用户访问外界的权限，从而保护内部网免受非法用户的侵入，是一种获取安全性方法的形象说法。防火墙主要由服务访问规则、验证工具、包过滤和应用网关 4 个部分组成，防火墙就是一个位于计算机和它所连接的网络之间的软件或硬件。该计算机流入流出的所有网络通信和数据包均要经过此防火墙。

一个完善的防火墙系统应该做到：在数据传输的过程中，经过授权的数据可以从防火墙通过；使用防火墙可以对公司内部网络和外部网络进行隔离；防火墙要使用当前最先进的安全技术，可以抵抗多种攻击。

（一）按防火墙软硬件形式分类

1. 软件防火墙　软件防火墙单独使用软件系统来完成防火墙功能，将软件部署在系统主机上，其安全性较硬件防火墙差，同时占用系统资源，在一定程度上影响系统性能。其一般用于单机系统或是极少数的个人计算机，很少用于计算机网络中。目前比较流行的软件防火墙有：Checkpoint、Comodo Firewall、PC Tools Firewall Plus 等。

2. 硬件防火墙　硬件防火墙是指把防火墙程序做到芯片里面，由硬件执行这些功能，能减少 CPU 的负担，使路由更稳定。

3. 芯片级防火墙　芯片级防火墙采用专门设计的硬件平台，在上面搭建的软件也是专门开发的，并非流行的操作系统，因而可以达到较好的安全性能保障。专有的 ASIC 促使它们比其他种类的防火墙速度更快，性能更高，价格也相对更贵。做这类防火墙最出名的厂商有：NetScreen、Fortinet、Cisco 等。

（二）按防火墙技术分类

1. 包过滤型　包过滤型防火墙工作在 OSI 网络参考模型的网络层和传输层，它根据数据包头源地址，目的地址、端口号和协议类型等标志确定是否允许通过。只有满足过滤条件的数据包才被转发到相应的目的地，其余数据包则被从数据流中丢弃。

包过滤方式是一种通用、廉价和有效的安全手段。之所以通用，是因为它不是针对各个具体的网络服务采取特殊的处理方式，适用于所有网络服务；之所以廉价，是因为大多数路由器都提供数据包过滤功能，所以这类防火墙多数是由路由器集成的；之所以有效，是因为它能很大程度上满足了绝大多数企业安全要求。

在整个防火墙技术的发展过程中，包过滤技术出现了两种不同版本，称为"第一代静态包过滤"和"第二代动态包过滤"。

2. 应用代理型　应用代理型防火墙是工作在 OSI 的最高层，即应用层。其特点是完全"阻隔"了网络通信流，通过对每种应用服务编制专门的代理程序，实现监视和控制应用层通信流的作用。在代理型防火墙技术的发展过程中，它也经历了两个不同的版本，即：第一代应用网关型代理防火和第二代自适应代理防火墙。

（三）按防火墙结构分类

1. 单一主机防火墙　单一主机防火墙是最为传统的防火墙，独立于其他网络设备，它位于网络边界。这种防火墙其实与一台计算机结构差不多，同样包括 CPU、内存、硬盘等基本组件，且主板上也有南、北桥芯片。它与一般计算机最主要的区别就是一般防火墙都集成了两个以上的以太网卡，因为它需要连接一个以上的内、外部网络。其中的硬盘就是用来存储防火墙所用的基本程序，如包过滤程序和代理服务器程序等，有的防火墙还把日志记录也记录在此硬盘上。因此它要求具备非常高的稳定性、实用性、系统吞吐性能。

2. 路由器集成式防火墙　原来单一主机的防火墙由于价格非常昂贵，仅有少数大型企业才能承受得起，为了降低企业网络投资，现在许多中、高档路由器中集成了防火墙功能。如 Cisco IOS 防火墙系列。但这种防火墙通常是较低级的包过滤型。这样企业就不用再同时购买路由器和防火墙，大大降低了网络设备购买成本。

3. 分布式防火墙　随着防火墙技术的发展及应用需求的提高，原来作为单一主机的防火墙现在已发生了许多变化。最明显的变化就是现在许多中、高档的路由器中已集成了防火墙功能，还有的防火墙已不再是一个独立的硬件实体，而是由多个软、硬件组成的系统，这种防火墙，俗称"分布式防火墙"。它不是只位于网络边界，而是渗透到网络的每一台主机，对整个网络上的主机实施保护。

（四）按防火墙应用部署分类

1. 边界防火墙　边界防火墙是最为传统的那种，它们于内、外部网络的边界，所起的作用的对内、外部网络实施隔离，保护边界内部网络。这类防火墙一般都是硬件类型的，价格较贵，性能较好。

2. 个人防火墙　个人防火墙安装于单台主机中，防护的也只是单台主机。应用于广大的个人用户，通常为软件防火墙。常见的个人防火墙有：天网防火墙个人版、瑞星个人防火墙、360 木马防火墙、费尔个人防火墙、江民黑客防火墙和金山网标等。

3. 混合式防火墙　混合式防火墙可以说就是"分布式防火墙"或者"嵌入式防火墙"，它是一整套防火墙系统，由若干个软、硬件组件组成，分布于内、外部网络边界和内部各主机之间，既对内、外部网络之间通信进行过滤，又对网络内部各主机间的通信进行过滤。

它属于最新的防火墙技术之一，性能最好，价格也最贵。

四、入侵检测

入侵检测（Intrusion Detection）是对入侵行为发现和响应的系统。它通过收集和分析计算机网络行为、安全日志、审计数据、其他网络上可以获得的信息以及计算机系统中若干关键点的信息，检查网络或系统中是否存在违反安全策略的行为和被攻击的迹象。入侵检测作为一种积极主动地安全防护技术，提供了对内部攻击、外部攻击和误操作的实时保护，在网络系统受到危害之前拦截和响应入侵。因此被认为是防火墙之后的第二道安全闸门，在不影响网络性能的情况下能对网络进行监测。入侵检测通过执行以下任务来实现：监视、分析用户及系统活动；系统构造和弱点的审计；识别反映已知进攻的活动模式并向相关人士报警；异常行为模式的统计分析；评估重要系统和数据文件的完整性；操作系统的审计跟踪管理，并识别用户违反安全策略的行为。

入侵检测是防火墙的合理补充，帮助系统对付网络攻击，扩展了系统管理员的安全管理能力（包括安全审计、监视、进攻识别和响应），提高了信息安全基础结构的完整性。它从计算机网络系统中的若干关键点收集信息，并分析这些信息，看看网络中是否有违反安全策略的行为和遭到袭击的迹象。入侵检测被认为是防火墙之后的第二道安全闸门，在不影响网络性能的情况下能对网络进行监测，从而提供对内部攻击、外部攻击和误操作的实时保护。

任务三　计算机病毒及其防范

在信息时代，随着计算机及计算机网络的普及，计算机在人类生活各个领域中已经成了不可缺少的工具。同时，计算机病毒也接踵而至，给计算机系统和网络带来巨大的潜在威胁和破坏。因此，了解一些关于计算机病毒及预防知识是必要的。

一、计算机病毒定义

计算机病毒（Computer Virus）在《中华人民共和国计算机信息系统安全保护条例》中被明确定义这"编制者在计算机程序中插入的破坏计算机功能或者破坏数据，影响计算机使用并且能够自我复制的一组计算机指令或者程序代码"。

与医学上的"病毒"不同，计算机病毒不是天然存在的，是某些人利用计算机软件和硬件所固有的脆弱性编制的一组指令集或程序代码。它能通过某种途径潜伏在计算机的存储介质（或程序）里，当达到某种条件时即被激活，通过修改其他程序的方法将自己的精确拷贝或者可能演化的形式放入其他程序中。从而感染其他程序，对计算机资源进行破坏，所谓的病毒就是人为造成的，对其他用户的危害性很大。

从广义上定义，凡能够引起计算机故障，破坏计算机数据的程序统称为计算机病毒。它能通过磁盘或计算机网络等媒介进行传染，这种传染就像生物病毒传染一样，具有一定的破坏性，并具有一定的潜伏性，使人们不易觉察，等到条件成熟（如特定的时间或特定的环境或配置），病毒便发作，从而给整个计算机系统或网络造成紊乱甚至瘫痪。

二、计算机病毒特点

（一）寄生性

每一类计算机病毒程序都需要它自己的宿主程序，即它必须寄生在一个合法的程序之中，并且以此程序为生存环境。当执行这个程序时，病毒也被启动，同时起到破坏作用；但是，在不启动宿主程序之前是不容易被用户所发觉的。

（二）传染性

传染性是病毒的基本特征，是指病毒具有自我复制传播或者通过其他途径进行传播的特性。病毒一旦进入计算机系统并得以执行，它会很快地搜寻其他符合其传染条件的程序或者介质，确定目标后再将自身代码插入其中，以实现自我繁殖。一般正常的计算机程序不会将自身的代码强行连接到其他程序之上的，但是，病毒则会尽最大可能性地连接到其他程序上，以实现传染的目的。是否具有传染性是用户判断一个程序是否为计算机病毒的重要条件。

（三）潜伏性

潜伏性的第一种表现是指，病毒程序不用专用检测程序是检查不出来的，因此病毒可以潜伏在磁盘或磁带里几天，甚至几年，一旦时机成熟，得到运行机会，就又要四处繁殖、扩散，继续危害。潜伏性的第二种表现是指，计算机病毒的内部往往有一种触发机制，不满足触发条件时，计算机病毒除了传染外没有别的破坏。触发条件一旦得到满足，有的在屏幕上显示信息、图形或特殊标识，有的则执行破坏系统的操作，如格式化磁盘、删除磁盘文件、对数据文件做加密、封锁键盘以及使系统死锁等。

（四）隐藏性

病毒程序大都小巧玲珑，一般只有几百或1k字节，可以隐蔽在可执行文件夹或数据文件中，有的可以通过病毒软件检查出来，有的根本就查不出来。一般在没有防护措施的情况下，计算机病毒程序取得系统控制权后，可以在很短的时间里感染大量程序。而且受到传染后，计算机系统通常仍能正常运行，使用户不会感到任何异常。试想，如果病毒在传染到计算机上之后，机器马上无法正常运行，那么它本身便无法继续进行传染了。正是由于隐蔽性，计算机病毒得以在用户没有察觉的情况下扩散到上百万台计算机中。

（五）破坏性

计算机系统是开放性的，开放程度越高，软件所能访问的计算机资源就越多，系统就越易受到攻击。病毒的破坏性因计算机病毒的种类不同而差别很大。轻者会降低计算机工作效率，占用系统资源，重者可导致系统崩溃。

（六）可触发性

因某个事件或数值的出现，诱使病毒实施感染或进行攻击的特性称为可触发性。为了隐藏自己，病毒必须潜伏，少做动作。如果完全不动，一直潜伏，病毒既不能感染也不能进行破坏，便失去了杀伤力。病毒既要隐藏又要维持杀伤力，它必须具有可触发性。

（七）衍生性

由于计算机病毒本身是一段计算机系统可执行的文件（程序），所以这种程序反映了设计者的一种设计思想同时，又由于计算机病毒本身也是由几部分组成的，如安装部分、传染部分和破坏部分等，因此这些模块很容易被病毒本身或其他模仿者所修改，使之成为一种不同于原病毒的计算机病毒。

三、计算机病毒分类

（一）根据病毒的危害程度分类

1. 良性病毒　破坏性较小，除占用系统一定开销、降低运行速度、显示受到某种干扰外，不致产生严重后果。如小球病毒。

2. 恶性病毒　破坏力和危害性极大，它寄生在可执行文件中，会删除文件、消除数据文件，甚至摧毁整个系统软件，造成灾难性后果。如大麻病毒、新世纪病毒。大麻病毒感染时进入引导扇区，把原引导程序搬到磁盘固定位置，而不管该处有什么用途，因而往往对程序和数据造成永久性破坏。

（二）根据病毒感染的目标分类

1. 引导型病毒　寄生在磁盘引导区或主引导区的计算机病毒。病毒将自身的全部或部分逻辑取代正常的引导记录，而将正常的引导记录隐藏在介质的其他存储空间。由于引导区是计算机系统正常工作的先决条件，所以此类病毒可在计算机运行前获得控制权，其传染性较强。如 Monkey、CMOS destronger 等。

2. 文件型病毒　能感染可执行文件（COM，EXE），将病毒程序嵌入可执行中并取得执行权。其特点是附着于正常程序文件，成为程序文件的一个外壳或部件。这是较为常见的传染方式，如 "Dir II" 病毒、Hongkong 病毒、宏病毒、CIH 病毒。

3. 混合型病毒　既可感染（主）引导扇区，也可感染文件。如 1997 年国内流行较广的 TPVO – 3783（SPY）病毒、One half 病毒。

（三）根据病毒的寄生媒介分类

1. 入侵型病毒　可用自身代替正常程序中的部分模块或堆栈区。因此这类病毒只攻击某些特定程序，针对性强。一般情况下也难以被发现，清除起来也较困难。

2. 源码型病毒　较为少见，亦难以编写。因为它要攻击高级语言编写的源程序，在源程序编译之前插入其中，并随源程序一起编译、连接成可执行文件。此时刚刚生成的可执行文件便已经带毒了。

3. 外壳型病毒　将自身附在正常程序中的开头或结尾，相当于给正常程序加了个外壳。当运行被病毒感染的程序时，病毒程序也被执行，从而达到传播扩散的目的。大部分的文件型病毒都属于这一类。

4. 操作系统型病毒　可用其自身部分加入或替代操作系统的部分功能。因其直接感染操作系统，这类病毒的危害性也较大。

四、计算机病毒传播途径

计算机病毒必须要"搭载"到计算机上才能感染系统，通常它们是附加在某个文件上。计算机病毒的传播主要通过文件拷贝、文件传送、文件执行等方式进行，文件拷贝与文件传送需要传输媒介，文件执行则是病毒感染的必然途径（Word、Excel 等宏病毒通过 Word、Excel 调用间接地执行），因此，病毒传播与文件传播媒体的变化有着直接关系。目前，计算机病毒的主要传播途径有：

1. 通过电子邮件进行传播　病毒附着在电子邮件中，一旦用户打开邮件，病毒就会被激活并感染电脑，对本地进行一些有危害性的操作。常见的电子邮件病毒一般由合作单位或个人通过 E – mail 上报、FTP 上传、Web 提交而导致病毒在网络中传播。

2. 利用系统漏洞进行传播　由于操作系统固有的一些设计缺陷，导致被恶意用户通过畸形的方式利用后，可执行任意代码，这就是系统漏洞。病毒往往利用系统漏洞进入系统，达到传播的目的。

3. 通过 MSN、QQ 等即时通信软件进行传播　有时候频繁地打开即时通讯工具传来的网址、来历不明的邮件及附件、到不安全的网站下载可执行程序等，都会导致网络病毒进入计算机。现在很多木马病毒可以通过 MSN、QQ 等即时通信软件进行传播，一旦你的在线好友感染病毒，那么所有好友将会遭到病毒的入侵。

4. 通过网页进行传播　网页病毒主要是利用软件或系统操作平台等的安全漏洞，通过执行嵌入在网页 HTML 超文本标记语言内的 Java Applet 小应用程序，JavaScript 脚本语言程序，ActiveX 软件部件网络交互技术支持可自动执行的代码程序，以强行修改用户操作系统的注册表设置及系统实用配置程序，给用户系统带来不同程度的破坏。

5. 通过移动存储设备进行传播　移动存储设备包括我们常见的软盘、磁带、光盘、移动硬盘、U 盘（含数码相机、MP3 等），病毒通过这些移动存储设备在计算机间进行传播。

五、计算机病毒防治

纵观计算机病毒的发展历史，计算机病毒已经从最初的挤占 CPU 资源、破坏硬盘数据逐步发展成为破坏计算机硬件设备，严重影响到工作和学习。为了保护计算机不要受到病毒的破坏，应该采取各种安全措施预防病毒，不给病毒以可乘之机。另外，就是使用各种杀毒程序，把病毒杀死，从电脑中清除出去。

（一）做好预防工作

杀毒软件做得再好，也只是针对已经出现的病毒，它们对新的病毒是无能为力的。而新的病毒总是层出不穷，并且在 Internet 高速发展的今天，病毒传播也更为迅速。一旦感染病毒，计算机就会受到不同程度损害。虽然到最后病毒可以被杀掉，但损失却是无法挽回的。

因此，事先预防病的入侵是阻止病毒攻击和破坏的最有效手段，主要的预防病毒措施有以下几种。

1. 安全地启用计算机系统　给系统盘与文件加以写保护，防止被感染。在保证硬盘无毒的情况下，尽量使用硬盘引导系统。启动前将软盘或 U 盘从驱动器中取出，以防启动时读过软盘或 U 盘，病毒也有可能进入内存。

2. 安全地使用计算机系统　在自己的计算机上使用别人的 U 盘应先进行病毒检测，在别人的计算机上使用过曾打开写保护的或无写保护的自己的 U 盘，再在自己的计算机上使用时，也应先进行病毒检测。对重点保护的计算机系统应做到专人、专机、专用。不要随便拷贝来历不明的软件，不要使用未经授权的软件。游戏软件和网上的免费软件是病毒的主要载体，使用前一定要用杀毒软件检查，防患于未然。一般不要在工作机上玩游戏。

3. 备份重要的数据　系统软件要及时备份，以防系统遭到破坏时，把损失降到最小限度。在计算机没有染毒时，一定要做一张或多作几张系统启动盘。因为很多病毒虽然杀除后就消失了，但也有些病毒在电脑一启动时就会驻留在内存中，在这种带有病毒的环境下杀毒只能把它们从硬盘上杀除，而内存中还有，杀完了立刻又染上，所以想要杀除它们的话，一定要用没有感染病毒的启动盘从软盘启动，才能保证电脑启动后内存中没有病毒。也只有这样，才能将病毒彻底杀除。再强调一下，备份文件和做启动盘时一定要保证你的电脑中是没有病毒的，否则的话只会适得其反。重要数据文件要定期做备份，如果硬盘资料已遭损坏，不必立即格式化，可利用反病毒程序加以分析、重建，可能可以恢复被破坏的文件资料。

4. 谨慎下载文件　不要轻易下载小网站的软件与程序，不要光顾那些很诱惑人的小网站，因为这些网站很有可能就是网络陷阱，不要随便打开某些来路不明的 E－mail 与附件程序，不要在线启动、阅读某些文件，否则您很有可能成为网络病毒的传播者。

5. 留意计算机系统的异常　机器不能正常启动。加电后机器根本不能启动，或者可以启动，但所需要的时间比原来的启动时间变长了，有时会突然出现黑屏现象。

运行速度降低。如果发现在运行某个程序时，读取数据的时间比原来长，存文件或调用文件的时间都增加了，那就可能是由于病毒造成的。

磁盘空间迅速变小。由于病毒程序要进驻内存，而且又能繁殖，因此使内存空间变小甚至变为"0"，用户什么信息也进不去。

文件内容和长度有所改变。一个文件存入磁盘后，本来它的长度和其内容都不会改变，可是由于病毒的干扰，文件长度可能改变，文件内容也可能出现乱码。有时文件内容无法显示或显示后又消失了。

经常出现"死机"现象。正常的操作是不会造成死机现象的，即使是初学者，命令输入不对也不会死机。如果机器经常死机，那可能是由于系统被病毒感染了。

外部设备工作异常。因为外部设备受系统的控制，如果机器中有病毒，外部设备在工作时可能会出现一些异常情况，出现一些用理论或经验说不清道不明的现象。如屏幕显示异常，出现一些莫明其妙的图形。

如发生上述现象，应意识到可能感染上病毒了，但也不能把每一个异常现象或非期望后果都归于计算机病毒，因为可能还有别的原因，如程序设计错误造成的异常现象。

6. 经常杀毒 经常使用杀毒软件对计算机作检查，及时发现病毒、消除病毒，并及时升级杀毒软件。

（二）清除病毒

尽管采取了各种预防措施，有时仍不免会染上病毒。因此，检测和消除病毒仍是用户维护系统正常运转所必需的工作。目前流行的杀毒软件较多，有：360、金山毒霸、KV300、KILL、瑞星、PC CILLIN、NAV、MCAFEE 等。使用这些软件时必须先用杀毒盘或干净（保证无毒）的系统盘启动。

📊 重点小结

本模块主要介绍了计算机的产生、发展历程、发展趋势以及在信息社会中的重要作用，其次通过介绍冯·诺依曼计算机体系结构，分析了计算机的工作原理、系统组成及计算机中信息的存储与表示；最后通过当前生活中日趋严重的信息安全问题的，介绍了计算机安全与防护。

📝 实训一 计算机基本操作

请按以下步骤进行操作：

1. 启动计算机

（1）打开电源，按下主机箱上的 POWER 按钮，打开计算机。

（2）在开机自检中查看计算机的硬件配置。

2. 键盘操作

（1）查看键盘的几个功能区，确定正确的打字姿势，熟悉基本键盘操作。

（2）选择操作系统中的输入法进行指法的训练。

（3）键盘上各键的使用。

3. 鼠标操作

（1）查看鼠标左、右按钮的基本功能。

（2）熟悉鼠标左、右按钮的使用方式，使用鼠标对操作系统中的对象进行单击、双击、拖拽、右击等基本操作。

4. 查看常见的输入、输出设备。

（1）查看常见的输入设备，如键盘、鼠标、扫描仪等物理设备。

（2）查看常见的输出设备，如显示器、打印机等设备。

实训二　个人计算机的配置

同学们通过学习模块一的相关知识，应该能够按照要求配置个人笔记本电脑，现要求配置一台笔记本电脑，预算是 5000 元，具体要求如下：

1. 配置要求：

（1）CPU：i7 系列。

（2）内存：DDR3 4GB 或以上。

（3）硬盘：1TB。

（4）光驱：具有刻录功能。

（5）显卡：独立显卡，显存容量要求 2GB 或以上。

（6）显示屏：15.6 英寸宽屏。

（7）网络通信：有蓝牙、无线网卡。

2. 配置建议

（1）建议配置有质量和售后服务的大品牌产品。

（2）为以后使用方便，尽量购买高分辨率宽屏显示器。

（3）采购时选择质保期较长的电脑，并要求其初装的操作系统和应用软件尽可能为正版软件。

目标检测

一、选择题

1. 计算机硬件系统中的主要核心部件是（　　）。

　　A. 硬盘　　　　　　　　B. CPU　　　　　　　　C. 内存　　　　　　　　D. 显示器

2. 计算机所具有的存储程序和程序原理是（　　）提出的。

　　A. 图灵　　　　　　　　B. 布尔　　　　　　　　C. 冯·诺依曼　　　　　D. 爱因斯坦

3. 操作系统是一种典型的（　　）软件。

　　A. 实用　　　　　　　　B. 应用　　　　　　　　C. 编辑　　　　　　　　D. 系统

4. 计算机中所有信息的存储都采用（　　）形式。

　　A. 十进制　　　　　　　B. 十六进制　　　　　　C. ASCII 码　　　　　　D. 二进制

5. 一个完整的计算机系统应包括（　　）。

　　A. 主机、键盘、显示器　　　　　　　　　　　　B. 计算机及其外部设备

　　C. 系统软件和应用软件　　　　　　　　　　　　D. 硬件系统与软件系统

6. 下列软件属于系统软件的是（　　）。

　　A. Word　　　　　　　　B. Windows　　　　　　C. Excel　　　　　　　　D. WPS

7. CPU 处理的数据基本单位为字节，一个字节长度（　　）。

　　A. 与 CPU 芯片型号有关　　　　　　　　　　　B. 为 8 位二进制位

　　C. 为 16 位二进制位　　　　　　　　　　　　　D. 为 32 位二进制位

8. 下列存储器中，存取速度最快的是（　　）。

　　A. U 盘　　　　　　　　B. 硬盘　　　　　　　　C. 光盘　　　　　　　　D. 内存

9. 计算机的图像分为（　　　）。
   A. 位图图像和矢量图形　　　　　　　　B. 有失真图像和无失真图像
   C. 数字图像和模拟图像　　　　　　　　D. 压缩图像和未压缩图像

10. 信息安全面临哪些威胁（　　　）。
   A. 信息间谍　　　　　　B. 网络黑客　　　　　C. 计算机病毒　　　D. 以上都是

11. 把明文变成密文的过程，称为（　　　）。
   A. 加密　　　　　　　　B. 密文　　　　　　　C. 解密　　　　　　D. 加密算法

12. 数字签名技术不能解决的安全问题是（　　　）。
   A. 第三方冒充　　　　　B. 接收方篡改　　　　C. 传输安全　　　　D. 接收方伪造

13. 计算机病毒从本质上说是（　　　）。
   A. 生物学上的病毒　　　B. 程序代码　　　　　C. 应用程序　　　　D. 硬件

14. 为了避免被诱入钓鱼网站，应该（　　　）。
   A. 不要轻信来自陌生邮件、手机短信或者论坛上的信息
   B. 检查网站的安全协议
   C. 用好杀毒软件的反钓鱼功能
   D. 以上都是

15. 防火墙是常用的一种网络安全装置，下列关于它的用途的说法（　　　）是对的。
   A. 防止内部攻击
   B. 防止外部攻击
   C. 防止内部对外部的非法访问
   D. 既防止外部攻击，又防止内部对外部非法访问

二、填空题

1. 人们按照计算机硬件所使用的电子元器件的不同，将计算机分为四个发展阶段，每个阶段采用的电子元器件分别是_____、_____、_____和_____。

2. 计算机软件分为_____、_____两类。

3. 计算机能够直接执行的计算机语言是_____。

4. 计算机内进行算术与逻辑运算的功能部件是_____。

5. 十进制数 456 转换为二进制、八进制、十六进制数分别是_____、_____、_____。

6. 从系统安全的角度可以把网络安全的研究内容分成两大体系：_____和_____。

7. 网络的攻击者或非法侵入者可称作为_____。

8. 常用的网络安全技术主要有：_____、_____、_____和_____等。

9. _____是一种寄存于微软 Office 的文档或模板的宏中的计算机病毒。

10. 发现微型计算机染有病毒后，较为彻底的清除方法是_____。

模块二

Windows 操作系统

学习目标

知识要求　**1. 掌握**　Windows 操作系统的基本应用，文件和文件夹的管理。
　　　　　　2. 熟悉　Windows 操作系统的常用系统设置；Windows 7 的个性化设置。
　　　　　　3. 了解　常用附件的功能和应用。
技能要求　1. 通过掌握 Windows "文件管理" "控制面板" 的使用，提升管理计算机系统的能力。
　　　　　　2. 熟悉掌握 Windows 7 的基本操作和应用。

Microsoft Windows，是美国微软公司研发的一套操作系统，它问世于1985 年，起初仅仅是 Microsoft – DOS 模拟环境，后续的系统版本由于微软不断地更新升级，简单易用，目前已成为人们最喜爱的操作系统之一。

Windows 采用了图形化模式 GUI，比起从前的 DOS 需要键入指令使用的方式更为人性化。随着电脑硬件和软件的不断升级，微软的 Windows 也在不断升级，从架构的16 位、32 位再到 64 位，系统版本从最初的 Windows 1.0 到大家熟知的 Windows 95、Windows 98、Windows ME、Windows 2000、Windows 2003、Windows XP、Windows Vista、Windows 7、Windows 8、Windows 8.1、Windows 10 和 Windows Server 服务器企业级操作系统，微软公司一直在致力于 Windows 操作系统的改进、开发和完善。

项目一　操作系统基础

操作系统（Operating System，简称 OS），是安装在计算机硬件上的第一层软件，是直接运行在 "裸机" 上的最基本的系统软件，负责管理和控制计算机硬件与软件资源的程序，任何其他软件都必须在操作系统的支持和服务下运行。同时操作系统为用户提供操控计算机的人机交互界面。

一、操作系统概述

操作系统负责直接管理和控制计算机的所有硬件和软件，使计算机系统的各部件相互协调一致地工作；另外，它向用户提供正确的利用软硬件资源的方法和环境，使得用户能通过操作系统充分、有效的使用计算机。

操作系统是用户和计算机的接口，也是计算机硬件与其他软件的接口。计算机系统组成部分的逻辑图，如图 2－1 所示。操作系统的功能包括：管理计算机系统的硬件、软件、数据资源、人机界面，控制程序运行，为其他应用软件提供支持，让计算机系统的资源能发挥最大、最优作用，操作系统管理着计算机硬件资源，按照应用程序的资源请求进行资源分配，为用户提供一个好的工作环境，为其他软件的开发提供必要的服务和相应的接口等。

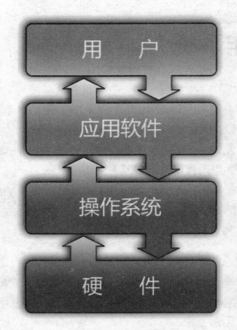

图 2-1 计算机系统组成部分的逻辑图

早期的计算机并没有操作系统，主要是靠人工插拔线路的方法来运行。从 20 世纪 60 年代开始，逐渐创建出了不同类型的操作系统。尤其是 20 世纪 80 年代开始，家用计算机开始普及，操作系统也逐渐进化成熟。

二、操作系统分类

为了让用户了解操作系统是如何进行分类，本任务主要了解操作系统的分类知识。

操作系统的种类繁多，各种设备安装的操作系统从简单到复杂，难以用单一标准进行统一分类。根据操作系统的使用环境、作业领域、处理方式、硬件结构等不同，可划分如下几种常见类型。

（一）批处理操作系统

批处理操作系统（Batch Processing Operating System）其工作方式是用户将作业交给系统，系统将许多用户的作业组成一批作业，之后输入到计算机中，在系统中形成一个自动转接的连续的作业流，然后启动操作系统，系统自动、依次执行每个作业。批处理操作系统的特点是：多道合成批处理。

（二）分时操作系统

分时操作系统（Time Sharing Operating System，简称 TSOS）其工作方式是一台主机连接了若干个终端，每个终端有一个用户在使用。用户交互式地向系统提出命令请求，系统接受每个用户的命令，采用时间片轮转方式处理服务请求，并通过交互方式在终端上向用户显示结果。分时操作系统将 CPU 的时间划分成若干个片段，称为时间片。操作系统以时间片为单位，轮流为每个终端用户服务。每个用户轮流使用一个时间片而使每个用户并不感到有别的用户存在。常见的操作系统是分时系统与批处理系统的结合。其原则是：分时优先，批处理在后。"前台"响应需频繁交互的作业，如终端的要求；"后台"处理时间性要求不强的作业。分时系统具有多路性、交互性、"独占"性和及时性的特征。

（三）实时操作系统

实时操作系统（Real Time Operating System，简称 RTOS）其工作方式是使计算机能及时响应外部事件的请求在规定的时间内完成对该事件的处理，并控制所有实时设备和实时任务协调一致运行的操作系统。实时操作系统要追求的目标是：对外部请求在严格时间范围内做出反应，有高可靠性和完整性。实时操作系统的主要特点是资源的分配和调度首先要考虑实时性然后才是效率，实时操作系统有较强的容错能力。

（四）分布式操作系统

分布式操作系统（Distributed Software Systems）是为分布计算系统配置的操作系统。分布式操作系统在资源管理，通信控制和操作系统的结构等方面都与其他操作系统有较大的区别。由于分布计算机系统的资源分布于系统的不同计算机上，操作系统对用户的资源需求不能像一般的操作系统那样等待有资源时直接分配的简单做法而是要在系统的各台计算机上搜索，找到所需资源后才可进行分配。

分布操作系统的通信功能类似于网络操作系统。由于分布计算机系统不像网络分布得很广，同时分布操作系统还要支持并行处理，因此它提供的通信机制和网络操作系统提供的有所不同，它要求通信速度高。分布操作系统的结构也不同于其他操作系统，它分布于系统的各台计算机上，能并行地处理用户的各种需求，有较强的容错能力。分布式操作系统是网络操作系统的更高形式，它保持了网络操作系统的全部功能，而且还具有透明性、可靠性和高性能。

（五）网络操作系统

网络操作系统（Network Operating System，简称 NOS）其工作方式是基于计算机网络，在各种计算机操作系统上按网络体系结构协议标准开发的软件，包括网络管理、通信、安全、资源共享和各种网络应用。其目标是实现相互通信和资源共享。在其支持下，网络中的各计算机间能互相通信和共享资源。网络操作系统通常是运行在服务器上的操作系统，其主要特点是与网络的硬件相结合来完成网络的通信任务。

（六）手持操作系统

手机操作系统主要应用在智能手机上。主流的智能手机有 Google Android 和苹果的 iOS 等。由于智能手机与非智能手机都支持 JAVA，智能机与非智能机的区别主要看能否基于系统平台的功能扩展，还有就是支持多任务。

手机操作系统一般只应用在智能手机上。目前应用在手机上的操作系统主要有 Android（安卓）、iOS（苹果）、windows phone（微软）、windows mobile（微软）、BlackBerry OS（黑莓）、Symbian（诺基亚）等。

三、操作系统功能

操作系统的主要功能是资源管理，程序控制和人机交互等。有效的管理系统资源，提高系统资源使用效率。操作系统位于底层硬件与用户之间，是两者沟通的桥梁。用户可以通过操作系统的用户界面，输入命令。操作系统则对命令进行解释，驱动硬件设备，实现用户要求。

一个标准个人电脑的 OS 应该提供以下的功能：

进程管理（Processing management）

内存管理（Memory management）

文件系统（File system）

网络通讯（Networking）

安全机制（Security）

用户界面（User interface）

驱动程序（Device drivers）

（一）处理机管理

处理机管理或称处理器调度，是操作系统资源管理功能的一个重要内容。在一个允许多道程序同时执行的系统里，操作系统会根据一定的策略将处理器交替地分配给系统内等待运行的程序。一道等待运行的程序只有在获得了处理器后才能运行。一道程序在运行中若遇到某个事件，例如启动外部设备而暂时不能继续运行下去，或一个外部事件的发生等等，操作系统就要来处理相应的事件，然后将处理器重新分配。运用冯·诺依曼架构建造电脑时，每个中央处理器最多只能同时执行一个进程。早期的 OS（例如 DOS）也不允许任何程序打破这个限制。

大部分的个人电脑只包含一颗中央处理器，在单内核（Core）的情况下多进程只是简单迅速地切换各进程，让每个进程都能够执行，在多内核或多处理器的情况下，所有进程通过许多协同技术在各处理器或内核上转换。越多进程同时执行，每个进程能分配到的时间比率就越小。现代的操作系统，即使只拥有一个 CPU，也可以利用多进程（multitask）功能同时执行复数进程。进程管理指的是操作系统调整复数进程的功能。

（二）存储器管理

操作系统的存储器管理提供查找可用的记忆空间、配置与释放记忆空间以及交换存储器和低速存储设备的内含物等功能。存储器管理的另一个重点活动就是借由 CPU 的帮助来管理虚拟位置。如果同时有许多进程存储于记忆设备上，操作系统必须防止它们互相干扰对方的存储器内容。分区存储器空间可以达成目标。大部分的现代计算机存储器架构都是层次结构式的，最快且数量最少的暂存器为首，然后是高速缓存、存储器以及最慢的磁盘存储设备。

（三）设备管理

操作系统的设备管理功能主要是分配和回收外部设备以及控制外部设备按用户程序的要求进行操作等。系统的设备资源和信息资源都是操作系统根据用户需求按一定的策略来进行分配和调度的。操作系统的存储管理就负责把内存单元分配给需要内存的程序以便让它执行，在程序执行结束后将它占用的内存单元收回以便再使用。对于提供虚拟存储的计算机系统，操作系统还要与硬件配合做好页面调度工作，根据执行程序的要求分配页面，在执行中将页面调入和调出内存以及回收页面等。

对于非存储型外部设备，如打印机、显示器等，它们可以直接作为一个设备分配给一个用户程序，在使用完毕后回收以便给另一个需求的用户使用。对于存储型的外部设备，如磁盘、磁带等，则是提供存储空间给用户，用来存放文件和数据。存储性外部设备的管理与信息管理是密切结合的。

（四）文件管理

信息管理是操作系统的一个重要的功能，主要是向用户提供一个文件系统。一般说，一个文件系统向用户提供创建文件，撤销文件，读写文件，打开和关闭文件等功能。有了文件系统后，用户可按文件名存取数据而不需要知道这些数据存放在哪里。这种做法不仅便于用户使用而且还有利于用户共享公共数据。此外，由于文件建立时允许创建者规定使用权限，这就可以保证数据的安全性。

四、常用操作系统简介

目前人们在生活中使用的操作系统有多种类型，为了让用户了解常见常用的操作系统，本任务主要是简要介绍市场上常见的操作系统。

（一）Microsoft Windows 操作系统

Windows 是由微软公司成功开发的操作系统，Windows 是一个多任务的操作系统，他采用图形窗口界面，用户对计算机的各种复杂操作只需通过点击鼠标就可以实现。

Microsoft Windows 系列操作系统是在微软给 IBM 机器设计的 MS – DOS 的基础上设计的图形操作系统。Windows 系统，如 Windows 2000、Windows XP 皆是创建于现代的 Windows NT 内核。NT 内核是由 OS/2 和 OpenVMS 等系统上借用来的。Windows 可以在 32 位和 64 位的 Intel 和 AMD 的处理器上运行，但是早期的版本也可以在 DEC Alpha、MIPS 与 PowerPC 架构上运行。

Windows XP 在 2001 年 10 月 25 日发布，Windows XP 系统桌面，如图 2 – 2 所示。Windows Vista 于 2007 年 1 月发售。Windows Vista 增加了许多功能，尤其是系统的安全性和网络管理功能，并且其拥有界面华丽的 Aero Glass。但是整体而言，其在全球市场上的口碑却并不是很好。Windows 7 于 2009 年 10 月发售，Windows 7 具有超级任务栏，提升了界面的美观性和多任务切换的使用体验，通过开机时间的缩短、硬盘传输速度提高等一系列性能改进，至 2012 年 9 月，Windows 7 的占有率已经超越 Windows XP，成为世界上占有率最高的操作系统。Windows 7 系统桌面如图 2 – 3 所示。Windows 8 微软在 2012 年 10 月正式推出，系统有着独特的 metro 开始界面和触控式交互系统，2013 年 10 月 17 日 Windows 8.1 在全球范围内，通过 Windows 上的应用商店进行更新推送，Windows8 系统桌面如图 2 – 4 所示。2014 年 1 月 22 日，微软在美国旧金山举行发布会，正式发布了 Windows 10，Windows10 系统桌面如图 2 – 5 所示。

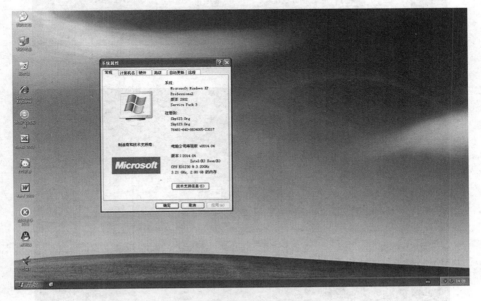

图 2 – 2　Windows XP 系统桌面

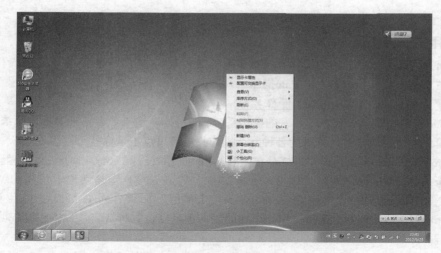

图 2 – 3　Windows 7 系统桌面

图 2 – 4　Windows8 系统桌面

图 2 – 5　Windows10 系统桌面

（二）UNIX 操作系统

UNIX 是一个强大的多用户、多任务操作系统，支持多种处理器架构，按照操作系统的分类，属于分时操作系统。UNIX 最早由 Ken Thompson 和 Dennis Ritchie 于 1969 年在美国 AT&T 的贝尔实验室开发 UNIX 操作系统，UNIX 系统界面如图 2–6 所示。

图 2–6　UNIX 系统界面

类 Unix（Unix – like）操作系统指各种传统的 Unix 以及各种与传统 Unix 类似的系统。它们虽然有的是自由软件，有的是商业软件，但都相当程度地继承了原始 UNIX 的特性，有许多相似处，并且都在一定程度上遵守 POSIX 规范。类 Unix 系统可在非常多的处理器架构下运行，在服务器系统上有很高的使用率，例如各大院校或工程应用的工作站。

（三）Linux 操作系统

Linux 是一套免费使用和自由传播的类 Unix 操作系统，是一个基于 POSIX 和 UNIX 的多用户、多任务、支持多线程和多 CPU 的操作系统，Linux 的设计是为了在 Intel 微处理器上更有效的运用。它能运行主要的 UNIX 工具软件、应用程序和网络协议。它支持 32 位和 64 位硬件。Linux 继承了 Unix 以网络为核心的设计思想，是一个性能稳定的多用户网络操作系统。它主要用于基于 Intel x86 系列 CPU 的计算机上。这个系统是由全世界各地的成千上万的程序员设计和实现的。其目的是建立不受任何商品化软件的版权制约的、全世界都能自由使用的 Unix 兼容产品。Linux 系统界面如图 2–7 所示。

Linux 以它的高效性和灵活性著称，Linux 模块化的设计结构，使得它既能在价格昂贵的工作站上运行，也能够在廉价的 PC 机上实现全部的 Unix 特性，具有多任务、多用户的能力。Linux 是在 GNU 公共许可权限下免费获得的，是一个符合 POSIX 标准的操作系统。Linux 操作系统软件包不仅包括完整的 Linux 操作系统，而且还包括了文本编辑器、高级语言编译器等应用软件。它还包括带有多个窗口管理器的 X – Windows 图形用户界面，如同我们使用 Windows NT 一样，允许我们使用窗口、图标和菜单对系统进行操作。Linux 发行版作为个人计算机操作系统或服务器操作系统，在服务器上已成为主流的操作系统。

（四）Mac 操作系统

Mac 是苹果公司自 1984 年起以"Macintosh"开始的个人消费型计算机，如：iMac、Mac mini、MacBook Air、MacBook Pro、MacBook、Mac Pro 等计算机。使用独立的 Mac OS 系统，最新的 OS X 系列基于 NeXT 系统开发，不支持兼容。是一套完备而独立的操作系统。

图 2 - 7　Linux 系统界面

Mac OS 是一套运行于苹果 Macintosh 系列电脑上的操作系统，Mac OS 系统界面，如图 2 - 8 所示。Mac OS 是首个在商用领域成功的图形用户界面。Mac OS X 于 2001 年首次在商场上推出。它包含两个主要的部分：Darwin，是以 BSD 原始代码和 Mach 微核心为基础，类似 Unix 的开放原始码环境。

图 2 - 8　Mac OS 系统界面

（五）Android 操作系统

Android 是一种基于 Linux 的自由及开放源代码的操作系统，主要使用于移动设备，如智能手机和平板电脑，Android 系统界面如图 2 - 9 所示。由 Google 公司和开放手机联盟领导及开发。尚未有统一中文名称，中国大陆地区较多人使用"安卓"或"安致"。

Android 操作系统最初由 Andy Rubin 开发，主要支持手机。2005 年 8 月 Google 收购注资。2007 年 11 月，Google 与 84 家硬件制造商、软件开发商及电信营运商组建开放手机联盟共同研发改良 Android 系统。随后 Google 以 Apache 开源许可证的授权方式，发布了 Android 的源代码。第一部 Android 智能手机发布于 2008 年 10 月。Android 逐渐扩展到平板电脑及其他领域上，如电视、数码相机、游戏机等。2011 年第一季度，Android 在全球的市场份额首次超过塞班系统，跃居全球第一。2012 年 11 月数据显示，Android 占据全球智能手机操作系统市场 76% 的份额，中国市场占有率为 90%。2013 年的第四季度，Android 平台手机的全球市场份额已经达到 78.1%。2013 年 09 月 24 日谷歌开发的操作系统 Android 在全世界采用这款系统的设备数量已经达到 10 亿台。

（六）IOS 操作系统

iOS 操作系统是由苹果公司开发的移动手持设备操作系统，如图 2-10 所示。苹果公司最早于 2007 年 1 月 9 日的 Macworld 大会上公布这个系统，最初是设计给 iPhone 使用的，后来陆续套用到 iPod touch、iPad 以及 Apple TV 等产品上。iOS 与苹果的 Mac OS X 操作系统一样，它也是以 Darwin 为基础的，因此同样属于类 Unix 的商业操作系统。原本这个系统名为 iPhone OS，因为 iPad，iPhone，iPod touch 都使用 iPhone OS，直到 2010 年 6 月 7 日 WWDC 大会上宣布改名为 iOS。根据 Canalys 的数据显示，2011 年 iOS 已经占据了全球智能手机系统市场份额的 30%，在美国的市场占有率为 43%。

图 2-9　Android 系统界面

图 2-10　iOS 系统界面

拓展阅读

国产操作系统简介

国产操作系统多为以 Linux 为基础二次开发的操作系统。

银河麒麟。是由国防科技大学、中软公司、联想公司、浪潮集团和民族恒星公司合作研制的闭源服务器操作系统。此操作系统是 863 计划重大攻关科研项目，目标是打破国外操作系统的垄断，研发一套中国自主知识产权的服务器操作系统。

中标普华 Linux。中标普华 Linux 桌面软件是上海中标软件有限公司发布的面向桌面应用的操作系统产品。此操作系统全面支持中国移动、中国电信、中国联通的 3G 业务，能满足政府、企业及个人用户的使用需求。

红旗 Linux。红旗 Linux 是由北京中科红旗软件技术有限公司开发的一系列 Linux 发行版，包括桌面版、工作站版、数据中心服务器版、HA 集群版和红旗嵌入式 Linux 等产品。红旗 Linux 是中国较大、较成熟的 Linux 发行版之一。

项目二　操作系统的使用

案例导入

案例：熟悉 Windows 的基本应用

　　小明要在艺术节上表演迈克尔·杰克逊的舞蹈。小红是班委，她帮助小明找到了舞蹈的配音。小明如何把小红的 U 盘里的配音文件复制到自己的计算机中？小红发现自己计算机里面的文件越来越多了，有学习方面的、有日常生活的；有班级管理的、有社团工作的；不仅有文档、照片，还有歌曲、影视资料，要如何管理才能快捷、有效呢？

讨论：1. 我们要掌握哪些 Windows 的基本操作？
　　　2. 对当前主流的 Windows 操作系统，你了解吗？

　　目前世界上已开发出了多种操作系统，Windows 就是其中之一。Windows 虽然只有短短 30 多年历史，但因其生动、形象的用户界面，简便的操作方法，吸引着众多的用户，成为目前应用最广泛的操作系统。

任务一　Windows 7 操作系统的设置

　　自 1983 年 11 月 Microsoft 公司宣告 Windows 诞生以来，微软公司在 20 世纪末推出 Windows95、Windows98 并获得巨大成功之后，在近几年又陆续推出了 Windows2000、Windows Me、Windows XP 及目前最新的 Windows 7、Windows 8、Windows 10，用于个人计算机的操作系统。下面以 Windows 7 操作系统为例来介绍操作系统的设置。

一、Windows 7 基本操作

（一）桌面

　　桌面（Desktop）是在安装好 Windows 后，用户启动计算机登录到 Windows 系统后看到的主屏幕区域，就像生活中实际的桌面一样，它是用户工作的平面，是用户和计算机进行交流的窗口，上面可以存放用户经常用到的应用程序和文件夹图标，用户可以根据自己的需要在桌面上添加各种快捷图标，在使用时双击图标就能够快速启动相应的程序或文件。

　　用户安装好 Windows 第一次登录系统，可以看到一个非常简洁的画面，在桌面上只有一个回收站图标，并标明了 Windows 的标志及版本号，Windows 系统默认的桌面如图 2-11 所示。

　　1. 图标　在基于图形用户界面（Graphical User Interface，简称 GUI）的 Windows 操作系统下，程序、数据和文件夹都是由图标（ICON）和名称共同组成的，用户可以对桌面上的图标按名称、大小、类型、时间等自动排列，也可以取消自动排列，改为手动拖动图标。在 Windows 7 系统里，常用的桌面图标有用户的文件、计算机、网络、回收站和控制面板等。

　　2. 任务栏　"任务栏"通常位于屏幕的最底部，由"开始"菜单、"快速启动栏""任务按钮区""通知区域""显示桌面"构成，用户通过任务栏可以完成许多操作，轻松、便捷地管理、切换和执行各类应用，也可对它进行一系列的设置。

　　3. "开始"菜单　"开始"菜单是计算机程序、文件夹和计算机设置的主门户。通过"开始"菜单可以启动程序，打开文件夹，搜索文件、文件夹和程序，设置计算机，获取帮

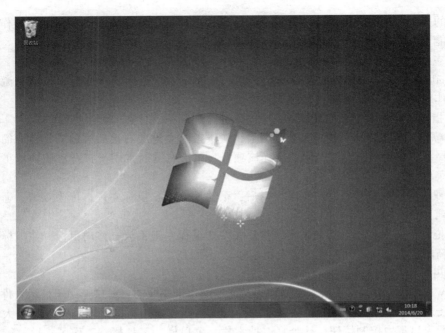

图 2-11 Windows 系统默认的桌面

助信息, 切换到其他用户账户等等。

4. 回收站 "回收站"用于临时存放被用户删除的文件或文件夹, 这些信息可以在回收站中被还原, 双击该图标打开"回收站"窗口, 如图 2-12 所示。

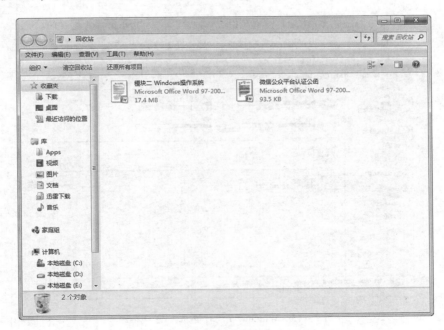

图 2-12 回收站窗口

(二) 控制面板

控制面板是用来进行系统设置和设备管理的一个工具集。在控制面板中, 用户可以根据自己的喜好对桌面、用户等进行设置和管理，还可以进行添加或删除程序等操作，如程序和功能、电源选项、个性化、声音等设置。

（三）鼠标操作

Windows 是一个图形界面操作系统，其基本操作方法是用鼠标选取、移动和激活屏幕上的操作对象。

1. 指向 移动鼠标，使其在屏幕上的指针对准某一个对象、图标或菜单。

2. 单击 将鼠标指针指向某个项目后，按下鼠标左键或右键后再放开按键，简称为单击或选择。常见为单击左键，用于选择该项目。单击右键通常用于打开对该项目可能操作的快捷菜单。

3. 双击 将鼠标指针指向某个项目后，很快地按两次鼠标左键，称为双击。通常用于执行该项目。

4. 拖动 将鼠标指针指向某个项目后，按住鼠标左键不放，移动鼠标，使鼠标指针移到一个新的位置，再松开左键。通常用于移动该项目。

（四）窗口和对话框

在 Windows 7 中，几乎所有的操作都是通过窗口来完成的，窗口是用于显示文件和程序内容的场所。对于 Windows 7 的窗口来说，虽然内容和作用不同，但是组成都是大同小异的。一般窗口都由控制按钮、地址栏、搜索栏、菜单栏、工具栏、工作区、导航窗格和状态栏等几部分构成。

1. 窗口操作 窗口是应用程序和用户交互的主要界面。Windows 中有多种窗口，大部分都包括了相同的组件，由标题栏、菜单栏、工具栏等几部分组成。Windows 7 "计算机"窗口界面如图 2－13 所示。

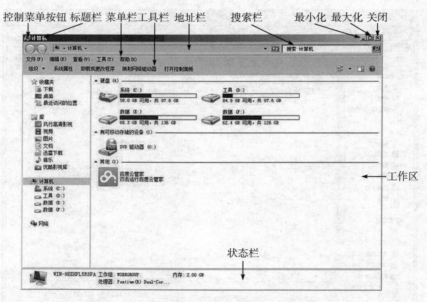

图 2－13　Windows 7 "计算机"窗口界面

（1）标题栏　标题栏是一个窗口的主要控制部分，拖动标题栏可以实现窗口的移动。

①控制菜单按钮：位于标题栏最左端，用于标识该应用程序，同时作为控制菜单按钮。单击此图标可显示控制菜单，其中包括所有的窗口控制命令，即还原（恢复窗口的大小）、

移动、大小（改变窗口的大小）、最小化（将窗口缩小为任务栏上的按钮）、最大化（将窗口放大到整个桌面）、关闭。

②标题：应用程序按钮左边的文字是窗口的标题，即应用程序的名字。

③窗口控制按钮：标题栏右边的三个按钮，依次是"最小化"按钮、"最大化"／"还原"按钮、"关闭"按钮。

（2）菜单栏　标题栏的下面是菜单栏，含有应用程序定义的各个菜单项。不同的应用程序有不同的菜单项，单击菜单项将打开相应的下拉菜单，在下拉菜单中，单击某个命令项可以执行该命令。

（3）工具栏　工具栏中包含若干个工具图标（按钮），单击这些图标可快速执行相应的命令。

（4）地址栏　地址栏可以显示文件和文件夹的所在路径，可从地址栏浏览文件夹（在地址中输入驱动器名或文件夹名，然后按 Enter 键）或运行程序（输入程序名或组件名，然后按 Enter 键）。

（5）搜索栏　将要查找的目标名称输入在文本框中即可搜索当前窗口范围内的目标，同时可以添加搜索筛选器，可以更快速更准确地搜索所需要的内容。

（6）工作区　工作区位于窗口的右侧，显示窗口中的操作对象和结果。

（7）状态栏　状态栏用于显示当前窗口的相关信息和被选中对象的状态信息。

（8）滚动条　滚动条包括横向滚动条和纵向滚动条。当工作区域的内容太多而不能全部显示时，窗口将自动出现滚动条，可通过拖动水平或者垂直的滚动条来查看所有的内容。

2. 窗口的分类　Windows 窗口一般分为对话框窗口、应用程序窗口、文档窗口。

（1）对话框窗口　包含按钮和各种选项，通过它们可以完成特定命令或任务。对话框通常需要用户进行响应，否则无法继续其他操作，它一般包含有标题栏、选项卡与标签、文本框、列表框、命令按钮、单选按钮和复选框等几部分。对话框窗口可以移动和关闭，但不能改变大小。典型对话框如图 2 - 14 所示，从左至右包含了三个对话框，分别是"屏幕保护程序设置"对话框、"Internet 属性"对话框、"鼠标属性"对话框。

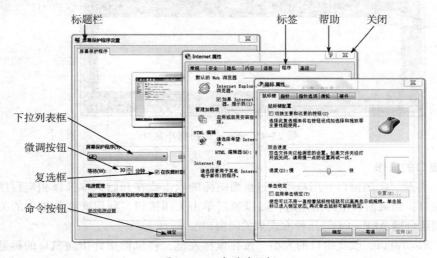

图 2 - 14　典型对话框

对话框含有各种不同的组件，主要有以下几项：

☞　标题栏：同窗口的标题栏相似，但没有最小化、最大化按钮，有的对话框有帮助按钮。

- ☞ 选项卡和标签：在系统中有很多对话框都是由多个选项卡构成的，选项卡上写明了标签，以便于进行区分。可通过各个选项卡之间的切换查看不同的内容。
- ☞ 文本框：在有的对话框中需要手动输入某项内容，还可以对各种输入内容修改和删除。
- ☞ 列表框：有的对话框在选项组下已经列出了众多的选项，可从中选取，通常不能更改。
- ☞ 命令按钮：有文字的按钮，常用的有"确定""应用""取消"等等。
- ☞ 单选按钮：通常由多个按钮组成一组，单击某个单选按钮可以选中相应的选项，但在一组单选按钮中只能有一个单选按钮被选中。
- ☞ 复选框：可以是一组相互之间并不排斥的选项，用户可以任意选中其中的某些选项。
- ☞ 微调按钮：有的对话框中还有调节数字的按钮，由向上和向下两个箭头组成，使用时分别单击箭头可增加或减少数字。

（2）应用程序窗口　是一个运行中的应用程序主窗口，如图 2 - 15 所示是 excel 应用程序窗口。

（3）文档窗口

文档窗口与应用程序窗口共享菜单栏，有自己的标题栏，也有最小化、最大化和关闭按钮，它的移动和大小调整的范围仅限于所属的应用程序窗口工作区内，如图 2 - 15 所示。

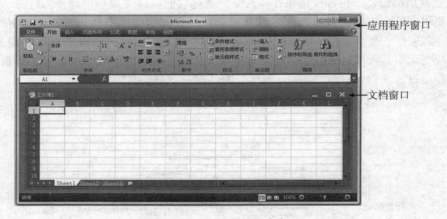

图 2 - 15　Excel 应用程序窗口

3. 窗口的操作

（1）打开、关闭窗口　用户可通过桌面图标的双击或在开始菜单选择相应程序或文件来打开窗口；当某窗口不再使用时，可以通过单击关闭按钮，利用文件菜单中的关闭菜单项，利用组合键 ALT + F4 等几种方式来关闭窗口。

（2）移动窗口、改变窗口的大小　按住鼠标左键，将鼠标指针指向窗口的标题栏，然后将窗口拖动到想要放置的位置，释放鼠标按钮，完成了移动窗口；要改变窗口的大小可单击其"最大化"按钮或双击该窗口的标题栏可实现窗口最大化，单击按钮可实现最小化，按钮可实现窗口的还原。

（3）排列窗口　当用户打开过多窗口时，可以通过设置窗口的显示形式来排列窗口。右键单击任务栏的空白区域，弹出的快捷菜单中有三种可选择的排列方式："层叠窗口"、"堆叠显示窗口"或"并排显示窗口"。

（4）窗口间的切换　Windows 环境下可以同时打开多个窗口，但是当前情况下活动的窗口只能有一个，因此用户在操作过程中会遇到在不同窗口间切换的情况。

各个窗口之间进行切换，切换的方式有：①窗口处于最小化状态时，用户在任务栏上单击要选择的窗口按钮。窗口处于非最小化状态时，在所选窗口的任意位置单击。②使用 Alt + Tab 组合键，屏幕上出现切换任务栏，列出了当前正在运行的窗口，可从中直接选择。③使用 Alt + Esc 组合键，其操作与 Alt + Tab 组合键类似。

（5）复制窗口　复制整个屏幕，可以按下"Print Screen"键；复制活动窗口，可以按下"Alt + Print Screen"键，然后找合适的程序窗口（如画图、Word 等）粘贴即可。

（五）菜单

使用 Windows 最大优点之一就是所有的基本操作都可以从菜单中选取，不需要记住每一个命令的操作代码。在 Windows 环境下，用户可以通过菜单命令，让计算机完成自己想要达到的效果或目的。Windows 提供了三种类型的菜单，即"开始"菜单、窗口菜单、快捷菜单。

1. "开始"菜单　"开始"菜单是计算机程序、文件夹和设置的主要通道，想要打开"开始"菜单，单击屏幕左下角的"开始"按钮，或者按键盘上的 Windows 徽标键即可，如图 2 - 16 所示。"开始"菜单是计算机程序、文件夹和设置的主门户。

图 2 - 16　Windows 7 "开始"菜单　　　图 2 - 17　"开始"菜单中"所有程序"列表

"开始"菜单由三个主要部分组成：

（1）左边的大窗格显示计算机上程序的一个短列表，单击"所有程序"可显示本机安装过的程序的完整列表，如图 2 - 17 所示。

（2）左边窗格的最底部是搜索框，可在计算机上查找要搜索的程序和文件。

（3）右边窗格提供常用文件夹、文件、设置和功能的访问。

2. 窗口菜单　窗口菜单是指当启动某个应用程序时所打开的对应的窗口，这个窗口中包含菜单栏，列出了应用程序操作的相关命令。在菜单中有一些常见的符号标记，分别表示以下含义：

- ☞ 字母标记：表示该菜单项或菜单命令的快捷键。主菜单后的字母标记表示同时按"Alt"和该字母可以打开相应的菜单，例如按"Alt + F"可以打开"文件"菜单。
- ☞ ▶标记：表示有下一级菜单。
- ☞ ✔标记：表示选择了该菜单命令。
- ☞ 分隔线标记：将菜单中的命令分为几个命令组。
- ☞ ●标记：表示只能选择菜单组命令中的一项。
- ☞ …标记：表示菜单项有对话框。
- ☞ ✅标记：单击该标记可以显示全部菜单命令。

3. 快捷菜单 Windows 7 中还有一种菜单称为快捷菜单，用户使用鼠标单击右键时常出现的那个菜单，所以也叫右键菜单。右击桌面空白处，弹出的快捷菜单如图 2 – 18 所示。针对不同的对象单击右键，会弹出不同的快捷菜单。

图 2 – 18　桌面快捷菜单

（六）剪贴板

剪切板是指 Windows 操作系统提供的一个暂存数据，并且提供共享的一个模块。也称为数据中转站，剪切板在后台起作用，在内存里，是操作系统设置的一段存储区域，在硬盘里找不到，只要有文本输入的地方按 CRTL + V 或右键粘贴就出现了，新的内容送到剪切板后，将覆盖旧内容。即剪切板只能保存当前的一份内容，因在内存里，所以，电脑关闭重启，存在剪切板中的内容将丢失。

（七）用户管理

随着多用户多任务操作系统的应用，用户权限管理变得尤为重要，因为它将关系到系统的稳定和数据的安全。Windows 7 用户组管理可以用来查看和管理电脑的本地用户和组，比如删除用户，更改用户权限等。用户管理窗口如图 2 – 19 所示。

（八）帮助系统

当我们遇到电脑方面的问题时，我们通常会选择使用百度来搜索解决方案。其实 windows 7 本身就自带了强大的"帮助和支持"工具，在这个强大的工具里面，我们几乎可以找到所有关于 windows 7 操作的解决方案。帮助窗口如图 2 – 20 所示。

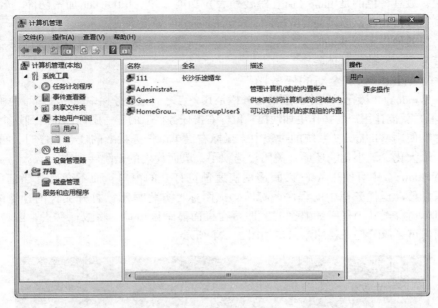

图 2－19　用户管理窗口

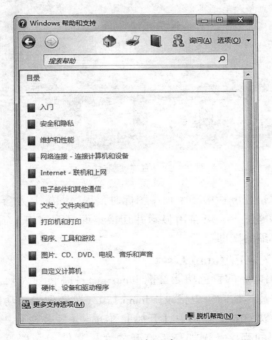

图 2－20　帮助窗口

二、Windows 7 新特性

在 Windows Vista 的全新的操作系统的基础上，Windows 7 又进行了一次大的变革，围绕针对用户个性化的设计、应用服务的设计、用户易用性的设计、娱乐试听的设计及笔记本电脑的特有设计等几个方面，Windows 7 操作系统增加了许多有特色的功能。在Windows 7 操作系统中，最具特色的是 Jump List（跳转列表）功能菜单、BitLocker 加密功能、轻松实现无线连接、轻松创建家庭网络、Windows Live Essentials 等技术。

新一代的操作系统 Windows 7 具有以往 Windows 操作系统所不可比拟的新特性，它可以给用户带来不一般的全新体验。

（一）Windows 7 全新的任务栏

微软 Windows 7 操作系统中新颖的任务栏是其亮点之一，任务栏中的一项新特性快速跳转"Jump lists"就能让用户的操作更加便捷，鼠标右击任务栏上的任一图标你将看到这个特性。

当你在使用 Windows 7 系统的过程中，鼠标右键单击任务栏上的任意程序时，再也看不见移动、最大化、最小化、还原、关闭等选项了，取而代之的是跳转列表。

在 Windows 7 中可使用 Aero 桌面透视快速预览打开的窗口，而不必离开当前的窗口。当用户鼠标移动至任务栏中的程序图标时，该图标上方将显示已打开文件的预览缩略图，此时将鼠标再移至其中任一缩略图时，即可在桌面显示该窗口，将鼠标移去，窗口即可消失，桌面即可还原。任务栏缩略窗口如图 2-21 所示。

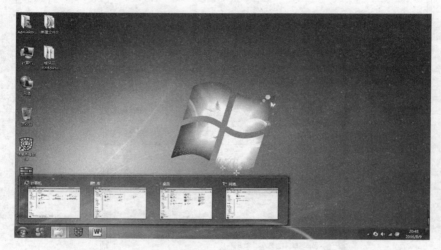

图 2-21 任务栏缩略窗口

若是用户用鼠标单击任务栏中某个程序图标时，程序图标上方会显示可停留的缩略图，将鼠标移至其中任一缩略图上，可自由显示并切换桌面显示窗口。需要在桌面显示某窗口时，用鼠标点击该窗口缩略图即可。

（二）Windows 7 应用 Jump List

Win7 系统下载推出的新的特色功能首推 Jump List（跳转列表），它显示最近使用的项目列表，能帮助用户快速地访问历史记录。Jump List（跳转列表）功能主要体现在【开始】菜单、【任务栏】和 IE 浏览器上。其中【开始】菜单、【任务栏】中的 Jump List（跳转列表）主要显示最近使用的程序，例如最近打开的音乐文件和文档等，IE 浏览器中的 jump List（跳转列表）主要显示经常访问的网站。Jump List 跳转列表如图 2-22 所示。

（三）Windows 7 全新的库和家庭组

1. 库　　"库"是 Windows 7 众多新特性中的一项。Windows 7 中"我的文档"使用了全新的"库"组件，所谓库，就是指一个专用的虚拟文件管理集合，用户可以将硬盘中不同位置的文件夹添加到库中，并在"库"这个统一的视图中浏览和修改不同文件夹的文档内容。"库"窗口，如图 2-23 所示。

图 2-22　Jump List 跳转列表

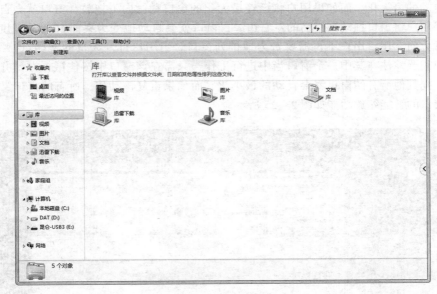

图 2-23　"库" 窗口

2. 家庭组　Windows 7 操作系统中，为了简化在家庭网络中共享文件的操作与提升安全性，便有了家庭组这一新的概念，因此，也只有操作系统 Windows 7 的计算机才可以加入家庭组，所有版本的 Windows 7 都可以加入家庭组，但是在 Windows 7 简易版与家庭普通版中是不能创建家庭组的。通过使用家庭组，用户可以实现文件和打印机在家庭网络中的简单共享功能，并且此共享是受到权限保护的，只有在赋予了相应用户相应操作权限时，其他用户才可以对共享文件进行修改。可以说，在 Windows 7 中使用家庭组是家用网络中实现文件和打印机共享最简便的方法。家庭组设置窗口如图 2 - 24 所示。

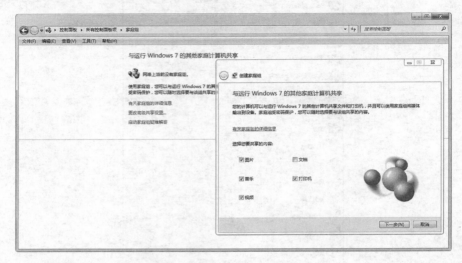

图 2 - 24　家庭组设置窗口

（四）Windows 7 窗口的智能缩放功能

Windows 7 提供了半自动化的窗口缩放功能，当用户将窗口拖放到桌面的最上方时，窗口就会自动的最大化。而如果用户将已经最大化的窗口稍微向下拖放，窗口就会自动被还原。如果用户将窗口拖动到桌面的左右边缘，窗口就会自动地变为桌面 50% 的宽度，这一功能非常方便实用，用户不再需要费力地排列窗口。当用户打开大量的文档进行工作时，如果用户需要专注在其中一个窗口当中进行工作，只需在该窗口中按住鼠标左键并轻微晃动鼠标，则其他所有的窗口就会自动的最小化，而如果重复该动作，所有的窗口又会重新出现。窗口的智能缩放功能如图 2 - 25 所示。

图 2 - 25　窗口的智能缩放功能

（五）Windows 7 更新的操作中心

Windows 7 Update 是微软提供的一种自动更新工具，通常提供漏洞、驱动、软件的升级。现在 Windows 操作系统都带有的一种自动更新工具，通过及时有效地进行各种插件、漏洞的更新，可以使我们的电脑体验更舒服、更流畅、更安全。Windows Update 设置窗口如图 2－26 所示。

图 2－26 Windows Update 设置窗口

（六）Windows 7 全新的字体管理器

Windows 7 系统采用复制的安装字体方式操作非常的简单，易懂。直接将字体文件拷贝到字体文件夹中，即可。默认的字体文件夹在 C：\ Windows \ Fonts 中。字体管理窗口如图 2－27 所示。

图 2－27 字体管理窗口

（七）Windows 7 自定义通知区域图标

在 Windows 7 操作系统中，用户可以对通知区域的图标进行自由管理。可以将一些不常用的图标隐藏起来，通过简单拖动来改变图标的位置，如图 2－28 所示。还可以打开【通知区域图标】窗口，通过设置面板对所有的图标进行集中管理，如图 2－29 所示。

图 2 – 28　通知区域隐藏图标　　　　　图 2 – 29　通知区域图标窗口

（八）借助改进的搜索，更快地查找更多的内容

Windows 7 的搜索功能更是一个亮点，成为很多用户最常用的一个功能。Windows 7 的搜索原理已经和过去完全不同，性能也大幅提升。Win 7 搜索功能不仅可以搜索文件名，还可以搜索文件内容。在默认情况下，Windows 7 在搜索没有索引的目录时只可以搜索文件名，而不搜索文件内容。除此之外，为了让搜索更快，还可以进行进一步的设定，选择不搜索子目录，并设定搜索内容关键字完全匹配等，这样就可以进一步减少搜索时间，加快搜索速度。为了达到更好的效果，Windows 7 默认是要搜索文件夹以及文件夹中包含的子目录的，但如果我们确认文件所在的文件夹，就可以选择不包括子目录搜索，从而加快速度。相比之下，选择关键字的完全匹配可能效果更为明显，也可以有效筛选搜索结果。

（九）更好的设备管理

过去，用户必须转到 Windows 中的不同位置来管理不同类型的设备。在 Windows 7 中，存在一个单一的"设备和打印机"位置，如图 2 – 30 所示，用于连接、管理和使用打印机、电话和其他设备。从此处可以与设备交互、浏览文件以及管理设置。将设备连接到 PC 时，只需几下单击就将启动并运行。

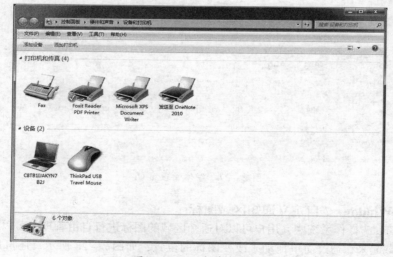

图 2 – 30　设备管理窗口

（十）Windows 7 的 BitLocker 加密功能

Windows 7 操作系统为用户提供了一个强悍的 BitLocker 加密功能。BitLocker 加密技术能够同时支持 FAT 和 NTFS 两种格式，用来加密保护用户数据，可以加密电脑的整个系统分区，也可以加密可移动的便携存储设备，如 U 盘和移动硬盘等。Windows 7 旗舰版中的 BitLocker 加密功能在之前版本的基础上有了更多的改进，其中对 U 盘等移动存储设备进行加密的 BitLocker To Go 就是最新加入的一项功能。BitLocker 管理窗口如图 2 – 31 所示。

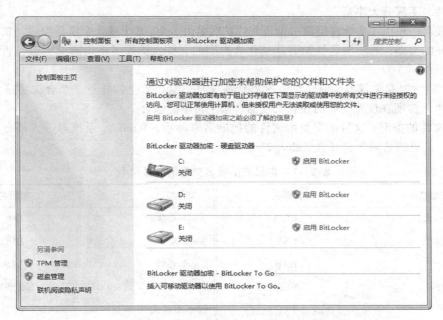

图 2 – 31　BitLocker 管理窗口

任务二　操作系统资源管理

Windows 资源管理器的主要功能是管理计算机里的资源，也是 Windows 管理文件和文件夹的重要工具之一。资源管理器可以分层显示计算机内所有的文件。启动资源管理器的常用两种方法如下：

1. 右击"开始"按钮，在弹出的快捷菜单中选择"打开 Windows 资源管理器"。

2. 单击"开始"菜单→"所有程序"→"附件"→"资源管理器"。

资源管理器窗口分为左、右窗格两个区域。左窗格显示计算机资源的结构组织，右窗格显示左窗格选定的对象所包含的内容。

一、文件与文件夹

计算机上的各种资源以文件形式保存在磁盘上的，Windows 资源主要是文件与磁盘两方面，我们对计算机的操作主要针对这两方面。为了提高我们对文件与磁盘的管理能力，本任务学习文件、文件夹与磁盘的管理，使用户有效的管理这些资源。

（一）文件的基本知识

1. 文件的概念　计算机文件是以计算机硬盘为载体存储在计算机上的信息集合。计算机文件可以是文字、图形、图像、声音、程序等。

2. 文件的命名　每个文件都有一个名字，计算机内用不同的名字代表不同的文件，这个名字我们叫它文件名。

文件名字的命名规则：

文件的名字由文件名与扩展名组成，格式为：文件名.扩展名。

文件名的长度不能超过255个字符，文件名可以是中文、字母、数字、字符、空格、下划线等，但不能有以下字符：/、\、|、<、>、:、"、*、?。

文件名不区分大小写。

扩展名一般由3个字符组成、少量文件扩展名由1个、2个或4个字母组成，扩展名标示着文件的类型，看扩展名就知道其是什么类型的文件，扩展名不得随意更改，否则系统将无法识别。

"*""?"是文件通配符。"?"字符代替文件名某位置上的任意一个合法字符，"*"代表从"*"所在位置开始的任意长度的合法字符串的组合。

3. 文件的类型　文件的类型由文件的扩展名来标示，Windows系统对于大部分扩展都能识别，常见的扩展名及其含义如表2-1所示：

表2-1　常见的扩展名对应的文件类型

文件类型	扩展名	文件类型	扩展名
命令程序文件	.COM	Word文档	.DOC
可执行程序	.EXE	Word文档	.DOCX
压缩文件	.RAR	Excel文档	.XLS
系统文件	.SYS	Excel文档	.XLSX
文本文件	.TXT	演示文稿文件	.PPT
数据库文件	.DBF	演示文稿文件	.PPTX
备份文件	.BAK	位图文件	.BMP
安装文件	.INF	图形文件	.GIF
帮助文件	.HLP	图形文件	.JPEG
音频文件	.WAV	WPS文档	.WPS
超文本文件	.HTML	临时文件	.TMP
音频文件	.MP3	图标文件	.ICO

4. 文件的特性　文件可以复制、移动、删除。

同一文件夹中不能有完全同名的两个文件存在。

同一文件通过复制可存在于不同的文件夹中。

文件名相同，扩展名不同的文件可存在同一个文件夹中。

5. 文件的属性　执行菜单"文件"→"属性"可打开文件的属性对话框架，也可以右击"文件名"点"属性"来打开。

文件的属性信息如图2-32所示，在文件属性"常规"选项中包含：文件名、文件类型、打开方式、位置、大小、占用空间、创建时间、修改时间、访问时间。文件的属性有三种：只读、隐藏、存档。

只读：只能对文件进行读的操作，不能对文件写的操作。

图 2 - 32　文件属性

隐藏：就是隐藏文件，是一种保护文件的行为，当文件或文件夹的属性被设置为"隐藏"后，该文件或文件夹正常情况下将不会显示出来，被隐藏了，起到了一定的保护作用。

存档："存档"属性并不是直接提供给用户使用的，而是提供给备份软件使用的，当新建或修改一个文件后，该文件就会被自动赋予"存档"属性，以提示备份软件该文件尚未备份，当备份过这些文件后，其"存档"属性会自动消失。

（二）文件夹的基本知识

文件夹是用来组织和管理计算机内文件的一种组织结构，它相当一种特殊的容器，用来分门别类管理文件和子文件夹。

文件夹的结构：文件夹采用树状结构，在这结构中，每一个磁盘有一个根文件夹，它包含若干文件和文件夹。一个文件夹中不仅可以有文件，还可以有子文件夹，以此类推。这种结构方便用户分类存储、查找文件及文件夹。同时允许在不同的文件夹中可以有同样名字的文件和文件夹。

路径：用户在计算机内查找文件的时候，所经历的文件夹线路称为路径。路径分为相对路径与绝对路径。

相对路径：从当前目录开始到某个文件之前的名称。例如：乐途婚车 \ 乐途培训 \ 长沙乐途婚车 2006 年第一次培训 . pptx

绝对路径：从根目录开始，依序到该文件之前的名称。例如：D：\ 乐途婚车 \ 乐途培训 \ 长沙乐途婚车 2006 年第一次培训 . pptx

二、文件与文件夹的操作

（一）选定文件及文件夹

1. 选定单个对象　选定单个文件或文件夹只需用鼠标单击所要选择的对象即可。

2. 选定多个连续对象

步骤 1：选择第一个要选择的对象。

步骤2：按住"Shift"不放，用鼠标单击最后一个对象后松开"Shift"键，即可完成多个连续对象的选定，如图2-33所示。

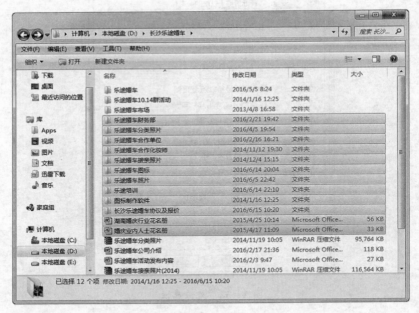

图2-33　选择连续多个对象

3. 选定多个非连续对象

步骤1：单击第一个要选择的对象。

步骤2：按住"Ctrl"不放，依次单击需要选定的其他对象，选定完成后再松开"Ctrl"键即可完成多个非连续对象的选定，如图2-34所示。

图2-34　选定多个非连续对象

4. 选定全部对象

可以使用快捷键"Ctrl + A"选定全部文件或文件夹。也可以在"编辑"菜单中选择"全选（A）"。

（二）新建文件或文件夹

1. 新建文件夹

在 D 盘新建一个名为"letu"的文件夹。

步骤1：双击打开"计算机"。

步骤2：双击 D 盘图标进入 D 盘根目录。

步骤3：右击 D 盘根目录空白处，在弹出的快捷菜单中选"新建"命令，再选"文件夹（F）"，出现"新建文件夹"，输入"letu"即完成文件夹的建立。

2. 新建文件

在刚才新建的文件夹 D 盘"letu"下新建一个文件名为"Company profile. txt"的文本文档。

步骤1：双击打开"计算机"。

步骤2：双击 D 盘图标进入 D 盘根目录。

步骤3：双击"letu"文件夹进入到该文件夹下。

步骤4：右击"letu"文件夹下空白处，在弹出的快捷菜单中选"新建"命令，再选"文本文档"，出现"新建文本文档 . txt"，输入"Company profile. txt"即完成文本文档的建立。

（三）重命名文件或文件夹

1. 显示扩展名

默认情况下，Windows 7 系统会隐藏文件的扩展名，以保护文件的类型。但有时我们想查看文件的扩展名，此时就需要进行相应的设置，使扩展名显示出来，步骤如下：

步骤1：在"计算机"窗口的菜单栏，选择"工具"菜单中的"文件夹选项（O）"。

步骤2：在弹出的"文件夹选项"对话框中选择"查看"选项卡，在"高级设置"中取消勾选"隐藏已知文件类型的扩展名"，单击"确定"即可实现显示文件的扩展名。

2. 重命名

将 D 盘的"letu"文件夹更名为"长沙乐途婚车"，将其下的"Company profile. txt"更名为"长沙乐途婚车公司简介 . txt"。

步骤1：双击打开"计算机"。

步骤2：双击 D 盘图标进入 D 盘根目录。

步骤3：右击"letu"，选择"重命名"，在名称框中输入"长沙乐途婚车"。

步骤4：双击"长沙乐途婚车"进入该文件夹。

步骤5：右击文本文件"Company profile. txt"，在弹出的快捷菜单中选择"重命名"，在名称输入框中输入"长沙乐途婚车公司简介 . txt"。

注意：当扩展名隐藏时，直接改文件名就可以了，当扩展名为显示状态时，注意不要把扩展名删除或更改，否则将会影响该文件的正常打开。

（四）复制或移动文件及文件夹

1. 复制

步骤1：选定要复制的对象。

步骤2：（方法一）单击菜单栏的"编辑"菜单，选择"复制"。

（方法二）右击选定好的对象，在弹出的快捷菜单中选"复制"。

（方法三）快捷键"Ctrl + C"

步骤3：进入到目标文件夹中。

步骤 4：（方法一）单击菜单栏的"编辑"菜单，选择"粘贴"。

（方法二）右击选定好的对象，在弹出的快捷菜单中选"粘贴"。

（方法三）快捷键"Ctrl + V"

2. 移动

步骤 1：步骤 1：选定要复制的对象。

步骤 2：（方法一）单击菜单栏的"编辑"菜单，选择"剪切"。

（方法二）右击选定好的对象，在弹出的快捷菜单中选"剪切"。

（方法三）快捷键"Ctrl + X"

步骤 3：进入到目标文件夹中。

步骤 4：（方法一）单击菜单栏的"编辑"菜单，选择"粘贴"。

（方法二）右击选定好的对象，在弹出的快捷菜单中选"粘贴"。

（方法三）快捷键"Ctrl + V"

（五）删除文件或文件夹

步骤 1：步骤 1：选定要删除的对象。

步骤 2：（方法一）单击"Delete"一次即可删除选定对象。

（方法二）右击选定好的对象，在弹出的快捷菜单中选"删除"。

注意：上述方法所删除文件或文件夹都会到回收站，如果删除操作错误可从回收站还原找回，另外使用"Shift + Delete"方法删除的文件将会彻底删除，不会到回收站，用此方法删除文件需谨慎。

（六）修改文件属性

步骤 1：右击要修复的对象，在弹出的快捷菜单中选"属性"。

步骤 2：设置好"只读"、"隐藏"属性，单击"确定"完成属性设置。

三、创建快捷方式

快捷方式是一种无须进入应用程序所在目录，即可启动程序或打开文件和文件夹的图标，快捷方式可以添加在桌面、开始菜单上。

（一）在桌面上添加快捷方式

任务一：在桌面上创建 D 磁盘"长沙乐途婚车"文件夹的快捷方式。

（方法一）

步骤 1：在桌面空白处右击，在快捷菜单中选"新建"→"快捷方式"，弹出"创建快捷方式"对话框，如图 2 – 35 所示。

步骤 2：依次单击"浏览"→"计算机"→"本地磁盘（D:）"→"长沙乐途婚车""确定"。对话框如图 2 – 36 所示。

步骤 3：单击"下一步"→"完成"即可以完成快捷方式的建立。

（方法二）

步骤 1：依次双击打开"计算机"→"本地磁盘（D:）"进入 D 磁盘。

步骤 2：右击"长沙乐途婚车"，在弹出的快捷菜单中选择"发送到（N）""桌面快捷方式"。

步骤 3：把桌面上刚建的"长沙乐途婚车 – 快捷方式"改名为"长沙乐途婚车"。

（方法三）

步骤 1：依次双击打开"计算机"→"本地磁盘（D:）"进入 D 磁盘。

步骤 2：右击"长沙乐途婚车"，在弹出的快捷菜单中选择"创建快捷方式（S）"，将

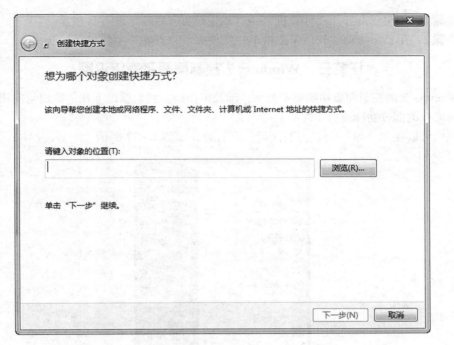

图 2 - 35　创建快捷方式（a）

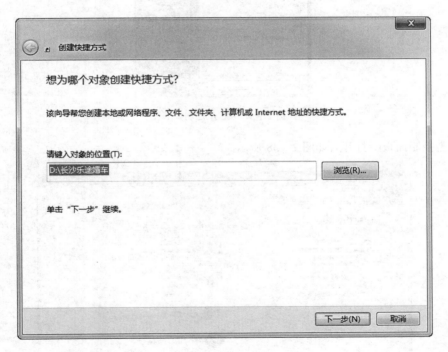

图 2 - 36　创建快捷方式（b）

会在 D 盘建立一个"长沙乐途婚车 - 快捷方式"的文件。

　　步骤 3：把"长沙乐途婚车 - 快捷方式"移到桌面并改名为"长沙乐途婚车"。

（二）在"开始"菜单上添加快捷方式

　　任务二：在开始菜单上创建 D 磁盘"长沙乐途婚车"文件夹的快捷方式。

步骤1：依次双击打开"计算机"→"本地磁盘（D:）"进入D磁盘。

步骤2：用鼠标拖动"长沙乐途婚车"文件夹至"开始"菜单然后松开。

任务三　Windows 7 控制面板及系统设置

Windows 7 的控制面板功能非常强大，涉及范围广，我们就以下几个常用与实用的功能对控制面板的部分功能进行讲解。

我们可以在"开始"→"控制面板"来打开，如图 2-37 所示。

图 2-37　打开控制面板

单击控制面板，打开后如图 2-38 所示。

图 2-38　控制面板

一、外观和个性化设置

对计算机的个性化设置可体现使用者的风格和个性，可以通过更改计算机的主题、桌面背景、屏幕保护程序、颜色、声音、字体大小和帐户图片来为计算机添加个性化设置，还可以为桌面选择特定的小工具。下面就个性化的几个方面进行设置。

（一）更改桌面主题

步骤1：在"控制面板"窗口中，单击"更改主题"，弹出"个性化"窗口，可设置桌面主题，如图2-39所示。

图2-39　选择桌面主题

步骤2：在"个性化"窗口中，单击想要的主题即可完成主题的更改。Windows 7自带的主题比较少，大家可以在网上下载喜欢的主题安装，然后按刚才的操作就可以更改成你想要的主题。

（二）更改桌面背景

步骤1：在"控制面板"窗口中，单击"更改桌面背景"，弹出"桌面背景"窗口如图2-40所示。

图2-40　选择桌面背景

步骤 2：在"选择桌面背景"窗口中，在"图片位置（L）:"选择自己喜欢的照片，如果选择多张，会循环自动改变背景；在"图片位置（P）:"选择图片的显示形式，"填充""适应""拉伸""平铺""居中"；在"更改图片时间间隔（N）:"选择更改图片时间；是否勾选"无序播放（S）"与"使用电池时，暂停幻灯片放映可节省电源（W）"，完成以上设置后单击"保存修改"即可完成背景的设置。

（三）调整屏幕分辨率

步骤 1：在"控制面板"窗口中，单击"调整屏幕分辨率"，弹出"屏幕分辨率"窗口如图 2 - 41 所示，可调整屏幕分辨率。

步骤 2：在"显示器（S）:"处选择要更改分辨率的显示器、在"分辨率（R）:"处设置合适的分辨率、在"方向（O）:"处设置显示器的方向，再按"确定"按钮即完成分辨率的调整。

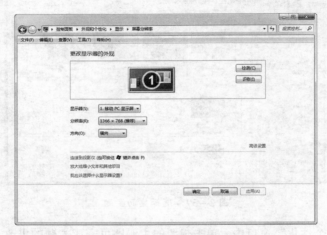

图 2 - 41　调整屏幕分辨率

（四）屏幕保护

步骤 1：在"控制面板"窗口中，单击"外观和个性化"，在弹出的窗口中"个性化"下选择"更改屏幕保护程序"，弹出窗口如图 2 - 42 所示。

图 2 - 42　屏幕保护程序设置

步骤2：在"屏幕保护程序"下选择想要的程序，"等待"处设置等待时间，单击"确定"按钮即可完成屏幕保护程序的设置。

（五）桌面小工具

Windows 7 附带的桌面小工具包括日历、时钟、天气、幻灯片放映和 CPU 仪表盘等，如图2-43所示，它们能不断地更新日期、天气等信息。

图2-43　桌面小工具

如何把桌面小工具放到桌面上：

步骤1：右击桌面，在弹出的菜单中选择"小工具"命令，弹出如上图2-29所示窗口。

步骤2：把想要放到桌面的小工具，用鼠标直接拖到桌面即可。

二、键盘和鼠标设置

键盘和鼠标是计算机的主要输入设备，一般情况下不需要设置，但有时因一些原因需要设置，我们可以通过下面来完成。

（一）键盘设置

步骤1：在"控制面板"窗口下，在"查看方式"中选择"大图标"。

步骤2：选择"键盘"，弹出"键盘属性"对话框，如图2-44所示。

图2-44　键盘属性

步骤3：设置好"重复延迟"、"重复速度"、"光标闪烁速度"，点击"确定"按钮完成键盘设置。

（二）鼠标设置

鼠标（Mouse），是一种很常用的电子计算机输入设备，它可以对当前屏幕上的光标进行定位，并通过按键和滚轮装置对光标所经过位置的屏幕元素进行操作。

鼠标设置操作如下：

步骤1：在"查看方式"为"大图标"的"控制面板"窗口下单击"鼠标"，弹出如图2-45（a）所示对话框。

步骤2：在"鼠标键"菜单下："切换主要和次要的按钮"可把鼠标左右键互换、"双击速度"下调节鼠标的双击快慢程度。

在"指针"菜单下："方案"下可选择自己喜欢的鼠标方案，如图2-45（b）所示。

在"指针选项"菜单下："移动"下调整鼠标指针移动的速度、"对齐"下设置打开对话框时是否将鼠标指针定位到默认按钮上、"可见性"下设置显示鼠标指针轨迹、打字时隐藏指针、按Ctrl键显示指针位置，如图2-45（c）所示。

在"滑轮"菜单下："垂直滚动"下设置垂直滚动的行数或屏幕、"水平滚动"设置水平滚动显示的字符数，如图2-45（d）所示。

图2-45（a）　鼠标属性

图2-45（b）　鼠标属性

图2-45（c）　鼠标属性

图2-45（d）　鼠标属性

三、应用程序的安装或卸载

（一）安装应用程序

步骤1：打开应用程序安装光盘或下载应用程序安装包，在其中找到安装文件（扩展名为.exe），一般情况下为 setup.exe 或 install.exe 这两个文件。

步骤2：双击安装文件，根据安装向导，完成程序安装。

（二）卸载程序

步骤1：打开"控制面板"窗口，单击"程序"下的"卸载程序"。

步骤2：在弹出的"卸载或更改程序"右击要卸载的程序，点"卸载（U）"，根据提示完成卸载操作，如图2－46所示。

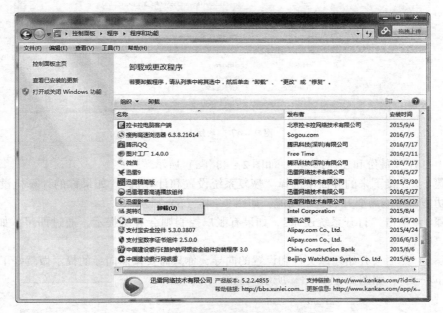

图2－46　卸载程序

四、系统属性与系统还原

（一）系统属性

在系统属性中我们可以查看到有关计算机的基本信息，打开系统属性的常用方法有两种，下面按步骤介绍这两种方法。

方法1：右击桌面上的"计算机"图标，在弹出的快捷菜单中选择"属性"，弹出如图2－35所示系统属性对话框。

方法2：依次单击"开始""控制面板"→"大图标"→"系统"，弹出如图2－47所示系统属性对话框。

打开系统属性后，可以在其界面上查看"windows 版本"、分级、处理器、安装内存、系统类型、计算机名、工作组等信息。

（二）系统还原

系统还原的目的是在不需要重新安装操作系统，也不会破坏数据文件的前提下使系统回到工作状态。

步骤1：首先在开始菜单中打开"控制面板"，打开控制面板之后，在控制面板的众多

图 2 - 47 系统信息

选择项中打开"备份和还原选项"。如图 2 - 48（a）所示。

步骤 2：在接下来的界面中选择"恢复系统设置和计算机"。如果你的计算机没有开启还原的功能，可能需要开启这个功能，如图 2 - 48（b）所示。

步骤 3：单击"打开系统还原"，如果有账户控制则会有所提示，通过即可，如图 2 - 48（c）所示。

步骤 4：然后会开始还原文件和设置的向导，你只需要按照向导的提示做就好了。直接点击"下一步"，如图 2 - 48（d）所示。

图 2 - 48 备份和还原（a）

步骤 5：在系统还原点的选项当中，选择一个还原点，要确保所选择的还原点是之前系统正常时的还原点，因为如果是不正常的还原点则会出现问题，选好后点击"下一步"，如图 2-48（e）所示。

步骤 6：确定之后，会出现一个确认的页面，上面显示了关于还原的详细信息，你要确保它没有错误之后，点击"完成"按钮，开始系统的还原，系统的还原会重启，然后在开机的过程中进入相关的还原操作，如图 2-48（f）所示。

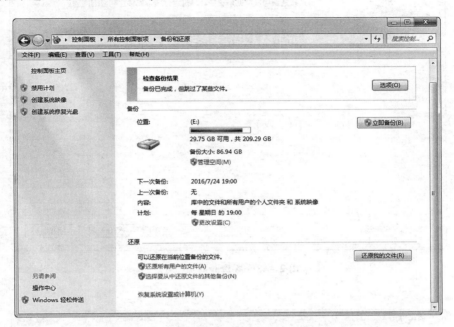

图 2-48 备份和还原（b）

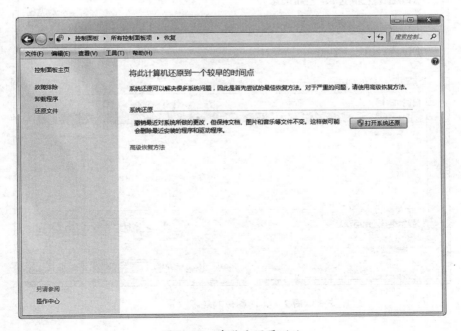

图 2-48 备份和还原（c）

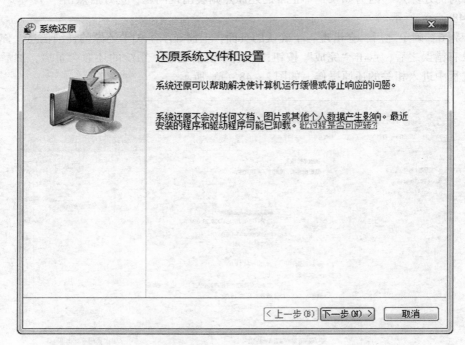

图 2-48　备份和还原（d）

图 2-48　备份和还原（e）

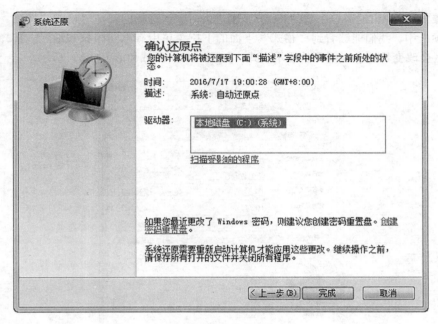

图 2-48 备份和还原 (f)

五、区域和语言设置

在 Windows 7 中，区域和语言选项是一个非常重要的组件，它增强了 Windows 系统在多种语言环境中的应用能力，是操作系统定位环境的一个工具，下面对区域和语言的设置分步介绍。

步骤 1：首先在开始菜单中打开"控制面板"，打开控制面板之后，在控制面板的众多选择项中打开"区域和语言"。如图 2-49 区域和语言 (a) 所示。

图 2-49 区域和语言 (a)

步骤 2：在弹出的窗口中选"格式"，刚进去时默认选择的就是"格式"选项。在"格式"选项卡中，我们能够看到"格式"下面的下拉菜单中有不同国家和地区。选择不同国家和地区会改变日期、时间等的显示方式。如图 2 - 49 区域和语言（b）所示。

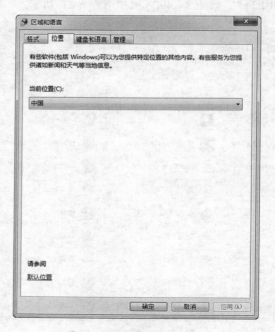

图 2 - 49　区域和语言（b）

步骤 3：选择"位置"选项卡，可以设置电脑所在的区域，通过一些应用类软件读取位置设置，不同的位置区域将提供不同地方的天气新闻类信息等，如图 2 - 49 区域和语言（c）所示。

图 2 - 49　区域和语言（c）

步骤 4：选择"键盘和语言"选项卡，"更改键盘"可以设置输入法，"显示语言"下可以安装和卸载语言，如图 2 – 49 区域和语言（d）所示。

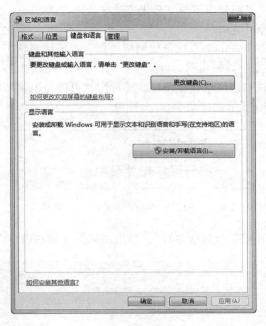

图 2 – 49　区域和语言（d）

步骤 5：在"管理"选项卡中，单击"更改系统区域设置"按钮可以更改当前语言，如图 2 – 49 区域和语言（e）所示。

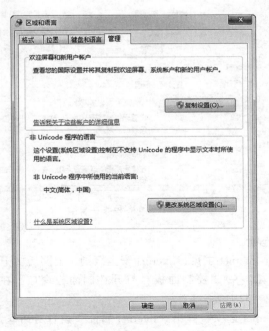

图 2 – 49　区域和语言（e）

六、网络和 Internet

在 Windows 7 系统下，网络和 Internet 是上网的两个重要组成部分，如何对计算机的网络和 Internet 进行设置，我们分以下两部分来完成。

（一）网络和共享中心

网络和共享中心是 Windows 7 系统新建网络连接、查看网络状态、设置网络的地方，下面分步说明进入网络共享中心的步骤。

步骤 1：右击任务栏右边网络连接图标，图标形状可能是电脑形状，也可能是无线信号形状，会弹出如图 2–50 所示快捷菜单。

图 2–50　网络和共享中心快捷菜单

步骤 2：点击"打开网络和共享中心"，弹出网络共享中心窗口，如图 2–51 所示。

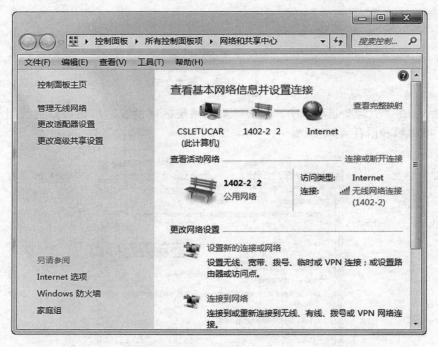

图 2–51　网络和共享中心

（二）Internet 选项

Internet 选项是设置 Internet 主页、Internet 安全级别、上网历史记录保存天数等。

步骤 1：点击"开始"→"控制面板"打开控制面板窗口，在控制面板窗口下找到"Internet 选项"，如图 2–52 所示。

步骤 2：单击"Internet 选项"弹出"Internet 属性"设置对话框，如图 2–53 所示。

步骤 3：在"常规"选项卡中设置"主页"、浏览历史记录保存天数等，在"安全"选项卡中可以设置"Internet"安全级别、"受信任的站点"等。

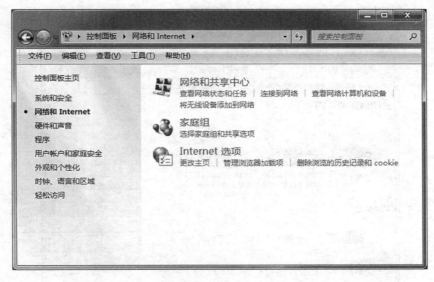

图 2 - 52   网络和 Internet

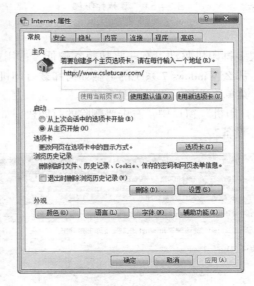

图 2 - 53   Internet 属性

七、安装和删除打印机

（一）安装打印机

在 Windows 7 系统下安装打印机，可以使用添加打印机向导，通过向导分步来完成打印机的安装，用户可以使用打印机自带的光盘或网上下载的相应型号的打印机驱动程序。当然 Windows 7 自带了一部分打印机驱动，如合适，可从中选择。

步骤 1：关闭计算机，通过数据线将打印机与计算机连接起来，并将打印机电源线插好，打开电源按钮给打印机通电。

步骤 2：打开计算机，并在"开始"菜单下选择"设备和打印机"。

步骤 3：在"设备和打印机"窗口下，点"添加打印机"，如图 2 - 54 所示，按弹出的"添加打印机"向导分步完成打印机的安装。

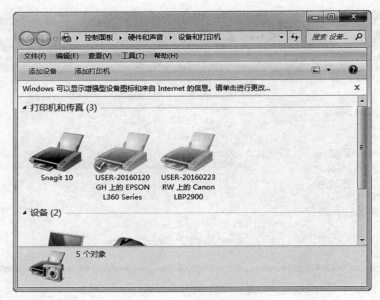

图 2-54　添加打印机

（二）删除打印机

办公室电脑安装了很多打印机驱动，有些驱动版本较低，占用内存空间，同时影响打印机效率。需要卸载掉，那么 Windows 7 系统的电脑如何卸载打印机驱动呢？

步骤 1：在"开始"菜单下选择"设备和打印机"。

步骤 2：在"设备和打印机"窗口中，右击要删除的打印机，如图 2-55 所示，在弹出的快捷菜单中选择"删除设备"。

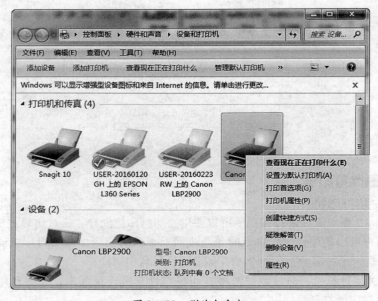

图 2-55　删除打印机

步骤 3：点"删除设备"后会弹出"删除设备"对话框，要求确认是否真的删除，选择"是"，即可完成打印机的删除，如图 2-56 所示。

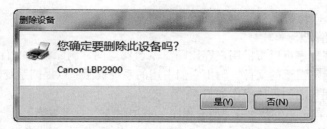

图 2 – 56 确认删除打印机

八、磁盘管理

磁盘是微型计算机必备的最重要的外存储器，现在可移动磁盘越来越普及，所以为了确保信息安全，掌握有关磁盘的基本知识和管理磁盘的正确方法是非常必要的。

（一）磁盘格式化

格式化磁盘可分为格式化磁盘和格式化软盘两种。格式化硬盘又可分高级格式化和低级格式化，高级格式化是指在 Windows 7 操作系统下对硬盘进行的格式化操作；低级格式化是指在高级格式化操作之间，对硬盘进行的分区和物理格式化。

进行格式化磁盘的具体操作如下：

步骤 1：双击桌面"计算机"图标，在弹出的窗口中右击要格式化的磁盘，选择"格式化"。

步骤 2：在弹出的"格式化"对话框中，选择"文件系统（F）"类型"分配单元大小（A）"、输入卷标名称及是否快速格式化，如图 2 – 57 所示。

快速格式化，不扫描磁盘的坏扇区而直接从磁盘上删除文件。只有在磁盘已经进行过格式化而且确认该磁盘没有损坏的情况下才使用该选项。

图 2 – 57 磁盘格式化

步骤3：单击"开始（S）"即可完成格式化。

（二）磁盘清理

使用磁盘清理程序可以帮助用户释放硬盘驱动器空间，删除临时文件、Internet 缓存文件和可以安全删除不需要的文件，腾出它们占用的系统资源，以提高系统性能。

执行磁盘清理程序的具体操作如下：

步骤1：依次单击"开始"→"所有程序"→"附件"→"系统工具"→"磁盘清理"。

步骤2：在弹出的"选择驱动器"对话框中，选择需要清理的驱动器，如图2－58所示。

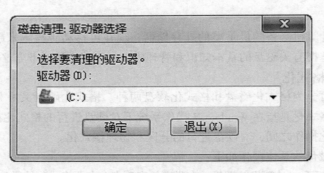

图2－58　选择需要清理的驱动器

步骤3：单击"确定"按钮，可弹出该驱动器的"磁盘清理"对话框，选择"磁盘清理"选项卡，如图2－59所示。

图2－59　"磁盘清理"选项卡

在这该选项卡中的"要删除的文件"列表框中列出了可删除的文件类型及其所占用的磁盘空间大小，选中某文件类型前的复选框，在进行清理时即可将其删除；在"获取的磁盘空间总数"中显示了若删除所有选中复选框的文件类型后，可得到的磁盘空间总数；在"描述"框中显示了当前选择的文件类型的描述信息，单击"查看文件"按钮，可查看该文件类型中包含文件的具体信息。

步骤4：单击"确定"按钮，将弹出"磁盘清理"确认删除对话框，单击"是"按钮，弹出显示清理进度的"磁盘清理"对话框，清理完毕后，该对话框将自动消失。

若要删除不用的可选 Windows 组件或卸载不用的安装程序，可选择"其他选项"选项卡，如图 2－60 所示。

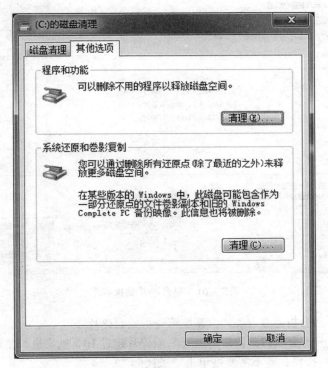

图 2－60 "其他选项"选项卡

在该选项卡中单击"程序和功能"选项组中的"清理"按钮，打开"程序和功能"窗口，可卸载或更改已安装的程序，若在该窗口中单击"打开或关闭 Windows 功能"可删除不用的可选 Windows 组件。

在该选项卡中单击"系统还原和卷影复制"选项组中的"清理"按钮，可以通过所有还原点（除了最近的之外）来释放更多的磁盘空间。在某些版本的 Windows 中，此磁盘可能包含作为一部分还原点的文件卷影副本和旧的 Windows Complete PC 备份映像，删除些信息释放空间。

（三）磁盘碎片整理

碎片往往会使硬盘执行许多降低计算机速度的额外工作。可移动存储设备（如 USB 闪存驱动器）也可能成为碎片。磁盘碎片整理程序可以重新排列碎片数据，以便磁盘和驱动器能够更有效地工作。磁盘碎片整理程序可以按计划自动运行，但也可以手动分析磁盘和驱动器以及对其进行碎片整理。

运行磁盘碎片整理程序的具体操作如下：

步骤1：依次单击"开始"→"所有程序"→"附件"→"系统工具"→"磁盘碎片整理程序"。

步骤2：在弹出的"磁盘碎片整理程序"对话框中，选择要整理的磁盘，如图2-61所示。

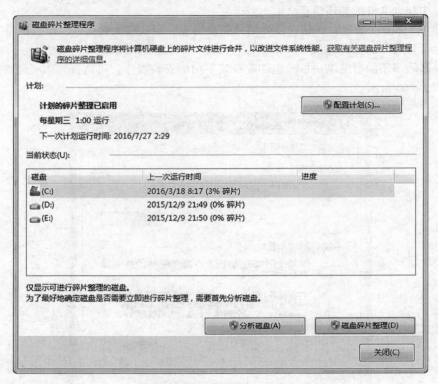

图2-61　磁盘碎片整理程序

步骤3：单击"分析磁盘（A）"，系统将分析磁盘碎片。

步骤4：碎片分析完成后，若需整理（一般碎片超过10%则需进行整理），则单击"磁盘碎片整理（D）"按钮，若不需要则单击"关闭"。

（四）查看磁盘属性

磁盘的属性通常包括磁盘的类型、文件系统、空间大小、卷标信息等常规信息，以及磁盘的查错、碎片整理等处理程序和磁盘的硬件信息等。

1. 查看磁盘的常规属性　磁盘的常规属性包括磁盘的类型、文件系统、空间大小、卷标信息等，查看磁盘的常规属性可执行以下操作：

步骤1：双击"我的电脑"图标，打开"我的电脑"对话框。

步骤2：右键单击要查看属性的磁盘图标，在弹出的快捷菜单中选择"属性"命令。

步骤3：打开"磁盘属性"对话框，选择"常规"选项卡，如图2-62所示。

步骤4：在该选项卡中，用户可以在最上面的文本框中键入该磁盘的卷标，在该选项卡的中部显示了该磁盘的类型、文件系统、已用空间及可用空间等信息；在该选项卡中以饼图显示该磁盘的容量、已用空间和可用空间的比例信息。

2. 工具选项卡　"工具"选项卡如图2-63所示，包括查错、碎片整理和备份三项内容。

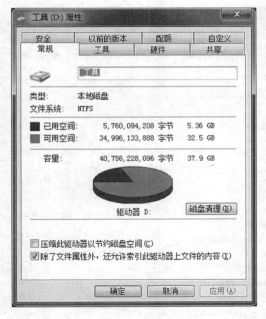

图 2-62 "常规"选项卡

图 2-63 "工具"选项卡

（1）进行磁盘查错 用户在经常进行文件的移动、复制、删除及安装、删除程序等操作后，可能会出现坏的磁盘扇区，这时可执行磁盘查错程序，以修复文件系统的错误、恢复坏扇区等。

执行磁盘查错程序的具体操作如下：

步骤1：双击"计算机"图标，打开"计算机"窗口。

步骤2：右键单击要进行磁盘查错的磁盘图标，在弹出的快捷菜单中选择"属性"命令。

步骤3：打开"磁盘属性"对话框，选择"工具"选项卡。

步骤4：单击"查错"选项组中的"开始检查"按钮，弹出"检查磁盘"对话框，如图2-64所示。

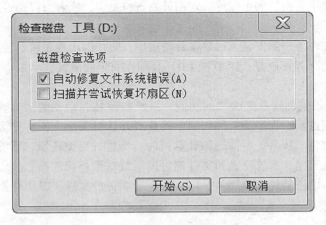

图 2-64 "检查磁盘"对话框

在该对话框中用户可选择"自动修复文件系统错误"和"扫描并试图恢复坏扇区"选项，单击"开始"按钮，即可开始进行磁盘查错，在"进度"框中可看到磁盘查错的进度。

磁盘查错完毕后将弹出"正在检查磁盘"对话框，单击"确定"按钮即可。

（2）单击"碎片整理"选项组中的"开始整理"按钮，可执行"磁盘碎片整理程序"。

（3）备份与还原　单击"开始备份"打开"备份和还原"窗口，如图2–65所示。

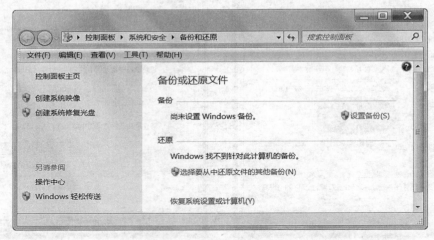

图2–65　"备份和还原"窗口

☞　文件备份

Windows备份允许为使用计算机的所有人员创建数据文件的备份。可以让Windows选择备份的内容或者您可以选择要备份的个别文件夹、库和驱动器。默认情况下，将定期创建备份。可以更改计划，并且可以随时手动创建备份。设置Windows备份之后，Windows将跟踪新增或修改的文件和文件夹并将它们添加到您的备份中。

创建文件备份的操作步骤如下：

单击打开"备份和还原"。

如果以前从未使用过Windows备份，请单击"设置备份"，然后按照向导中的步骤操作。如果系统提示输入管理员密码或进行确认，请键入该密码或提供确认。

如果以前创建了备份，则可以等待定期计划备份发生，或者可以通过单击"立即备份"手动创建新备份。

建议不要将文件备份到安装Windows的硬盘中，防止因出现系统故障而损坏备份文件。将用于备份的介质（外部硬盘、DVD或CD）存储在安全的位置。

☞　系统映像备份

Windows备份提供创建系统映像的功能，系统映像是驱动器的精确映像。系统映像包含Windows和系统设置、程序及文件。如果硬盘或计算机无法工作，则可以使用系统映像来还原计算机的内容。从系统映像还原计算机时，将进行完整还原，不能选择个别项进行还原，当前的所有程序、系统设置和文件都将因系统映像还原而被替换。尽管此类型的备份包括个人文件，但还是建议使用Windows备份定期备份文件，以便根据需要还原个别文件和文件夹。

创建系统映像备份的操作步骤如下：

单击打开"备份和还原"窗口，单击窗口左侧的"创建系统映像"弹出相应对话框，如图2–66所示，指定创建的位置（可以指定到磁盘、在碟片和网络上），单击"下一步"，指定要备份的磁盘，如图2–67所示，单击"下一步"创建系统映像。

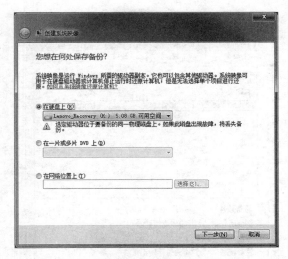

图 2-66　指定存放系统映像的位置

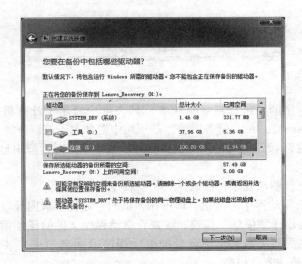

图 2-67　指定要备份的磁盘

☞　从备份还原文件

可以还原丢失、受到损坏或意外更改的备份版本的文件、也可以还原个别文件、文件组成或者已备份的所有文件。

从备份还原文件的操作步骤如下：

单击打开"备份和还原"。

若要还原文件，请单击"还原我的文件"。若要还原所有用户的文件。请单击"还原所有用户的文件"。若要浏览备份的内容，请单击"浏览文件"或"浏览文件夹"。浏览文件夹时，将无法查看文件夹中的个别文件。若要查看个别文件，使用"浏览文件"选项。

3. 查看磁盘的硬件信息及更新驱动程序　若用户要查看磁盘的硬件信息或要更新驱动程序，可执行下列操作。

（1）双击"计算机"图标，打开"计算机"窗口。

（2）右击磁盘图标，在弹出的快捷菜单中选择"属性"命令。

（3）打开"磁盘属性"对话框，选择"硬件"选项卡，如图 2-68 所示。

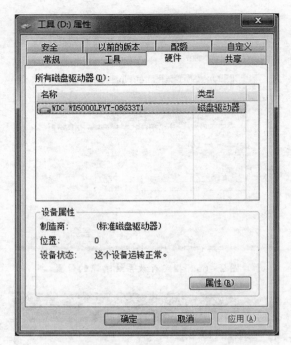

图 2-68 "硬件"选项卡

（4）在该选项卡中的"所有磁盘驱动器"列表框中显示了计算机中的所有磁盘驱动器。单击某一磁盘驱动器，在"设备属性"选项组中看到关于该设备的信息。

（5）单击"属性"按钮，可打开设备属性对话框，在该对话框中显示了该磁盘设备的详细信息。

（6）若用户要更新驱动程序，可选择"驱动程序"选项卡。

（7）单击"更新驱动程序"按钮，即可在弹出的"硬件升级向导"对话框中更新驱动程序。单击"驱动程序详细信息"按钮，可查看驱动程序文件的详细信息；单击"返回驱动程序"按钮，可在更新失败后，用备份的驱动程序返回到原来安装的驱动程序；单击"卸载"按钮，可卸载该驱动程序。

（8）单击"确定"或"取消"按钮，可关闭该对话框。

4. 查看并设置共享

如图 2-69 所示，应用"共享"选项卡可以查看当前磁盘、网络文件和文件夹的共享信息。应用"高级共享"可以设置自定义权限，创建多个共享，并设置其他高级共享选项。应用"密码保护"可以设置打开此共享的用户账户和密码。

5. 设置"Ready Boost"

如果想提高电脑的性能，我们通常会选择升级处理器、内存相关硬件，而在 Windows 7 操作系统中增加的 Ready Boost 功能，只需插入一个 USB 接口的闪存盘（例如 U 盘），就能达到加快系统启动速度的效果。将 U 盘插入电脑的 USB 接口，Windows 7 会弹出"自动播放"的窗口，选择"加速我的系统"选项，这时系统就会自动打开 U 盘"属性"面板中的"Ready boost"标签页，如图 2-70 所示，（如果 Windows 7 系统中禁用了自动播放选项，同样可以在 U 盘图标上右键单击选择"属性"选项），应用"Ready Boost"选项卡可以查看、设置当前设备上的可用空间以加快系统速度。可设置的选项包括：

不使用这个设备：

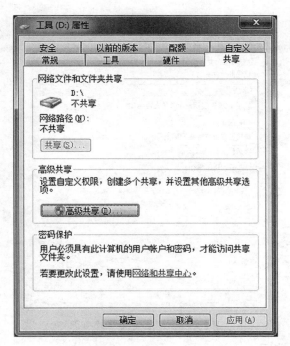

图 2 - 69   "共享"选项卡

该设备专用于"Ready Boost";

使用这个设备，选择该项时可设置该设备上的预留空间用于加快系统速度，保留的空间将不用于文件存储。

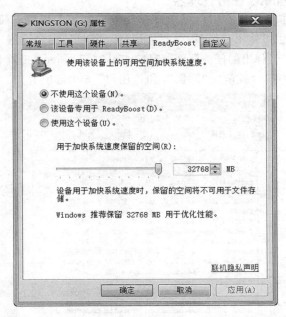

图 2 - 70   "Ready Boost"选项卡

6. 自定义

如图 2 - 71 所示，应用"自定义"选项卡可以设置优化文件夹和文件夹图片。

图 2-71 "自定义"选项卡

九、任务管理器的使用

Windows 7 系统的任务管理器是 Windows 提供有关计算机性能的信息,并显示了计算机上所运行的程序和进程的详细信息,从这里可以查看到当前系统的进程数、CPU 使用比率、更改的内存、容量等数据。

(一)启动 Windows 任务管理器

在 Windows 7 操作系统中,用户可通过在任务栏处单击鼠标右键在快捷菜单中选择"启动任务管理器";也可使用"Ctrl"+"Alt"+"Del"组合键进入选择页面,从中选择"启动任务管理器",弹出的任务管理器窗口如图 2-72 所示,这个窗口中,包括了"应用程序""进程""服务""性能""联网"和"用户"6 个选项卡。

图 2-72 Windows 任务管理器

（二）应用程序选项卡

应用程序选项卡，如图2－73所示。在这个选项卡中，显示了当前用户打开的所有应用程序，用户可以选中某个想要结束的应用程序，单击"结束任务"，即可结束应用程序；用户可以选中某个应用程序后单击"切换"按钮，实现激活选中应用程序的目的；单击"新任务按钮"，会弹出"创建新任务"对话框，在"打开"下拉列表文本框中，用户可以选择或输入相应的命令、IP地址来运行相应的程序或访问相应的局域网主机。

图2－73　任务管理器－应用程序选项卡

（三）"进程"选项卡

进程是应用程序的映射，"应用程序"中显示的是用户运行的应用程序，并不显示系统运行必需的程序，系统程序的进程只能在"进程"选项卡中查看，用户可以通过"进程"选项卡查找、结束正在运行的病毒和木马等。

在选中进程上，单击右键，选中"属性"菜单项，可以查看描述、位置、和数字签名等情况。选中某个想要结束的进程，单击"结束进程"按钮，弹出"Windows任务管理器"对话框，单击"结束进程"按钮即可结束该进程，如图2－74所示。

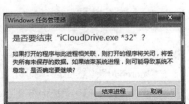

图2－74　任务管理器－进程选项卡

（四）"服务"选项卡

在该选项卡中，显示当前已启用并在运行的服务。单击"服务"按钮，可从弹出的"服务"窗口中查看、启用或禁用相应的服务，以及对相应服务的属性进行设置。

（五）"性能""联网""用户"选项卡

"性能"选项卡中可以通过直观图和详细信息的形式显示电脑中CPU资源和物理内存资源的使用情况，如图2-75所示。

"联网"选项卡可以通过动态直观图的方式显示电脑中网络的应用情况，如图2-76所示。

"用户"选项卡显示当前已经登录到系统的所有用户，如图2-77所示。

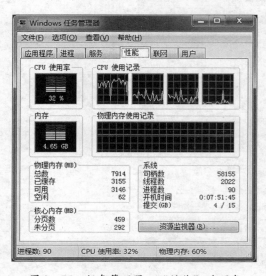

图2-75 任务管理器－"性能"选项卡

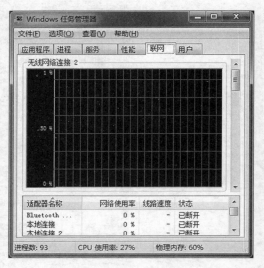

图2-76 任务管理器－"联网"选项卡

十、Windows 7 附件程序

Windows 7 系统附件里面一些小工具还是很有用处的，比如画图、记事本、计算器、录音机、命令提示符、写字板等，下面对几种常用的附件程序进行讲解。

（一）记事本

在日常计算机使用中，文本的编辑和修改非常普遍，下面来介绍 windows 7 系统自带的强大的记事本工具程序，其打开的方法有以下几种。

第一种：执行"开始"→"所有程序""附件"→"记事本"命令，即可打开"记事本"窗口。

第二种：快捷的命令行方式，按"Win + R"，然后输入命令"notepad"，然后回车即可。

第三种：桌面或文件夹内，单击右键，在快捷菜单中选择"新建"→"文本文档"。如图2-78所示。

图2-77 任务管理器－"用户"选项卡

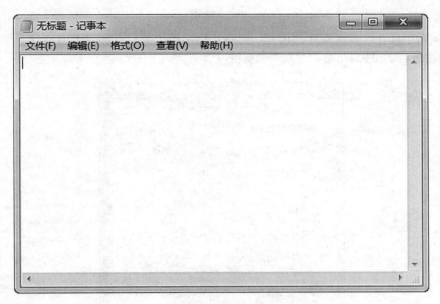

图 2 - 78　记事本

（二）画图

对于简单的图片编辑，windows 系统自带的画图就是个不错的工具，尤其是 windows 7 以后的系统中自带的画图工具，比 Windows xp 时代的画图工具进步了不少，足够我们平常对图片的基本编辑了。

执行"开始"→"所有程序"→"附件"→"画图"命令，即可打开画图窗口，如图 2 - 79 所示。

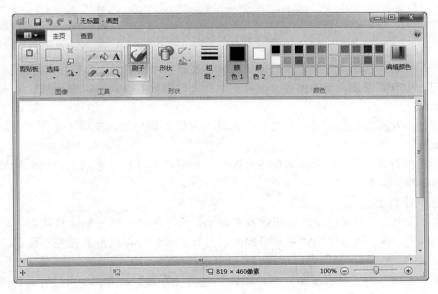

图 2 - 79　画图

1. 画图工具最常用的功能应该是配合键盘上的截图抓屏键保存当前的屏幕显示，按"Print Screen"键抓取整个屏幕，按"Alt + Print Screen"键则只抓取当前活动窗口的区域，抓取后按"Ctrl + V"粘贴到画图内。

2. 画图工具可以修改照片的尺寸。把照片用画图工具打开,点上方的"重新调整大小",如图2-80,按自己想的参数来调整就可以了。

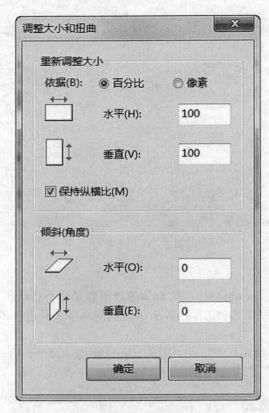

图2-80 调整图片大小

3. 画图可以选取图像中你想要的那一部分,复制后再新建一个文件粘贴即可。

4. 图片中有需要让人看的内容,也有不想让人看的内容,那可以把不想让人看的内容用刷子涂掉。

5. 想往图片里加文字也是可以的。点工具下面的A即可输入文字,字体、大小、颜色都是可调的。

6. 画图预先设置了一个可插入的各种图形,在形状工具栏中选取想要插入的形状,在画布上拖动即可生成。

(三)计算器

日常生活中,不管我们是什么职业或者在干什么,都会遇到一些计算问题。如果是简单的科学运算,我们还可以用计算器来解决,但是如果要计算汽车油耗呢?我们怎么去计算?Windows 7自带的计算器可以帮我们来处理这些问题。

执行"开始"→"所有程序"→"附件"→"计算器"命令,即可打开计算器初始窗口,如图2-81所示。

计算器提供了标准型、科学型、程序员、统计信息四种模式,下面还有基本、单位转换、日期计算、工作表四种功能,如图2-82所示。

点开"科学型",各种数学计算符号一应俱全,如图2-83

图 2-81　计算器初始窗口

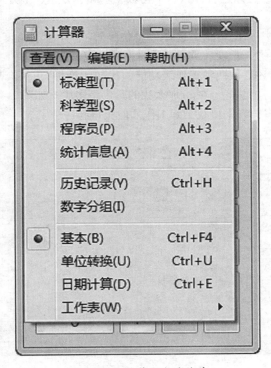

图 2-82　计算器查看菜单

图 2-83 科学型计算器

对于程序员来说，进制、字节之间的换算虽然简单，但却并不简便，Windows 7 计算器提供了"程序员"模式，进制换算十分简单，一键完成。对于程序员来说，非常实用。

点开"统计信息"，可以进行计数、平均数、求和、方差、平方和等一些基本的统计学计算。

模式选择"标准型"，在功能中选择"单位换算"，功率、角度、面积、能量、时间、速率、体积、温度、压力、长度、重量、质量换算一应俱全。

除此之外，计算器还提供四种工作表功能，比如"抵押"。买套房子，100 万吧，首付交了 30 万，贷款 20 年，利率 7.5%，那么我的月供是多少？如图 2-84 所示。

每个月要还 5600 多，看来得找个好工作才能买得起房子了。

图 2-84 计算房贷

（四）命令提示符

命令提示符是在 Windows 7 下的 MS – DOS 方式，有些功能在"命令提示符"下更容易实现。

执行"开始"→"所有程序"→"附件"→"命令提示符"命令，即可打开"命令提示符"窗口，如图 2 – 85 所示。

图 2 – 85 命令提示符

在提示符下输入命令，然后回车即可运行，常用的命令有：

ipconfig/all – – – – – –查询 IP 和 DNS 地址

write – – – – – –进入写字板

mspaint – – – – – –进入画图

calc – – – – – –进入计算器

taskmgr – – – – – –进入任务管理器

notepad – – – – – –打开记事本

explorer – – – – – –打开资源管理器

（五）录音机

Windows 7 自带的录音机操作比以前更加简单，首先我们打开录音机。

执行"开始"→"所有程序"→"附件"→"录音机"命令，即可打开"命令提示符"窗口，如图 2 – 86 所示。

打开录音机，点击开始录制，这时候你就可以进行录音了，如图 2 – 87 所示。

当录音结束的时候，点击"停止录音"，弹出另存为窗口，如图 2 – 88 所示。

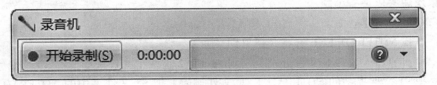

图 2 – 86 录音机

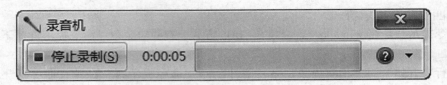

图 2-87 声音录制中

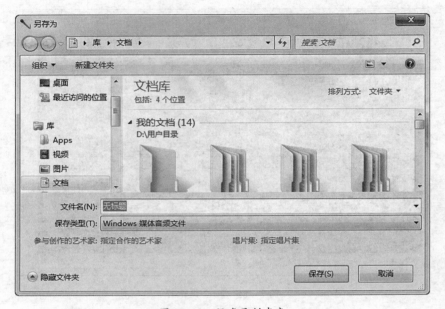

图 2-88 保存录制声音

这时候会弹出录音文件的保存地址，选择你希望保存的位置，以及修改录音文件的文件名就行了。

重点小结

本项目主要介绍了操作系统的基本概念和基础知识，并以 Windows 7 操作系统为基础重点介绍了 Windows 7 操作系统的基本操作和应用，使读者在学习基本操作的同时逐步掌握计算机解决问题的方法，培养使用计算机解决实际问题的能力。

实训　Windows 基本操作

1. 依次解答以下各小题：

（1）在桌面上建立 2 个文件夹 S1 和 S2。

（2）查找 NOTEPAD. EXE 并将其拷贝到桌面上。

（3）把 NOTEPAD. EXE 文件分别复制到 S1 和 S2 这两个文件夹中。

（4）把 S1 文件夹中的 NOTEPAD. EXE 文件删除，把 S2 文件夹中的 NOTEPAD. EXE 文件属性设置为隐藏。

2. 依次解答以下各小题：

（1）在桌面上建立二个并列的子文件夹，分别命名为"电影"和"图书"。

（2）用记事本建立一个文件，输入一段文字：祝你成功!，并用 temp1 文件名以文本文件类型保存到"电影"文件夹中。

（3）将以上文件拷贝到"图书"文件夹下，并更名为 temp2. txt。

（4）用画图建立当前屏幕（剪切到适当大小）的位图文件，以文件名 figure 保存到文件夹"电影"中。

（5）在桌面创建"电影"文件夹中 figure. bmp 文件的快捷方式。

3. 通过"桌面背景"对话框，进行下列设置操作：

（1）选择图片库中名为"雪中的长城"的墙纸，分别选择填充、适应、平铺、拉伸、居中，然后观察实际效果。

（2）选择名为"变幻线"的屏幕保护程序，等待时间设置为 3 分钟，然后观察实际效果。

（3）将屏幕分辨率分别设为 800 * 600，1280 * 1024，观察两者的效果和区别。

目标检测

一、选择题

1. Windows 7 中，"任务栏"的说法正确的是（　　）。
   A. 只能改变位置不能改变大小　　　　B. 只能改变大小不能改变位置
   C. 既不能改变位置也不能改变大小　　D. 既能改变大小也能改变位置

2. 桌面是由桌面图标、背景及（　　）组成。
   A. 任务栏和"开始"菜单　　　　　　B. 标题栏
   C. "开始"菜单　　　　　　　　　　D. 通知区域

3. 在 Windows 7 中，下列正确的文件名是（　　）。
   A. MY PRKGRAAM GROUPTXT　　　B. FILEI｜｜FILE2
   C. B < >　　　　　　　　　　　　D. CE？T. DOC

4. 在 Windows 中，剪贴板是指（　　）。
   A. 硬盘上的一块区域　　　　　　　B. 软盘上的一块区域
   C. 内存中的一块区域　　　　　　　D. 高速缓存中的一块区域

5. 在 Windows 7 中，为保护文件不被修改，可将它的属性设置为（　　）。
   A. 只读　　　　　B. 存档　　　　　C. 隐藏　　　　　D. 系统

6. 当选定文件或文件夹后，不将文件或文件夹放到"回收站"中，而直接删除的操作是（　　）。
   A. 按 Delete 或 Del 键
   B. 用鼠标直接将文件或文件夹拖放到"回收站"中
   C. 按 Shift + Delete 键
   D. 用"我的电脑"或"资源管理器"窗口中"文件"菜单中的删除命令

7. 在 Windows 7 下，当一个应用程序窗口被最小化后，该应用程序（　　）。
   A. 终止运行　　　　B. 暂停运行　　　　C. 继续在后台运行　　D. 继续在前台运行

8. 快速格式化（　　）磁盘的坏扇区而直接从磁盘上删除文件。

A. 扫描　　　　　　　B. 不扫描　　　　　C. 有时扫描　　　　　　D. 由用户自己设定

9. 下列带有通配符的文件名中，能代表文件 ABC. BMP 的是（　　　）。

A. ?.?　　　　　　　B. ?BC. *　　　　　C. A?. *　　　　　　D. *BC. ?

10. 使用（　　　）可以帮助用户释放硬盘驱动器空间，删除临时文件、Internet 缓存文件和可以安全删除不需要的文件，腾出它们占用的系统资源，以提高系统性能。

A. 格式化　　　　　B. 磁盘清理程序　　　C. 整理磁盘碎片　　　D. 磁盘查错

二、填空题

1. 在管理文件或文件夹时，选择文件或文件夹可以按_____选择连续的文件、按_____选不连续的文件、全选的快捷键为_____。

2. Windows 系统安装完毕并启动后，由系统安装到桌面上的图标是_____。

3. 回收站是_____上的一块空间，将一个文件进行物理删除的快捷键为_____。

4. 一个文件（夹）具有几种属性，它们是_____、_____、_____。

5. 将当前桌面存入剪贴板的快捷键为_____，将当前窗口存入剪贴板的快捷键为_____。

模块三

字处理软件 Word

学习目标

知识要求　1. **掌握**　Word 字处理软件对文档的创建、编辑、格式设置与打印。
　　　　　　2. **熟悉**　Word 的工作界面与视图，图文混排及表格的制作。
　　　　　　3. **了解**　长文档的排版方法。

技能要求　1. 以 Word 2010 为例，熟练掌握文档的基本操作；图片、自选图形、文本框、艺术字、SmartArt 图形插入与编辑；创建表格和编辑表格的操作。
　　　　　　2. 学会文档的排版功能，如目录、样式等；文档的审阅功能，如批注、修订等；文档的打印与输出。

　　Word 是目前应用最为广泛的文字处理软件之一，可以便捷地进行文本输入、编辑和排版，实现段落的格式化处理以及版面设计和模板套用，生成规范的办公文档和可供印刷的出版物。本模块以 Word 2010 为例，介绍文字处理软件的基本功能和使用方法。

　　Word 2010 继承了以前版本中所见即所得、操作界面直观以及能够图文混排等优点，增强了与他人协同工作的能力，提供了更美观、方便的文档格式设置，可以使我们更轻松、高效的编写文档。

　　文字的基本编辑、排版，是我们使用计算机最常做的工作。日常工作中的各种计划、总结、申请、通知、汇报，以及来往公文、规章制度、招投标文字材料等等，都需要编辑、排版，制作成为文档。掌握 Word 2010 这个快速、高效、通用的文字处理工具，非常必要。

案例导入

案例：文档的创建和编辑

　　小明参加了学校红十字会组织的讲座，讲座上老师阐述了中医和西医相结合的观点，参加讲座的同学都觉得很精彩。小明以老师讲述的内容为主，配上精美的图片，制作了一个宣传报，贴在学习专栏中让更多的同学看；小明到附近的药店实习，药店正在忙着 GSP 认证，店长要小明按照药监局下发的样本，制作一个《首营品种审批表》。看来文字处理软件果然是日常办公中使用频率最高的软件。

讨论：1. 如何使用世界上最流行的文字处理软件之一的 Word 编辑出美观的文档？
　　　2. 如何在 Word 中处理表格和图片呢？

项目一　创建和编辑文档

　　制作宣传报、制作表格、需要进行中西文的录入、编辑、排版、打印。计算机中实现此项功能的是字处理软件。目前字处理软件包括微软公司的 Word、金山公司的 WPS 等。Word 2010 是流行的版本之一。使用 Word 2010 创建和编辑文档，是计算机应用的重要内容。

任务一　了解 Word 2010

Word 2010 是由微软公司推出的办公自动化软件系统 Office 2010 中的重要组件中的一部分。它充分利用 Windows 环境的优点，以明了、快捷的编辑方式，全新的自动排版概念，方便的图形与表格处理功能备受用户青睐。

一、启动 Word 2010

方法 1：利用 windows 7 开始"菜单"启动

单击 Windows 7 任务栏左侧"开始"菜单按钮，单击"所有程序"，选择列表中的"Microsoft Office"，单击"Microsoft Office"后选择菜单项"Microsoft Word 2010"，即可以启动 Word 2010。

方法 2：利用 Windows 7 桌面上 Word 2010 快捷图标

如果在桌面上设置了 Word 2010 快捷图标，如图 3 - 1 所示，可直接在桌面上用鼠标左键双击该图标直接启动 Word 2010。

方法 3：利用已建立的 Word 文稿进行启动

在 Windows 7 中通过"计算机"找到已保存的 Word 文档，鼠标左键双击打开该文稿，即可启动 Word 并进行编辑。

图 3 - 1　Word 2010 快捷图标

前两种方法打开的将是 Word 2010 空白文档，而第三种方法打开的是已编辑的文档。

二、退出 Word 2010

方法 1：单击 Word 2010 窗口标题栏右上角"关闭"按钮✖退出。

方法 2：鼠标左键双击 Word 2010 窗口标题栏左上角控制菜单按钮W退出。

方法 3：单击 Word 2010 窗口中"文件"菜单下的"关闭"命令进行退出。

方法 4：通过组合键"Alt + F4"退出。

在退出 Word 2010 前，若没有对文档进行保存，系统会提示是否保存对文档的更改。

三、Word 2010 窗口基本组成

Word 2010 窗口由标题栏、快速访问工具栏、"文件"菜单、功能选项卡和功能区、状态栏和视图栏、编辑窗格等组成，具体如图 3 - 2 所示。

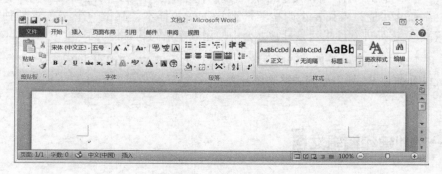

图 3 - 2　Word 2010 窗口

（一）标题栏

标题栏位于 Word 2010 窗口界面顶部，显示当前打开的文档名称、程序名称和窗口控制按钮等，如图 3－3 中，当前显示的文档名称为"文档 1"，程序名称为"Microsoft Word"，标题栏右侧的窗口控制按钮包括"最小化"按钮、"最大化"或"向下还原"按钮、"关闭"按钮。

图 3－3　Word 2010 窗口标题栏

（二）快速访问工具栏

快速访问工具栏位于 Word2010 窗口标题栏左侧，集中了常用的一些工具按钮，如图3－4所示。"保存"按钮、"撤销"按钮、"恢复"按钮，用户也可通过快速访问工具栏右侧的下拉按钮进行"自定义快速访问工具栏"设置，方便用户使用。

图 3－4　Word 2010 快速访问工具栏

（三）"文件"菜单

"文件"菜单位于 Word 2010 工作界面左上角，如图 3－5 所示，包括"保存""另存为""打开""关闭""新建""打印""退出"等选项，用户可进行相应的操作。

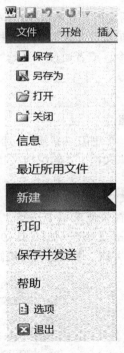

图 3－5　文件菜单

（四）功能选项卡和功能区

在 Word 2007 以后，功能选项卡替代了以往的菜单栏。单击功能选项卡功能，即可打开对应的功能区，功能区由若干工具组组成，存放常用的命令或者列表框。如图 3－6 所示的"开始"选项卡及对应的功能区。

图 3 – 6   "开始"选项卡

（五）状态栏和视图栏

状态栏和视图栏位于 Word 2010 工作窗口最下方，如图 3 – 7 所示。状态栏显示文档的页码、字数和输入状态等信息；视图栏显示试图按钮组、缩放比例控制杆。

图 3 – 7   状态栏和视图栏

（六）"帮助"按钮

"帮助"按钮 位于 Word 2010 标题栏右侧，单击"帮助"按钮可以快速弹出"Word帮助"界面，从中找到所需的帮助信息。

（七）编辑窗格

编辑窗格位于 Word 2010 工作界面中间，是对文档进行编辑的主要工作区。

任务二 建立和编辑文档

使用 Word 可以创建多种类型的文档，其基本操作是类似的，主要包括新建文档、输入正文、文档编辑、文档的保存和保护及打开文档等。这些操作可以通过单击"文件"按钮，然后在打开的菜单中选择相应的命令，或者通过"开始"选项卡中的"剪贴板"组和"编辑"组中的相应按钮来实现。

一、创建空白文档

方法1：启动软件新建空白文档

启动 Word 2010，选择"文件"菜单的"新建"，选择界面右侧的"空白文档"，单击"创建"按钮，将创建一个名称为"文档1"的空白文档，空白文档默认文件名为文档1、文档2……，扩展名为 .docx。

方法2：使用鼠标右键新建空文档

在桌面空白处单击鼠标右键，在快捷菜单中选择"新建"命令，如图 3 – 8 所示，在"新建"命令中选择"Microsoft Word 文档"，如图 3 – 9 所示。在桌面新建一个文件名为"新建 Microsoft Word 文档"的空白文档，用户可以直接修改文件名。

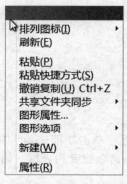

图 3 – 8   桌面快捷菜单

图 3 – 9   "新建"命令

方法3：使用组合键 Ctrl + N 新建空白文档

启动 word 2010 后，可直接通过组合键 Ctrl + N 新建一个空白文档。

二、文档的基本编辑

（一）插入点的移动

1. 用鼠标移动插入点　将鼠标指针移到文本指定的位置，然后单击鼠标左键，插入点就移到指定的位置。

2. 用键盘移动插入点　见表 3 – 1 所示。

表 3 – 1　插入点的移动

相应的键	↑	↓	←	→
插入点的移动	上移一行	下移一行	左移一个字符	右移一个字符
相应的键	PageUp	PageDown	Home	End
插入点的移动	上移一屏	下移一屏	移到当前行开头	移到当前行末尾
相应的键	Ctrl + PageUp	Ctrl + PageDown	Ctrl + Home	Ctrl + End
插入点的移动	移到上页顶端	移到下页顶端	移到文档开头	移到文档末尾

（二）插入符号

在要插入符号的位置单击，将插入点移到此处。单击"插入"选项卡，单击"符号"按钮，单击"其他符号"。在打开的"符号"对话框中，选择相应的字体以及子集，确定符号类型。选择要插入的符号，单击"插入"按钮。如图 3 – 10 所示。单击"关闭"按钮，结束符号插入操作。

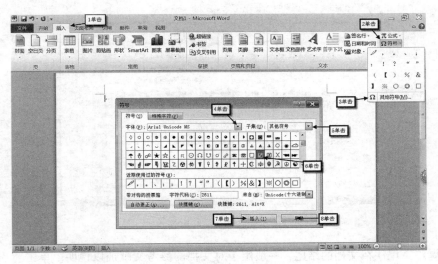

图 3 – 10　插入符号

（三）插入日期和时间

有时候文档中需要插入当前的日期和时间，这时可以使用"插入"选项卡中的"日期和时间"命令。在需要插入符号的位置单击，将插入点移到此处。单击"插入"选项卡，单击"日期和时间"按钮。在打开的"日期和时间"对话框中，选择相应的格式。单击"确定"按钮。如图 3 – 11 所示。

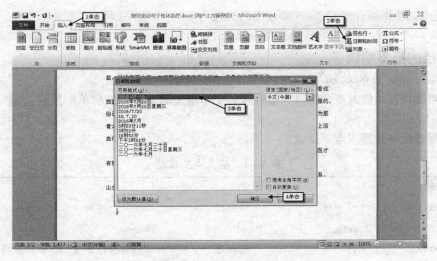

图 3 – 11　插入日期和时间

（四）脚注和尾注

1. 脚注　脚注是对文档中的某个词进行解释的文字部分，选中要加入解释的词，单击"引用"选项卡，单击"插入脚注"按钮。在文档本页下方出现的序号后，输入脚注的内容。如图 3 – 12 所示。

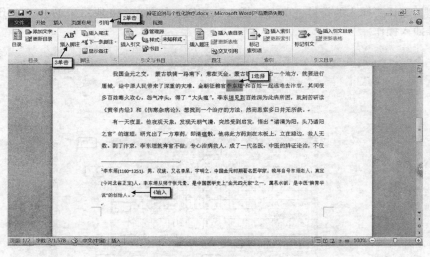

图 3 – 12　插入脚注

2. 尾注　尾注在文档的结尾，一般用于对文档的参考文献加以说明。单击"引用"选项卡，单击"插入尾注"按钮，输入尾注的内容。

（五）插入文件

有时候我们需要将几个文档连接成一个文档，这时可以使用插入文件的功能。打开第一个文档，将插入点移到需要插入第二个文档的位置。单击"插入"选项卡，单击"对象"按钮右侧下拉按钮，单击"文件中的文字"，出现"插入文件"对话框。在"插入文件"对话框中选择存放文件的文件夹，"单击"选中要插入的第二个文档，单击"插入"按钮。如图 3 – 13 所示。

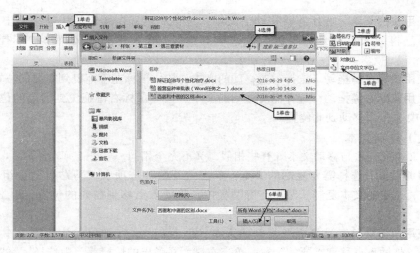

图 3 - 13　插入文件

（六）选择文本

选择文本是文档操作的基础。可以使用鼠标选择，也可以使用键盘选择。使用鼠标操作比较常见。

1. 选择一个句子　按住 Ctrl 键，将光标移到要选定的句子中任意处单击。

2. 选择一行或多行　将光标移到要选定的行左侧的文本选择区，单击鼠标。选择一行后拖曳鼠标，可以选择多行文本。

3. 选择一个段落　将光标移到要选定的段落左侧的文本选择区，双击鼠标。也可以将光标移到要选定的段落中任意处，三击鼠标。

4. 选择全文　将光标移到要选定的段落左侧的文本选择区，三击鼠标。也可以按 Ctrl + A 组合键。

5. 选择任意文本　将鼠标指针移到要选文本开始处，单击，按住鼠标左键不放，拖曳鼠标直到所选文本区域的最后一个字，再松开鼠标左键。

6. 选择矩形区域中的文本　将鼠标指针移到要选文本区域的左上角处，单击，按住 Alt 键，拖曳鼠标直到所选文本区域的右下角，再松开鼠标左键。

（七）移动文本

移动文本有以下方法：

1. 使用剪贴板　选择需要移动的文本，单击"开始"选项卡"剪贴板"分组中的"剪切"按钮，选定的文本剪切，保存在剪贴板中，将插入点移到需要的位置，单击"粘贴"按钮。"剪贴板"分组如图 3 - 14 所示。

图 3 - 14　剪贴板

2. 使用快捷菜单　选择需要移动的文本，单击右键，在弹出的快捷菜单中选择"剪切"命令。将插入点移到需要的位置，单击右键，在弹出的快捷菜单中选择"粘贴"命令。

3. 使用鼠标左键拖动　选择需要移动的文本，按住鼠标左键拖曳到需要的位置。

4. 使用鼠标右键拖动　选择需要移动的文本，按住鼠标右键拖曳到需要的位置，在弹出的菜单中选择"移动到此位置"。

（八）复制文本

复制文本的方法与移动文本既有些相似，又不完全相同。

1. 用剪贴板　选择需要复制的文本，单击"开始"选项卡"剪贴板"分组中的"复制"按钮，选定的文本复制，保存在剪贴板中，将插入点移到需要的位置，单击"粘贴"按钮。

2. 使用快捷菜单　选择需要复制的文本，单击右键，在弹出的快捷菜单中选择"复制"命令。将插入点移到需要的位置，单击右键，在弹出的快捷菜单中选择"粘贴"命令。

3. 使用鼠标左键拖动　选择需要复制的文本，按住 Ctrl 键不放，同时按住鼠标左键拖曳到需要的位置。

4. 使用鼠标右键拖动　选择需要复制的文本，按住鼠标右键拖曳到需要的位置，在弹出的菜单中选择"复制到此位置"。

（九）文本的删除

选定要删除的文字，然后按 Delete 键，就可以删除所选文字。

（十）查找与替换

1. 查找　单击"开始"选项卡"编辑"分组中的"查找"按钮，在"导航"窗格中输入要查找的词，例如："西医"，则文章中所有的"西医"一词都被标注出来，如图 3 - 15 所示。单击"导航"窗格的关闭按钮，则可以取消所有的标注。

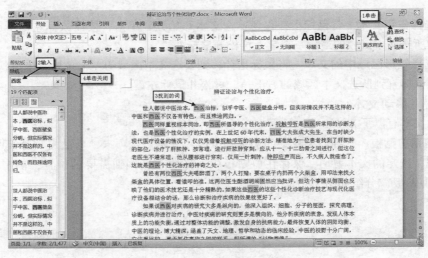

图 3 - 15　查找文字

2. 替换　一般情况下，在文档开头单击，将插入点定位于开头，从头开始替换。如果插入点在中间，则从文档中间开始替换。单击"开始"选项卡"编辑"分组中的"替换"按钮，打开"查找与替换"对话框。输入要查找的内容"病情"，输入要替换的内容"疾病", 单击"全部替换"按钮, 可以一次性将所有的"病情"替换为"疾病"。如图 3 – 16 所示。

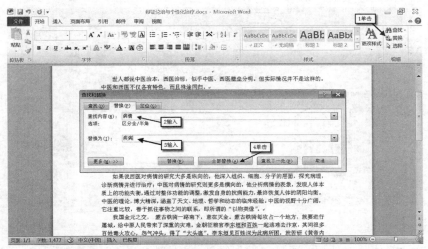

图 3 – 16　文字的替换

在"查找与替换"对话框中, 如果单击"查找下一处"按钮, 可以查找, 找到后该词反相显示。对找到的目标, 单击"替换"按钮可以进行替换。如果单击"更多"按钮, 可以设置所查找和替换文字的格式, 直接将文字替换为指定的格式。

（十一）撤销与恢复

1. 撤销　单击快速访问工具栏的撤销 🔄 按钮, 可以取消上一步所做的操作。

2. 回复　单击快速访问工具栏的恢复 🔄 按钮, 可以恢复刚才撤销的操作。

三、基本排版

（一）文字格式

1. 设置字体、字形、字号、颜色

（1）选定要设置格式的文本, 在"开始"选项卡的"字体"分组中, 使用工具栏中的"字体"、"字号"组合框, 加粗、倾斜按钮以及颜色的下拉按钮等进行设置。

（2）选定要设置格式的文本, 在"开始"选项卡的"字体"分组中, 单击右下角的启动器, 打开"字体"对话框, 通过"中文字体""西文字体""字形""字号""字体颜色"组合框进行设置。

例如：设置第一段文字中文字体为"隶书"、西文字体为"Arial"、加粗、四号、红色（红 255, 绿 0, 蓝 0）。如图 3 – 17 所示。

由于题目中的红色给出了定义, 因此不能使用默认的颜色, 需要在字体颜色中单击"自动"右侧的下拉箭头, 选择"其他颜色", 出现"颜色"对话框后, 单击"自定义", 对应输入 255, 0, 0, 再单击"确定"完成。

2. 下划线、着重号、删除线等设置

（1）选定要设置格式的文本, 在"开始"选项卡的"字体"分组中, 使用工具栏中的"下划线"列表框以及删除线、下标、上标、字符底纹、带圈字符、拼音指南等按钮等进行设置。

（2）选定要设置格式的文本, 在"开始"选项卡的"字体"分组中, 单击右下角的启

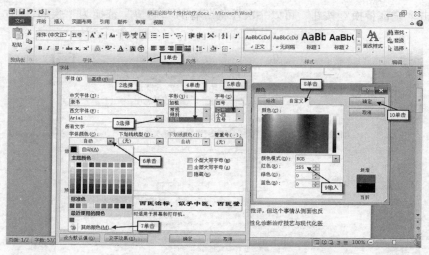

图 3-17 字体、字形、字号、颜色

动器，打开"字体"对话框，通过"下划线"、"下划线颜色"、"着重号"列表框以及"效果"复选框进行设置。其中，效果复选框包括了上标、下标、删除线以及双删除线等。

3. 边框和底纹

（1）选定要设置格式的文本，在"开始"选项卡的"字体"分组中，使用工具栏中的"字符边框"和"字符底纹"按钮进行设置。

（2）选定要设置格式的文本，在"开始"选项卡的"字体"分组中，单击右下角的启动器，打开"字体"对话框，单击"文字效果"按钮，弹出"设置文本效果格式"对话框，选择"文本边框"，进行设置。

4. 复制格式与清除格式

（1）复制格式　①选定作为样板格式的文本；②单击"开始"选项卡"剪贴板"分组中的"格式刷"按钮；③将鼠标指针移到要复制格式的文本开始处，拖曳到要复制格式的文本结束处，松开鼠标左键。

例：将第一段文字的格式复制到第二段。如图 3-18 所示。

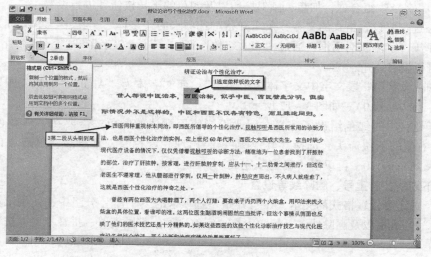

图 3-18 复制格式

（2）清除格式　选定要清除格式的文本，单击"开始"选项卡的"字体"分组中"清除格式"按钮。

5. 字符间距、字符宽度和位置

（1）字符间距　选定要设置格式的文本，在"开始"选项卡的"字体"分组中，单击右下角的启动器，打开"字体"对话框，单击"高级"按钮，单击间距右侧的下拉箭头，可以选择标准、加宽、紧缩三种，后面可以输入相应的磅值。例如，设置字符加宽 1 磅，如图 3－19 所示。

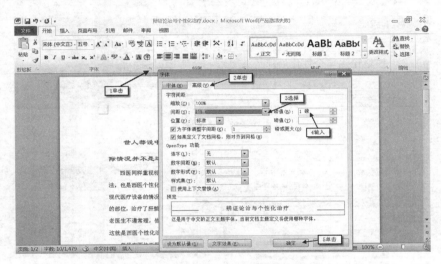

图 3－19　字符间距

（2）字符宽度　选定要设置格式的文本，在"开始"选项卡的"字体"分组中，单击右下角的启动器，打开"字体"对话框，单击"高级"按钮，单击缩放右侧的下拉箭头，可以选择从 33% 至 200% 八种比例进行宽度的缩放。

（3）字符位置　选定要设置格式的文本，在"开始"选项卡的"字体"分组中，单击右下角的启动器，打开"字体"对话框，单击"高级"按钮，单击位置右侧的下拉箭头，可以选择标准、提升、降低三种，后面可以输入相应的磅值。

6. 文字效果

（1）选定要设置格式的文本，在"开始"选项卡的"字体"分组中，使用工具栏中的"文字效果"按钮进行设置。

（2）字符位置　选定要设置格式的文本，在"开始"选项卡的"字体"分组中，单击右下角的启动器，打开"字体"对话框，单击"文字效果"按钮，弹出"设置文本效果格式"对话框，进行设置。

例如，设置标题为二号、空心黑体、（红色，18pt 发光，强调颜色 2），如图 3－20 所示。

（二）段落格式

1. 设置对齐方式

（1）选定要设置格式的文本，在"开始"选项卡的"段落"分组中，单击右下角的启动器，打开"段落对话框"，单击"对齐方式"列表框右侧下拉箭头，进行设置，如图 3－21 所示。

（2）选定要设置格式的文本，在"开始"选项卡的"段落"分组中，单击"文本左对齐""居中""文本右对齐""两端对齐""分散对齐"按钮，进行设置。

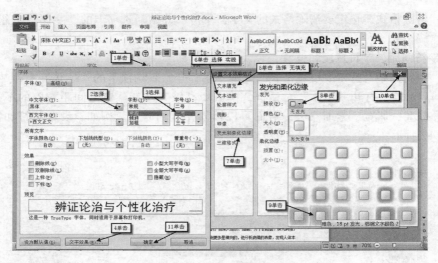

图 3-20 文字效果

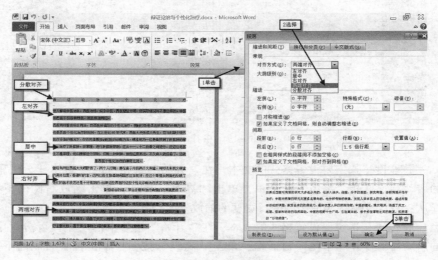

图 3-21 对齐方式

2. 设置缩进

（1）选定要设置格式的文本，在"开始"选项卡的"段落"分组中，单击右下角的启动器，打开"段落对话框"，单击"缩进"中"左侧""右侧""特殊格式"右侧下拉箭头，进行设置。如图 3-22 所示。

（2）选定要设置格式的文本，在"开始"选项卡的"段落"分组中，单击"减少缩进量"、"增加缩进量"按钮，进行设置。

3. 设置段前间距、段后间距、行距

（1）选定要设置格式的文本，在"开始"选项卡的"段落"分组中，单击右下角的启动器，打开"段落对话框"，单击"间距"中"段前""段后""行距"右侧下拉箭头，进行设置。其中行距有 6 种选项：单倍行距、1.5 倍行距、2 倍行距、最小值、固定值、多倍行距。固定值后可以输入数值，如 20 磅。多倍行距后也可输入数值，如输入 2.6，表示 2.6 倍行距。

例如：设置第三段段前间距 0.5 行，段后间距 0.5 行，行距 1.8 倍。如图 3-23 所示。

（2）选定要设置格式的文本，在"开始"选项卡的"段落"分组中，单击"减少缩进

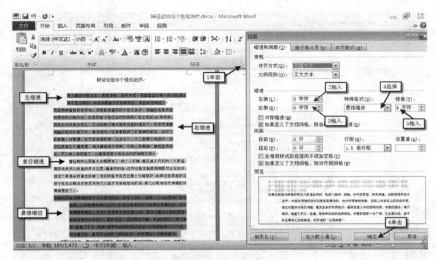

图 3—22 设置缩进

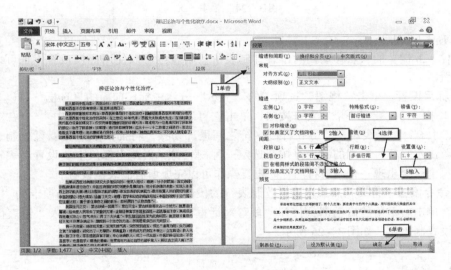

图 3—23 设置间距

量"、"增加缩进量"按钮，进行设置。

（三）项目符号、编号

设置项目符号和编号可以使相关内容醒目有序。

1. 项目符号 选定要添加项目符号的段落，单击"开始"选项卡的"段落"分组中"项目符号"右侧的下拉箭头，选择想要的项目符号。

2. 编号 选定要添加编号的段落，单击"开始"选项卡的"段落"分组中"编号"右侧的下拉箭头，选择想要的编号。

（四）艺术字、首字下沉

1. 艺术字 选定要变为艺术字的文字，在"插入"选项卡的"文本"分组中，单击"艺术字"下的下拉按钮，在 30 种艺术字中选择一种，即可进行艺术字设置。

2. 首字下沉 选中要设置首字下沉的段落，在"插入"选项卡的"文本"分组中，单击"首字下沉"下的下拉按钮，选择"首字下沉选项"，进行首字下沉设置。例如，将第二段设置首字下沉 3 行，隶书、距正文 0.2 厘米。如图 3—24 所示。

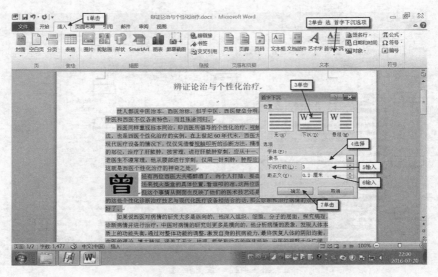

图 3-24　首字下沉

（五）制表位

按住 Tab 键，插入点移动到的位置即制表位。制表位可以使用标尺设置，也可以使用命令设置。

1. 标尺设置　单击"视图"选项卡的"显示"分组中标尺前面的复选框，可以显示标尺。在水平标尺左端有一个制表符按钮，单击它可以在"左对齐"、"居中"、"右对齐"、"小数点对齐"、"竖线对齐"等 5 种制表符之间循环切换。将插入点放在要设置制表符的段落，单击水平标尺左端的制表符按钮选定一种制表符，再单击标尺上要设置制表符的位置，标尺上就会出现一个制表符图标。重复操作可以完成所有制表位设置。

2. 命令设置　将插入点放在要设置制表符的段落。在单击"开始"选项卡的"段落"分组中，单击右下角的启动器，打开"段落对话框"。单击"制表位"进入"制表位"对话框，设置制表位。如图 3-25 所示。

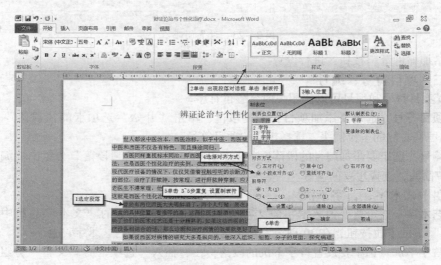

图 3-25　制表位

（六）分栏

在"页面布局"选项卡的"页面设置"分组中，单击"分栏"下拉箭头进行设置，如图 3 - 26 所示。例如，将第二段设置分两栏，有分隔线，栏间距 1 字符。

在"页面布局"选项卡的"页面设置"分组中，单击"分栏"下拉箭头，单击"更多的分栏"，打开"分栏"对话框。单击"两栏"，单击选择"分隔线"，间距"1"字符，单击"确定"。

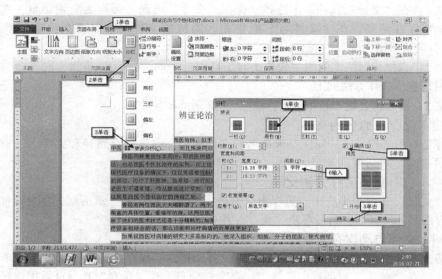

图 3 - 26　分栏设置

（七）页面背景

1. 水印　在"页面布局"选项卡的"页面背景"分组中，单击"水印"右侧下拉箭头进行设置。例如，设置文档的水印为"发言稿"。如图 3 - 27 所示。

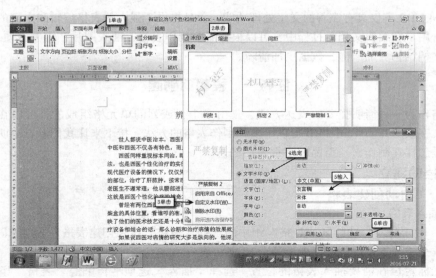

图 3 - 27　设置水印

2. 页面颜色 在"页面布局"选项卡的"页面背景"分组中，单击"页面颜色"右侧下拉箭头进行设置。

3. 页面边框 在"页面布局"选项卡的"页面背景"分组中，单击"页面边框"按钮进行设置。

四、保存文档

（一）保存未命名的文档

方法1：在"文件"选项卡中选择"保存"命令，出现"另存为"对话框，在对话框中选择文档保存路径，在"文件名"框中输入对应的文件名，保存类型系统默认为是".docx"，最后单击"保存"按钮即可。

方法2：选择标题栏左侧的"快速访问工具栏"中的"保存"按钮，同样会弹出"另存为"对话框，操作方法同上。

方法3：通过组合键 Ctrl + S 进行保存，方法同上。

（二）保存已命名的文档

保存已有的文档，方法同保存未命名的文档相似，因为保存路径和文件名已有，不会出现"另存为"对话框。

（三）已有文档另存为新文档

在"文件"选项卡中选择"另存为"命令，出现"另存为"对话框，在对话框中更改文档保存路径和文件名，最后单击"保存"按钮即可。

（四）文档自动保存

为防止意外事件造成的文档丢失，可以设置文档自动保存。选择"文件"菜单下"选项"命令，在"选项"对话框中选择"保存"选项卡，在"保存"选项区域中选择"保存自动恢复信息时间间隔"复选框，在对应的微调框中输入保存的时间间隔即可。

项目二 表格和图文混排

Word 2010 不仅具有完善的文字处理功能，而且提供了强大的表格编辑和丰富的图文混排功能。用户在编辑文档的过程中，可以根据需要制作表格、插入图片，大大方便了用户，同时使文档结构更加严谨，数据更加清晰。

任务一 表格的创建

表格作为一种简明扼要的表达方式，是由多个行或列的单元格组成的，可以在单元格中添加文字或图片。Word 2010 提供了多种制作表格的方法，接下来让我们看看小明在药店实习时是怎样在制作《首营品种审批表》的。

一、表格的建立

（一）自动创建表格

1. 插入表格

（1）用"插入"功能区"表格"组中的"插入表格"按钮创建表格。适用于创建规则的、行数小于等于 8 行，列数小于等于 10 列的表格。

将光标定位在需要插入表格的位置。选择"插入"选项卡，单击"表格"组的"表格"下拉按钮，出现如图 3-28 所示的"插入表格"菜单。在表格框内向右下方拖动鼠标，选定所需的行数和列数，松开鼠标，表格自动插入到当前的光标处。

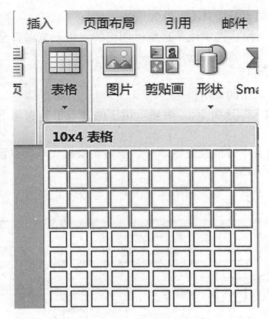

图 3 - 28 "插入表格"快捷菜单

（2）打开"插入"功能区表格组中的"插入表格"对话框创建指定行和列的表格。

将光标定位在需要插入表格的位置，选择"插入"选项卡，单击"表格"组的"表格"下拉按钮，在弹出的下拉列表中选择"插入表格"命令，弹出如图 3 - 29 所示的"插入表格"对话框，在"列数"和"行数"框中输入所需表格的列数和行数，然后选择"根据内容调整表格"单选项。再单击"确定"按钮，即可在光标插入点插入一张所需表格。

图 3 - 29 "插入表格"对话框

"自动调整"操作选项组中，默认为单选项"固定列宽"，选择不同的选项将创建不同列宽设定方式的表格。

- 固定列宽：选中该单选框，可以在右侧的文本框中输入指定的数值。
- 根据内容调整表格：选中该单选框，表格将根据每一列的文本内容量自动调整列宽，调整后的列宽更加紧凑、整齐。

- 根据窗口调整表格：选中该单选框，创建的表格列宽以百分比为单位，按照相同比例扩大表格中每列的列宽，调整后表格的总宽度与文本区域的总宽度相同。

2. 文本和表格之间转换

（1）选中要转化为表格的文本；

（2）依次单击"插入"选项卡，"表格"组中的"表格"按钮下拉列表中的"文本转换为表格"命令；

（3）在弹出的"将文本转换成表格"对话框中，根据文本特点设置合适的列数、文字分隔符等选项参数；

（4）单击"确定"按钮，就实现了文本与表格的转换，如图3－30所示。

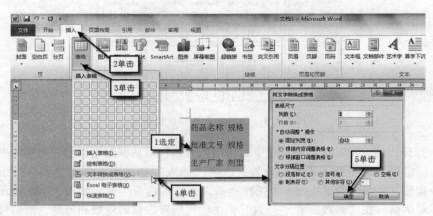

图3－30　文本转换为表格

表格文本各列之间的文字分隔符可以用制表符、英文的"逗号""空格字符"或其他指定的字符来分隔。从"将文字转换成表格"对话框中可以看出，Word已将所转换的表格的行、列数作了测定。一般情况下，其测定是符合要求的。当然，也可以修改。

反之，对选定的表格亦可转换成文本。具体操作步骤如下：

（1）将鼠标指针定位到需要转换的表格任意的位置。

（2）在"表格工具"功能区，切换到"布局"选项卡，单击数据分组中的"转换为文本"按钮。

（3）弹出"表格转换成文本"对话框，选择一种文字分隔符，单击"确定"按钮，表格被转换成文本。

3. 快速表格　为了便于进行表格编辑，Word 2010提供了一些简单的内置样式，如表格式列表、带副标题、矩阵、日历等内置样式。

使用内置表格样式的操作步骤如下：

（1）将光标定位在需要插入表格的位置；

（2）选择"插入"选项卡，单击"表格"组的"表格"下拉按钮，在弹出的下拉列表中选择"快速表格"命令；

（3）在"快速表格"跳转列表中选择"带副标题2"选项；

（4）此时在光标插入点插入了一个带副标题的表格样式，可以根据需要对表格进行简单的修改。

（二）手工绘制表格

在 Word 2010 文档中，可以使用绘图笔手动绘制表格。具体操作步骤如下：

1. 将光标定位在需要插入表格的位置；

2. 选择"插入"选项卡，单击"表格"组的"表格"下拉按钮，在弹出的下拉列表中选择"绘制表格"命令；

3. 鼠标指针变成笔状，将铅笔形状的鼠标指针移动到要绘制表格的位置，按住鼠标左键不放向右下角拖动即可绘制出一个外框虚线，松开鼠标左键后，得到实线的表格外框，如图 3-31 所示。此时，屏幕上会新增一个"表格工具"功能区，并处于激活状态。该功能区分为"设计"和"布局"两组。

4. 拖动鼠标笔形指针，在表格中绘制水平线或垂直线，也可以将鼠标指针移动到单元格的一角向其对角画斜线。

5. 可以利用设计组中的"擦除" 按钮，将鼠标擦除器 移动到要擦除线上，拖动鼠标到另一端，放开鼠标就可擦除选定的线段。

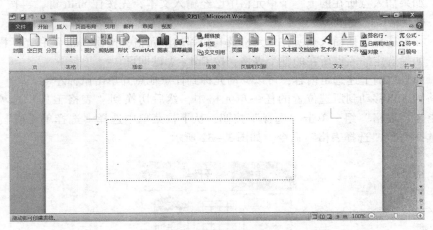

图 3-31　手工绘制表格

（三）表格中输入文本

在表格中输入文本与在表格外的空白文档中输入文本一样，首先将插入点移到要输入文本的单元格中，然后输入文本。如果输入的文本超过了单元格的宽度时，输入的内容会自动换行并增大单元格行高。如果要在单元格中开始一个新段落，可以按 Enter 键，该行的高度也会相应增大。

如果要移到下一个单元格中输入文本，可以用鼠标单击该单元格，或者按 Tab 键或向右箭头键移动插入点，按 Shift + Tab 组合键可将插入点移到上一个单元格。按上、下箭头键可将插入点移动到上一行或下一行。然后将文本汉字、字母、数字、符号及图片等输入到相应的单元格中。

表格单元格中的文本像文档中其他文本一样，可以使用选定、插入、删除、剪切和复制等基本编辑技术来编辑它们。

二、表格的修改和数据处理

（一）表格的选定

1. 用鼠标选定单元格、行或列

（1）选定单元格或单元格区域：将鼠标指针移到要选定的单元格左边框靠内一侧，当

指针由|变成➦形状时，单击鼠标左键选定单元格，向上、下、左、右拖动鼠标选定相邻多个单元格即单元格区域。

（2）选定表格的行：将鼠标指针指向要选定的行，当鼠标指针变成➦形状时，单击鼠标左键选定一行；向下或向上拖动鼠标选定表格中相邻的多行。

（3）选定表格的列：鼠标指针移到要选定列顶端的边框线上，当鼠标指针由|变成↓形状时，单击鼠标左键选定一列；向左或向右拖动鼠标选定表格中相邻的多列。

（4）选定不连续的多个单元格：Word 允许选定多个不连续的单元格区域，选择方法是按住 Ctrl 键，依次选中多个不连续的单元格区域。

（5）选定一个表格：单击表格左上角的十字控制点 ✥ 即可快速选定整个表格。

2. 用键盘选定单元格、行或列

（1）如果插入点所在的下一个单元格中已经输入文本，按 Tab 键可选定下一单元格中的文本。

（2）如果插入点所在的上一个单元格中已经输入文本，先按住 Shift 键，再按 Tab 键可选定前一单元格中的文本。

（3）如果选择包括插入点所在单元格及其相邻的单元格，按住 Shift 键和光标移动键。

（4）如果选定插入点所在的整个表格，按 Ctrl + A 键即可。

（5）如果取消上述选定内容，可以移动光标到任意地点并单击鼠标左键。

3. 将插入点移动到所选位置的任一单元格中，然后切换到"表格工具"选项卡"布局"功能区"表格"组，单击"选择"按钮，从下拉菜单中选择"选择单元格"、"选择行"、"选择列"、"选择表格"命令。如图 3 - 32 所示。

图 3 - 32   选定单元格、行或列

（二）表格的修改

1. 修改行高、列宽   在 Word 2010 的表格中，可以有不同的行高和列宽。在默认情况下，Word 能根据单元格中字体的大小自动设置行的高度，会以文档的页面宽度除以列数作为每列的宽度。当一个单元格内的文本超过一行时，表格会自动增加单元格的高度。当表格不能满足需求时，可以随时调整行高和列宽。

（1）设置行高　将鼠标指针移到需要调整高度的表格行线上，当光标变为 ⇥ 形状时，单击并拖动鼠标，在新位置将显示一条虚线，当达到目标高度时，松开鼠标左键即可。如图 3-33 所示。

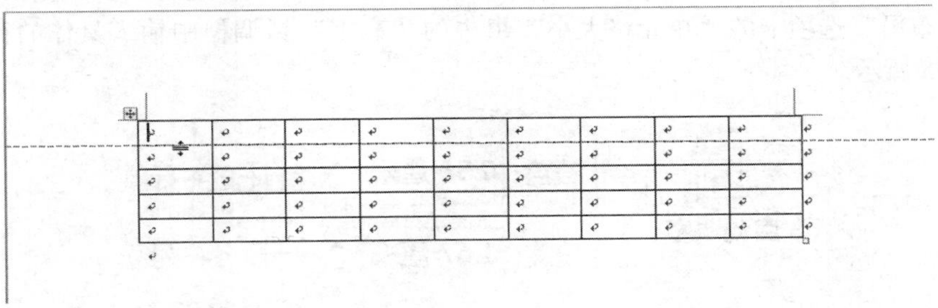

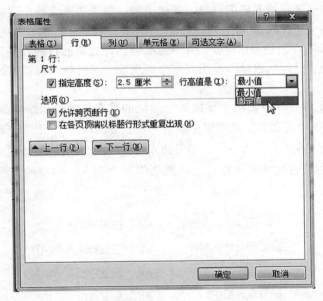

图 3-33　鼠标拖动调整行高

可以使用"表格属性"对话框设置行高。使用"表格属性"对话框可以精确地设置表格的行高，操作步骤如下：

步骤 1：选择需要调整的一行或多行，单击"表格工具"选项卡"布局"功能区"表"组中的"属性"命令（也可选择需要调整的行并单击鼠标右键，在弹出的快捷菜单中选择"表格属性"命令），在弹出的"表格属性"对话框中选择"行"选项卡，如图 3-34 所示。

图 3-34　"表格属性"对话框的"行"选项卡

步骤 2：选中"指定高度"复选框，在"指定高度"微调框中输入具体的行高值，单位是厘米，在"行高值是"下拉列表框中选择"最小值"或"固定值"选项，否则行高默认为自动设置。单击"确定"按钮即可完成行高的调整。

提示："最小值"是指行的高度最少要达到的高度，当文本的高度超过行高时会自动增加行高。

"固定值"是指行的高度为固定的数值，不可更改，文本的高度超出行高的部分不再显示。

单击"上一行"或"下一行"按钮可在不关闭对话框的情况下设置相邻行的行高。

可以使用"布局"选项卡"单元格大小"功能区设置行高。选择需要调整的一行或多行，在"布局"选项卡的"单元格大小"组中的"高度"微调框中输入具体的行高数值，如图 3 - 35 所示。

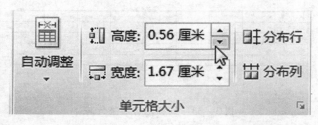

图 3 - 35　"单元格大小"组"高度"微调框

可以平均分配各行的高度。选择需要平均分配的各行，单击"布局"选项卡的"单元格大小"组中的"分布行"按钮，可将表格中所选行的行高设置为相同的高度。

（2）设置列宽　设置列宽的方法和设置表格行高的方法类似，这里不再赘述。值得注意的是，如果按住 Shift 键的同时拖动鼠标，仅表格竖线左侧的一列变化，其余列宽度不变，但整个表格的宽度会发生变化。如果选定了单元格，当鼠标拖动选定单元格的左侧或右侧框线时，只改变选定单元格的列宽，其他不变。如果要改变整个表格大小，可拖动表格右下角处的表格大小控制点。

2. 插入、删除　在创建表格时我们并不能准确估计表格的行列数量，因此在编辑表格数据的时候会出现表格行列数量不够用或剩余的现象，这时就可以通过插入或删除行和列来解决。

（1）插入行或列　单击表格中要插入行或列的某个单元格，切换到"表格工具"中"布局"选项卡，在"行和列"选项组中单击"在上方插入"或"在下方插入"，可在当前单元格的上方或下方插入一行。如果插入列可单击"在左侧插入"或"在右侧插入"。该操作亦可通过单击鼠标右键快捷菜单中"插入"命令的子命令来完成，如图 3 - 36所示。

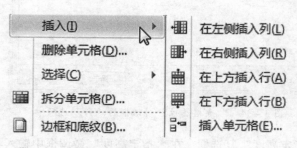

图 3 - 36　快捷菜单"插入"命令的子命令

选择"表格工具"选项卡中的"布局"选项卡，在"行和列"组中单击"对话框启动器"按钮，打开"插入单元格"对话框，选择"整行插入"或"整列插入"单选框，如图 3 - 37 所示，可在光标所在单元格上方插入一行或左侧插入一列。

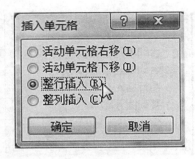

图 3 - 37   "插入单元格"对话框

将光标插入点定位到整个表格右下角单元格的外侧，按 Enter 键可以在表格下方插入一行。

将光标插入点定位到表格右下角单元格的内部，按 Tab 键也可在表格下方插入一行。

（2）删除行或列　选中要删除的整行或整列，按 Backspace 键即可删除。将光标插入点定位在要删除行或列中的任一单元格，选择"布局"选项卡"行和列"组中的"删除"按钮，打开下拉列表框选择"删除行"或"删除列"命令即可。如图 3 - 38 所示。

将光标插入点定位在要删除行或列中的任一单元格，选择"布局"选项卡"行和列"组中的"删除"按钮，打开下拉列表框选择"删除单元格"命令，打开"删除单元格"对话框，选中"删除整行"或"删除整列"单选框可删除相应的行或列，如图 3 - 39 所示。

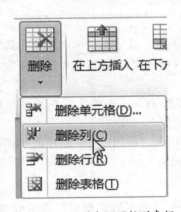

图 3 - 38   "删除"下拉列表框

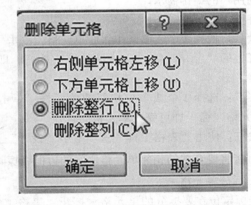

图 3 - 39   "删除单元格"对话框

选中要删除的整行或整列，单击鼠标右键，在弹出的快捷菜单中选择"删除行"或"删除列"命令即可删除所选行或列。

（3）插入或删除单元格　插入单元格的步骤如下：

步骤 1：首先确定插入单元格的位置，选择与插入位置相邻的一个单元格；

步骤 2：选择"表格工具"选项卡中的"布局"选项卡，在"行和列"组中单击"对话框启动器"按钮，打开"插入单元格"对话框；

步骤 3：在弹出的"插入单元格"对话框中，选择"活动单元格右移"或"活动单元格下移"单选按钮，然后单击"确定"按钮即可。如图 3 - 40 所示。

以上操作步骤也可通过右击鼠标在弹出的快捷菜单中选择"插入"命令跳转列表下的"插入单元格"命令完成。

删除单元格的步骤如下：

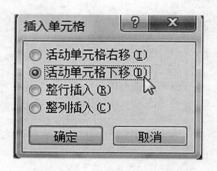

图 3 - 40　"插入单元格"对话框

步骤 1：将光标插入点定位在要删除的单元格；

步骤 2：选择"布局"选项卡"行和列"组中的"删除"按钮，打开下拉列表框选择"删除单元格"命令，打开"删除单元格"对话框，选中"右侧单元格左移"或"下方单元格上移"单选框，然后单击"确定"按钮，即可删除相应单元格。

上述操作选中要删除的单元格后，可通过单击鼠标右键在弹出的快捷菜单中选择"删除单元格"命令，在弹出的"删除单元格"对话框中选择相应的删除方式。

3. 合并、拆分　Word 中表格的合并和拆分功能，可以把多个相邻单元格合并为一个单元格，也可以把一个单元格拆分为多个单元格，使简单的表格变成比较复杂的表格结构，满足不同用户的编排需求。

（1）合并单元格

方法一：选择 2 个或多个相邻的单元格，单击"表格工具"选项卡中的"布局"选项卡功能区上的"合并"组"合并单元格"按钮，即可将选定的多个单元格合并为 1 个单元格。

方法二：选择 2 个或多个相邻的单元格，单击鼠标右键，在弹出的快捷菜单中选择"合并单元格"命令即可完成单元格的合并。

方法三：使用"表格工具"选项卡中"设计"选项卡"绘图边框"组中的"擦除"按钮，直接将要合并的相邻单元格之间的边框线擦除即可。

（2）拆分单元格

将光标定位在要拆分的单元格，打开"表格工具"选项卡的"布局"选项卡"合并"组，单击"拆分单元格"按钮，在弹出的"拆分单元格"对话框中，输入要拆分的"行数"和"列数"，如图 3 - 41 所示，然后单击"确定"按钮，即可将选定的单元格拆分为指定的行数和列数。

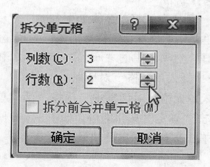

图 3 - 41　"拆分单元格"对话框

将光标定位在要拆分的单元格，单击鼠标右键，在弹出的快捷菜单中选择"拆分单元格"命令，弹出"拆分单元格"对话框。

使用"表格工具"选项卡中"设计"选项卡"绘图边框"组中的"绘制表格"按钮，鼠标指针变成✐的形状，将✐移动到要拆分的单元格中绘制直线，沿水平方向绘制，将单元格拆分为两行，沿垂直方向绘制，将单元格拆分为两列。

4. 表格的拆分　要将一个完整的表格进行拆分，先将插入点定位于拆分后成为第二个表格的第一行的任意单元格中，然后打开"表格工具"选项卡中"布局"选项卡的功能区，在"合并"组单击"拆分表格"按钮，或者按组合键 Ctrl + Shift + Enter，即在光标插入点所在行的上方插入一空白段，把一个表格拆分成两个表格。

如果将拆分后的两个表格重新合并为一个表格，只需将插入点移至两个表格之间的空白段，按 Delete 键将换行符删除即可。

如果将光标插入点放在表格第一行的任意单元格中，单击"拆分表格"按钮，可以在表格上方加一空白段。

5. 标题行的重复　在 Word 中，如果一张表格超过一页，通常希望表格的标题行能够出现在第二页的续表中。针对这种情况，Word 提供了重复标题行的功能。操作方法如下：

（1）首先选定第一页表格中的一行或多行标题行；

（2）打开"表格工具"选项卡中"布局"选项卡对应的功能区，单击"数据"组中的"重复标题行"按钮。

在页面视图方式下可以查看因分页而拆开的续表中重复的标题，按照这种方法重复的标题，在进行修改时，只需修改第一页表格的标题。

6. 格式设置　表格创建后，为了使表格看起来更加美观，可以直接套用 Word 2010 提供的多种内置的表格样式进行排版，也可以自定义设置表格的字体格式、对齐方式、边框和底纹、背景颜色等，从而使表格更具专业性。

（1）套用表格样式　无论是新建的空表，还是已经创建完成的表格，都可以根据需要直接套用表格样式。具体操作如下：

将插入点移至要排版的表格中。在"表格工具"选项卡中切换到"设计"选项卡，单击"表格样式"组中的"其他"按钮▼。在弹出的"表格样式"列表框中选择一种样式，即可在文档中实时预览此样式应用于表格的效果。如图 3 - 42 所示。

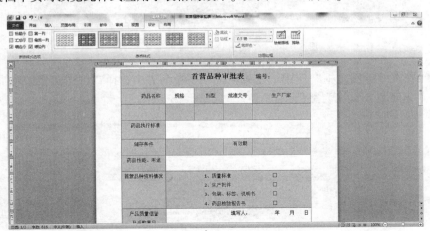

图 3 - 42　套用表格样式排版的表格

在"设计"选项卡的"表格样式选项"组中包含 6 个复选框，如图 3 - 43 所示，这些选项可以根据需要应用到表格的某些区域。

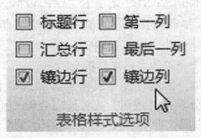

图 3 - 43　"设计"选项卡中的"表格样式选项"组

（2）设置表格边框和底纹　除了自动套用 Word 内置的表格样式，还可以使用"表格工具"选项卡中"设计"选项卡的"表格样式"组中的"底纹"和"边框"按钮，自定义设置表格的边框线的线型、粗细和颜色、底纹和颜色、单元格中文本的对齐方式等。

设置表格边框方法一：

步骤 1：选定整个表格，在"表格工具"选项卡中，切换到"设计"选项卡，然后在"绘图边框"组中"笔样式"下拉列表中选择"单实线"选项，如图 3 - 44 所示；

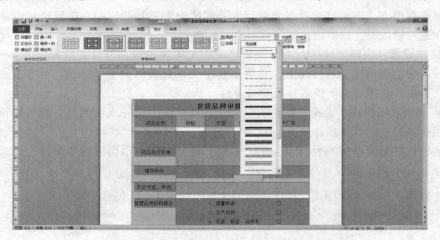

图 3 - 44　"绘图边框"组中"笔样式"

步骤 2：在"绘图边框"组中"笔画粗细"下拉列表中选择"1.5 磅"选项，如图 3 - 45 所示，"笔颜色"默认为黑色；

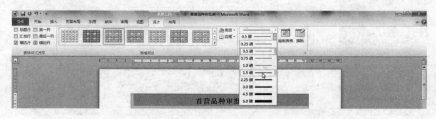

图 3 - 45　"绘图边框"组中"笔画粗细"

步骤3：在"表格样式"组中打开"边框"按钮 ，在弹出的下拉列表中选择"外侧框线"选项，如图3-46所示；

图3-46 边框线（自定义边框）

步骤4：设置完毕，效果如图3-47所示。

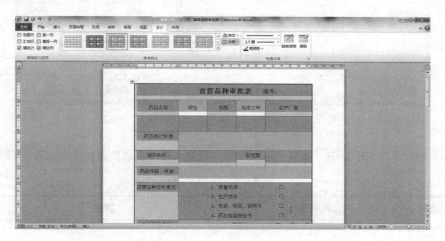

图3-47 表格设置的效果

设置表格边框方法二：

步骤1：选定整个表格，在"表格工具"选项卡中，切换到"设计"选项卡，然后在"表格样式"组打开"边框"按钮，选择"边框和底纹"命令，如图3-48。

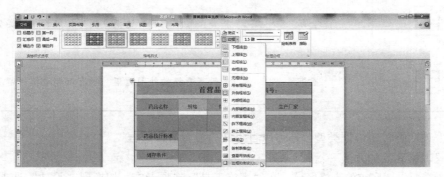

图3-48 "边框和底纹"命令

步骤2：打开"边框和底纹"对话框，如图3－49所示。选择"边框"选项卡，在对话框左侧的"设置"组选择将要设置的表格边框为"方框"，表格边框的"样式"为"单实线"，颜色"黑色"，"宽度"为"1.5磅"，应用于"表格"。该操作也可通过选定表格后，单击鼠标右键，在快捷菜单里选择"边框和底纹"命令打开其对话框。

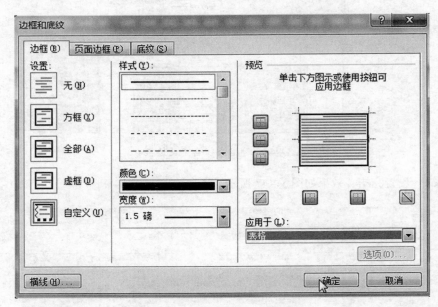

图3－49　"边框和底纹"对话框

"边框和底纹"对话框中"边框"选项卡的"设置"组中各边框类型含义如表3－2所示。

表3－2　边框类型

图标	名称	描述
	无	取消表格的所有边框
	方框	取消表格内部的边框，只设置表格的外围边框
	全部	将整个表格中所有边框设置为指定的相同类型
	虚框	只设置表格的外围边框，所有内部边框保留原样

除上述四种常用边框类型，还可以自定义 设置表格边框。

设置表格底纹的方法一：

选择需要设置底纹的表格区域，在"表格工具"选项卡中，切换到"设计"选项卡，然后在"表格样式"组打开"底纹"按钮，选择颜色应用与所选单元格区域，如图3－50所示。

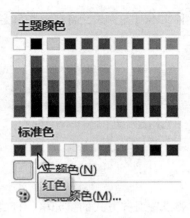

图 3 - 50 "底纹"下拉列表框

设置表格底纹的方法二:

步骤 1:选定整个表格,在"表格工具"选项卡中,切换到"设计"选项卡,然后在"表格样式"组打开"边框"按钮,选择"边框和底纹"命令;

步骤 2:打开"边框和底纹"对话框,选择"底纹"选项卡,如图 3 - 51 所示。在"填充"下拉列表框中选择所需的填充色;在"图案"选项组的"样式"下拉列表框中选择图案样式;在"颜色"下拉列表框中选择图案的颜色,应用于"表格"即可完成设置。与设置表格边框类似,该项操作可通过选中要设置底纹的单元格,单击鼠标右键打开"边框和底纹"命令。

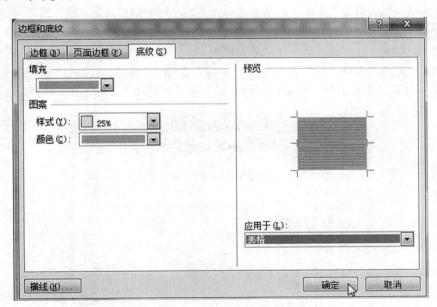

图 3 - 51 "底纹"选项卡

(3) 设置表格对齐方式

设置表格中文本的对齐方式有两种方法。

方法一:在表格中选择需要设置对齐方式的单元格、行或列,选择"表格工具"中"布局"选项卡的"对齐方式"组中相应的对齐方式即可,如图 3 - 52 所示。在"对齐方式"组的功能区上，提供了9种文本对齐方式，将鼠标指针悬停在相应的对齐按钮上，显示对齐方式的名称。

图3-52　"对齐方式"功能区

方法二：在表格中选择需要设置对齐方式的单元格、行或列，单击鼠标右键，在弹出的快捷菜单中选择"单元格对齐方式"子菜单中的对齐方式命令即可，如图3-53所示。

图3-53　"单元格对齐方式"快捷菜单

除了设置表格中文本的对齐方式，还可以灵活设置文字方向。将插入点移至要更改文字方向的单元格，然后单击"布局"选项卡"对齐方式"组中的"文字方向"按钮即可。

设置整个表格在页面中的对齐方式操作如下：

步骤1：将插入点放在表格中任一单元格内；

步骤2：选择"表格工具"选项卡中"布局"选项卡对应的功能区"表"组中的"属性"命令，打开"表格属性"对话框，切换到"表格"选项卡，如图3-54所示；

图3-54　"表格"选项卡窗口

步骤3：在"尺寸"选项组中，如选择"指定宽度"复选框，可设置表格的具体宽度，单位默认为"厘米"；

步骤4：在"对齐方式"选项组中，选择表格对齐方式；

步骤5：在"文字环绕"选项组中，可设置表格与表格外文本内容的环绕方式"无/环绕"。

最后单击"确定"按钮，完成表格在页面中位置的设置。

提示："表格属性"对话框亦可通过右击鼠标在快捷菜单打开；"边框和底纹"按钮也可在"表格属性"对话框"表格"选项卡窗口右下角打开；表格中的文字字体、字号、字形、颜色等格式设置与文档中文本排版的方法一致。

（三）表格中数据的排序和计算

Word 提供了对表格中的数据进行排序以及计算统计数据等功能。

1. 排序 在 Word 提供的数据排序功能中，可以依据主要关键字、次要关键字、第三关键字等对表格内容进行升序或降序排列。下面通过对图 3 – 55 所示的常用药品价格表的排序介绍排序操作。排序要求是：按零售价进行递减排序，当两种药品价格相同时，再按品名递减排序。

序　号	品　　名	规　　格	单　　位	零售价（元）
1	急支糖浆	200ml	瓶	12.83
2	复方丹参滴丸	150s	盒	22.77
3	复方丹参片	60s	瓶	1.12
4	板蓝根颗粒	15g＊20	袋	3.85
5	六味地黄丸	200s	瓶	12.83

图 3 – 55　常用药品价格表

（1）将插入点放置于要排序的药品价格表的表格中，切换到"表格工具"选项卡的"布局"功能区"数据"组，单击"排序"按钮，打开如图 3 – 56 所示的"排序"对话框；

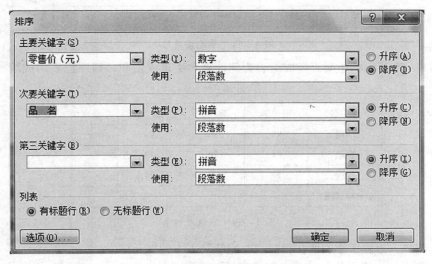

图 3 – 56　"排序"对话框

（2）在"主要关键字"列表框中选择作为第一个排序依据的列名称"零售价（元）"，其右边的"类型"列表框中指定该列的数据类型（如"笔画""数字""日期""拼音"）

为"数字"型，再单击"降序"单选按钮以确定排序是以递减方式进行；

（3）如果以多列的数据作为排序依据，可以在"次要关键字"列表框中选择作为排序依据的列名称，对于特别复杂的表格，还可以在"第三关键字"选项组中选择作为排序依据的列名称。对于该药品价格表的排序要求，需要在"次要关键字"列表框中选择"品名"，其右边的"类型"列表框中选择"拼音"，再单击"降序"单选按钮；

（4）在"列表"选项组中，单击"有标题行"单选框（如果表格有标题行，则选择"有标题行"单选按钮，使标题行不参加排序）；

（5）最后单击"确认"按钮，得到图3-57所示的排序结果。

序　号	品　名	规　格	单　位	零售价（元）
2	复方丹参滴丸	150s	盒	22.77
1	急支糖浆	200ml	瓶	12.83
5	六味地黄丸	200s	袋	12.83
4	板蓝根颗粒	15g * 20	袋	3.85
3	复方丹参片	60s	瓶	1.12

图3-57　排序后的常用药品价格表

2. 计算　Word 2010在表格功能中提供了加、减、乘、除、求平均值等简单的计算功能，在实际工作中为用户带来很大方便。

在Word中，表格的列表和行号分别用英文字母和数字表示，行和列交叉的位置组成单元格，单元格地址可用字母和数字来表示，例如A1，B1，如图3-58所示。

	A	B	C	D
1	A1	B1	C1	D1
2	A2	B2	C2	D2
3	A3	B3	C3	D3
4	A4	B4	C4	D4

图3-58　单元格地址

以图3-59所示的小明班级成绩表为例计算学生总成绩和每门课程平均成绩，具体操作如下：

姓　名	药理学	英　语	化　学	总成绩
小明	85	70	90	
贾瑞	84	80	78	
张楠	77	89	89	
平均成绩				

图3-59　班级成绩表

（1）将插入点置于小明所在行的"总成绩"下方的单元格中；

（2）单击"表格工具"选项卡的"布局"选项卡对应功能区"数据"组中的"公式"按钮，弹出"公式"对话框；

（3）在"公式"列表框中显示"=SUM（LEFT）"，说明要计算当前单元格左侧各列数据的总和（表格计算中默认公式为SUM（LEFT）），如图3-60；

（4）在"数据格式"列表框中选定"0"格式，表示取整数。

（5）最后，单击"确定"按钮，得出计算结果。

图 3-60　"公式"列表框

当插入点置于所在行的"总成绩"下方的单元格中；操作后出现的公式显示"＝SUM（ABOVE）"，如图 3-61 所示。这是要计算当前单元格上方各行数据的总和，是不符合题目要求的，因此，要将公式改为"＝SUM（LEFT）"。

图 3-61　求和

计算各门课程平均成绩操作步骤如下：

（1）将插入点置于药理学所在列的"平均成绩"对应的单元格中；

（2）单击"表格工具"选项卡的"布局"选项卡对应功能区"数据"组中的"公式"按钮，弹出"公式"对话框；

（3）在"公式"列表框中显示"＝SUM（ABOVE）"，表明要计算当前插入点所在单元格上方各行数据的总和，这时修改公式为"＝AVERAGE（ABOVE）"，如图 3-62 所示，公式名可以在"粘贴函数"列表框中选定；

图 3-62　求平均

（4）在"数据格式"列表框中选定"0.00"格式，表示结果保留小数点后两位。

（5）最后，单击"确定"按钮，得出计算结果。重复步骤，计算其他学生平均成绩。如图 3-63 所示。

姓　名	药理学	英　语	化　学	总成绩
小明	85	70	90	245
贾瑞	84	80	78	242
张楠	77	89	89	255
平均成绩	82.00	79.67	85.67	

图 3-63　成绩表

任务二　图文混排

Word 提供了图文混排的特色功能，可以在文档中插入各种图片，也可以利用 Word 自带的绘图工具绘制图形，在该项任务中将介绍图片和形状的格式设置，使文档内容更加生动和形象，达到图文并茂的效果。

一、图片的插入及其设置

（一）插入图片

在 Word 2010 中可以添加包括剪贴画、图片文件和屏幕截图的各类图片。

1. 插入图片文件

（1）将光标插入点置于要插入图片的位置；

（2）单击"插入"选项卡"插图"组中的"图片"按钮 ；

（3）弹出"插入图片"对话框，如图 3-64 所示；

（4）选择要插入的图片文件，单击"插入"按钮，图片文件即插入到文档中。

图 3-64　"插入图片"对话框

2. 插入剪贴画

Word 2010 内置了剪辑库，包括 Web 元素、背景、标志和地点等，可直接插入到文档中。

（1）将插入点移到要插入剪贴画的位置；

（2）单击"插入"选项卡"插图"组中的"剪贴画"按钮 ，显示"剪贴画"任务窗口，如图 3-65 所示；

图 3 – 65　剪贴画

（3）在"搜索文字"编辑框中输入剪贴画的关键字，单击"结果类型"下拉三角按钮，在"类型"中设置搜索目标的类型，选中一个或多个类型的复选框；

（4）单击"搜索"按钮，如果剪辑库中含有指定关键字的剪贴画，则会显示剪贴画的搜索结果；

（5）单击所需的剪贴画，或单击剪贴画右侧的黑色下拉三角按钮，在打开的菜单中单击"插入"按钮可将剪贴画插入文档中。

3. 插入屏幕截图

Word 2010 提供了屏幕截图功能，在编辑文档时，插入屏幕截图具体操作步骤如下：

（1）将鼠标插入点移至要插入图像的位置；

（2）单击"插入"选项卡的"插入"组中的"屏幕截图"按钮，在打开的"屏幕截图"下拉列表框中选择要截取的屏幕图，如图 3 – 66 所示，可将选择的屏幕截图插入到文档中。

图 3 – 66　屏幕截图

（二）图片格式的设置

在 Word 文档中插入图片或剪贴画之后，第一种方法是选中要进行格式设置的图片或剪贴画，单击"图片工具"中"格式"选项卡各组中的相应按钮进行图片格式设置，如图3－67所示。第二种方法是选中图片以后，单击鼠标右键，在弹出的快捷菜单选择"设置图片格式"或"大小和位置"命令，在弹出的相应对话框也可以设置图片的大小、位置、环绕方式和边框等，如图3－68所示。

图3－67　图片"格式"选项卡

图3－68　"设置图片格式"对话框

1. 调整图片大小和位置

（1）鼠标拖动　①选定要调整的图片，图片四周出现8个空心控制点。②将鼠标指针移到图片中任意位置，指针变成十字箭头，拖动它可将图片移到新位置。③若沿对角线方向缩放图片，则将鼠标指针指向图片四角的任意一个圆形控制点上，指针变为斜对角的双向箭头，按住鼠标左键箭头变为十字形，拖动图片至所需大小；若要横向或纵向缩放图片，则将鼠标指针指向图片四边的任意一个矩形控制点上，指针变为水平或垂直的双向箭头，按住鼠标左键按箭头方向拖动图片改变其水平或垂直的大小尺寸。

如果旋转图片，将鼠标指向图片上边框中间位置绿色圆形旋转按钮，指针下方出现黑色弧形箭头，按住鼠标左键，箭头分成4个黑色小箭头，拖动鼠标旋转图片至要调整的角度。

（2）利用"格式"功能区上的"大小"组，在"高度"和"宽度"微调框中输入具体的数值，默认单位为厘米，可以精确调整图片大小。在"排列"组"旋转"下拉菜单下可以设置精确的图片调整角度。

（3）利用快捷菜单下的"大小和位置"命令启动"布局"对话框，或者单击"格式"功能区"大小"组右下角的对话框启动按钮，启动"布局"对话框，如图 3 – 69 所示，单击"大小"选项卡，在"大小"窗口输入"高度""宽度"和"旋转"数值，单击"确定"按钮，完成图片大小和角度的调整。

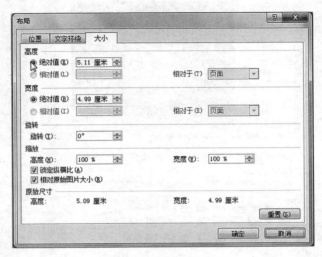

图 3 – 69　"布局"对话框

2. 图片剪裁

在编辑图片时，有时希望保留部分图片，需要对图片进行重新剪裁。Word 2010 的图片剪裁功能比以前的版本更加强大，不仅能实现常规的图像剪裁，还可以将图片剪裁为不同的形状。

（1）常规裁剪　①选定要裁剪的图片，图片周围出现 8 个控制点。②单击"图片工具"中"格式"功能区"大小"组中的"裁剪"按钮，图片四个角出现黑色直角线段 ，图片四边中间出现四个黑色短线 ，共计 8 个黑色线段。③将鼠标指针指向图片上的黑色短线 ，指针变成倒立的 T 形，向图片内侧拖动鼠标；或者指针指向黑色直角线段 ，按住鼠标左键，指针变成黑色十字型 ，同样向图片中部拖动鼠标，鼠标经过的部分将被裁掉。如果拖动鼠标的同时按住 Ctrl 键，那么可以对称裁剪图片。④图片裁剪完毕后，单击文档任意位置，或单击"格式"功能区"大小"组中的"裁剪"按钮下拉列表中的"裁剪"命令，完成图片的裁剪操作。

（2）将图片剪裁为不同形状　插入图片后，图片默认设置为矩形，如果将图片更改为其他形状，可以让图片更加美观。具体操作如下：

选择要裁剪的图片，单击"格式"功能区"大小"组中的"裁剪"按钮下拉列表中的"裁剪为形状"命令，在弹出的跳转列表中，单击要裁剪的形状图标，图片即被裁剪为指定形状。

3. 图片样式的设置

Word 2010 种提供了许多图片样式，可以快速应用到图片上。具体操作如下：

（1）选定要设置的图片，单击"格式"功能区"图片样式"组"图片样式"列表框中的图片样式，可以实时在文档中预览所选图片样式的效果，如图 3 – 70 所示。

（2）选定图片后，单击"格式"功能区"图片样式"组"图片样式"列表框右侧的"其他"按钮，在弹出的列表框中可以选择更多的图片样式，如图 3 – 71 所示。

4. 图片的艺术效果　Word 2010 中提供了不同风格的图片艺术效果，预设了标记、铅

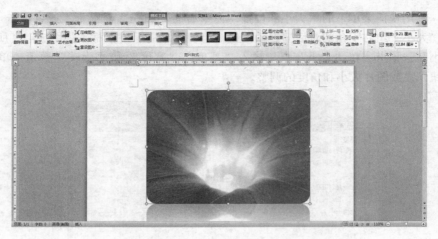

图 3-70 应用"图片样式"的效果

图 3-71 其他图片样式

笔灰度、铅笔素描、线条图、粉笔素描、画图笔画、发光散射等效果,应用其中一种效果后,还可对其进一步设置,使插入的图片更具表现力。

（1）应用预设艺术效果 选定要编辑的图片,单击"格式"功能区"调整"组中的"艺术效果"按钮,在弹出的下拉列表中选择一种艺术效果,即可完成图片艺术效果的设置。如图 3-72 所示。

（2）自定义设置艺术效果 图片使用上述预设艺术效果后,可以做进一步编辑。单击"艺术效果"下拉列表中的"艺术效果选项",弹出"设置图片效果"对话框,在右侧窗口中调整透明度和压力等,单击"关闭"按钮即可完成自定义艺术效果的设置。如图 3-73 所示。

5. 图片边框的设置

（1）通过"格式"选项卡设置图片边框格式 选定要添加边框的图片,单击"格式"功能区"图片样式"组中"图片边框"右侧的黑色倒三角,在下拉列表中依次设置"图片颜色"、线条"粗细"、"虚线"线型,边框效果可立即在文档中预览。

（2）通过右键快捷菜单设置图片边框格式 选定要添加边框的图片,单击鼠标右键,在快捷菜单中选择"设置图片格式"命令,在弹出的对话框左侧分别选择"线条颜色"、"线型"选项组,在右侧对应窗口设置"线条颜色"和"线型"等参数。如图 3-69 所示。

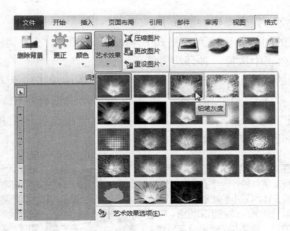

图 3 – 72　设置图片"艺术效果"

图 3 – 73　自定义艺术效果

6. 图片与文字的环绕方式　为了使文档排版更加美观，图片插入文档后需要调整图片与文字的位置关系，即环绕方式。图片与文字的位置关系有两种情况：一种是嵌入式排版方式，此方式图片和正文不能混排，正文只能显示在图片的上方或下方，可以通过"开始"选项卡下的"段落"组中的"左对齐""右对齐""居中"等命令来设置图片的位置。另一种是非嵌入式排版方式，即"格式"功能区中"排列"组"自动换行"下拉列表中除"嵌入型"以外的方式，在这种方式中，图片和正文可以混排，文字可以环绕在图片下方、上方或图片周围，此时拖动图片可以将图片放置在文档中的任意位置。环绕方式包括以下几种：

- 嵌入型：文字围绕在图片的上下方，图片只能在文字区域范围内移动。
- 四周型环绕：文字环绕在图片四周，图片四周留出一定的空间。
- 紧密型环绕：文字密布在图片四周，图片四周被文字紧紧包围。
- 衬于文字下方：图片在文字的下方。
- 浮于文字上方：图片覆盖在文字的上方。
- 上下型环绕：文字环绕在图片的上下方。
- 穿越型环绕：文字密布在图片四周，与紧密型类似。

图片与文字的环绕方式，操作方法如下：

（1）选中要排版的图片，切换到"格式"功能区，在"排列"组中单击"自动换行"按钮，在弹出的下拉列表中选择一种环绕方式。

（2）选中要排版的图片，单击鼠标右键，在快捷菜单中单击"大小和位置"命令（也可在"格式"功能区单击"大小和位置"组右下角启动对话框按钮）打开"布局"对话框，单击"文字环绕"选项卡，在"环绕方式"选项组中选择所需的环绕方式，再单击"确定"按钮即可。如图 3 – 74 所示。

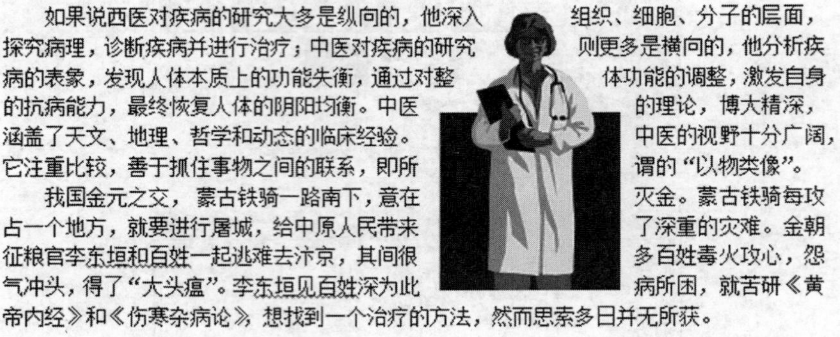

如果说西医对疾病的研究大多是纵向的，他深入探究病理，诊断疾病并进行治疗；中医对疾病的研究病的表象，发现人体本质上的功能失衡，通过对整的抗病能力，最终恢复人体的阴阳均衡。中医涵盖了天文、地理、哲学和动态的临床经验。它注重比较，善于抓住事物之间的联系，即所 组织、细胞、分子的层面，则更多是横向的，他分析疾体功能的调整，激发自身的理论，博大精深，中医的视野十分广阔，谓的"以物类像"。灭金。蒙古铁骑每攻了深重的灾难。金朝多百姓毒火攻心，怨病所困，就苦研《黄

我国金元之交，蒙古铁骑一路南下，意在占一个地方，就要进行屠城，给中原人民带来征粮官李东垣和百姓一起逃难去汴京，其间很气冲头，得了"大头瘟"。李东垣见百姓深为此帝内经》和《伤寒杂病论》想找到一个治疗的方法，然而思索多日并无所获。

图 3 – 74　"紧密型环绕"方式

二、绘制图形

Word 2010 提供了一套可以创建各种图形的绘图工具，只有在页面视图模式下可以绘制图形。绘制图形时可以直接在文档中创建图形，也可以在画布中绘图，为了避免随着文档中文本内容的增减而导致插入的图形位置发生错乱，最好在画布中进行。

（一）图形的绘制

1. 将光标插入点定位在要绘制图形的位置，单击"插入"选项卡，在插图"组"单击"形状"按钮，在其下拉列表中选择"新建绘图画布"命令，如图 3 – 75 所示。

图 3 – 75　选择"新建绘图画布"命令

2. 单击"插入"选项卡"插图"组中"形状"按钮，在其下拉菜单中选择要绘制的图形，这里以"椭圆"为例，选择"椭圆"图标。

3. 将光标插入点定位置画布中按住鼠标左键，光标箭头变为十字形，拖动鼠标到图形结束位置，即可绘制出椭圆形（如果绘制圆形，需按住 Shift 键并拖动鼠标；如果绘制"正方形"，单击"矩形"图标后按住 Shift 键拖动鼠标）如图 3－76 所示。

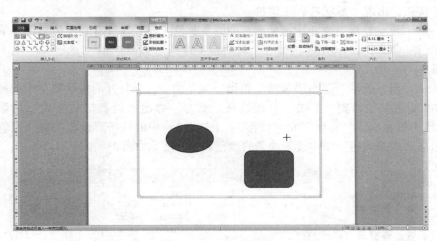

图 3－76　绘制图形

（二）图形的设置

1. 选定图形　在对图形进行编辑之前，首先要选定该图形，选定图形的方法有以下几种：

（1）选定一个图形：用鼠标单击该图形，选中后图形周围出现控制句柄。

（2）选定多个图形：按住 Shift 键，然后单击要选定的每一个图形。

如果选定的多个图形比较集中，可将光标箭头移到要选定图形对角的左上角，按住鼠标左键向右下角拖动。拖动时会出现一个虚线框，当把所有要选定的图形全部框住时，释放鼠标左键。

2. 移动或复制图形　在图形编辑过程中，可以任意移动图形。将光标箭头移到图形任意位置，鼠标指针变成四向箭头形状，按住鼠标左键，图形四周出现控制句柄，拖动鼠标将图形移到要放置的位置，释放鼠标左键即可。

如果要限制图形只能横向或纵向移动，则按住 Shift 键拖动鼠标；如果在拖动过程中按住 Ctrl 键，则将所选图形复制到新位置。

3. 调整图形大小　选定图形后，图形四周出现控制句柄，将鼠标指针移到图形某个句柄上，拖动控制句柄来调整图形大小。如果要保持原图形的比例，可在拖动四个角上的句柄时按住 Shift 键；如果要以图形中心为基点进行缩放，拖动句柄时按住 Ctrl 键。如果设置精确的图形大小，可在"格式"功能区"大小"组中"高度"和"宽度"微调框中输入具体数值，默认单位为厘米。如图 3－77 所示。

图 3－77　调整图形大小

4. 设置图形轮廓 绘制图形以后，可以改变图形的线型、颜色、背景填充色等，还可以添加阴影和三维效果，达到美化图形的目的。具体操作步骤如下：

（1）选定要美化的图形，打开"格式"选项卡，在功能区"形状样式"组中单击"形状轮廓"按钮，出现"形状轮廓"菜单。

（2）从"形状轮廓"菜单中选择所需的线条颜色，如果没有看到所需颜色，单击"其他轮廓颜色"命令，在弹出的"颜色"对话框中选择"标准"或"自定义"更丰富的颜色。如图 3－78 所示。

（3）从"形状轮廓"菜单中选择"粗细"菜单命令，在打开的级联菜单中选择所需的线型，如果设置其他线型，单击"其他线条"命令，弹出"设置形状格式"对话框，在"线型"组中设置线的"宽度"和"线型"；上述（2）中的线条颜色也可在"设置形状格式"对话框"线条颜色"组中设置线条的颜色和透明度。如图 3－79 所示。

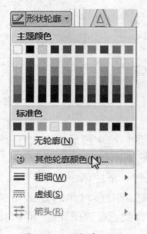

图 3－78　颜色设置

图 3－79　线条设置

（4）在"形状样式"组中单击"形状填充"按钮右侧的向下箭头，在出现的菜单中选择所需的填充色，如果没有看到所需的填充色，单击"其他填充颜色"命令，在打开的"颜色"对话框中选择标准或自定义颜色。还可选择"形状填充"菜单中的"图片"、"渐变"、"纹理"等效果来填充图形。如图 3－80 所示。

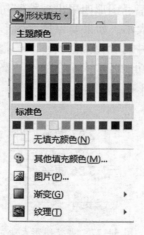

图 3－80　开关填充设置

如果要从图形中删除填充色，需选定图形后，在"形状填充"下拉菜单中单击"无填充颜色"命令。

（5）在"形状样式"组中单击"形状效果"按钮，在下拉菜单中箭头指向"阴影"命令，如图3－81所示。在出现的级联菜单选择一种阴影样式应用于图形，使图形有一种"悬浮"的感觉。

（6）在"形状样式"组中单击"形状效果"按钮，在下拉菜单中箭头指向"三维旋转"命令，如图3－82所示。在出现的级联菜单中选择一种三维效果样式。在"三维旋转"级联菜单中选择"三维旋转选项"命令，弹出"三维旋转"对话框，可以设置三维图形的旋转角度等更多效果。

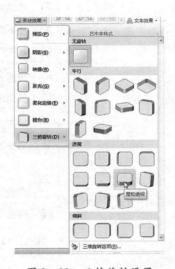

图3－81　阴影设置　　　　图3－82　三维旋转设置

在"形状效果"下拉菜单下，还提供了预设、映像、发光、柔化边缘、棱台等多种效果样式。

上述6种图形美化方法，除了在"绘图工具"中"格式"选项卡下可以进行设置，还可以选中要美化的图形，单击鼠标右键，通过快捷菜单中的"设置形状格式"命令打开相应对话框进行设置。如图3－83所示。

图3－83　设置形状格式

5. 图形的排列

（1）图形的对齐方式　选择多个要对齐的图形，单击"格式"选项卡的"排列"组中的"对齐"按钮 对齐 右侧黑色倒三角，打开对齐下拉列表，如图 3 – 84 所示，从中选择一种需要的对齐方式。

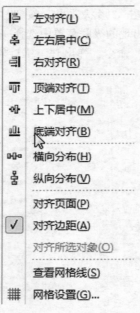

图 3 – 84　对齐方式

- 左对齐：所选图形的左边界对齐。
- 左右居中：所选图形横向居中对齐。
- 右对齐：所选图形的右边界对齐。
- 顶端对齐：所选图形的顶边界对齐。
- 上下居中：所选图形纵向居中对齐。
- 底端对齐：所选图形的底边界对齐。

如果对 3 个或 3 个以上的图形或相对于画布对图形进行等距离排列，选定要排列的图形后，单击"横向分布"或"纵向分布"按钮。如图 3 – 85 和图 3 – 86 所示。

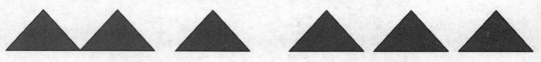

图 3 – 85　横向分布前　　　　　　图 3 – 86　横向分布后

（2）图形叠放次序

当绘制两个以上图形时，最近绘制的一个图形总是覆盖其他的图形。这时需要调整图形的叠放次序。具体操作步骤如下：

选定要移动的图形，如果该图形被隐藏在其他图形下方，按 Tab 键或 Shift + Tab 键来选定该图形。

打开"格式"选项卡，单击"排列"组中"上移一层"按钮，在下拉菜单中选择"上移一层"命令，或单击"下移一层"按钮下拉菜单中的"下移一层"命令，如图 3 - 87 所示，移动图形后效果如图 3 - 88 所示。

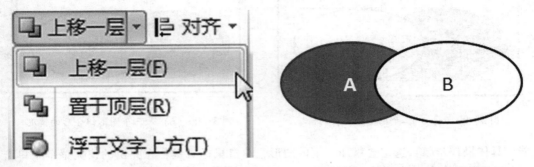

图 3 - 87　设置图形叠放次序　　　　　图 3 - 88　调整后的图形叠放次序

利用叠放次序还可以设置图形与文字之间的位置关系，图形可以覆盖文字，也可以衬于文字下方。在"上移一层"下拉菜单中选择"浮于文字上方"或在"下移一层"下拉菜单中选择"衬于文字下方"，效果如图 3 - 89（a）与图 3 - 89（b）所示。

图 3 - 89（a）　　浮于文字上方

中医不仅倡导以物类像，还倡导因时而异，在解放初期，流脑盛行，一位老中医曾用白虎汤拯救患儿的生命，疗效显著。于是，人们纷纷效仿。然而数月过去，到了盛夏时节，用此汤治疗流脑，效果却变得不好。大家都很困惑，就询问老中医其中的原因，老中医笑着说："时令不符，这个季节应该用三仁汤"。大家都按着老中医说的去做，患儿的流脑很快就治好了。
　　现在，有一些人不明白医的本质，割裂中西医，不会融会贯通。更有甚者，为了局部利益，说话言不由衷。中西医治病其实不分标本，只是方法不同而已。
　　例如，现在骨科使用的小夹板，就是中西结合的范例。为什么这么说呢？小夹板被看成

图 3 - 89（b）　　衬于文字下方

6. 多个图形的组合　当许多简单的独立图形组成一个结构复杂的图形时，要移动整个图形是非常困难的，很有可能由于操作失误破坏完整的图形。为此，Word 提供了多个图形组合在一起的功能，以便图形的移动和旋转。操作步骤如下：

（1）首先选定要组合的所有图形。

（2）打开"格式"功能区"排列"组中"组合"按钮的下拉按钮，在下拉菜单中单击"组合"命令。组合前后的图形如图 3 - 90（a）、图 3 - 90（b）所示。

（三）添加文字

在图形中添加文字对于绘制示意图非常有帮助，Word 提供了在图形中添加文字的功

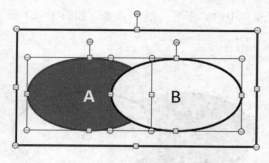 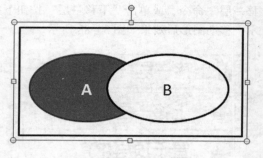

图 3 - 90（a）　三个图形组合前的情况　　　图 3 - 90（b）　三个图形组合后的情况

能。具体操作步骤：选定要添加文字的图形，单击鼠标右键，在弹出的快捷菜单中单击"添加文字"命令，此时插入点移到图形内部，在插入点后输入所需文字即可。图形中添加的文字可以和图形一起移动、旋转，文字格式设置与文档中其他文字格式设置类似。

三、文本框的使用

Word 2010 提供的文本框，可以看作一个特殊的图形对象，框中的文字和图形能够移到页面的任意位置，它与给文字添加边框是不同的概念，使用文本框还可以对文档的局部内容进行竖排、添加底纹等特殊形式的排版，使文档编排得更加丰富。

（一）文本框的绘制

文本框分为横排文本框和竖排文本框，也可以根据需要插入内置的文本框样式。具体操作步骤如下：

1. 快速插入内置文本框　单击"插入"选项卡，在"文本"组中单击"文本框"按钮右侧的黑色倒三角，打开下拉列表框，单击所需的内置文本框样式，可在当前插入点快速插入带格式的文本框，将插入点移至文本框中，输入文本或插入图片即可。

2. 手动绘制文本框

（1）在"文本框"下拉菜单中选择"绘制文本框"命令，鼠标指针变为十字形，按住鼠标左键拖动，即可绘制一个横排文本框。

（2）当文本框的大小合适后，释放鼠标左键。此时，插入点在文本框中闪烁，可以输入文本或插入图片。

（3）如果绘制竖排文本框，在"文本框"下拉菜单中选择"绘制竖排文本框"，按住鼠标左键拖动即可绘制一个竖排文本框。此时在文本框中输入的文本是纵向排列。文本框中的文字格式设置与文档中文字格式设置方法类似。

（二）文本框的设置

1. 设置文本框的边框和填充色　如果需要设置文本框的边框线线型、颜色和文本框填充色，可按如下步骤操作：

（1）选定要设置的文本框。

（2）单击"格式"选项卡，在"形状样式"组中单击"形状轮廓"按钮，在弹出的菜单中选择"粗细"命令，再单击所需的线条粗细。

（3）单击"格式"选项卡，在"形状样式"组中单击"形状轮廓"按钮，在弹出的菜单中选择"虚线"命令，从其级联菜单中选择所需的线型，如没有所需线型，选择"其他线条"命令，弹出"设置形状格式"对话框，在"短线类型"下拉列表框中选择一种线型。

（4）单击"关闭"按钮完成文本框边框的设置。

（5）单击"格式"选项卡，在"形状样式"组中单击"形状填充"按钮，在弹出的菜单中选择一种颜色，如没有所需颜色，单击"其他填充颜色"，弹出"颜色"对话框，可以设置标准颜色或自定义颜色。

文本框的格式设置可在选定文本框后，通过右击鼠标打开快捷菜单，选择"设置形状格式"命令，在打开的对话框中进行边框和填充色的设置，方法同前述绘制图形的格式设置。

2. 调整文本框的位置、大小和环绕方式

（1）移动文本框　鼠标指针指向文本框的边框线，当指针变成四向箭头时，按住鼠标左键拖动文本框至目标位置，实现文本框的移动。

（2）复制文本框　选定文本框，按住 Ctrl 键的同时按着鼠标左键拖动文本框至目标位置，即可复制一个文本框。

（3）调整文本框大小　选定文本框后，文本框四周出现 8 个控制大小的句柄，鼠标指针指向控制句柄变为双向箭头，按住鼠标左键指针变为十字形，沿文本框水平或垂直方向向内/外拖动边框线，可改变文本框的大小。

（4）文本框的环绕方式　文本框的环绕方式可通过"格式"功能区"排列"组中的"自动换行"按钮下拉列表进行设置，也可选定文本框后单击鼠标右键在快捷菜单中"其他布局选项"命令，在"布局"对话框"文字环绕"选项卡下进行设置，方法与图片环绕方式的设置基本相同。文本框的叠放次序设置与图形叠放次序的方法类似。

（5）文本框中文字方向和对齐方式　文本框中的文字方向设置可通过"格式"功能区"文本"组"文字方向"下拉列表中的命令进行设置，文字对齐方式可单击"文本"组中"对齐文本"按钮右侧黑色倒三角，在下拉列表中选择所需的对齐方式。以上操作还可通过右击鼠标，在打开的快捷菜单中选择"设置形状格式"命令，弹出"设置形状格式"对话框，选择"文本框"选项，在对应窗口中设置文字对齐方式和文字与文本框四周边框之间的距离。如图 3-91 所示。

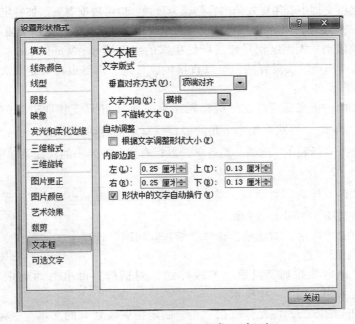

图 3-91　"设置形状格式"对话框

项目三 文档的排版与打印

案例导入

案例：文档排版

　　学校征文比赛，小明在老师的指导下写了一篇篇幅较长的拓展药品市场的策划书。在长文档排版时，我们至少要知道哪些操作？打印文件时要注意什么？

讨论： 1. 如何使用 Word 的高级格式对文档进行一些特殊效果的制作？

　　　　 2. 如何对编排好的文档进行打印设置呢？

　　一篇较长的文章，纲目结构复杂，编辑、浏览都相当困难，因此，对文档内容的排版成为一个重要环节，在编排时需要考虑各种细节的设计操作，使其具备简洁、醒目和美观的特点。大部分文档编辑后需要打印。

任务一 文档的排版

　　在长篇文档的编辑中，经常需要根据特定的格式要求对文档进行排版，使文章更加的规范、整洁、美观。Word 是广为使用的文档排版软件，使用 Word 能够对文章进行专业排版，并且操作简单，易于使用。

一、目录和样式

（一）目录

　　目录是文档的大纲提要，它体现文档的整体结构，通过目录可以把握全局内容框架。在Word 中可以直接将文档中套用样式的内容创建为目录，也可根据需要添加特定内容到目录中。创建目录之前，先要根据文本的标题样式设置大纲级别，然后可以在文档中插入自动目录。

　　1. 设置大纲级别　　大纲级别是段落所处层次的级别编号。Word 2010 提供的内置标题样式中的大纲级别都是默认设置的，可以直接生成目录。当然也可自定义大纲级别，设置大纲级别的具体步骤如下：

　　（1）打开文档，将光标定位在一级标题"第一部分 拓展工作职责"的文本上，打开"开始"选项卡，单击"样式"组右下角的"样式对话框启动器"按钮 ，在弹出的"样式"列表框中选择"标题1"选项，然后单击鼠标右键，在弹出的快捷菜单中选择"修改"菜单项，如图 3 – 92 所示。

　　（2）弹出"修改样式"对话框，单击"格式"按钮 格式(O)▼ ，在弹出的下拉列表中选择"段落"选项，如图 3 – 93 所示。

　　（3）在弹出的"段落"对话框，选择"缩进和间距"选项卡，然后在"大纲级别"下拉列表中选择"1 级"选项。

　　（4）单击"确定"按钮，返回"修改样式"对话框，再单击"确定"按钮，返回Word 文档，设置效果如图 3 – 94 所示。

　　（5）使用相同的方法，将光标放在"一、制定拓展规划"的文本上，将其在"样式"下拉列表框中设置为"标题2"，大纲级别设置为"2 级"，如图 3 – 95 所示。

（6）使用相同的方法，将"标题3"的大纲级别设置为"3级"如图3-96所示。

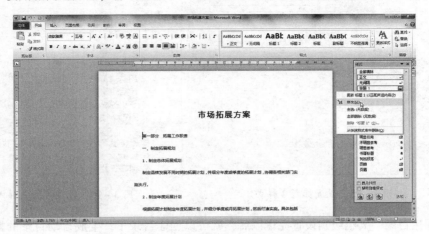

图3-92　修改样式

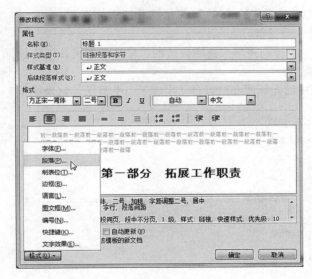

图3-93　段落样式

图3-94　设置标题1样式

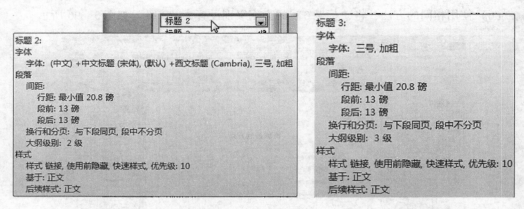

图 3 -95　设置标题 2 样式　　　　　　图 3 -96　设置标题 3 样式

2. 创建目录　大纲级别设置完毕以后，就可以创建目录了。生成自动目录的操作步骤如下：

（1）将光标定位至文档第一行的行首，打开"引用"选项卡，单击"目录"组中的"目录"按钮下方黑色倒三角。

（2）在"内置"下拉列表框中选择合适的目录选项即可，例如选择"自动目录 1"样式，如图 3 -97 所示。

（3）Word 文档中的光标所在位置自动生成了一个目录，效果如图 3 -98 所示。

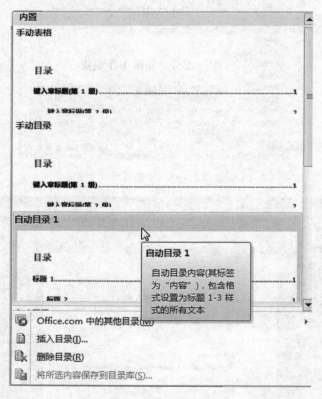

图 3 -97　生成目录

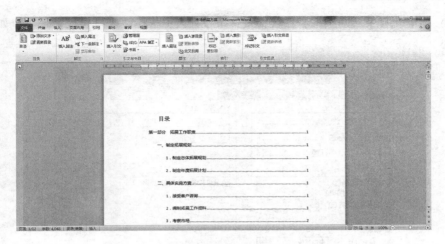

图 3 - 98　目录效果

3. 修改目录　如果对插入的目录不是很满意，还可以对目录进行修改或自定义个性化目录，操作步骤如下：

（1）打开原始目录文档，打开"引用"选项卡，单击"目录"组中的"目录"按钮，在弹出的"内置"下拉列表框中单击"插入目录"命令，如图 3 - 99 所示。

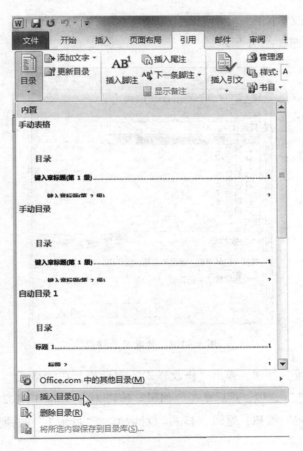

图 3 - 99　插入目录

（2）弹出"目录"对话框，在"格式"下拉列表中选择"来自模板"选项，如图 3 -100 所示。

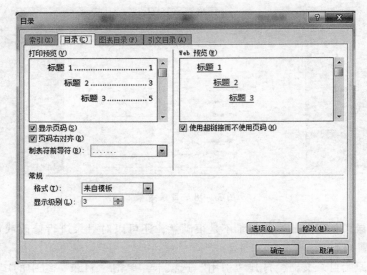

图 3 - 100　目录设置

（3）单击"修改"按钮 修改(M)... ，弹出"样式"对话框，在"样式"列表中选择"目录 1"选项，如图 3 - 101 所示。

图 3 - 101　修改目录样式

（4）单击"修改"按钮，弹出"修改样式"对话框，在"格式"组"字体颜色"下拉列表中选择"蓝色"选项，然后单击"加粗"按钮 **B** ，如图 3 - 102 所示。

（5）单击"确定"按钮，返回"样式"对话框，"目录 1"的预览效果如图 3 - 103 所示。

（6）单击"确定"按钮，返回"目录"对话框。再次单击"确定"按钮，弹出

"Microsoft Word" 对话框，提示 "是否替换所选目录"，如图 3 – 104 所示，点击 "是" 按钮，完成目录修改。

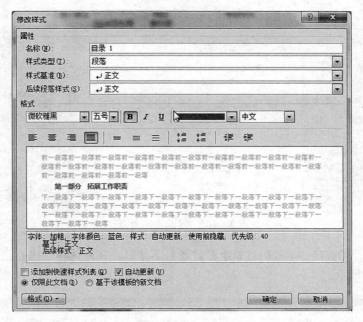

图 3 – 102　修改目录样式

图 3 – 103　目录预览

图 3 – 104　保存修改的目录

（7）返回文档中效果如图 3 – 105 所示。

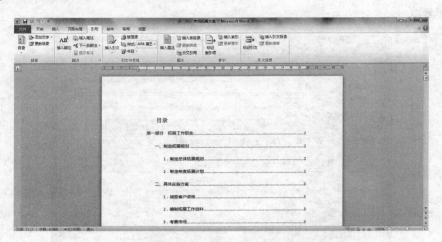

图 3 – 105　修改后的效果

（8）此外，可直接在生成的目录中对目录的字体格式和段落格式进行设置。设置后效果如图 3 – 106 所示。

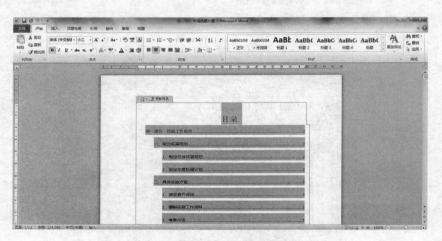

图 3 – 106　直接设置目录的格式

4. 更新目录　在编辑或修改文档的过程中，如果文档内容或格式改变，则需要更新目录。操作步骤如下：

（1）打开原始目录文档，将文档中第一个一级标题文本改为"第一部分 拓展市场工作职责"。如图 3 – 107 所示。

（2）打开"引用"选项卡，单击"目录"组中的"更新目录"按钮，如图 3 – 108 所示。

（3）弹出"更新目录"对话框，选中"更新整个目录"单选框，如图 3 – 109 所示。

（4）单击"确定"按钮，返回文档，效果如图 3 – 110 所示。

（5）更新目录的方式还可选中原目录后，在"引用"选项卡的"工具"分组中，单击"更新目录"按钮，亦可弹出图 3 – 109 所示的"更新目录"对话框可以重新设置目录，效果如图 3 – 111 所示。

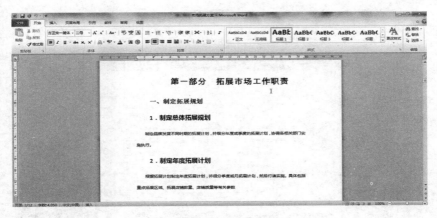

图 3-107　修改标题文本

图 3-108　更新目录

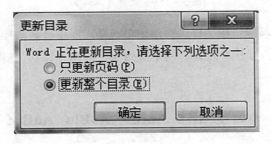

图 3-109　更新目录选项

（二）样式

样式是指一组对特定文本已经命名的字符和段落格式的集合，在编辑文档的过程中，如果多处文本需要使用同样的格式进行设置，可以将这些格式定义为一个样式，在使用时直接将定义好的样式应用于文本，这样极大地提高了工作效率，样式分为内置样式和自定义样式。

1. 内置样式　Word 2010 内置了一些样式，可以使用这些样式设置文档格式，具体操作步骤如下：

（1）打开本任务中实例的原始文档，选中要使用样式的标题 1 "第一部分 拓展工作职

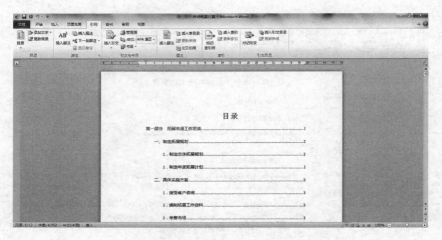

图 3-110　更新后效果

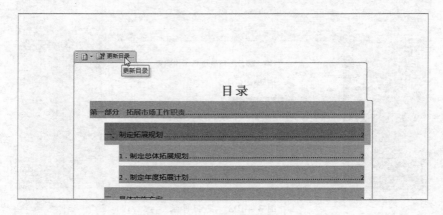

图 3-111　更新目录设置

责"，选择"开始"选项卡，在"样式"组中单击样式库中合适的样式，如没有所需样式，单击"其他"按钮 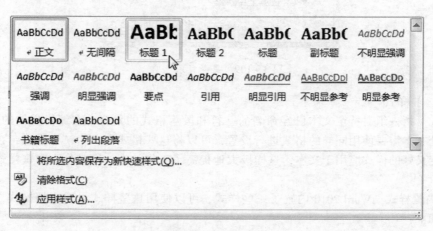，打开"样式"的下拉列表，选择"样式"，例如选择"标题1"选项，如图3-112所示。

图 3-112　样式库

（2）移动鼠标指针指向"标题1"样式，文档中选定的文本内容即显示为此样式，单击鼠标左键，"标题1"的样式应用到文本中，效果如图3－113所示。

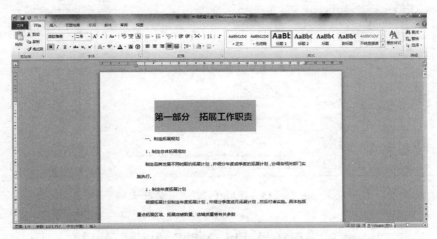

图3－113　使用样式库中"标题1"样式

（3）使用相同的方法，选中要使用样式的标题2"一、制定拓展规划"，在弹出的"样式"下拉列表中选择"标题2"选项，如图3－114所示。

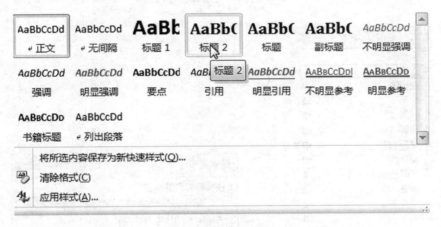

图3－114　使用样式库中"标题2"样式

（4）单击鼠标左键，"标题2"的样式应用到文本中，效果如图3－115所示。

2. 利用"样式"任务窗格　除了利用"样式"库中的下拉列表，还可以利用"样式"窗格应用内置样式，具体操作如下：

（1）将光标定位在要使用"标题3"样式的"1.制定总体拓展规划"文本处，单击"样式"组右下角"对话框启动器"按钮，如图3－116所示。

（2）在弹出的"样式"任务窗格，单击右下角"选项"按钮，如图3－117所示。

（3）弹出"样式窗格选项"对话框，在"选择要显示的样式"下拉列表中选择"所有样式"选项，如图3－118所示。

（4）单击"确定"按钮，在"样式"窗格的下拉列表中选择"标题3"选项，如图3－119所示。

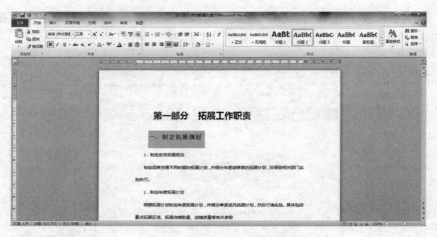

图 3 – 115　使用样式设置后的效果

图 3 – 116　启动样式窗格

图 3 – 117　样式窗格

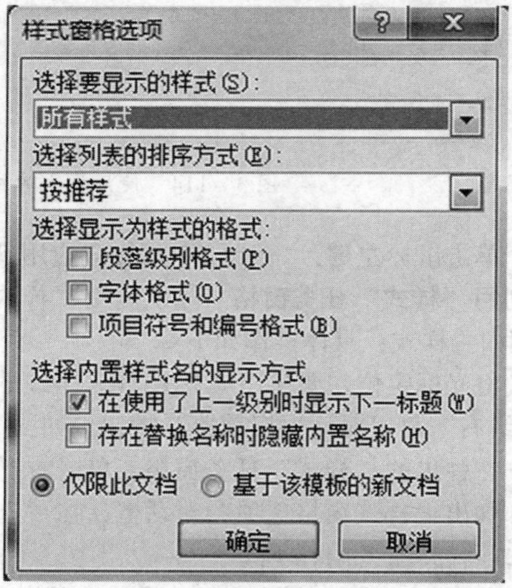

图 3 – 118　样式窗格选项对话框

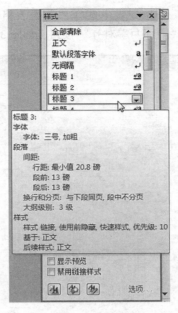

图 3 – 119　样式窗格中使用"标题3"样式

（5）返回文档中，"标题3"的设置效果如图 3 – 120 所示。

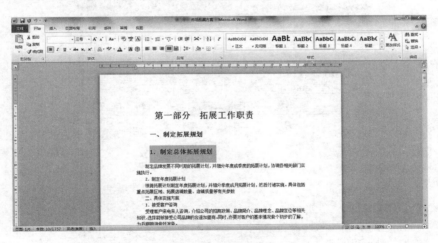

图 3 – 120　使用效果

（6）使用相同的方法，设置其他标题格式。

3. 自定义样式　尽管 Word 提供了丰富的样式类别，但是它并不能满足每一个用户的个性化需求。那么我们可以在使用样式库中的内置样式时，进一步创新，通过自建样式，创造出不同风格的文档。在本项目的文档示例窗口，可以新建一种全新的样式，例如新的文本样式、新的表格样式或者新的列表样式等。具体操作步骤如下：

（1）打开原始文档，选中要应用新建样式的表格，然后在"样式"窗格中单击"新建样式"按钮 ![按钮]。

（2）弹出"根据格式设置创建新样式"对话框，如图 3 – 121 所示。

（3）在"名称"文本框中输入新样式的名称"表"，在"样式类型"下拉列表中选择

"表格"选项，在"样式基准"下拉列表中选择"普通表格"，然后在"格式"组合框中"对齐方式"下拉列表下单击"中部两端对齐"按钮，如图 3 – 122 所示。

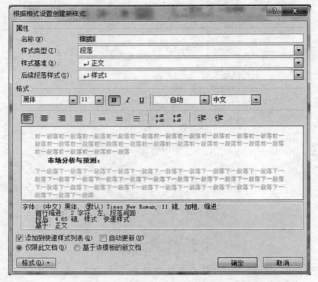

图 3 – 121　根据格式设置创建新样式

图 3 – 122　对齐方式

（4）在"根据格式设置创建新样式"对话框中，单击左下角"格式"按钮的下拉列表，单击"边框和底纹"命令选项，如图 3 – 123 所示。

（5）在弹出的"边框和底纹"对话框中，选择"边框"选项卡，在其对应的窗口分别设置表格边框和内部框线的线型、颜色、宽度等，如图 3 – 124 所示。

（6）单击"确定"按钮，返回"根据格式设置创建新样式"对话框。所有样式都显示在了样式面板中。如图 3 – 125 所示。

（7）单击"确定"按钮，返回文档中，此时新建样式"表"出现在"样式"窗格的列表中，该表格应用了新建"表"样式，如图 3 – 126 所示。

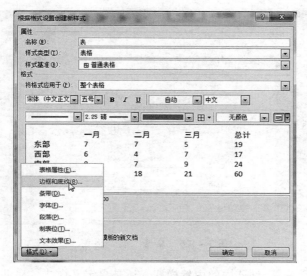

图 3 – 123　边框与底纹

图 3 – 124　设置边框和底纹

图 3 – 125　新样式预览

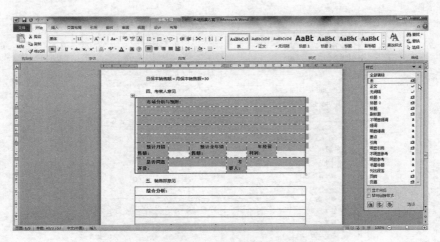

图 3－126　应用"表"样式

4. 修改样式　无论是 Word 中的内置样式, 还是自定义样式, 都可以随时对其进行修改, 具体步骤如下:

(1) 将光标定位在正文文本中, 在"样式"窗格中的"样式"列表中选择"正文"选项, 然后单击鼠标右键, 在弹出的快捷菜单中单击"修改"选项。

(2) 弹出的"修改样式"对话框, 如图 3－127 所示。

(3) 单击"格式"按钮, 在弹出的下拉菜单中选择"字体"项。如图 3－128 所示。

(4) 在弹出的"字体"对话框, 单击"字体"选项卡, 在该窗口与文档中设置字体格式的操作一致。单击"中文字体"下拉列表中的"楷体"选项, "字号"选择"小四"选项, "字形"选择"加粗"选项。如图 3－129 所示。

(5) 单击"确定"按钮, 修改后的所有样式都显示在"修改样式"对话框的样式面板中。

(6) 单击"确定"按钮, 文档中正文格式的文本自动应用了新的正文样式。如图 3－130 所示。

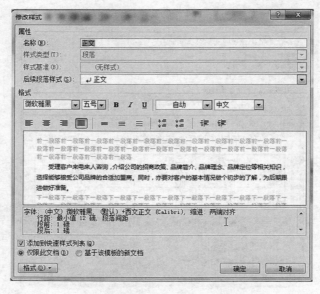

图 3－127　修改样式对话框

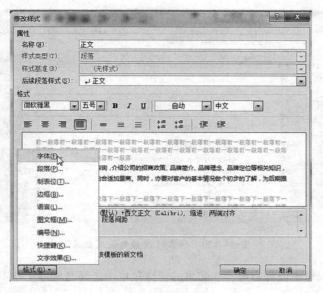

图 3-128　修改样式

图 3-129　修改样式－字体对话框

（7）将鼠标指针移至"样式"窗口，指向"正文"按钮选项，出现浮动信息栏可查看正文的样式。如图 3-131 所示。

5. 删除样式　如果不再使用文档中的某些样式，可以将其删除，具体操作步骤如下：

（1）单击"开始"选项卡的"样式"组右下角"对话框启动器"按钮，打开"样式"窗格。

（2）在"样式"窗格中，鼠标指针指向要删除的样式，单击鼠标右键，在弹出的快捷菜单中选择"删除'样式名称'"命令即可。例如将示例文档中的"表"样式删除，指针

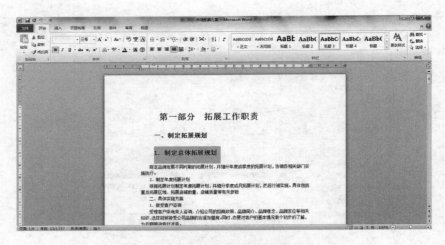

图3-130　样式修改后的使用效果

指向"表"样式，单击鼠标右键，在弹出的快捷菜单中选择"删除'表'"命令，如图3-132所示。

（3）此时会弹出一个信息提示框，如图3-133所示，单击"是"按钮，可以将"表"样式删除。

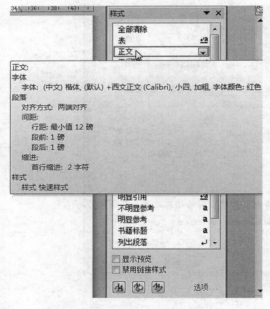

图3-131　查看样式

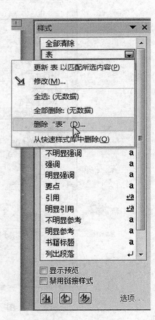

图3-132　删除样式

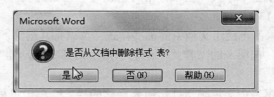

图3-133　删除样式

二、页眉与页脚

页眉和页脚是分别位于页面顶端和底端的说明信息。通常可以根据需要在页眉、页脚区域添加任何内容，例如文本、图片、页码等。使用 Word 进行文档编辑时，可以直接将页眉或页脚添加到文档的每一页中。

（一）页眉与页脚

1. 创建页眉和页脚

在 Word 2010 文档中，创建页眉和页脚的具体操作步骤如下：

（1）打开"插入"选项卡，在"页眉和页脚"组单击"页眉"按钮，打开"页眉"下拉列表框，如图 3–134 所示。或单击"页脚"按钮，打开"页脚"下拉列表框，如图 3–135所示。

图 3–134　"页眉"列表框

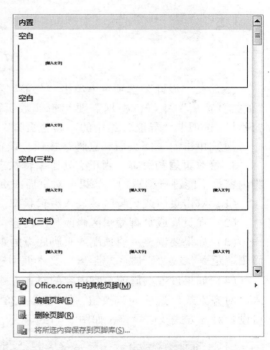

图 3–135　"页脚"列表框

（2）选择需要的页眉模板或页脚模板，即可在页眉或页脚区域添加相应格式。

（3）输入页眉或页脚的内容，或者单击"设计"选项卡的"插入"组中的"日期和时间"按钮、"图片""剪贴画"等特殊信息按钮。如图 3–136 所示。

图 3–136　输入页眉页脚内容

（4）编辑完毕，单击"设计"选项卡中的"关闭页眉和页脚"按钮，退出页眉和页脚编辑状态。

2. 创建奇偶页不同的页眉和页脚 有时根据需要会为文档建立奇偶页不同的页眉和页脚，具体操作步骤如下：

（1）双击页眉或页脚区域进入编辑状态。

（2）切换至"设计"选项卡，选中"选项"组中的"奇偶页不同"复选框。在页眉区的顶部显示"奇数页页眉"字样，如图3－137所示，即可根据需要编辑奇数页的页眉内容。

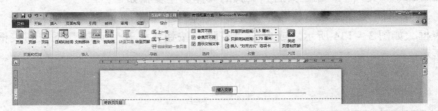

图3－137 设置页眉

（3）在"设计"选项卡下单击"导航"组中的"下一节"按钮，在页眉区的顶端显示"偶数页页眉"字样，根据需要编辑偶数页眉即可。如果想创建偶数页的页脚，单击"设计"选项卡"导航"组中的"转至页脚"按钮，切换到页脚区域进行编辑。

（4）单击"关闭页眉和页脚"按钮，设置完毕。

3. 修改页眉和页脚 当正文处于编辑状态时，页眉和页脚呈灰色状态，此时页眉和页脚内容是不能进行编辑的。如果要对页眉或页脚的内容进行修改，可以按以下步骤操作：

（1）双击页眉或页脚区域进入编辑状态。

（2）在页眉或页脚编辑区修改相应内容，或对页眉或页脚的内容进行排版。

（3）如果要调整页眉顶端或页脚底端的距离，在"设计"选项卡的"位置"组中"页眉顶端距离"或"页脚底端距离"文本框中输入具体数值。

（4）如果设置页眉或页脚内容的对齐方式，单击"设计"选项卡中"位置"组的"插入'对齐方式'选项卡"按钮，如图3－138所示，弹出"对齐制表位"对话框，在该窗口设置对齐方式及前导符，如图3－139所示。

图3－138 设置对齐方式

图3－139 对齐制表位对话框

（5）单击"设计"选项卡上的"关闭页眉和页脚"按钮，修改完毕。

4. 删除页眉和页脚 单击"插入"选项卡中"页眉和页脚"组"页眉"下拉菜单中的"删除页眉"命令可以删除页眉；同样，执行"页脚"下拉菜单中的"删除页脚"命令可以删除页脚。还可选定页眉或页脚后按Delete键，也可删除页眉或页脚。

（二）页码

一个文档如果由多页组成，为了方便按顺序排列与查看，希望在每页都插入页码，在

Word 中可以快速地为文档添加页码，操作步骤如下：

（1）选择"插入"选项卡，单击"页眉和页脚"组中的"页码"按钮，弹出"页码"下拉菜单。

（2）在"页码"下拉菜单中选择页码出现的位置，例如，要插入到页面底部，就选择"页面底端"，再从其子菜单中选择一种页码格式，如图 3 – 140 所示。

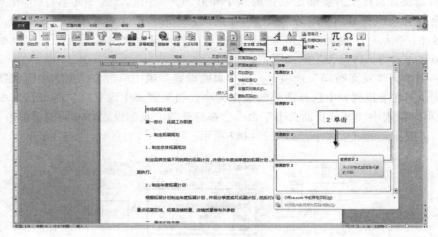

图 3 – 140　设置页码

（3）如果设置页码格式，从"页码"下拉菜单中选择"页码格式"命令，出现如图 3 – 141 所示的"页码格式"对话框。

图 3 – 141　页码格式

（4）在"编号格式"列表框中选择页码格式，Word 中提供了多种页码格式。

（5）如果不想从第一页开始编排页码，可以在"起始页码"框中输入指定起始页码。

（6）单击"确定"按钮，关闭"页码格式"对话框，可以看到修改后的页码。

任务二　文档的打印

文档的页面布局是文档排版的重要设置，利用它可以规范文档使用的纸张大小，文档的书写范围，装订线等信息。

一、打印设置

在创建文档时，大部分文档都会输出在 Word 预设的以 A4 的纸张大小为基准的模板上，这就要求我们具备一定的排版能力，接下来将介绍页面排版设置。

1. 页面设置　首先需要确定纸张的大小和方向，常用纸张大小是 A4，也有 B5、A3、B4 等纸张规格。纸张方向一般分为纵向和横向两种。通常情况要求纸张是纵向的，有时也用横向纸张，例如一个很宽的表格，采用横向输出可以确保表格的所有列完全显示。设置纸张大小和方向的具体操作步骤如下：

（1）切换到"页面布局"选项卡，在"页面设置"组中单击"纸张大小"按钮下方的黑色倒三角，在下拉列表中选择需要的纸张大小。如果列表中没有需要的纸张大小，单击"纸张大小"列表中"其他页面大小"命令，在打开的"页面设置"对话框中单击"纸张"选项卡，设置所需的纸张大小，如图 3 – 142 所示。

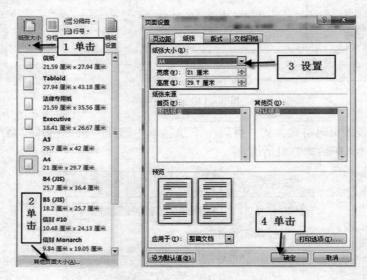

图 3 – 142　设置纸张大小

（2）如果要设置纸张方向，在"页面设置"组中单击"纸张方向"按钮下方的黑色倒三角，在下拉列表中选择"纵向"或"横向"命令。

2. 设置页边距　合适的页边距，使文档的外观更加赏心悦目。设置页边距的具体操作步骤如下：

（1）打开"页面布局"选项卡，在"页面设置"组中单击"页边距"下方的黑色三角形按钮，从下拉列表中选择一种边距大小。如果设置自定义边距，可以单击"自定义边距"命令，在打开的"页面设置"对话框中单击"页边距"选项卡。如图 3 – 143 所示。

（2）在"上""下""左""右"文本框，分别输入页边距的具体数值。

（3）如果打印后需要装订，则在"装订线"文本框中输入装订线的宽度，在"装订线位置"下拉列表框中选择"左"或"上"。

（4）单击"纸张方向"，选择"纵向"或"横向"，设置文档页面的方向，在"应用于"列表框中选择要应用新页边距的文档范围。

（5）单击"确定"按钮，完成"页边距"的设置。

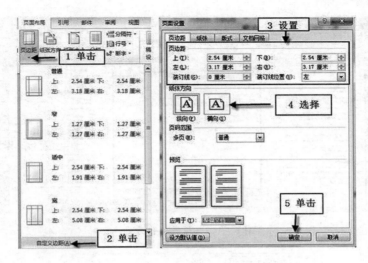

图 3 – 143　设置页边距

3. 设置分节符　分节符是指在表示节的结尾插入的标记，它包含节的格式设置元素，如页面方向、页眉、页脚、页码和页边距。在 Word 中提供了 4 种分节符，分别是"下一页""连续""奇数页"和"偶数页"。

- 下一页：Word 文档可强制分页，在下一页开始新节。可以在不同页面上分别应用不同的页眉和页脚、页码样式，以及页面的纸张方向、纵向对齐方式或者线型。
- 连续：在同一页上开始新节，Word 文档不会被强制分页，如果"连续"分节符前后的页面设置不同，Word 会在插入分节符的位置强制分页。
- 奇数页：将在下一奇数页上开始新节。在长篇文档的编辑中，习惯将新的章节标题排在奇数页上，此时可插入奇数页分节符。
- 偶数页：将在下一偶数页上开始新节。

下面演示将示例文稿分成多个节，除第 2 页为横向版面外，其他页面设置为纵向版面，如图 3 – 144 所示。具体操作步骤如下：

（1）将插入点放置在要设置为横向版面的文档处，即第 2 页。

（2）单击"页面布局"选项卡中"页面设置"组的"分隔符"右侧黑色三角按钮，在弹出的下拉列表中单击"下一页"命令。

（3）将插入点移到横向版面后的纵向版面开始处。

（4）单击"分隔符"按钮下拉列表框中的"下一页"命令。

（5）将插入点放在横向版面中的任意位置。

（6）在"页面布局"选项卡中"页面设置"组的"纸张方向"下拉列表中单击"横向"命令。

4. 设置分页　分页符位于一页的结束、另一页开始的位置，它标记一页终止并开始下一页的点。Word 的自动分页功能，在输入文本或插入图形占据一整页时，将会自动转到下一页，并且在文档中插入一个软分页符。除了自动分页，还能人工分页，所插入的分页符称为人工分页符或硬分页符。

打开文档，将光标定位到要作为下一页的段落的开头，打开"页面布局"选项卡，在"页面设置"组中单击"分隔符"右侧的黑色三角，从下拉列表中选择"分页符"命令，即将光标所在位置后的内容下移一个页面。如图 3 – 145 所示。

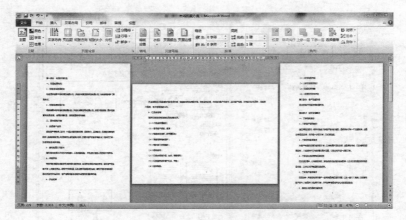

图 3 – 144　设置纸张方向

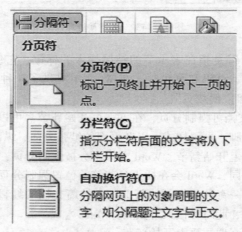

图 3 – 145　设置分页符

二、打印文档

完成文档的排版操作以后，就可以将文档打印输出到纸张上了。在打印之前，最好先预览效果，如果满意再进行打印。

（一）文档的打印预览

为了确保打印效果，通常情况下在打印前需要先进入预览状态检查文档整体版式布局，确认无误后进入下一步的打印设置及输出。打印预览文档的操作步骤如下：

1. 单击"文件"选项卡，在展开的菜单中单击"打印"命令，在文档窗口中部将显示所有与文档打印有关的命令，右侧窗格中可以预览打印效果。

2. 拖动"显示比例"滚动条上的滑块能调整文档的显示大小。单击"下一页"按钮和"上一页"按钮，能进行预览的翻页操作。如图 3 – 146 所示。

（二）文档的打印

通过"打印预览"对效果满意后，即可对文档进行打印。在 Word 2010 种，可以在"打印"命令列表中对页面、页数和分数等设置。打印文档的常见操作步骤如下：

1. 在打开的文档中单击"文件"选项卡，在展开的菜单中单击"打印"命令，在中间窗格"份数"文本框中设置打印的份数。

2. Word 默认打印文档中的所有页面，单击"打印所有页"按钮，在弹出的列表中选

图 3 - 146　打印预览

择要打印的范围，如果只打印当前插入点所在页面，选择"打印当前页"选项；如果打印
多页，可以在"页数"文本框中输入指定页码，不连续的页码之间用逗号间隔，连续页码
可以输入要打印的第一页页码和最后一页页码，用" - "连接。如：要打印文档中的第 1
页，第 4 - 8 页以及第 12 页，可以在文本框中输入"1, 4 - 8, 12"。

3. 在"打印"命令的列表框中还提供了常用打印设置按钮，如页面的打印顺序、打印
方向、页边距等，只需单击相应的选项按钮，在下级列表中选择相关的参数即可。

4. 如果想把几页文档缩小至一页上打印，可以单击中部窗格中的"每版打印 1 页"按
钮，从弹出的列表中进行相应的设置。

5. 上述打印选项设置好后，单击中部窗格左上角的"打印"按钮即可输出。如图 3 -
147 所示。

图 3 - 147　打印设置

重点小结

　　字处理软件 Word 是微软公司的 Microsoft Office 系列办公组件中最常用的，它是我们处理日常文档的得力工具。本项目以 Word 为例，系统地介绍了 Word 2010 的工作界面、文档的编辑、表格的处理、图文混排、长文档的排版、文档的打印等功能和使用方法，方便学习者处理日常文档。

实训一　Word 基本编辑

【文档开始】

辨证论治与个性化治疗

　　世人都说中医治本，西医治标，似乎中医、西医壁垒分明。但实际情况并不是这样的。中医和西医不仅各有特色，而且殊途同归。

　　西医同样重视标本同治，即西医所倡导的个性化治疗。视诊、触诊、叩诊、听诊是西医所常用的诊断方法，也是西医个性化治疗的实例。在 20 世纪 60 年代末，西医大夫张成大先生，在当时缺少现代医疗设备的情况下，仅仅凭借着视诊、触诊、叩诊、听诊的诊断方法，精准地为一位患者找到了肝脓肿的部位，治疗了肝脓肿。按常理，进行肝脓肿穿刺，应从 11、12 肋骨之间进行，但这位老医生不遵常理，他从腰部进行穿刺，仅用一针刺肿，肿即应声而出，不久病人就痊愈了，这就是西医个性化治疗的神奇之处。

　　曾经有两位西医大夫喝醉酒了，两个人打赌：要在桌子上放两个火柴盒，用叩法来找火柴盒的具体位置，看谁叩的准。这两位医生酗酒胡闹固然应当批评，但这个事情从侧面也反映了他们的医术技艺还是十分精熟的。如果这些西医的这些个性化诊断治疗技艺与现代化医疗设备相结合的话，那么诊断和治疗病情的效果就更好了。

　　如果说西医对病情的研究大多是纵向的，他深入组织、细胞、分子的层面，探究病理，诊断病情并进行治疗；中医对病情的研究则更多是横向的，他分析病情的表象，发现人体本质上的功能失衡，通过对整体功能的调整，激发自身的抗病能力，最终恢复人体的阴阳均衡。中医的理论，博大精深，涵盖了天文、地理、哲学和动态的临床经验。

　　我国金元之交，蒙古铁骑一路南下，意在灭金。蒙古铁骑每攻占一个地方，就要进行屠城，给中原人民带来了深重的灾难。金朝征粮官李东垣和百姓一起逃难去汴京，其间很多百姓毒火攻心，怨气冲头，得了"大头瘟"。李东垣见百姓深为此病所困，就苦心研究《黄帝内经》和《伤寒杂病论》，想找到一个治疗的方法，然而思索多日并无所获。

　　有一天夜里，他夜观天象，发现天朗气清，突然受到启发，悟出"诸清为阳，头乃诸阳之官"的道理，研究出了一方草药，即清瘟散。他将此方药刻在木板上，立在路边，救人无数。到了汴京，李东垣弃官不做，专心治病救人，成了一代名医。中医的辨证论治，不仅是医学，也是哲学。精通此道者，世界观与方法论自然也超乎常人。所以古之贤人有："不为良相，就为良医"的人生追求。

　　中医不仅倡导以物类像，还倡导因时而异，在解放初期，流脑盛行，一位老中医曾用白虎汤拯救患儿的生命，疗效显著。于是，人们纷纷效仿。然而数月过去，到了盛夏时节，用此汤治疗流脑，效果却变得不好。大家都很困惑，就询问老中医其中的原因，老中医笑着说："时令不符，这个季节应该用三仁汤"。大家都按着老中医说的去做，患儿的流脑很快就治好了。

现在，有一些人不明白医的本质，割裂中西医，不会融会贯通。更有甚者，为了局部利益，说话言不由衷。中西医治病其实不分标本，只是方法不同而已。

例如，现在骨科使用的小夹板，就是中西结合的范例。为什么这么说呢？小夹板被看成西医骨科治疗筋骨损伤相当得力的医疗器械，然而小夹板对活血化瘀的效果却是微乎其微的。俗话说"伤筋动骨一百天"。骨科伤害之所以恢复得缓慢，主要原因有两个，其一是因为筋骨本身愈合缓慢，再一个原因就是伤筋动骨不可避免地产生瘀血。那么给小夹板内侧涂上活血化瘀的中药，就对伤口的愈合更加有利了。

再如，现在很多的中医医院都有按摩科，人们一提到按摩，会自然而然地认为只有中医才有按摩，西医与按摩不搭界。流行的按摩推拿其实就是西医的整脊之法。

医者仁心。中西医都是救死扶伤、为人民服务的。既没有贵贱之分，也没有派系之争、山头之别。不管中医还是西医，能治好病就是良医。

【文档结束】

对文档进行以下操作：

1. 标题居中，黑体二号字，空心（红色，18pt 发光，强调颜色2），字符间距加宽2磅。

2. 设置其他各段文字中文字体为"楷书"、西文字体为"Arial"、加粗、小四号、红色（红0，绿0，蓝255）。首行缩进2个字符，段前间距0.5行，行距20磅。

3. 查找文中"老中医"，全部替换为"中医前辈"。

4. 第二段分两栏，有分隔线，栏间距2字符。

5. 第三自然段首字下沉3行，隶书，距正文0.3厘米。

6. 设置上、下、左、右页边距均为2厘米。文档加水印"课堂练习"。

7. 第五自然段第一个"李东垣"插入脚注，内容为"金代著名中医师，中医脾胃学说创始人。"

8. 将最后一个自然段移到文章开头。

实训二　Word 表格处理

【文档开始】

电子商务港综合核心能力排名前10个高频关键词

序号	高频词	频次
3	设计	1042
5	策划	717
1	网站	2018
8	淘宝	568
4	营销	743
2	推广	1584
6	运营	605

7	销售	577
10	优化	543
9	网页	548

【文档结束】

对文档进行以下操作：

1. 将文档中的 11 行文字转换为一个 11 行 3 列的表格、表格居中。

2. 设置表格行高 0.6 厘米，列宽 3 厘米。

3. 设置表格内所有字体为小五号宋体（正文）且水平居中。

4. 表格标题"电子商务港综合核心能力排名前 10 个高频关键词"居中、仿宋体、四号、红色（标准色）、双波浪形下划线、下划线黄色。"综合核心能力"六个字加着重号。

5. 设置表格外框线为 3 磅蓝色（红 0，绿 0，蓝 255）单实线，内框为 1 磅红色（红 255，绿 0，蓝 0）单实线。

6. 按照"频次"降序排序表格内容。

目标检测

一、选择题：

1. Word2010 设置纸张方向，在（   ）选项卡的"页面设置"组内中。
   A. 开始　　　　　　B. 插入　　　　　　C. 页面布局　　　　　D. 引用

2. Word2010 文档的编辑状态下，闪动的竖型光标表示（   ）。
   A. 鼠标位置　　　　B. 按钮位置　　　　C. 插入点　　　　　　D. 键盘位置

3. 关于格式刷正确的说法是（   ）。
   A. 单击格式刷，格式刷可以使用一次　　B. 格式刷只能复制字体格式
   C. 单击格式刷，格式刷可以使用任意多次　D. 以上均正确

4. 在 Word2010 中，设置上标、下标，应打开（   ）。
   A. 字体对话框　　　B. 段落对话框　　　C. 格式对话框　　　　D. 编辑对话框

5. 设置行距为 3.1 倍行距，应该选择行距选项中的（   ）这一项。
   A. 最小值　　　　　B. 固定值　　　　　C. 单倍行距　　　　　D. 多倍行距

6. 字数统计在（   ）选项卡的"校对"组中。
   A. 视图　　　　　　B. 审阅　　　　　　C. 邮件　　　　　　　D. 引用

7. 关于分栏命令，正确的是（   ）。
   A. 分栏命令在"页面布局"中　　　　　B. 分栏命令在"插入"中
   C. 最多可分 3 栏　　　　　　　　　　D. 不能设置栏宽

8. 表格属性对话框中，以下对齐方式不存在的是（   ）。
   A. 左对齐　　　　　B. 右对齐　　　　　C. 居中　　　　　　　D. 分散对齐

9. 全部选定的快捷键是（   ）。
   A. Ctrl + A　　　　B. Ctrl + S　　　　C. Ctrl + N　　　　　D. Ctrl + P

10. 选定一段文字的方法是将鼠标放在段落左侧的文本选择区，（   ）鼠标。
    A. 单击　　　　　　B. 双击　　　　　　C. 三击　　　　　　　D. 右击

二、填空题

1. 首字下沉在_____选项卡的"文本"组内中。

2. 字符间距可以使用"开始"选项卡的_____组内命令来完成。

3. 制作表格需要使用_____选项卡的"表格"。

4. 样式在_____选项卡中。

5. 页码在"插入"选项卡的_____组内。

模块四

电子表格处理软件 Excel

学习目标

知识要求　**1. 掌握**　Excel 电子表格处理软件的基本操作，强大的数据统计功能对数据的计算和管理。

　　　　　　2. 熟悉　Excel 电子表格处理软件使用图表分析数据。

　　　　　　3. 了解　Excel 电子表格处理软件高级工具的使用。

技能要求　1. 以 Excel 2010 为例，熟练掌握电子表格的基本操作；工作表的创建、各种数据的输入，使用公式和函数计算表格中的数据，使用排序、筛选、分类汇总等对数据进行管理。

　　　　　　2. 学会使用图表分析数据，图表的格式设置，工作表的打印和输出。

Excel 也称为电子表格，是 Microsoft Office 套装软件的一个重要组成部分，也是人们在现代商务办公中使用率极高的必备工具之一。人们利用它可以进行各种数据的处理、统计分析和辅助决策等工作。随着 Excel2010 的推出，其功能更加完善。

项目一　电子表格基础

案例导入

案例：药品销售表的建立、药品销售分析与管理

　　小明在药店实习，店长让他帮忙统计一下本月感冒药的销售情况。计算出各种感冒药的利润，统计近期利润最高和利润最低的感冒药；将所有的感冒药的销售名次排列出来。结果店长话音未落，小明就完成了。他是怎么做到的？

讨论： 1. 建立《药品销售表》为什么用 Excel 而不用 word？

　　　　　2. 如何使用 Excel 电子表格强大的数据统计功能来解决生活、工作中的数据统计问题？

Excel 电子表格在日常生活工作中应用非常广泛，不仅可以存储、计算普通的数据，并将其转化为图形、图表的形式直观地表达出来，还能使用公式、函数等高级的计算功能，对数据进行复杂的运算，提高了工作效率，方便了人们的生活。

任务一　电子表格的创建和使用

　　电子表格的使用从管理工作簿开始，其启动和退出、窗口组成以及创建保存与 word 文档有相似之处。电子表格中各种类型数据的录入，对有规律的数据进行快速编辑，这也是在日常生活中使用电子表格的基础。

一、Excel 2010 中管理工作簿

（一）启动 Excel 2010

创建一个 Excel 工作簿，通常可用如下两种方式：

1. 通过"开始"菜单方式 在系统正常工作的状态下，鼠标左键单击"开始"按钮，在弹出的下拉菜单中，选择"所有程序"选项，在弹出的子菜单中，执行"Microsoft office"→"Microsoft Excel 2010"命令，如图 4 – 1 所示，即可创建一个 Excel2010 工作簿。

2. 通过快捷菜单方式 首先在"我的电脑"窗口工作状态下，打开所要创建工作簿所在的文件夹，然后在此窗口中的任意空白区域右键单击，在弹出来的快捷菜单中，执行"新建"→"Microsoft Excel 工作表"命令，如图 4 – 2 所示，即可创建一个 Excel 2010 工作簿。

图 4 – 1 "开始"菜单启动 Excel 2010 　　　　图 4 – 2 快捷菜单启动 Excel 2010

如果已经启动了 Excel2010，创建新工作簿的方法是通过"文件"选项卡中的"新建"命令。

（二）熟悉 Excel 2010 工作界面

我们从 Excel 2010 工作窗口、单元格和单元格区域、工作表和工作簿这三个方面来熟悉一下 Excel 2010 的工作界面。

1. Excel 2010 工作窗口 启动 Excel2010 后，其工作窗口主要有快速访问工具栏、功能区、编辑栏、工作表编辑区、工作表标签等，如图 4 – 3 所示。

（1）快速访问工具栏 该工具栏位于工作界面的左上角，包含一组用户使用频率较高的工具，如"保存""撤销"和"恢复"。用户可单击"快速访问工具栏"右侧的倒三角按钮，在展开的列表中选择要在其中显示或隐藏的工具按钮。

（2）功能区 功能区位于标题栏的下方，是一个由 8 个选项卡组成的区域。包括文件、开始、插入、页面布局、公式、数据、审阅和视图。Excel 2010 将用于处理数据的所有命令组织在不同的选项卡中，方便用户切换、选用。单击不同的选项卡标签，可切换功能区中显示的工具命令。在每一个选项卡中，命令又被分类放置在不同的组中。组的右下角通常都会有一个对话框启动器按钮，用于打开与该组命令相关的对话框，以便用户对要进行的操作做进一步的设置。

将鼠标移到命令按钮上，可以看到命令按钮的名称和提示信息。为了避免整个画面太

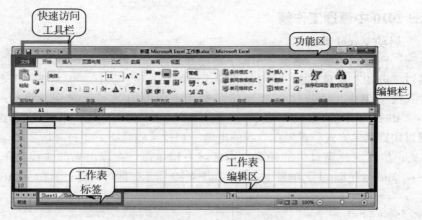

图 4-3   Excel 2010 窗口

凌乱，有些标签会在需要使用时才显示。如果觉得功能区占用太大的版面位置，可以鼠标右击单击任一选项卡，在弹出的快捷菜单中选择"最小化功能区"命令，将"功能区"隐藏起来。将"功能区"隐藏起来后，需要使用某命令按钮时，只需鼠标单击此命名按钮所在的选项卡，则相应的命令按钮都会显示出来。然而当鼠标移到其他位置再按一下左键时，"功能区"又会自动隐藏。如果要固定显示"功能区"，需要在选项卡标签上单击鼠标右键，在弹出的快捷菜单中将"最小化功能区"前面的"√"取消掉即可。

（3）编辑栏   编辑栏主要用于输入和修改活动单元格中的数据。当在工作表的某个单元格中输入数据时，编辑栏会同步显示输入的内容。

编辑栏主要由名称框和编辑框组成。名称框在编辑栏的左边，当在工作表中选择单元格或单元格区域时，相应的地址或区域名称就显示在编辑栏左端的名称框中。编辑框在编辑栏的右边，当我们在单元格中编辑数据时，该内容同时出现在编辑框中。如果使用公式或函数计算，相应的公式或函数也会显示在编辑框中。我们可以通过编辑框对数据（包括公式和函数）进行修改。

当输入数据时，在名称框和编辑框之间会出现"√"和"×"两个按钮，单击"√"可以对当前的输入进行确认，相当于按 Enter 键；单击"×"可以取消当前的输入，相当于按 ESC 键。

（4）工作表编辑区   用于显示或编辑工作表中的数据。

（5）工作表标签   位于工作簿窗口的左下角，默认情况下，一个工作簿中有三个工作表，其名称为 Sheet1、Sheet2、Sheet3，每个工作表的名称显示在工作簿窗口底部的工作表标签中，单击不同的工作表标签可在工作表间进行切换。

注意：在视窗右下角可以通过鼠标拖拽来放大或缩小文件的显示比例，并不会放大或缩小字体，也不会影响文件打印出来的结果，只是方便我们在荧幕上查阅。

2. 单元格和单元格区域   单元格是 Excel 中最基本存储数据单元，单元格区域是由连续或者不连续的单元格组成。在电子表格操作中，最常使用的就是单元格和单元格区域这两个对象。

（1）单元格   工作表中行与列交叉处的格子称为单元格，它是 Excel 操作的最小单位。单元格的命名方法为"列标 + 行号"，数据存放在单元格中。

与单元格相对应的概念还有单元格地址、活动单元格。单元格地址是指一个单元格在工作表中的位置，是以行列坐标来表示的。单元格的地址又分为相对地址和绝对地址，这个我们后面会着重讲解。如：单元格 C5 表示 C 列的第 5 行相对应的一个单元格，如图 4 - 4 所示。

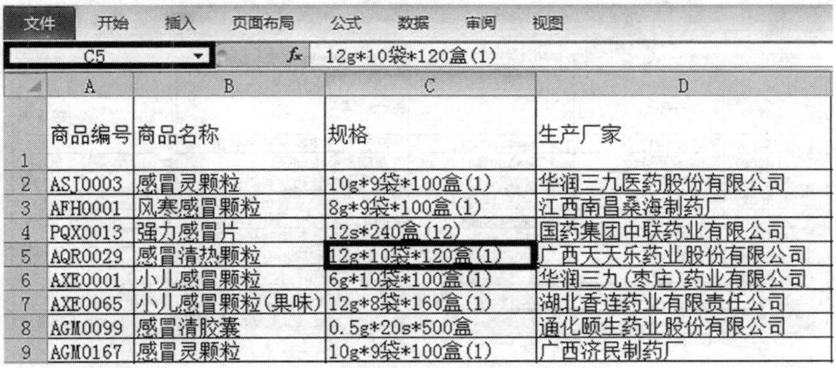

	A	B	C	D
1	商品编号	商品名称	规格	生产厂家
2	ASJ0003	感冒灵颗粒	10g*9袋*100盒(1)	华润三九医药股份有限公司
3	AFH0001	风寒感冒颗粒	8g*9袋*100盒(1)	江西南昌桑海制药厂
4	PQX0013	强力感冒片	12s*240盒(12)	国药集团中联药业有限公司
5	AQR0029	感冒清热颗粒	12g*10袋*120盒(1)	广西天天乐药业股份有限公司
6	AXE0001	小儿感冒颗粒	6g*10袋*100盒(1)	华润三九(枣庄)药业有限公司
7	AXE0065	小儿感冒颗粒(果味)	12g*8袋*160盒(1)	湖北香连药业有限责任公司
8	AGM0099	感冒清胶囊	0.5g*20s*500盒	通化颐生药业股份有限公司
9	AGM0167	感冒灵颗粒	10g*9袋*100盒(1)	广西济民制药厂

图 4 - 4　单元格地址

（2）单元格区域　单元格区域通常表示处理数据的有效范围。要表示一个连续的单元格区域，可以用该区域左上角和右下角单元格表示，中间用冒号（:）分隔，不连续区域的单元格区域之间用逗号（,）分隔，如图 4 - 5 所示，表示单元格区域是 B3：B7，C3：C5。

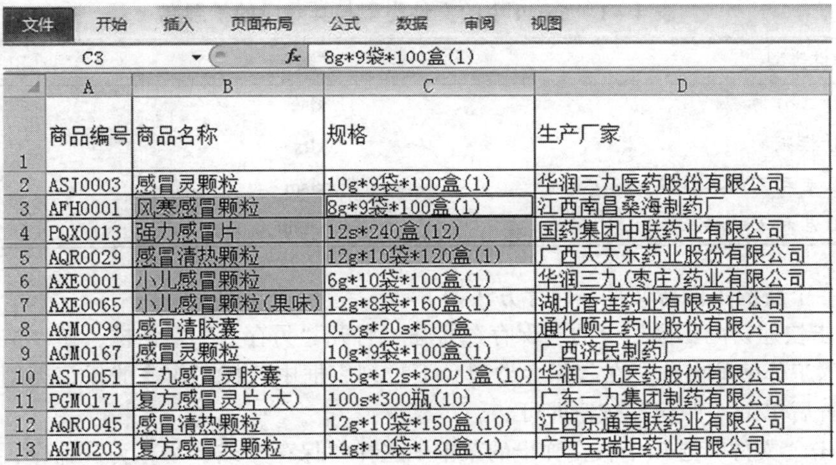

	A	B	C	D
1	商品编号	商品名称	规格	生产厂家
2	ASJ0003	感冒灵颗粒	10g*9袋*100盒(1)	华润三九医药股份有限公司
3	AFH0001	风寒感冒颗粒	8g*9袋*100盒(1)	江西南昌桑海制药厂
4	PQX0013	强力感冒片	12s*240盒(12)	国药集团中联药业有限公司
5	AQR0029	感冒清热颗粒	12g*10袋*120盒(1)	广西天天乐药业股份有限公司
6	AXE0001	小儿感冒颗粒	6g*10袋*100盒(1)	华润三九(枣庄)药业有限公司
7	AXE0065	小儿感冒颗粒(果味)	12g*8袋*160盒(1)	湖北香连药业有限责任公司
8	AGM0099	感冒清胶囊	0.5g*20s*500盒	通化颐生药业股份有限公司
9	AGM0167	感冒灵颗粒	10g*9袋*100盒(1)	广西济民制药厂
10	ASJ0051	三九感冒灵胶囊	0.5g*12s*300小盒(10)	华润三九医药股份有限公司
11	PGM0171	复方感冒灵片(大)	100s*300瓶(10)	广东一力集团制药有限公司
12	AQR0045	感冒清热颗粒	12g*10袋*150盒(10)	江西京通美联药业有限公司
13	AGM0203	复方感冒灵颗粒	14g*10袋*120盒(1)	广西宝瑞坦药业有限公司

图 4 - 5　单元格区域

3. 工作表和工作簿　如同一本书可以分为不同的章节，每一章节又包含不同的内容，工作簿和工作表的关系也是如此。一个工作簿文件可以包含许多工作表，每个工作表可以保存不同的数据。

（1）工作表　当我们启动 Excel 2010 后，首先看到的界面就是工作表。每张工作表由 16384 列和 1048576 行组成，它可以用来存储字符、数字、公式、图表以及声音等丰富的信息，也可以作为文件被打印出来，是通过工作表标签进行标识。如前述图 4 - 3 中的工作表标签，打开新工作簿默认的工作表名为 Sheet1。

（2）工作簿　所谓的工作簿就是一个文件，是 Excel 环境下存储并处理数据的文件。可以把同一类的相关的工作表集中在一个工作簿中。在如图 4 - 6 所示的工作簿"感冒药销售统计表"中，保存着三个工作表，"感冒药进价表"、"感冒药销售表"、"感冒药利润表"，每张表都有相应的名称，方便存储与管理使用。

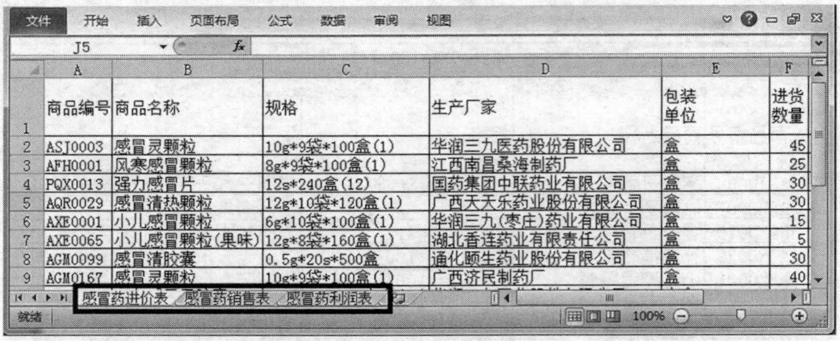

图 4-6　工作簿

（三）命名、保存工作簿

Excel 2010 工作簿文件的类型不一样，其对应的扩展名不同，分别如下表所示，其中文件的扩展名中含有与旧版本不同的新增 x 或 m，分别代表不含宏的 XML 文件或含有宏的 XML 文件，具体如表 4-1 所示。

表 4-1　Excel 中的文件类型与其对应的扩展名

文件类型	扩展名
Excel 2010 工作簿	.xlsx
Excel 2010 模版	.xltx
Excel 2010 启动宏的工作簿	.xlsm
Excel 2010 启动宏的模板	.xltxm

对于一个新的工作簿文件，保存方法如下：

1. 单击快速访问工具栏上的"保存"按钮，打开"另存为"对话框，在"文件名"文本框中输入工作簿的名称，在"保存类型"下拉列表框中选择工作簿的保存类型，指定要保存的位置后单击"保存"按钮即可。

2. 单击"文件"选项卡，在弹出的菜单中选择"保存"或"另存为"命令，然后对工作簿进行保存。

要保存已经存在的工作簿，单击快速启动工具栏上的"保存"按钮或者单击"文件"选项卡，在弹出的菜单中选择"保存"命令，Excel 不再出现"另存为"对话框，而是直接以原文件名和原路径保存工作簿。

二、工作表的操作

启动 Excel 后，出现一个由 3 张工作表组成的工作簿，分别是 Sheet1、Sheet2、Sheet3。使用工作簿可以将一些琐碎但又彼此相关的工作表存放在一起，方便数据信息查询和提取。对工作表的基本操作包括添加工作表、删除工作表、移动或复制工作表、工作表重命名、切换工作表等。

（一）选定工作表

对工作表进行操作之前必须先选定需要的工作表，选定的方法有以下几种。

1. 选定一个工作表　直接用鼠标左键单击需要选中的工作表标签即可。

2. 选定相邻的多个工作表　首先单击第一个工作表标签，然后按住 Shift 键不放，单击要选中的最后一个工作表标签，即可同时选定几个相邻的工作表。

3. 选定不相邻的多个工作表　首先单击第一个工作表标签，然后按住 Ctrl 键不放，依次单击需要选定的工作表标签，即可同时选定不相邻的多个工作表。

4. 选定工作簿中所有的工作表　在任意一个工作表标签上右键单击，在弹出的快捷菜单中选择"选定全部工作表（S）"命令，即可选定工作簿中的所有工作表。

提示：同时选定的多个工作表称为工作组，当操作完成后，可通过在需要取消组合的工作表标签上右击，在弹出的快捷菜单中选择"取消组合工作表（U）"命令来取消组合。

（二）添加工作表

在一个已建立的工作簿中添加一张新的工作表，首先在工作表下方的标签栏中，用鼠标单击某一标签，新工作表将插入在该工作表前，通过以下三种方式即可添加一张新的工作表。

1. 右击工作表标签，在弹出的快捷菜单中选择"插入"命令，再选择其中的"工作表"即可。

2. 在功能区"开始"选项卡中，鼠标左键单击"单元格"组的"插入"命令右侧的下三角按钮，在弹出的下拉列表中选择"插入工作表"命令。

3. 单击工作表标签栏上的 按钮，即可新建一个新的工作表。

新建工作表后，系统自动将其作为当前工作表，并按顺序命名为 Sheet1、Sheet2、……等。

（三）删除工作表

删除工作簿中不再需要的工作表的操作步骤如下：首先选中要删除的工作表，然后使用以下两种方法。

1. 鼠标右键单击工作表标签，在弹出的快捷菜单中选择"删除"命令。

2. 在功能区"开始"选项卡中，鼠标左键单击"单元格"组的"删除"命令右侧的下三角按钮，在弹出的下拉列表中选择"删除工作表"命令。

执行以上操作的时候会出现如图 4－7 所示的警告对话框，如果确定删除，直接鼠标左键单击"删除"按钮即可；如果取消删除操作，则鼠标左键单击"取消"按钮，则取消该删除操作。

图 4－7　删除时的警告对话框

（四）移动或复制工作表

工作表的复制是指将一张工作表上的全部内容复制到另一张工作表上，工作表的移动是将一张工作表移动到另外一个位置，即调整工作表的次序。移动或复制工作表有以下两种方法。

1. 用鼠标选中要移动的工作表标签，并按住鼠标左键拖动该标签到新位置，然后释放鼠标左键即可；如果是复制工作表，可按住 Ctrl 键，再拖动鼠标到新位置，释放 Ctrl 键和鼠标左键，即实现了工作表的复制操作。

2. 鼠标右键单击工作表标签，在弹出的快捷菜单中选择"移动或复制工作表"命令，出现如图 4 - 8 所示的对话框，选定该工作表要放在哪一个工作表之前，单击"确定"按钮即可；如果是复制工作表，则要选中"建立副本"选项，再单击"确定"。

图 4 - 8　移动或复制工作表对话框

（五）工作表重命名

为了便于查询，我们可以给工作表重命名，具体方法有以下两种。

1. 鼠标双击工作表标签，直接输入新工作表名，输入完成后，在工作表编辑区的任一位置单击一下鼠标，即确认工作表的重命名。

2. 鼠标右键单击工作表标签，在弹出的快捷菜单中选择"重命名"命令，同上操作，输入新工作表名，输入完毕，在工作表编辑区的任一位置单击一下鼠标，工作表更名成功。

要取消工作表重命名操作，可以按 ESC 键。

（六）工作表切换

用鼠标单击所需要的工作表标签，就可以在不同的工作表之间进行选择。选中的工作表就成为当前工作表。

三、数据类型和数据输入

每个人在日常生活中，都会接触到各种各样的表格，如成绩表、工资表等，Excel 实际上就是把日常表格输入到计算机中去处理。需要进行的操作有选定单元格、向单元格输入数据、编辑单元格中的内容等。

（一）选定单元格

在某个单元格中填写数据或对其中的数据或单元格格式进行编辑时，必须先选定该单元格，即遵循 Windows 中"先选中后操作"的原则。被选中的单元格称为活动单元格，活动单元格被用粗轮廓线高亮度显示出来。可以选定单个单元格，也可以一次选定多个单元格。

1. 选定单个单元格　用鼠标单击所要选定的单元格，此单元格就会成为活动单元格。或者在名称框输入单元格引用，例如 C3，按 Enter 键，即可快速选择单元格 C3。用键盘上的上下左右四个光标键可以改变活动单元格的位置；可以按 Tab 键向右移动；Shift + Tab 键向左移动；也可以按 Enter 键，根据输入的内容来改变活动单元格的位置。

2. 选定连续单元格 连续单元格常用的是矩形单元格区域，可用以下几种方法来选定。

（1）按住鼠标左键从一个单元格拖到另一个单元格，则以这两个单元格为对角的矩形区域被选定。

（2）当选定的区域比较大时，单击一个单元格，按住 Shift 键再单击另一个单元格，则以这两个单元格为对角的矩形区域被选定。

（3）单击工作表的某一行号，选定整行。

（4）单击工作表的某一列号，选定整列。

被选定的单元格区域，底色为浅灰色。

3. 选定不连续区域的单元格 选定一个单元格后，按住 Ctrl 键，用鼠标再选择其他的单元格或区域，即可选择不连续的单元格区域。例如"感冒药进价表"中，选定不连续的区域 B2：B8，D2：D8，如图 4 - 9 所示。

	A	B	C	D	E
1	商品编号	商品名称	规格	生产厂家	包装单位
2	ASJ0003	感冒灵颗粒	10g*9袋*100盒(1)	华润三九医药股份有限公司	盒
3	AFH0001	风寒感冒颗粒	8g*9袋*100盒(1)	江西南昌桑海制药厂	盒
4	PQX0013	强力感冒片	12s*240盒(12)	国药集团中联药业有限公司	盒
5	AQR0029	感冒清热颗粒	12g*10袋*120盒(1)	广西天天乐药业股份有限公司	盒
6	AXE0001	小儿感冒颗粒	6g*10袋*100盒(1)	华润三九(枣庄)药业有限公司	盒
7	AXE0065	小儿感冒颗粒(果味)	12g*8袋*160盒(1)	湖北香连药业有限责任公司	盒
8	AGM0099	感冒清胶囊	0.5g*20s*500盒	通化颐生药业股份有限公司	盒
9	AGM0167	感冒灵颗粒	10g*9袋*100盒(1)	广西济民制药厂	盒
10	ASJ0051	三九感冒灵胶囊	0.5g*12s*300小盒(10)	华润三九医药股份有限公司	小盒
11	PGM0171	复方感冒灵片(大)	100s*300瓶(10)	广东一力集团制药有限公司	瓶
12	AQM0045	感冒清热颗粒	12g*10袋*150盒(10)	江西京通美联药业有限公司	盒
13	AGM0203	复方感冒灵颗粒	14g*10袋*120盒(1)	广西宝瑞坦药业有限公司	盒

图 4 - 9 选定多个区域

4. 选择全部单元格

（1）单击行号和列标的左上角交叉处"全选"按钮，如图 4 - 10 所示，工作表中所有单元格被选定。

（2）单击数据区域中的任意一个单元格，按 Ctrl + A 键，可以选择连续的数据区域；单击数据区域中的空白单元格，再按 Ctrl + A 键，工作表中所有单元格被选定。

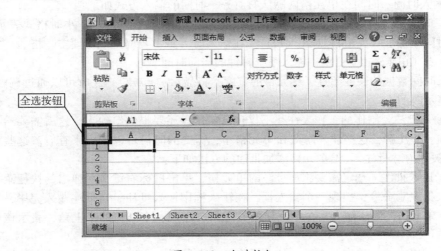

图 4 - 10 全选按钮

5. 取消选定　选定单元格后，如果需要取消所选定的单元格，可以单击工作表中的任意一个单元格，或者用键盘上的光标键任意移动一下，即可取消所做的选定操作。

（二）单元格中输入数据

建立所需要的电子表格，需要在所选定的单元格中输入数据。单元格中的数据有文本数据、数值数据、日期数据等。不同类型的数据，在输入时所遵循的规则以及在工作表中的显示形式是不同的。

1. 输入文本数据　文本是一串字符，在单元格中默认是左对齐。它可以是汉字、英文字母、数字、空格等键盘输入的符号，也可以是插入的特殊符号。文本数据不参加算术运算，但可以通过连接运算符"&"进行连接。文本数据直接输入，在输入时需要注意以下几点。

（1）有些数字如学号、邮编、身份证号等总是被作为文本输入。这种文本应在输入时在它的前面加上一个英文单引号（'）。也可以右键单击选定单元格，在弹出的快捷菜单中选择"设置单元格格式（F）"命令，将会弹出设置单元格格式对话框，在数字选项卡中将分类设为文本，单击确定按钮，再进行输入即可。

例如：输入"0001"，如果直接输入，则前面的0不会显示，这时需要在它的前面加上一个英文单引号（'），即输入' 0001。

（2）在一个单元格内可以将输入的内容分段，按 Alt + Enter 键表示一段结束。

2. 输入数值数据　数值数据是用来计算的数据，可以进行算术运算，还可以比较大小。数值数据在单元格中默认是右对齐。输入时需要注意以下两点：

（1）正负数按正常方式输入，例如232，－134.15。

（2）输入分数时，系统往往将其作为日期数据。要避免这种情况，应先输入"0"和空格。例如输入"0 4/5"，单元格里显示的是分数4/5。

3. 输入日期　日期在单元格中默认右对齐。日期的输入方式有以下三种：

（1）日期输入可用"/"分隔符，如3/2表示3月2日。

（2）也可用连字符"－"分隔，如2016－7－1表示2016年7月1日。

（3）按 Ctrl + ; 键，输入系统时钟的当前日期。

如果日期数据的长度超过单元格的宽度，单元格内显示"####"，此时可以通过调整列宽，以正确显示日期数据。

4. 输入时间　时间在单元格内默认右对齐。时间的输入方式如下：

（1）时间用"："输入，一般以24小时格式表示时间，若要以12小时格式表示时间，需要在时间后加上 A（AM）或 P（PM）。在输入时 A 或 P 与时间之间要空一格。

（2）按 Ctrl + Shift + ; 键，输入系统时钟的当前时间。

如果时间数据的长度超过了单元格的宽度，将显示"####"。此时可以通过调整列宽，以正确显示时间。

5. 输入批注　制作的工作表往往不仅自己使用，还要提供给他人。这就需要给某些单元格添加一些注解，这些注解隐藏在单元格中，需要的时候可以调出来查看。这些注解在Excel中被称为"批注"。给单元格添加批注的方法如下：

（1）插入批注　选定需要添加批注的单元格，单击鼠标右键，在弹出的快捷菜单中选择"插入批注"命令，出现一个输入框，在输入框中输入批注。当批注输入完毕，用鼠标单击任一单元格，确认输入。在单元格的右上角会出现一个红色的小上角，表示该单元格含有批注。

（2）编辑批注　选定含有批注的单元格，右击鼠标，在弹出的快捷菜单中选择"编辑批注”命令，即可按照需要来编辑批注。

（3）删除批注　当批注不再需要时，可以选择删除。选定含有批注的单元格，单击鼠标右键，在弹出的快捷菜单中选择“删除批注”命令即可。

（4）显示/隐藏批注　当需要显示批注时，选定含有批注的单元格，单击鼠标右键，在弹出的快捷菜单中选择“显示/隐藏批注”命令。批注将会显示出来，当看完后需要隐藏时，右击鼠标，在弹出的快捷菜单中选择“隐藏批注”命令即可。

（三）单元格自动填充

如果工作表中的数据在某行或某列有一定的规律性，可以使用 Excel 提供的自动填充功能快速输入。这种有规律的数据主要包括以下四种情况：重复的数据、等差或等比数列、日期序列和 Excel 自带的序列。

当选定一个单元格或单元格区域后，在选定区域的右下角会出现一个突出的小黑块，这就是填充柄，也称为填充控制柄。自动填充功能主要就是用填充柄来实现的，如图 4－11 所示。当鼠标指针放在填充柄上时，指针形状变成了细黑的十字形。

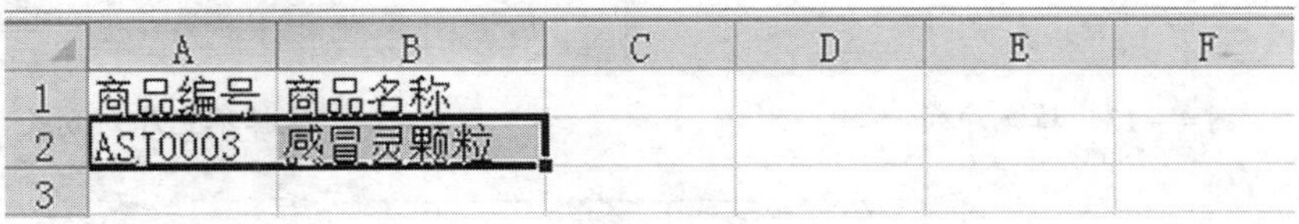

	A	B	C	D	E	F
1	商品编号	商品名称				
2	ASJ0003	感冒灵颗粒				
3						

图 4－11　填充柄

1. 重复的数据　如果一行或一列数据是重复出现的，可以先输入一段数据并选定，将鼠标放到填充柄上，按住鼠标左键并拖动到需要结束的位置后松开鼠标左键，则选定的一段就会重复填充到结束位置，如图 4－12 所示。

2. 数列　如果一行或一列的数据为等差数列或等比数列时，可以用填充柄进行自动填充。操作如下：

（1）等差数列　先输入前两项并选定它们，然后用鼠标左键拖动填充柄至结束位置后释放鼠标，则系统自动完成等差数列填充操作。

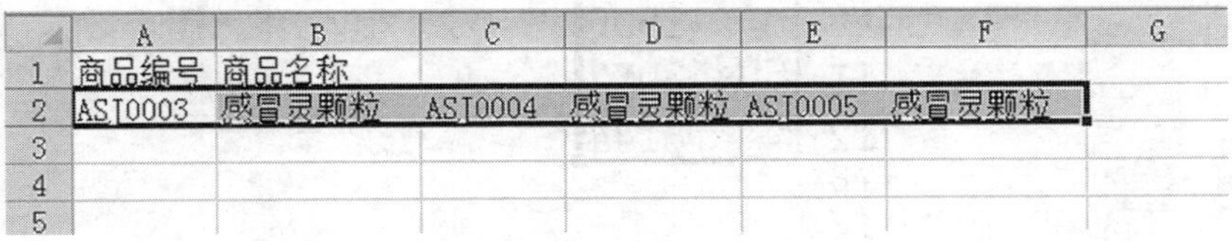

	A	B	C	D	E	F	G
1	商品编号	商品名称					
2	ASJ0003	感冒灵颗粒	ASJ0004	感冒灵颗粒	ASJ0005	感冒灵颗粒	
3							
4							
5							

图 4－12　重复填充

（2）等比数列　先输入前两项并选定它们，然后用鼠标左键拖动填充柄至结束位置后释放鼠标，在“开始”选项卡中，单击“编辑”组“填充”按钮，在展开的下拉列表中选择“系列”选项，如图 4－13 所示，在弹出的“序列”对话框中选择“等比数列”按钮，设置步长和终止值，如图 4－14 所示。单击“确定”按钮，则系统自动完成等比数列填充操作，如图 4－15 所示。

3. 日期序列　如果一行或一列的数据为日期系列，则只需输入开始日期并选定，然后用鼠标左键拖动填充柄到结束位置后释放鼠标，然后单击单元格右下角的“自动填充选项”按钮右侧的下三角按钮，在展开的下拉列表中选择填充类型，可以是以天数填充、以工作

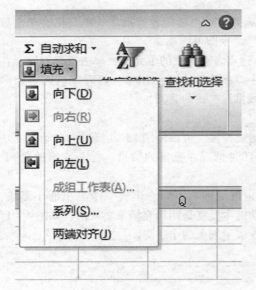

图 4-13 填充序列

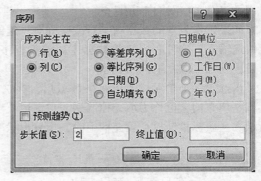

图 4-14 选择填充序列方式

图 4-15 填充序列效果

日填充、以月填充和以年填充，如图 4-16 所示。系统将根据用户所选择的填充类型自动完成填充操作，此时日期序列的步长为 1。

如果步长不是以 1 为单位，例如，按偶数月进行填充日期，操作如下：可以输入一个日期并选定，然后用鼠标左键拖动填充柄到结束位置后释放鼠标，在"开始"选项卡中，单击"编辑"组"填充"按钮，在展开的下拉列表中选择"系列"选项，弹出的"序列"对话框后，在"类型"区域内单击选中"日期"单选按钮，然后单击选中"日期单位"区域内的"月"单选按钮，在"预测趋势"区域"步长值"文本框输入 2，然后单击"确定"按钮，如图 4-17 所示，最后得到的填充效果如图 4-18 所示。

 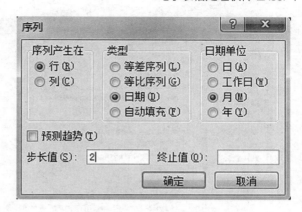

图 4-16　日期的自动填充选项　　　　图 4-17　填充序列设置

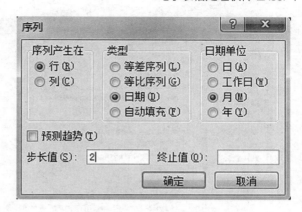

图 4-18　月份填充的效果

4. 自定义序列　如果一行或一列的数据为 Excel2010 中已经定义的序列，只需输入第一项并选定，然后拖动填充柄到结束位置后释放鼠标，则系统自动完成填充操作。

用户可以根据自己的需要自定义系列来进行自动填充，建立自己的"自定义序列"，如"春、夏、秋、冬"。其操作如下：

（1）单击"文件"选项卡中"选项"命令，在弹出的"Excel 选项"对话框中选择"高级"选项卡，在"常规"区域内单击"编辑自定义列表"按钮，如图 4-19 所示。弹出"自定义序列"对话框，在"输入系列（E）："下的文本框中输入"春、夏、秋、冬"。

注意输入一项（"春"）后，按 Enter 键换行，接着再输入下一项（"夏"），依次输入完毕后，如图 4-20 所示，单击"添加"命令，按"确定"按钮完成新序列的添加。

（2）在单元格中输入序列的某一项（例如"春"），选定后按住鼠标左键拖动填充柄到结束的位置释放鼠标左键，系统自动完成填充操作。

（四）编辑单元格中的内容

在单元格中输入数据后，往往需要对单元格中输入的数据进行编辑。需要进行的操作有删除、修改、移动和复制等。

1. 删除内容　要删除一个或多个单元格的内容，可以先选定单元格，然后分别用以下

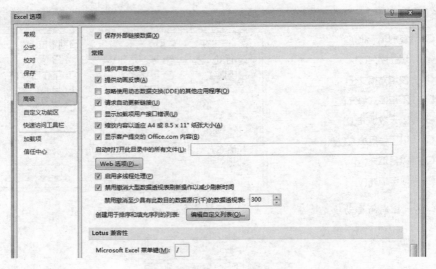

图4-19 自定义列表位置

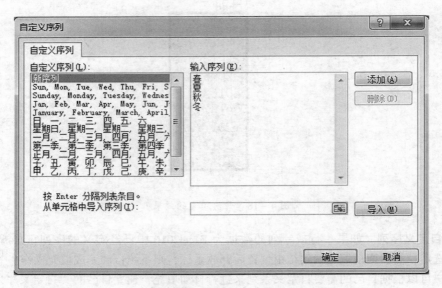

图4-20 添加新序列的方法

方法进行删除。

（1）删除单个单元格的内容，按 Del 键。

（2）删除选定的单元格区域的内容，右击鼠标，在弹出的快捷菜单中选择"清除内容"命令。

注意：删除单元格内容是指删除单元格中的数据，单元格中设置数据的格式并没有被删除，如果再次输入数据仍然以设置的数据格式显示输入的数据，如单元格的格式为货币型，清除内容后再次输入数据，数据的格式仍为货币型数据。如果需要删除掉数据格式，选择"开始"选项卡，单击"编辑"组中的"清除"按钮，在弹出的下拉菜单中，单击"清除格式"命令，则数据格式被清除。如果单击"编辑"组中的"清除"按钮，在弹出的下拉菜单中选择"全部清除"命令，则既可以清除单元格的内容，又可以删除单元格中的数据格式。

2. 修改内容　修改单元格的内容，可以用以下两种方法。

（1）双击单元格，直接进行修改，当修改完成后，按一下 Enter 键，或者用鼠标在其他单元格的位置单击一下即可。

（2）单击单元格，再单击一下编辑栏上的编辑框，就可以在编辑框里进行修改了。当修改完成后，按一下 Enter 键，或单击编辑栏上的"√"，也可以用鼠标在其他单元格的位置单击一下即可。尤其是单元格中的数据较多时，利用编辑栏来修改很方便。

在编辑过程中，如果出现误操作，则单击快速访问工具栏中的"撤销"按钮来撤销误操作。

3. 移动与复制　移动与复制单元格的内容，首先选定要移动的单元格，然后可用如下四种方式进行操作：

（1）鼠标拖拽

移动：将鼠标移到选定单元格的边框上，当鼠标形状变为箭头状光标时按下鼠标左键并拖到目的位置后释放鼠标即可。

复制：将鼠标移到选定单元格的边框上，按照 Ctrl 键，当鼠标形状变为箭头状光标时按下鼠标左键并拖到目的位置后释放鼠标即可。

（2）右键快捷菜单

移动：在边框线上右击鼠标，选择"剪切"命令，然后选定目标单元格，右击鼠标，选择"粘贴"命令。

复制：在边框线上右击鼠标，选择"复制"命令，然后选定目标单元格，右击鼠标，选择"粘贴"命令。

（3）工具按钮

移动：单击"开始"选项卡上"剪切板"组的"剪切"按钮，然后选定目标单元格，单击"剪切板"组的"粘贴"按钮。

复制：单击"开始"选项卡上"剪切板"组的"复制"按钮，然后选定目标单元格，单击"剪切板"组的"粘贴"按钮。

（4）利用快捷键

移动：按快捷键 Ctrl + X，然后选定目标单元格，按快捷键 Ctrl + V。

复制：按快捷键 Ctrl + C，然后选定目标单元格，按快捷键 Ctrl + V。

在 Excel 2010 工作表中，用户可以使用"选择性粘贴"命令有选择地粘贴剪贴板中的数值、格式、公式、批注等内容，使复制和粘贴操作更灵活。特别是当所复制的数据中包含格式、公示、批注等等，在粘贴的时候一定要注意按照需求合理的使用"选择性粘贴"命令。

（五）单元格操作

工作表编辑的过程中，如果少输入了一个单元格或一行或一列的数据，此时不需要把后面已经输入的数据删掉重新输入，可以在工作表中相应位置插入一个单元格、一行或一列，同样也可以删除一个单元格、一行或一列。

1. 插入单元格　先鼠标左键单击要插入单元格的位置，然后单击鼠标右键，在弹出的快捷菜单中选择"插入"命令，就会出现"插入"对话框，如图 4 – 21 所示。在该对话框中根据要求选择其中一个按钮，然后单击"确定"按钮即可。

2. 删除单元格　要删除一个单元格，或一个矩形区域，先选中这个单元格或这个矩形区域，然后右击鼠标选择"删除"命令，出现"删除"对话框，如图 4 – 22 所示。在该对话框中根据要求选择一个按钮，然后单击"确定"按钮即可。

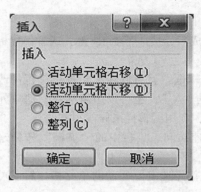

图 4 – 21　"插入"对话框　　　　　　图 4 – 22　"删除"对话框

3. 插入行、列

用鼠标左键单击要插入的新行的下一行的任意一个单元格，右击鼠标，在弹出的快捷菜单中选择"插入"命令，在"插入"对话框中选择"整行"。

用鼠标左键单击要插入的新列的右列中的任意一个单元格，右击鼠标，在弹出的快捷菜单中选择"插入"命令，在"插入"对话框中选择"整列"。

4. 删除行、列

用鼠标左键单击要删除行中的任意一个单元格，右击鼠标，在弹出的快捷菜单中选择"删除"命令，在"删除"对话框中选择"整行"。

用鼠标左键单击要删除列中的任意一个单元格，右击鼠标，在弹出的快捷菜单中选择"删除"命令，在"删除"对话框中选择"整列"。

任务二　电子表格的美化

Excel 内置了大量的工作表格式，这些格式中预设了数字、字体、对齐方式、边界、模式、列宽和行高等属性，套用这些格式，既可以美化工作表，又可以大大提高工作效率。

一、美化工作表

对单元格及内容进行操作后，往往还需要美化一下表格，即对工作表进行格式化。美化工作表主要操作包括：设置数字格式、设置对齐方式、设置表格的边框和底纹、添加表格的填充效果、调整行高和列高、快速套用表格格式以及设置条件格式等。

（一）设置数据格式

单元格内的数据，可以设置字体格式、数字格式、对齐方式、字体颜色等。注意在设置之前一定要先选定单元格。

1. 设置字体格式　设置字体格式包括对文字的字体、字号、颜色等进行设置。字体、字号、颜色在"开始"选项卡中"字体"组的命令按钮中有相应的下拉列表，加粗、倾斜、下划线、对齐在"字体"组中有相应的按钮，格式设置命令按钮，如图4 – 23所示。

也可以通过在单元格上单击鼠标右键，弹出快捷菜单中选择"设置单元格格式"命令，弹出"设置单元格格式"对话框，在"字体"选项卡中进行设置，如图4 – 24 所示。

2. 设置字体对齐方式　输入数据时，文本默认靠左对齐，数字、日期和时间默认靠右对齐。为了使表格看起来更加美观，可以改变单元格中数据的对齐方式，但是不会改变数据的类型。

图 4 - 23　格式设置命令按钮

图 4 - 24　字体选项卡

字体的对齐方式包括水平对齐和垂直对齐两种，其中水平对齐包括常规、靠左、居中、靠右、填充、两端对齐、跨列居中和分散对齐等；垂直对齐方式包括靠上、居中、靠下、两端对齐和分散对齐等。

"开始"选项卡的"对齐方式"组中提供了几个设置水平对齐方式的按钮，如图 4 - 25 所示。

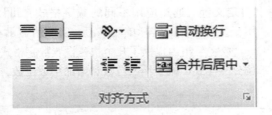

图 4 - 25　对齐方式的按钮

（1）单击"左对齐"按钮，使所选择单元格内的数据左对齐。

（2）单击"居中对齐"按钮，使所选单元格内的数据居中。

（3）单击"右对齐"按钮，使所选单元格内的数据右对齐。

（4）单击"减少缩进量"按钮，活动单元格中的数据向左缩进。

（5）单击"增加缩进量"按钮，活动单元格中的数据向右缩进。

（6）单击"合并后居中"按钮，使所选单元格合并为一个单元格，并将数据居中。当再次单击一下，则表示取消合并后居中操作。

除了可以设置单元格的水平对齐方式外，还可以设置垂直对齐方式以及数据在单元格中的旋转角度，分别对顶端对齐、垂直居中、底端对齐、方向和自动换行按钮。

如果需要详细的设置字体的对齐方式，可以选定单元格，点击鼠标右键，在弹出的快捷菜单中选择"设置单元格格式"命令，弹出的"设置单元格格式"对话框，选择"对齐"选项卡，如图 4 – 26 所示。在"对齐"选项卡中可以对文本的水平对齐、垂直对齐、方向、缩进、自动换行、文字方向等进行设置。也可以选择"开始"选项卡，单击"字体"组右下角的"对话框启动器"按钮，打开"设置单元格格式"对话框，选择"对齐"选项卡。

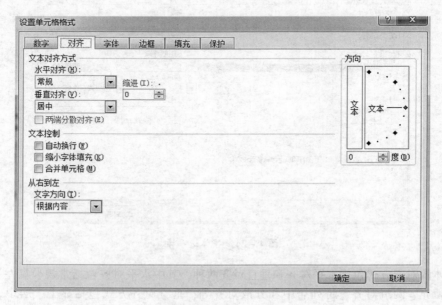

图 4 – 26   对齐选项卡

3. 设置数字格式   在工作表的单元格中输入的数字，通常按照常规格式显示，但是这种格式可能无法满足用户的要求。Excel 2010 提供了多种数字格式，并且进行了分类，如常规、数字、货币、特殊和自定义等。通过应用不同的数字格式，可以更改数字的外观，数字格式并不会影响 Excel 用于执行计算的实际单元格值，实际值显示在编辑栏中。

在"开始"选项卡中，"数字"组内提供了几个快速设置数字格式的按钮，分别是会计数字格式、百分比样式、千位分隔样式、减少小数位数和增加小数位数，如图 4 – 27 所示。

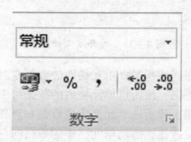

图 4 – 27   数字格式按钮

（1）单击"会计数字格式"按钮，可以在原数字前添加货币符号，并且增加两位小数。

（2）单击"百分比样式"按钮，将原数字乘以 100，再在数字后加上百分号。

（3）单击"千位分隔样式"按钮，在数字中加入千位符。

（4）单击"增加小数位数"按钮，使数字的小数位数增加一位。

（5）单击"减少小数位数"按钮，使数字的小数位数减少一位。

设置其他多种数字格式可以通过选中单元格，右键单击选中单元格，从弹出的快捷菜单中选择"设置单元格格式"命令，在弹出的"设置单元格格式"对话框中选择"数字"选项卡。根据需要选择合适的格式。

（二）设置单元格格式

单元格的格式设置包括设置行高和列宽、设置边框和底纹等，使表格美观，符合格式要求。

1. 设置行高和列宽　在工作表中输入数据后，为了使数据表更加规范，可以对数据表的行高与列宽进行相应调整。从而使数据表的结构更加合理，也更利于数据的编排与查看。设置行高和列宽的方式有两种：

（1）快捷设置行高列宽　将鼠标移动到要调整行高的行分隔线或列宽的列分隔线上，鼠标指针呈双向箭头显示时，拖动鼠标即可改变行高或列宽，达到合适高度或宽度后，释放鼠标左键即可设置该行的行高或该列的列高。

（2）精确设置行高列宽　选定需进行设置的行或列，选择"开始"选项卡，单击"单元格"组的"格式"项的下三角按钮，从下拉菜单中，单击"行高"或"列宽"，打开"行高"或"列宽"对话框，输入相应的数值，单击"确定"按钮即可。

快速设置合适行高或列宽的方法是：鼠标指针移到目标行号下边框线或列标右边框线上双击，自动调整为合适的行高或列宽。

注意：选中多行（列）后，用鼠标拖动所选的行（列）中的任意一条线，可以同时拖动调整多行（列）的宽度。

2. 设置边框和底纹　在默认情况下，表格线都是虚线，预览或打印时并不显示。我们可以通过工具按钮或菜单命令对边框进行重新设置。

（1）通过工具按钮　选定需设置边框的单元格，选择"开始"选项卡，单击"字体"组的"边框"项的下三角按钮，弹出"边框"下拉列表，在下拉列表中，单击其中一个按钮，即可将选定单元格的边框设置成相应的格式。

（2）通过菜单命令设置边框　选定单元格，单击鼠标右键，在弹出的快捷菜单中选择"设置单元格格式"命令，弹出"设置单元格格式"对话框，在对话框中选择"边框"选项卡，如图4-28所示。在"边框"选项卡中，可根据需要设置边框样式、线条样式及线条颜色。

注意：为了看清添加的边框，选择"视图"选项卡，取消勾选"显示"组中的"网格线"复选框，即可隐藏未设置边框的网格线。

Excel默认单元格的颜色是白色，并且没有图案，为了使表格中的重要信息更加醒目，可以为单元格添加底纹填充效果，以此来改变工作表的局部或整体效果。

（1）通过工具按钮　选定单元格，在"开始"选项卡的"字体"组中，单击"字体颜色"右侧的下三角按钮，弹出"填充颜色"下拉列表。在填充颜色列表中，单击其中一个按钮，即可将选定单元格的底色设置成相应的填充颜色。

（2）通过菜单命令设置边框　选定单元格，单击鼠标右键，在弹出的快捷菜单中选择"设置单元格格式"命令，弹出"设置单元格格式"对话框，在对话框中选择"填充"选项卡，在"填充"选项卡中可以设置背景色、填充效果、图案颜色和图案样式等。

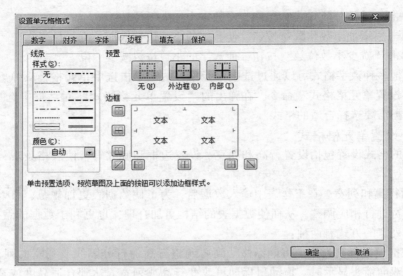

图 4-28 "边框"选项卡

（三）设置其他格式

除了以上的格式设置以外，还有复制和删除格式、自动套用格式、条件格式等一些格式设置的操作。

1. 复制或删除格式

（1）在 Excel 中不仅可以复制单元格及其内容，还可以像在 Word 中一样，对格式进行复制。当某一个单元格的格式设置完成后，如果希望其他的单元格也有同样的格式，可以进行复制。选定设置好格式的单元格或区域，单击"开始"选项卡上"剪切板"组的"格式刷"按钮，鼠标指针变成一个十字箭头加上一个刷子状，用鼠标在目标区域单击或拖拽，即可将原单元格的格式复制到目标单元格或区域。双击格式刷，可以重复复制格式。

（2）删除格式　删除格式的方法和设置格式类似，可以用设置格式的方法来删除格式。而有的单元格中设置了多个格式，如果要删除单元格的全部格式，方法如下：选定要删除格式的单元格或区域，在"开始"选项卡"编辑"组中，单击"清除"右侧的下三角按钮，选择"清除格式"命令，即可将选定单元格或区域的格式删除。

2. 自动套用格式　Excel 2010 提供了很多表格样式，当表格数据编排完毕，就可以直接为数据套用表格样式，使数据表结构更加直观合理。具体步骤如下：

（1）选择套用表格样式区域。

（2）设置套用表格样式。选择"开始"选项卡，单击"样式"组中的"套用表格格式"项中的下三角按钮，在弹出的下拉列表框中，如图 4-29 所示，单击要套用的表格格式，打开"套用表格式"对话框，该对话框中显示了要套用格式的单元格区域，单击"确定"按钮。

在"套用表格式"对话框中，如果选中"表包含标题"复选框，那么套用格式后会自动将第一行设置为标题行；如果没有选中"表包含标题"复选框，那么套用格式后会自动在所选表格区域上方增加一行，用于编排表格标题。

3. 条件格式　使用条件格式可以根据是否满足某个条件来设置单元格中的数据的格式。例如，在设置感冒药销售数量时，对于销售数量值最小的 5 种感冒药品希望用醒目的方式表示，销售数量值最小 5 种感冒药品就是条件，而"醒目的方式"则是根据自己的要求进

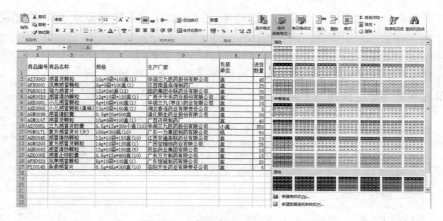

图 4-29 套用表格格式下拉列表

行格式设置。

设置条件格式的具体步骤如下：

（1）选定要设置格式的区域。

（2）设置条件格式。选择"开始"选项卡，单击"样式"组中的"条件格式"项中的下三角按钮，在弹出的下拉列表框中，选择"项目选取规则"→"值最小的 10 项"命令，如图 4-30 所示，弹出"10 个最小的项"对话框，在对话框中将数值 10 改为 5，选择需要设置的格式后，如图 4-31 所示，单击"确定"按钮，则条件格式设置完毕，可以在工作表中查看条件格式设置效果。

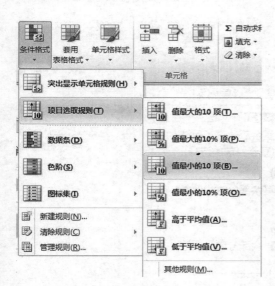

图 4-30 条件格式下拉列表

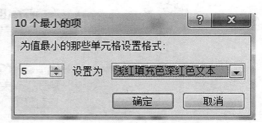

图 4-31 "10 个最小的项"对话框

二、工作表窗口的拆分和冻结

有时一个表中数据很多，横向的行很长，在看左边的数据时就看不到右边的数据，或是看到表中前面的行数据就看不到后面的行数据，为此可设置冻结窗口中行或列。冻结窗口的功能就是可将工作表的某些区域"冻结"，使其在滚屏显示时该区域保持不动。拆分窗口功能可将一个工作表同时放到四个窗格中，每个窗格可分别浏览该工作表的不同区域内容。

（一）冻结窗口操作

冻结窗口对于行或列比较长的工作表非常适合，具体操作如下：

1. 单击不需要冻结区的左上角单元格，即 C2 单元格，如图 4 – 32 所示。

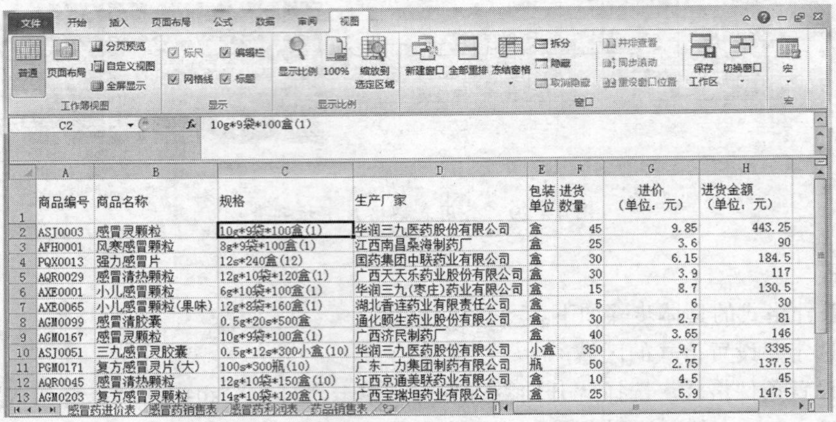

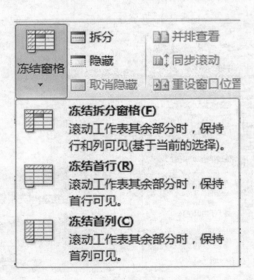

图 4 – 32　冻结操作示例

2. 在"视图"选项卡的"窗口"选项功能组中选择"冻结窗格"下拉按钮，弹出"冻结窗格"下拉列表，如图 4 – 33 所示，选择"冻结拆分窗格"命令。

图 4 – 33　"冻结窗格"下拉列表

这时所选活动单元格的上边和左边会出现两条交叉直线，两条交叉直线的上方和左方为冻结区域，当使用水平滚动条时，垂直线的左边区域不动，而进行垂直滚动时，水平线的上方区域不动，如图 4 – 34 所示。

3. 当窗口处于冻结状态时，选择"冻结窗格"下拉列表中的"取消冻结窗格"命令可以取消窗口冻结。冻结首行和冻结首列是冻结窗格中的特殊情况。

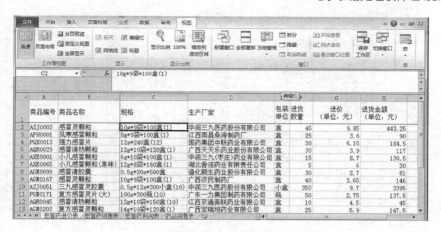

图 4 - 34 冻结窗口结果

（二）拆分窗口操作

拆分窗口的操作如下：

1. 选择活动单元格。

2. 在"窗口"选项功能组中选择"拆分"命令按钮，则在活动单元格的左边和上边出现分割线，将窗口分为 4 个窗格；

3. 利用水平、垂直滚动条可在各窗格中随意浏览各项；

4. 拖拽分隔线，可以改变分隔线的位置；

5. 在"窗口"选项功能组中选择"取消拆分"命令按钮可以取消窗口拆分。

任务三 公式与函数的使用

Excel 2010 主要功能不仅仅在于它能显示、存储数据，更重要的体现在计算上。通过在单元格中输入公式和函数，可对表中的数据进行总计、平均、汇总以及其他更为复杂的运算，从而大大提高工作效率。

一、单元格的引用

Excel 工作表中是以单元格形式进行编辑处理数据的，而对单元格的引用，主要有三种形式，它们分别是相对引用、绝对引用和混合引用。在不同的情况下，用户可根据需要选择引用方式。

（一）相对引用

相对引用是基于公式中引用单元格的相对位置而言。相对引用优越性是，当公式所在单元格的位置发生改变时，所引用的单元格也会随之改变。如 A3 单元格的公式为 " = A1 + A2"，将 A3 单元格的公式复制到 C3 单元格，C3 单元格内的公式就自动调整为 " = C1 + C2"。相对引用是公式中最常用的引用方式。例如，在"感冒药进价表"中，进货金额 = 进货数量 * 进价，操作如下：

1. 在公式中输入引用单元格 选中要输入公式的单元格，输入 " = "，然后输入引用的单元格名称，并使用运算符连接，如图 4 - 35 所示，在 H2 单元格中输入 " = F2 * G2"，按下 Enter 键，完成公式运算。

2. 显示相对引用效果 通过引用单元格计算出结果后，将鼠标移动到此单元格右下角的填充柄上，鼠标左键单击填充柄，按住鼠标左键拖拽到 H17 单元格，如图 4 - 36 所示，

	A	B	C	D	E	F	G	H
1	商品编号	商品名称	规格	生产厂家	包装单位	进货数量	进价（单位：元）	进货金额（单位：元）
2	ASJ0003	感冒灵颗粒	10g*9袋*100盒(1)	华润三九医药股份有限公司	盒	45	9.85	=F2*G2
3	AFH0001	风寒感冒颗粒	8g*9袋*100盒(1)	江西南昌桑海制药厂	盒	25	3.6	
4	PQX0013	强力感冒片	12s*240盒(12)	国药集团中联药业有限公司	盒	30	6.15	
5	AQR0029	感冒清热颗粒	12g*10袋*120盒(1)	广西天天乐药业股份有限公	盒	30	3.9	
6	AXE0001	小儿感冒颗粒	6g*10袋*100盒(1)	华润三九(枣庄)药业有限公	盒	15	8.7	
7	AXE0065	小儿感冒颗粒(果味)	12g*8袋*160盒(1)	湖北香连药业有限责任公司	盒	5	6	
8	AGM0099	感冒清胶囊	0.5g*20s*500盒	通化颐生药业股份有限公司	盒	30	2.7	
9	AGM0167	感冒灵颗粒	10g*9袋*100盒(1)	广西济民制药厂	盒	40	3.65	
10	ASJ0051	三九感冒灵胶囊	0.5g*12s*300小盒(10)	华润三九医药股份有限公司	小盒	350	9.7	
11	PGM0171	复方感冒灵片(大)	100s*300瓶(10)	广东一力集团制药有限公司	瓶	50	2.75	
12	AQR0045	感冒清热颗粒	12g*10袋*150盒(10)	江西京通美联药业有限公司	盒	10	4.5	
13	AGM0203	复方感冒灵颗粒	14g*10袋*120盒(1)	广西宝瑞坦药业有限公司	盒	25	5.9	
14	AQR0043	感冒清热颗粒	12g*10袋*150盒(5)	民生药业集团有限公司	盒	10	4.25	
15	AZK0065	感冒止咳胶囊	0.5g*12s*400盒(10)	广东万方制药有限公司	盒	15	2.4	
16	AFH0029	风寒感冒颗粒	8g*10袋*100盒(1)	广东恒诚制药有限公司	盒	20	5.7	
17	PSJ0145	桑菊感冒片	0.5g*48s*300盒(10)	洛阳天生药业有限责任公司	盒	5	2.6	

图 4－35　相对引用

H17　fx =F17*G17

	A	B	C	D	E	F	G	H
1	商品编号	商品名称	规格	生产厂家	包装单位	进货数量	进价（单位：元）	进货金额（单位：元）
2	ASJ0003	感冒灵颗粒	10g*9袋*100盒(1)	华润三九医药股份有限公司	盒	45	9.85	443.25
3	AFH0001	风寒感冒颗粒	8g*9袋*100盒(1)	江西南昌桑海制药厂	盒	25	3.6	90
4	PQX0013	强力感冒片	12s*240盒(12)	国药集团中联药业有限公司	盒	30	6.15	184.5
5	AQR0029	感冒清热颗粒	12g*10袋*120盒(1)	广西天天乐药业股份有限公	盒	30	3.9	117
6	AXE0001	小儿感冒颗粒	6g*10袋*100盒(1)	华润三九(枣庄)药业有限公	盒	15	8.7	130.5
7	AXE0065	小儿感冒颗粒(果味)	12g*8袋*160盒(1)	湖北香连药业有限责任公司	盒	5	6	30
8	AGM0099	感冒清胶囊	0.5g*20s*500盒	通化颐生药业股份有限公司	盒	30	2.7	81
9	AGM0167	感冒灵颗粒	10g*9袋*100盒(1)	广西济民制药厂	盒	40	3.65	146
10	ASJ0051	三九感冒灵胶囊	0.5g*12s*300小盒(10)	华润三九医药股份有限公司	小盒	350	9.7	3395
11	PGM0171	复方感冒灵片(大)	100s*300瓶(10)	广东一力集团制药有限公司	瓶	50	2.75	137.5
12	AQR0045	感冒清热颗粒	12g*10袋*150盒(10)	江西京通美联药业有限公司	盒	10	4.5	45
13	AGM0203	复方感冒灵颗粒	14g*10袋*120盒(1)	广西宝瑞坦药业有限公司	盒	25	5.9	147.5
14	AQR0043	感冒清热颗粒	12g*10袋*150盒(5)	民生药业集团有限公司	盒	10	4.25	42.5
15	AZK0065	感冒止咳胶囊	0.5g*12s*400盒(10)	广东万方制药有限公司	盒	15	2.4	36
16	AFH0029	风寒感冒颗粒	8g*10袋*100盒(1)	广东恒诚制药有限公司	盒	20	5.7	114
17	PSJ0145	桑菊感冒片	0.5g*48s*300盒(10)	洛阳天生药业有限责任公司	盒	5	2.6	13

图 4－36　相对引用效果

公式所在位置更改后，所引用的单元格也会进行相应更改。

（二）绝对引用

绝对引用是指公式中所使用单元格位置不发生改变的引用，在复制或移动单元格中的公式时，如果不希望公式中引用的单元格的地址发生改变，也就是说，公式的表达式始终保持不变，此时就需要用到绝对引用。如在“感冒药进价表”中操作如下：

1. 在公式中引用单元格　选中要输入公式的单元格，然后输入完整公式，最后将光标定位在要绝对引用的单元格 J3 中，如图 4－37 所示，在 J2 中输入公式“＝H2 * I2”表示实际进货价格＝进货金额 * 折扣。按 Enter 键，计算结果在 J2 中显示。

J2　fx =H2*I2

	A	B	C	D	E	F	G	H	I	J
1	商品编号	商品名称	规格	生产厂家	包装单位	进货数量	进价（单位：元）	进货金额（单位：元）	折扣	实际进价金额
2	ASJ0003	感冒灵颗粒	10g*9袋*100盒(1)	华润三九医药股份有限公司	盒	45	9.85	443.25	0.9	398.93
3	AFH0001	风寒感冒颗粒	8g*9袋*100盒(1)	江西南昌桑海制药厂	盒	25	3.6	90	0.85	
4	PQX0013	强力感冒片	12s*240盒(12)	国药集团中联药业有限公司	盒	30	6.15	184.5	0.7	
5	AQR0029	感冒清热颗粒	12g*10袋*120盒(1)	广西天天乐药业股份有限公	盒	30	3.9	117	0.8	
6	AXE0001	小儿感冒颗粒	6g*10袋*100盒(1)	华润三九(枣庄)药业有限公	盒	15	8.7	130.5	0.9	
7	AXE0065	小儿感冒颗粒(果味)	12g*8袋*160盒(1)	湖北香连药业有限责任公司	盒	5	6	30	0.95	
8	AGM0099	感冒清胶囊	0.5g*20s*500盒	通化颐生药业股份有限公司	盒	30	2.7	81	0.7	

图 4－37　公式中引用单元格

2. 设置绝对引用效果　单击 J2 单元格，在编辑框中，将鼠标光标定位在 I 的前面，按下 F4 键，在单元格名称的行号与列号前面就会显示出 "＄＄" 符号，表示绝对引用该位置，或者直接在编辑框里修改公式为 "＝H2＊＄I＄3"，按 Enter 键，如图 4－38 所示。

	J2		*fx*	=H2*I2							
	A	B	C	D	E	F	G	H	I	J
1	商品编号	商品名称	规格	生产厂家	包装单位	进货数量	进价(单位:元)	进货金额(单位:元)	折扣	实际进价金额
2	ASJ0003	感冒灵颗粒	10g*9袋*100盒(1)	华润三九医药股份有限公司	盒	45	9.85	443.25	0.9	398.93
3	AFH0001	风寒感冒颗粒	8g*9袋*100盒(1)	江西南昌桑海制药厂	盒	25	3.6	90	0.85	
4	PQX0013	强力感冒片	12s*240盒(12)	国药集团中联药业有限公司	盒	30	6.15	184.5	0.7	
5	AQR0029	感冒清热颗粒	12g*10袋*120盒(1)	广西天天乐药业股份有限公司	盒	30	3.9	117	0.8	
6	AXE0001	小儿感冒颗粒	6g*10袋*100盒(1)	华润三九(枣庄)药业有限公司	盒	15	8.7	130.5	0.9	
7	AXE0065	小儿感冒颗粒(果味)	12g*8袋*160盒(1)	湖北香连药业有限责任公司	盒	5	6	30	0.95	
8	AGM0099	感冒清胶囊	0.5g*20s*500盒	通化颐生药业股份有限公司	盒	30	2.7	81	0.7	

图 4－38　绝对引用设置

3. 显示绝对引用效果　在单元格中计算出结果后，将公式复制到该列的其他单元格内，然后选中任意一个单元格，可以看到，即使公式位置发生改变，公式中 I2 单元格没有发生改变。如图 4－39 所示。

	J6		*fx*	=H6*I2							
	A	B	C	D	E	F	G	H	I	J
1	商品编号	商品名称	规格	生产厂家	包装单位	进货数量	进价(单位:元)	进货金额(单位:元)	折扣	实际进价金额
2	ASJ0003	感冒灵颗粒	10g*9袋*100盒(1)	华润三九医药股份有限公司	盒	45	9.85	443.25	0.9	398.93
3	AFH0001	风寒感冒颗粒	8g*9袋*100盒(1)	江西南昌桑海制药厂	盒	25	3.6	90	0.85	
4	PQX0013	强力感冒片	12s*240盒(12)	国药集团中联药业有限公司	盒	30	6.15	184.5	0.7	
5	AQR0029	感冒清热颗粒	12g*10袋*120盒(1)	广西天天乐药业股份有限公司	盒	30	3.9	117	0.8	
6	AXE0001	小儿感冒颗粒	6g*10袋*100盒(1)	华润三九(枣庄)药业有限公司	盒	15	8.7	130.5	0.9	117.45
7	AXE0065	小儿感冒颗粒(果味)	12g*8袋*160盒(1)	湖北香连药业有限责任公司	盒	5	6	30	0.95	
8	AGM0099	感冒清胶囊	0.5g*20s*500盒	通化颐生药业股份有限公司	盒	30	2.7	81	0.7	

图 4－39　绝对引用效果

（三）混合引用

混合引用是一种介于相对引用与绝对引用之间的引用，引用单元格行或列采用了不同的引用方式，一个是相对地址，一个是绝对地址，即在单元格相对地址的行号前面加符号 "＄" 或者列号前面加符号 "＄"。如果公式所在单元格的位置改变，则相对引用改变，而绝对引用不变。

混合引用的使用能大大提高表格计算工作效率，下面通过制作 "九九乘法表" 的实例，来介绍混合引用的使用。

制作 "九九乘法表" 的步骤如下：

1. 制作 "九九乘法表" 的表头，表的框架，输入行中的 1 和 2，输入列中的 1 和 2，如图 4－40 所示。

	A	B	C	D	E	F	G	H	I	J
1					九九乘法表					
2	行＼列	1	2							
3	1									
4	2									
5										
6										
7										
8										
9										
10										
11										

图 4－40　九九乘法表表头制作

（2）设置混合引用　选中 A3 和 A4 单元格，鼠标左键点击填充柄，并拖拽鼠标至 A11 单元格，填充行中的 3 至 9。选中 B2 和 C2 单元格，鼠标左键点击填充柄，并拖拽鼠标至 J2 单元格，填充列中的 3 至 9。选中 B3 单元格，在编辑框中输入公式“= $ A3 * B $ 2”，按 Enter 键，如图 4 – 41 所示。

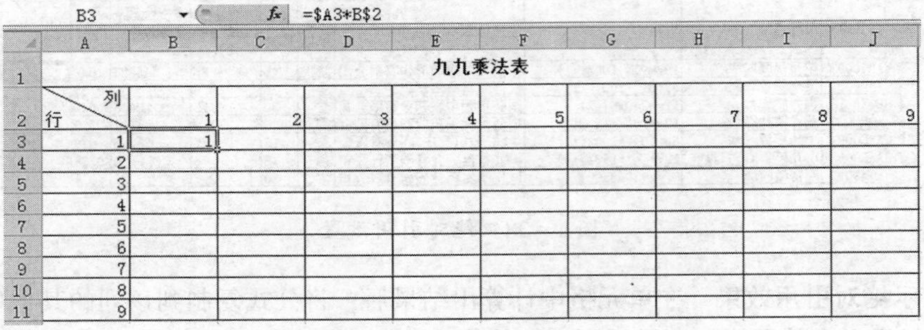

	A	B	C	D	E	F	G	H	I	J
1	九九乘法表									
2	列 行	1	2	3	4	5	6	7	8	9
3	1	1								
4	2									
5	3									
6	4									
7	5									
8	6									
9	7									
10	8									
11	9									

图 4 – 41　九九乘法表中的混合引用

（3）完成整个“九九乘法表”的制作　选中 B3 单元格，点击右下角的填充柄，并拖拽鼠标至 J3 单元格，接着拖拽鼠标至 J11 单元格，完成整个“九九乘法表”的制作，如图 4 – 42 所示。

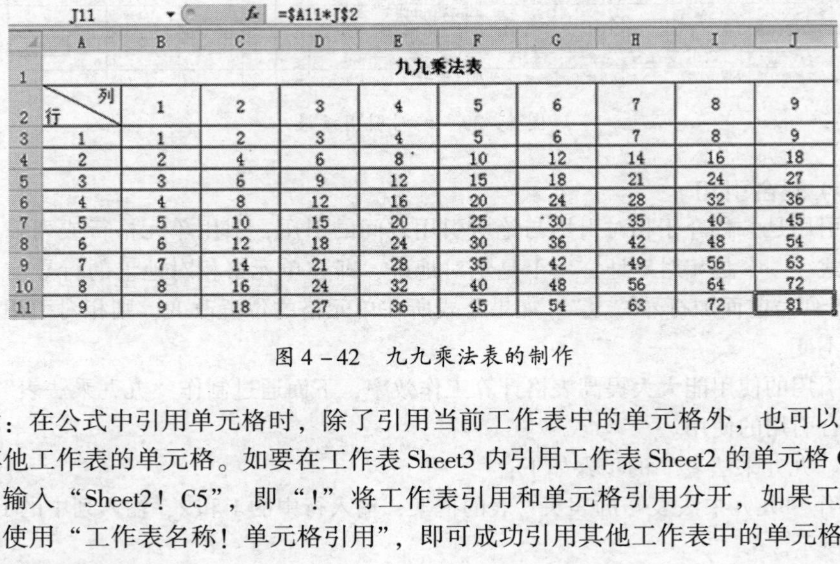

	A	B	C	D	E	F	G	H	I	J
1	九九乘法表									
2	列 行	1	2	3	4	5	6	7	8	9
3	1	1	2	3	4	5	6	7	8	9
4	2	2	4	6	8	10	12	14	16	18
5	3	3	6	9	12	15	18	21	24	27
6	4	4	8	12	16	20	24	28	32	36
7	5	5	10	15	20	25	30	35	40	45
8	6	6	12	18	24	30	36	42	48	54
9	7	7	14	21	28	35	42	49	56	63
10	8	8	16	24	32	40	48	56	64	72
11	9	9	18	27	36	45	54	63	72	81

图 4 – 42　九九乘法表的制作

注意：在公式中引用单元格时，除了引用当前工作表中的单元格外，也可以在工作簿中引用其他工作表的单元格。如要在工作表 Sheet3 内引用工作表 Sheet2 的单元格 C5 时，则在公式中输入“Sheet2！C5”，即“！”将工作表引用和单元格引用分开，如果工作表已经命名，则使用“工作表名称！单元格引用”，即可成功引用其他工作表中的单元格。

二、使用公式计算

公式是对工作表中的数据进行分析和计算的等式。利用公式可以方便地对工作表中的数据进行加、减、乘、除、乘方等运算以及它们的组合运算。使用公式的一大好处在于，当公式中引用的单元格数值发生变化时，公式会自动更新其单元格的结果。

（一）认识公式

公式就是一个等式，是由一组数据和运算符组成的序列；公式是由三部分组成：“=”、运算符和表达式。

1. “=”是公式必不可少的部分，公式必须以等号“=”开头，后面紧接数据和运算符；如果没有等号，公式就不能进行计算，而是作为单元格内容了。

2. 运算符：运算符是用来连接数据的。

3. 表达式是由常量、单元格地址、函数及括号等连接起来的，不能包括空格。

（二）运算符

在 Excel 中，运算符包括算术运算符、比较运算符、文本运算符和引用运算符四种类型。

1. 算术运算符 包括"＋""－""＊""/""＾""％"和"（）"等内容。通过算术运算符可以完成基本的数学运算。如加、减、乘、除、乘方和求百分比。

2. 比较运算符 包括"＝""＞""＜""＞＝""＜＝""＜＞"等内容，用于比较两个数值，并产生逻辑值 True 或 False。

3. 文本运算符 文本运算符只有一个"＆"，用于将一个或多个对象连接为一个组合文本，其含义是将两个文本值连接或串联起来，产生一个连续的文本值。例如"感冒药"＆"利润表"，结果是"感冒药利润表"。

4. 引用运算符 包括"："","、空格，用于将单元格区域合并运算。其中"："（冒号）表示一个连续的区域，如 A1：C8 表示从 A1 到 C8 的连续区域；","（逗号）表示多个单元格区域的合并，如 A1：C3，A2：C8 表示为这两块区域的合并区域 A1：C8；空格表示多个区域共有的部分，如 A1：C3　A2：C8 表示为这两块区域的共有部分 A2：C3。

（三）运算符优先级

如果在一个公式中包含多个运算符，Excel 则按照以下优先级顺序进行计算：

（1）级别由高到低的顺序为：引用运算符、算术运算符、文本连接运算符、比较运算符。

（2）如果遇到括号，需要先计算括号里面的数据。

（3）如果遇到同一级别的运算符，则按照顺序从左向右依次计算。

（4）算术运算符的顺序为：－（负号）、％、∧（乘方）、＊和/、＋和－。

（四）公式的输入

一个完整的公式中会包括常量、单元格或单元格区域的引用、标志、名称或函数等内容。常量指通过键盘直接输入到表格中的数字或文本，单元格或单元格区域引用指通过使用一些固定的格式引用单元格中的数据。

在编辑公式或函数时，必须以"＝"开始输入，如果不先输入"＝"，Excel 将把公式作为文本数据对待。既可手动输入公式，也可以直接引用工作表中的单元格，然后使用运算符将数据内容连接起来。在单元格中输入了公式并完成计算后，计算结果在单元格中显示，而公式的具体内容会显示在工具栏的编辑栏中。需要注意的是，公式在输入时，里面不能有空格。

1. 选择要输入公式的 E2 单元格。

2. 在 H2 单元格内输入"＝F2＊G2"，如图 4－43 所示，输入完成后，按 Enter 键确认输入。

（五）公式的修改

当用户输入公式后，发现公式中的参数错误或函数出现错误值时，可以使用以下方法进行修改：

1. 先单击公式所在的单元格，然后在编辑栏中进行编辑和修改，修改结束后确认；

2. 也可以直接双击该单元格，进入单元格中进行修改。

三、使用函数计算

在 Excel 工作表中，除了运用公式来进行大量数据的计算外，还经常利用函数运算来提高工作的效率。函数是一些预定义的公式，函数使用一些参数的特定数值按照特定的顺序

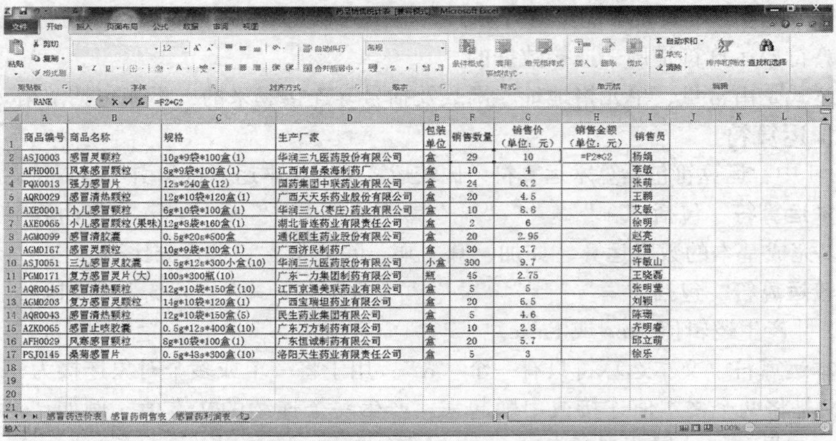

图 4 - 43　使用公式的工作表

或结构进行计算。Excel 函数包括财务函数、日期与时间函数、数学与三角函数、统计函数、查找与引用函数、数据库函数、文本函数、逻辑函数和信息函数等 13 大类函数，如图 4 - 44 所示。

图 4 - 44　函数库

（一）认识函数

Excel 中的函数实际是一些预定义的公式，主要是为解决那些复杂计算需求而提供的一种预置算法，每个函数描述都包括了一个语法行，必须按照语法的顺序进行计算。

在 Excel 中，一个完整的函数是由三部分组成：函数名、括号和参数。

函数的结构：函数名（［参数 1］，［参数 2］，…）

使用函数时需要注意以下事项：

1. 函数名输入必须完整，函数名不区分大小写。

2. 参数可以有 0 个到多个，参数之间通过逗号（半角）来间隔。函数中的参数可以是常量、单元格地址、数组、已定义的名称、公式、函数等。

3. 括号是必需的部分。特别是有些函数没有参数，一定注意不能省略括号。

（二）函数的输入与编辑

函数输入可以通过键盘输入和"函数库"插入函数两种方式，使用后者更方便。下面分别介绍这两种方法的使用。

1. 函数的输入方式与公式类似，输入函数时必须以等号"＝"开始。可以直接在单元格中输入"＝函数名（所引用的参数）"，例如，在"药品销售统计表"工作簿中的"感冒药销售表"工作表中汇总出本月药店所销售的所有感冒药的总金额，可以直接在 E2 中输入"＝SUM（H2：H17）"，然后按回车即可。如图 4 - 45 所示。

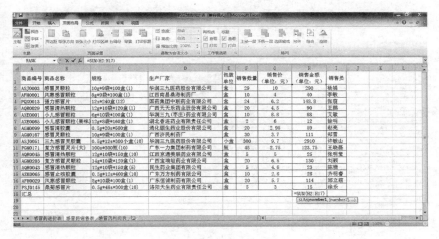

图 4 - 45　求和函数

2. 通过"函数库"插入

例如：要计算本月销售数量最多的感冒药卖出多少盒，可以按照以下步骤进行操作：

（1）单击选择单元格 F19。

（2）选择"公式"选项卡→"函数库"组中的"插入函数"按钮，系统自动弹出插入函数对话框，即可显示常用函数类别，如图 4 - 46 所示。

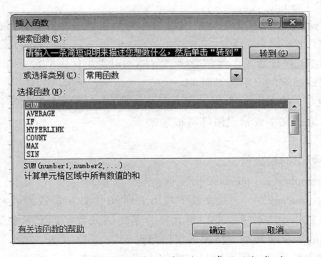

图 4 - 46　"插入函数"对话框 - 常用函数类别

（3）在"选择类别"常用函数列表中选择 MAX 函数单击"确定"按钮，在"函数参数"对话框中设置参数的区域为 F2：F17，最后单击"确定"按钮。计算机出最后结果，如图 4 - 47 所示。

（三）常用函数格式和功能

1. AVERAGE

功能：计算参数的算术平均值。

语法：AVERAGE（number1，［number2］，…）

（1）Number1，number2，…　为需要计算平均值的 1 到 30 个参数。参数可以是数字，

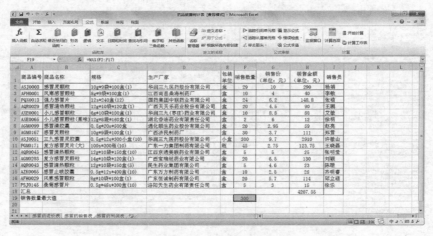

图 4 - 47 最大值函数

或者是包含数字的名称、数组或引用。

（2）如果数组或引用参数包含文本、逻辑值或空白单元格，则这些值将被忽略。

2. COUNT

功能：统计各个参数中含有数值型资料的个数，如果填入的是文字、逻辑值或空白时，将不会计算在内。

语法：COUNT（value1，［value2］，…）

（1）Value1，value2，… 为包含或引用各种类型数据的参数（1 到 30 个），但只有数字类型的数据才被计算。

（2）函数 COUNT 在计数时，将把数字、日期和以文本代表的数字计算在内；但是错误值或其他无法转换成数字的文字将被忽略。

（3）如果参数是一个数组或引用，那么只统计数组或引用中的数字；数组或引用中的空白单元格、逻辑值、文字或错误值都将被忽略。

3. MAX

功能：计算参数中的最大值。

语法：MAX（number1，［number2］，…）

（1）Number1，number2，… 是要从中找出 1 到 30 个数字参数的最大值。

（2）可以将参数指定为数字、空白单元格、逻辑值或数字的文本表达式。如果参数为错误值或不能转换成数字的文本，将提示报错信息。

（3）如果参数为数组或引用，则只有数组或引用中的数字将被计算。数组或引用中的空白单元格、逻辑值或文本将被忽略。

（4）如果参数不包含数字，函数 MAX 返回 0（零）。

4. MIN

功能：计算参数中的最小值。

语法：MIN（number1，［number2］，…）

（1）Number1，number2，… 是要从中找出 1 到 30 个数字参数的最小值。

（2）可以将参数指定为数字、空白单元格、逻辑值或数字的文本表达式。如果参数为错误值或不能转换成数字的文本，将提示报错信息。

（3）如果参数为数组或引用，则只有数组或引用中的数字将被计算。数组或引用中的空白单元格、逻辑值或文本将被忽略。

（4）如果参数不包含数字，函数 MIN 返回 0（零）。

5. SUMIF

功能：根据指定条件对若干单元格求和。

语法：SUMIF（range，criteria，［sum range］）

（1）Range 为用于条件判断的单元格区域。

（2）Criteria 为确定哪些单元格将被相加求和的条件，其形式可以为数字、表达式或文本。

（3）Sum range 是需要求和的实际单元格。

6. COUNTIF

功能：统计满足给定条件的单元格个数。

语法：COUNTIF（range，criteria）

（1）Range 为需要计算其中满足条件的单元格数目的单元格区域。

（2）Criteria 为确定哪些单元格将被计算在内的条件，其形式可以为数字、表达式、单元格引用或文本。

（四）函数应用实例

1. "自动求和"按钮的使用

在"函数库"组中有"自动求和"按钮，它等价于 SUM 函数。在"自动求和"按钮旁边有个下三角按钮，里面包含了 Excel 的常用函数，例如求和、平均值、最大值、最小值等。

例如，在"药品销售统计表"工作簿中的"感冒药利润表"工作表中计算出所有感冒药的平均利润，可以按照如下步骤完成：

（1）选择单元格 N5。

（2）选择"公式"选项卡，在"函数库"组中，单击"自动求和"按钮旁边的下三角按钮，从展开的下拉列表（如图 4 - 48 所示）中选择平均值，这时可以看到系统自动添加了 AVERAGE 函数，并自动选择了计算区域"F5：N% M5"，自动选择的计算区域不是要计算的区域，用鼠标重新选择计算区域"K2：K17"，再按回车键可以得到平均值 3.20625。

（3）用类似的方法可以计算出进价总金额、销售总金额、利润总金额、平均利润值、利润最大值、利润最小值、在售药品总数相关信息，如图 4 - 49 所示。

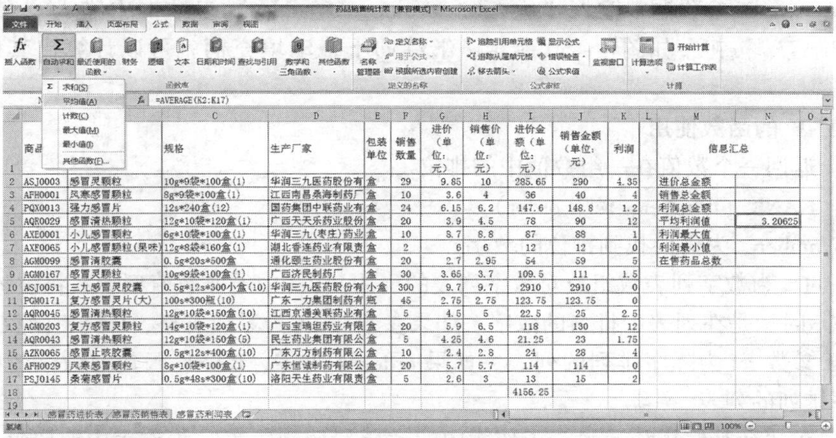

图 4 - 48 平均值函数

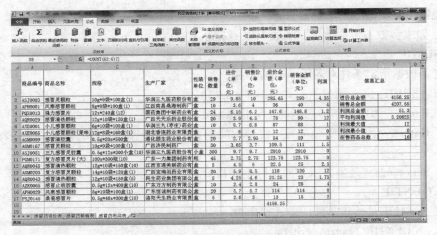

图 4 – 49　常用函数效果图

2. IF 函数的使用

功能：根据 logical_ test 的值为真或假来显示不同的计算结果。IF 函数可以嵌套使用，最多可嵌套 7 层。

语法：IF（logical_ test，value_ if_ true，value_ if_ false）

（1）Logical_ test　表示计算结果为 TRUE 或 FALSE 的任意值或表达式。

（2）Value_ if_ true　logical_ test 为 TRUE 时返回的值。

（3）Value_ if_ false　logical_ test 为 FALSE 时返回的值。

例如：在"药品销售统计表"工作簿中的"感冒药销售表"工作表中按照每个销售员的销售金额高于 100 元的销售员显示为"优秀"，其他情况显示为"合格"，可以按照如下步骤完成：

（1）在"销售员"后面增加一列，命名列标题为"等级"。

（2）选择单元格 J2。

（3）选择"公式"选项卡→"函数库"组中的"插入函数"按钮；从函数列表中选择"IF"。

（4）在"函数参数"对话框的"Logical_ test"参数框中，输入"H2 > 100"；在"Value_ if_ true"参数框中输入"优秀""Value_ if_ false"参数框中输入"合格"，最后单击"确定"按钮，如图 4 – 50 所示，继续向下拖动填充柄就可以计算出其他销售员的等级。

3. RANK 的函数使用

功能：返回一个数值在一组数值中的排位。

语法：RANK（number，ref，order）

（1）Number　为需要找到排位的数字。

（2）Ref　为数字列表数组或对数字列表的引用。Ref 中的非数值型参数将被忽略。

（3）Order　是在列表中排名的数字。如果参数 order 为零或省略，RANK 函数对数字的排位是基于参数 ref 为降序排列的列表。如果 order 不为零，RANK 函数对数字的排位是基于 ref 升序排列的列表。

例如：在"药品销售统计表"工作簿中的"感冒药销售表"工作表中按照每个销售员的销售金额排名次，可以按照以下步骤完成：

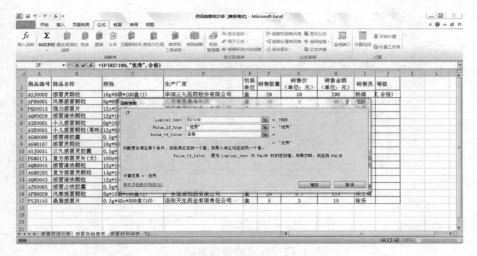

图 4-50 "IF 函数"设置窗口

（1）在"等级"后面增加一列，命名列标题为"排名"。

（2）选择单元格 K2。

（3）选择"公式"选项卡→"函数库"组中的"插入函数"按钮；从全部函数列表中选中并单击 RANK 函数，如图 4-51 所示。

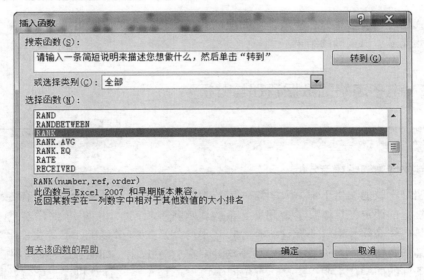

图 4-51 "插入函数"对话框-全部函数类别

（4）在弹出来的"函数参数"对话框中，单击"Number"参数框，选择计算区域"H2"，在"Ref"参数框中选择区域"H \$ 2：H \$ 17"，最后单击"确定"按钮，如图 4-52所示。计算出第一个人的名次后，继续向下拖动填充柄可以计算出其他销售员的名次。

（五）错误信息

在使用公式的过程中，经常会因为输入错误等原因，而导致公式出现一些错误信息的提示，如表 4-2 所示。

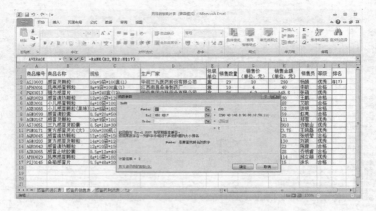

图 4-52 "RANK 函数"设置窗口

表 4-2 常见错误信息的意义

错误信息	意义	错误信息	意义
#####	单元格的数据长度超过了列宽	#NAME?	公式中使用了未经定义的文字内容
#DIV/0!	公式、函数中出现被零除的情况	#NULL!	公式、函数中使用了没有相交的区域
#REF!	公式、函数中引用了无效的单元格	#NUM!	公式、函数中某个数字有问题
#VALUE!	公式、函数中操作数的数据类型不对	#N/A	引用了不能识别的名称

当公式出现错误信息时，应该针对相应的错误信息的意义去改正错误，确保公式的正确输入，才能显示出正确的结果。

项目二 电子表格的数据管理与分析

案例导入

案例：学生成绩的管理与分析

小明是学校的学生干部，大学第一年的学习成绩已经公布，在学期末有各种奖学金和助学金的评定，具体奖学金和助学金的要求各不相同，如：一等奖学金的基本要求是各科成绩必须及格（不允许有补考）且平均分要在 85 分以上；二等奖学金要求各科成绩必须及格（不允许有补考）且平均分要在 75 分以上，如何在全体同学中筛选出来符合条件的同学让小明很头疼。有位同学说"咱们不是在计算机课上学过数据的筛选和排序等知识吗？"，同学的一句话提醒了他，小明用所学的知识很顺利地完成了任务。人工筛选是很麻烦的，因此必须借助计算机来完成这项工作。

讨论：1. 制作与编排数据表后，如何对数据进行各种分析，以方便管理和使用数据信息？

EXCEL 电子表格可以满足大多数数据处理的业务需要，能对数据进行处理和管理，使数据从静态变成动态，能充分利用计算机自动、快速的进行处理。在 EXCEL 中不必进行编程就能对工作表中的数据进行检索、分类、排序、筛选等操作，利用系统提供的函数可完成各种数据的分析。

任务一　数据管理

在工作表中输入基础数据后，Excel 提供了丰富的数据分析和处理功能，可以对大量、无序的原始数据资料进行深入地处理和分析，从中获取更加丰富实用的信息。

一、数据清单

数据清单是具有二维表性质的电子表格，可以像数据库一样使用，数据清单中的列对应数据库中的字段，行对应数据库中的记录。

（一）创建数据清单的准则

1. 一个数据清单最好占用一个工作表。

2. 数据清单是一片连续的数据区域，不允许出现空行和空列。

3. 每一列包含相同数据类型，需要在数据清单第一行中创建列标。

4. 要在数据清单第一行中创建列标题。列标题最好使用与数据清单中数据不同的格式。

5. 在工作表的数据清单与其他数据间至少应留出一个空列和一个空行。在执行排序、筛选或自动汇总等操作时，这将有利于 Excel 检测和选定数据清单。

（二）数据清单的编辑

数据清单是由字段数据清单是由字段和记录构成的，而字段就是工作表的每一列，记录就是工作表中的各行数据。

1. 新建记录　选择"快速访问工具栏"→"记录单"（需要先通过"文件"选项卡中的"Excel 选项"，将"记录单"命令添加到"快速访问工具栏"），弹出"记录单"对话框（如图 4 – 53 所示），在"记录单"对话框中，单击"新建"按钮，将出现一个新建记录的数据单，输入各字段数据后按回车键，这样可以将该记录加入到数据清单的最后一行。

图 4 – 53　"记录单"对话框

2. 删除记录　在"记录单"对话框中，选择要删除的记录，单击"删除"按钮，可将该记录从数据清单中删除。删除记录时，将出现一个警告框，警告用户该记录将被永远删除，单击"确定"按钮，便可将记录删除，并且被删除的记录不能恢复。

3. 查找记录　在"记录单"对话框中，单击"条件"按钮，会出现一个空的记录单，在需要查找的字段名右边文本框中输入条件，然后可以单击"下一条"和"上一条"按钮查看满足条件的记录。

4. 修改记录　在"记录单"对话框中，找到需要修改的记录，对记录进行修改，完成数据修改后，单击“关闭”按钮。

二、数据排序

数据的排序，可以按照行或列进行排序，下面以列排序为例介绍排序的使用方法。列排序是指按照表格中某一列或某几列值的大小进行排序。排序的列称为关键字，如果按照多个关键字排序，一定要分清楚主要关键字、次要关键字……，否则排序结果会出现错误。

（一）单个关键字排序

通常情况下，参与排序的数据列表需要有标题行，为一个连续区域。常见方法有以下三种：

1. 选择工作表中排序列的任意一个单元格；单击“数据”选项卡中“排序和筛选”组的“升序”或“降序”按钮。例如，对“学生成绩表.xlsx”中的学生按照“总分”进行降序排序，具体的步骤如下：

（1）选择工作表中“总分”列的任意一个单元格；

（2）单击“数据”选项卡中“排序和筛选”组的“降序”按钮，即可实现按照总分降序排序，结果如图4－54所示。

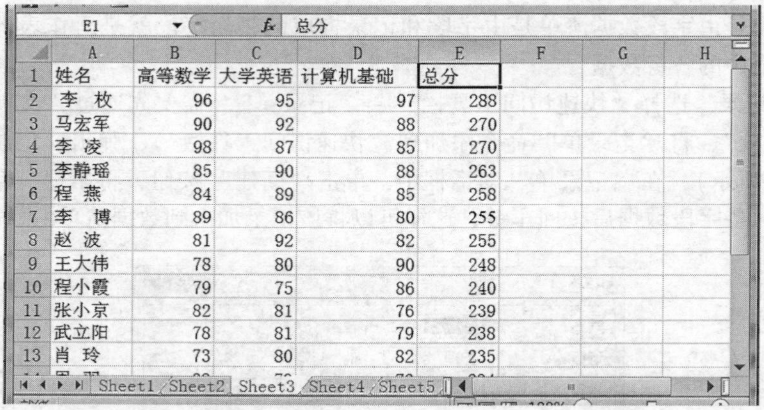

	A	B	C	D	E
1	姓名	高等数学	大学英语	计算机基础	总分
2	李　枚	96	95	97	288
3	马宏军	90	92	88	270
4	李　凌	98	87	85	270
5	李静瑶	85	90	88	263
6	程　燕	84	89	85	258
7	李　博	89	86	80	255
8	赵　波	81	92	82	255
9	王大伟	78	80	90	248
10	程小霞	79	75	86	240
11	张小京	82	81	76	239
12	武立阳	78	81	79	238
13	肖　玲	73	80	82	235

图4－54　排序结果

2. 选择要排序列的任意一个单元格，单击鼠标右键，在弹出的快捷菜单中选择“排序”命令，再选择子菜单中的“升序”或“降序”命令。

3. 选择要排序列的任意一个单元格，单击“数据”选项卡中“排序和筛选”组的“排序”按钮。

（二）多个关键字排序

按照多关键字排序，就是依据多列的数据规则对数据表进行排序操作，排序时，首先排列主要关键字列中的数据，如果该列中有相同的数据，则再按照次要关键字排序，如果再相同则按照第三关键字排序，依次类推。例如，对“学生成绩表.xlsx”中的学生按照高等数学成绩升序，总分降序排序。具体步骤如下：

1. 选择要排序的数据区域任意一个单元格。

2. 选择“数据”选项卡中“排序和筛选”组的“排序”按钮，打开“排序”对话框，设置主要关键字为“总分”，次序为“降序”，次要关键字为“高等数学”，次序为“降序”，如图4－55所示。

3. 单击“确定”按钮完成。结果如图4－56所示。

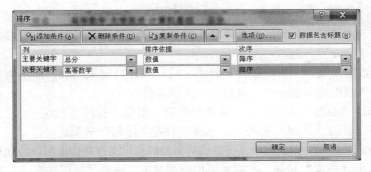

图 4-55　"排序"对话框

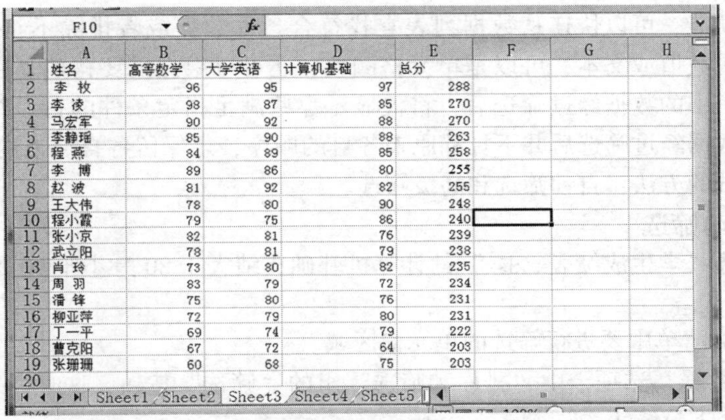

图 4-56　排序结果

（三）设置排序选项

默认情况下，排序选项中排序方向是"按列排序"，但是如果表格的数值是按行进行分布的，在进行数据的排序时，可以将排序选项更改为"按行排序"。在对话框中，还可以选择排序时是否区分大小写、排序方向、排序方法等，如图 4-57 所示。

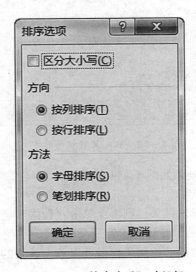

图 4-57　"排序选项"对话框

（四）自定义序列进行排序

当工作表的内容较为特殊，不能单纯地的按照升序或降序的顺序进行排列时，可对排序方式进行自定义设置。

只能基于数据（文本、数值以及日期或时间）创建自定义列表，而不能基于格式（单元格颜色、字体颜色等）创建自定义列表。具体步骤如下：

1. 单击选择"数据"选项卡中"排序和筛选"组的"排序"按钮。

2. 在排序条件的"次序"列表中，选择"自定义序列"选项。

3. 在"自定义序列"对话框中，可以选择需要的自定义序列，也可以添加自定义序列。

4. 最后单击"确定"按钮，数据就可以按照自定义序列的顺序排序。

三、数据筛选

通过筛选功能，可以快速从数据列表查找符合条件数据或者排除不符合条件的数据。筛选条件可以是数值或文本，可以是单元格颜色，还可以根据需要构建复杂条件实现高级筛选。数据列表中的数据经过筛选后，将仅显示那些满足指定条件的行，并隐藏那些不希望显示的行。数据经过筛选后并不打乱原来各自的顺序，还保留各自原来的行号。Excel 中提供了两种筛选的方法：自动筛选和高级筛选。

（一）自动筛选

例如，筛选"学生成绩表.xlsx"的计算机基础成绩大于 80 且小于 90 的人员，操作步骤如下：

1. 选择数据清单中要进行筛选的单元格区域。

2. 选择"数据"选项卡中"排序和筛选"组的"筛选"按钮，这时每列最上方单元格右边会出现一个下拉箭头。

3. 单击"计算机基础"列标题的下拉列表框，选择"数字筛选"的"自定义筛选"选项，打开"自定义自动筛选方式"对话框，如图 4 – 58 所示。先选择条件"大于"，输入数值"80"，再选择条件"小于"，输入数值"90"，条件关系选择"与"。

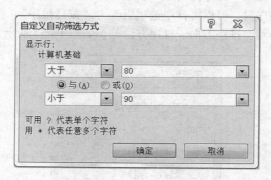

图 4 – 58　自定义自动筛选方式

4. 单击"确定"按钮，效果如图 4 – 59 所示。

（二）取消自动筛选

1. 如果要取消所有列的筛选结果，则再次单击"数据"选项卡中"排序和筛选"组的"清除"按钮。

2. 如果要取消某一列的自动筛选结果，则可以单击该列的下拉列表框，然后选择其中的清除筛选命令。

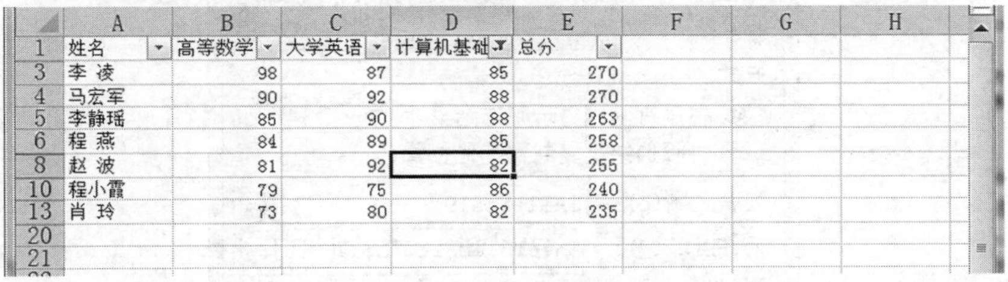

图 4 –59　自动筛选结果

3. 如果要取消自动筛选功能，则可以单击"数据"选项卡中"排序和筛选"组的"筛选"按钮。

（三）高级筛选

自动筛选时操作时每次只能是一列，如果同时对两列以上的数据操作，用自动筛选需要分成几次完成，而用高级筛选可以一次完成，其次自动筛选时要求列与列之间的条件关系必须为"与"（同一列的条件关系可以为"或"），否则必须用高级筛选。

1. 例如，筛选"学生成绩表 . xlsx"的高等数学成绩高于 90 分并且计算机基础成绩高于 90 分的学生，操作步骤如下：

（1）构造筛选条件，由于两个条件之间是"与"的关系，所以两个条件要放在同一行上，如图 4 –60 所示。

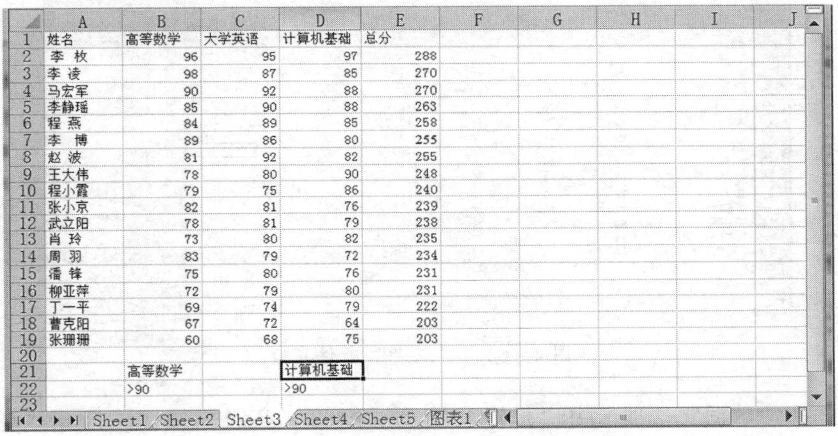

图 4 –60　　"并且"条件窗口

（2）单击"数据"选项卡中"排序和筛选"组的"高级"按钮，出现"高级筛选"对话框，如图 4 –61 所示。

（3）在"高级筛选"对话框中，系统自动给出操作的数据区域"$A $1：$E $19"，选择条件区域"Sheet3！$B $21：$D $ +22"。

（4）单击"确定"按钮，即可出现结果，如图 4 –62 所示。

2. 如果条件改变为筛选高等数学成绩高于 90 分或者计算机基础成绩高于 90 分的学生，操作步骤如下：

（1）构造筛选条件，由于两个条件之间是"或"的关系，所以两个条件要放在不同的行上，如图 4 –63 所示。

图 4-61 "高级筛选"对话框

	A	B	C	D	E	F	G	H	I	J
1	姓名	高等数学	大学英语	计算机基础	总分					
2	李 枚	96	95	97	288					
21		高等数学		计算机基础						
22		>90		>90						
23										
24										
25										

图 4-62 高级筛选结果窗口

	A	B	C	D	E	F	G	H	I	J
1	姓名	高等数学	大学英语	计算机基础	总分					
2	李 枚	96	95	97	288					
3	李 凌	98	87	85	270					
4	马宏军	90	92	88	270					
5	李静瑶	85	90	88	263					
6	程 焘	84	89	85	258					
7	李 博	89	86	80	255					
8	赵 波	81	92	82	255					
9	王大伟	78	80	90	248					
10	程小霞	79	75	86	240					
11	张小京	82	81	76	239					
12	武立阳	78	81	79	238					
13	肖 玲	73	80	82	235					
14	周 羽	83	79	72	234					
15	潘 锋	75	80	76	231					
16	柳亚萍	72	79	80	231					
17	丁一平	69	74	79	222					
18	曹克阳	67	72	64	203					
19	张珊珊	60	68	75	203					
20		高等数学		计算机基础						
21		>90								
22				>90						
23										

图 4-63 "或者"条件窗口

（2）选择"数据"选项卡中"排序和筛选"组的"高级"按钮，打开"高级筛选"对话框。

（3）在对话框中，系统自动给出操作的数据区域"$A $1：$E $19"，选择条件区域"Sheet3！$B $20：$D $22"。

（4）单击"确定"按钮，即可如图 4-64 出现结果。

图 4-64 高级筛选结果

对比以上两个例题，可以看出，在构造条件的时候，要区分条件是"与"还是"或"关系很重要的。如果是"与"的关系，字段名、条件需要分别放在同一行上；如果是"或"的关系，字段名放在同一行上，而将条件放在不同行上。

任务二 数据分析

对已经确认和计算后的数据进行分类汇总统计，用数据透视表更清晰地表达出相关数据，便于用户更加直观地查看数据的分布和规律。在本任务中，将通过对学生成绩的分析和统计来实现此功能。

一、分类汇总

分类汇总是数据分析的常用方法，是将数据表中的同类数据进行统计处理，Excel 可以对这些数据进行求和、求平均值、求最大值和求最小值等多种计算，并且把结果以"分类汇总"和"总计"的形式显示出来。分类汇总之前首先需要按照分类的字段进行排序。

（一）分类汇总的建立

例如，对"学生成绩表.xlsx"中的学生按照班级进行分类汇总，计算每个班级的各科平均成绩。操作步骤如下（在操作之前要在原来表的基础上增加班级一列）：

1. 首先按照分类字段"班级"进行升序排序。

2. 选择"数据"选项卡中"分级显示"组的"分类汇总"按钮，打开"分类汇总"对话框，如图 4 - 65 所示。

图 4 - 65 "分类汇总"对话框

3. 在对话框中，选择"分类字段"为"班级"，选择"汇总方式"为"平均值"，"选定汇总项"为"高等数学、大学英语、计算机基础"，去掉别的选项。

4. 单击"确定"按钮。这样会出现各班级的科目平均值，如图 4 - 66 所示。

在分类汇总结果的左侧有"摘要"按钮 **−**，每个"摘要"按钮所对应的就是一类数据所在的行。如果单击 **−** 变成 **+** 按钮，则摘要按钮所对应的详细数据会被隐藏，只显示汇总后的平均值。反过来如果单击 **+** 变成 **−**，则可以显示所对应的明细资料。

在汇总表的左上方有层次按钮 1 2 3，意义分别如下：

1 2 3		A	B	C	D	E	F	G	H	I
	1	姓名	班级	高等数学	大学英语	计算机基础	总分			
	2	李 凌	护理	98	87	85	270			
	3	程 燕	护理	84	89	85	258			
	4	王大伟	护理	78	80	90	248			
	5	武立阳	护理	78	81	79	238			
	6	潘 锋	护理	75	80	76	231			
	7	曹克阳	护理	67	72	64	203			
	8		护理 平均值	80	81.5	79.8333333				
	9	马宏军	康复	90	92	88	270			
	10	李 博	康复	89	86	80	255			
	11	程小霞	康复	79	75	86	240			
	12	肖 玲	康复	73	80	82	235			
	13	柳亚萍	康复	72	79	80	231			
	14	张珊珊	康复	60	68	75	203			
	15		康复 平均值	77.166667	80	81.8333333				
	16	李 枚	中药	96	95	97	288			
	17	李静瑶	中药	85	90	88	263			
	18	赵 波	中药	81	92	82	255			
	19	张小京	中药	82	81	76	239			
	20	周 羽	中药	83	79	72	234			
	21	丁一平	中药	69	74	79	222			
	22		中药 平均值	82.666667	85.166667	82.3333333				
	23		总计平均值	79.944444	82.222222	81.3333333				

Sheet1 Sheet2 Sheet3 Sheet4 Sheet5 图表1

图 4-66 分类汇总结果窗口

（1）按钮 □1□ 　单击后只显示总的汇总结果，将所有的明细数据隐藏，如图 4-67 所示。

图 4-67 屏蔽明细数据

（2）按钮 □2□ 　单击后显示总的汇总结果和各个分类汇总结果，不显示明细数据。

（3）按钮 □3□ 　单击后显示全部数据和各个分类汇总结果。

如果对数据清单同时进行多个分类汇总操作，则操作必须分成几次完成，如果保留每次分类汇总的结果，则在图 4-65 中将"替换当前分类汇总"选项的对号去掉。

（二）分类汇总的删除

要删除分类汇总后的结果，操作步骤如下：

1. 选择已做分类汇总的区域，选择"数据"选项卡中"分级显示"组的"分类汇总"按钮。

2. 在"分类汇总"对话框中，选择"全部删除"按钮。

3. 单击"确定"按钮。

二、数据透视表

（一）创建数据透视表

数据透视表是一种可以从源数据表快速提取并汇总大量数据的交互式表格。使用数据透视表可以汇总、分析、浏览数据以及呈现汇总数据，从不同的角度查看数据，深入分析数据。下面以"学生成绩表.xlsx"的数据清单为例，说明数据透视表的建立过程，具体步骤如下：

1. 选择数据清单的任意一个单元格，选择"插入"选项卡中的"表格"组，单击其中的"数据透视表"命令，如图 4-68 所示。

2. 在弹出的"创建数据透视表"的对话框中单击 ▦ 按钮，在工作表中拖动鼠标选中所有基础数据单元格区域，则在对话框中"表/区域"后的单元格中显示所选区域，如图 4-69 所示。

3. 单击"确定"按钮后，在工作区右侧出现"数据透视表字段列表"，在"选择要添

图 4 - 68　数据透视表命令

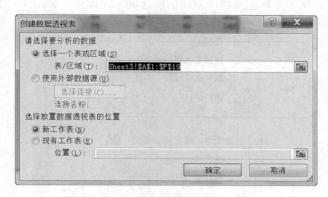

图 4 - 69　"创建数据透视表"对话框

加到报表的字段"中选择"大学英语",在右下角的"数据"区域选择"求和项:大学英语"右侧的下拉按钮,选择"值字段设置"命令,在弹出的对话框中,选择"数值汇总方式"为"方差",单击"确定"按钮,如图 4 - 70 所示。

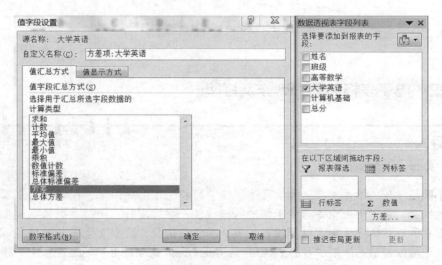

图 4 - 70　数据透视表字段设置

4. 以同样的方式对其他字段进行设置,例如对"总分"字段以"最大值"方式生成数据透视表,结果如图图 4 - 71 所示。

方差项:大学英语	汇总
汇总	56.65359477
最大值项:总分	汇总
汇总	288

图 4-71　数据透视表

（二）删除数据透视表

如果要删除已创建好的数据透视表，可选择要删除的字段，单击鼠标右键，系统自动弹出下拉菜单，在菜单中选择删除项中对应的所选的字段即可，如图 4-72 所示。

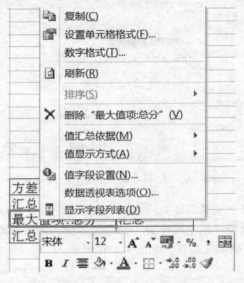

图 4-72　删除数据透视表

项目三　电子表格的图表制作及打印

案例导入

案例：学生成绩图表化

　　小明是学校的学生干部，大学第一年的学习和工作都结束了，在学期末主管老师要求他提交一份学生会全体学生干部的各科成绩，除此之外，还需要把每个成员的成绩以图表的形式体现出来。以便检查各成员的学习情况，决定学生干部的任免。小明考虑完全可以通过本学期学习的 EXCEL 的功能来完成此项任务。他迅速做出一张统计图，使大家一目了然地看出谁的成绩更好一些。谁更优秀。适合担任学生干部。

讨论：1. 如何使用 Excel 的图表功能更清晰、更直观地显示统计的数据？
　　　　2. 如何完整地输出电子表格的数据和图表？

EXCEL 提供了丰富繁多的图表，包括柱形图、饼图、条形图、面积图、折线图、气泡图以及三维图。图表能直观的表示数据间的复杂关系，图表中的各种对象如：标题、坐标轴、网络线，图例、数据标志、背景等能任意的进行编辑，图表中可添加文字、图形、图像，精心设计的图表更具说服力，利用图表向导可方便、灵活的完成图表的制作。

任务一　数据的图表化

在 Excel 中，工作表中的数据可以利用图表功能，以图表的形式来展示数据之间的关系，使平面、抽象的数据变得立体、形象。图表是以工作表数据为依据的，工作表中的数据发生变化时，图表中对应的数据也自动更新。本任务将介绍图表的组成，以及在工作表中创建图表等相关知识。

一、图表的基本概念

Excel 图表根据是否与数据源放在同一张工作表，可以分为嵌入图表和独立图表。

Excel 图表是由各图表元素构成的。默认情况下某类图表可能只显示其中的部分元素，而其他元素可以根据需要添加。可以根据需要将图表元素移动到图表中的其他位置、调整图表元素的大小或者更改其格式，还可以删除不希望显示的图表元素。

下面以柱形图为例来介绍图表，常见的图表构成如图 4 – 73 所示。

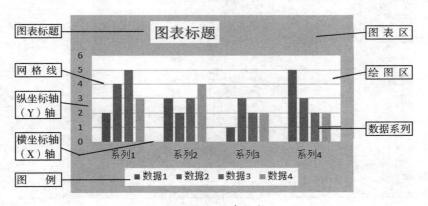

图 4 – 73　图表构成

不同类型的图表，其构成元素有一定的差别，所有的图表元素不可能出现在一个图表中。下面是常见的图表元素。

1. 图表区　即整个图表及其全部元素所在的区域。

2. 绘图区　通过坐标轴来界定的区域，包括所有数据系列、分类名、刻度线标志和坐标轴标题等。

3. 数据系列　根据源数据绘制的图形，形象地反映了数据，是图表的关键部分。这些数据源自数据表的行或列，数据点是在图表中绘制的单个值，这些值由条形、柱形、折线、饼图或圆环图的扇面、圆点和其他被称为数据标记的图形表示。

4. 坐标轴　包括横坐标轴（x 轴、水平轴）和纵坐标轴（y 轴、垂直轴），是界定图表绘图区的线条，用作度量的参照框架。数据沿着横坐标轴和纵坐标轴绘制在图表中。

5. 图例　图例是一个方框，用于标识为图表中的数据系列或分类指定的图案或颜色。

6. 图表标题　是对整个图表的说明性文本。

7. 坐标轴标题　是对坐标轴的说明性文本，用于标明 X 轴或 Y 轴的名称，

8. 数据标签 代表源于单元格的单个数据点或数值。可以用来标识数据系列中数据点的详细信息。

9. 网格线 分为水平网格线和垂直网格线两种，分别与纵坐标（Y 轴）、横坐标（X 轴）上的刻度对应，是用于比较数值大小的参考线。

二、创建图表

在制作或打开一个需要创建图表的表格后，就可以开始创建图表了。下面以学生成绩表中的数据为数据源来创建柱形图表为例，创建图表的方法主要有以下 3 种。

打开需要创建图表的“学生成绩表”工作簿文件，进入学生成绩工作表，选中需要生成图表的数据区域，如图 4 – 74 所示。（注意：不连续区域的选择用 ctrl 键配合）。

	A	B	C	D	E	F	G	H	I	J
1	姓名	班级	高等数学	大学英语	计算机基础	总分				
2	李 凌	护理	98	87	85	270				
3	程 燕	护理	84	89	85	258				
4	王大伟	护理	78	80	90	248				
5	武立阳	护理	78	81	79	238				
6	潘 锋	护理	75	80	76	231				
7	曹克阳	护理	67	72	64	203				
8	马宏军	康复	90	92	88	270				
9	李 博	康复	89	86	80	255				
10	程小霞	康复	79	75	86	240				
11	肖 玲	康复	73	80	82	235				
12	柳亚萍	康复	72	79	80	231				
13	张珊珊	康复	60	68	75	203				
14	李 枚	中药	96	95	97	288				
15	李静瑶	中药	85	90	88	263				
16	赵 波	中药	81	92	82	255				
17	张小京	中药	82	81	76	239				
18	周 羽	中药	83	79	72	234				
19	丁一平	中药	69	74	79	222				
20										
21										
22										
23										
24										
25										
26										
27										
28										

Sheet1 / Sheet2 / Sheet3 / Sheet4 / Sheet5 / 图表1

图 4 – 74 选择数据区域

1. 利用“插入图表”对话框创建或利用“图表”组的命令按钮创建。

利用功能区“插入”选项卡，单击“图表”选项组右下角的功能扩展按钮，打开“插入图表”对话框，在其中选择需要的图表类型和样式，然后单击“确定”按钮，如图 4 – 75 所示。

2. 利用功能区“插入”选项卡，在“图表”组中选择要插入的图表类型。如单击“柱形图”下拉按钮，在弹出的下拉菜单中，选择柱形图样式，如图 4 – 76 所示。

3. 利用快捷键创建图表

在 Excel 中，图表类型默认为柱形图。当创建图表的数据区域选中后，按下“Alt + F1”组合键，即可快速嵌入图表。

三、图表的编辑与修饰

（一）图表的编辑

图表创建后并不完善，在实际情况下可根据工作需要对其进行编辑。

图 4 - 75　插入图表（1）

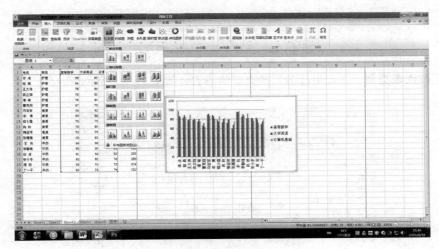

图 4 - 76　插入图表（2）

　　要对图表进行编辑，首先选中需编辑的图表，在功能区研究会显示"图表工具"，选择"设计"选项卡。"设计"选项卡由"图表布局"、"图表样式"、"数据"、"类型"、"位置"组成，如图 4 - 77 所示。

图 4 - 77　图表工具（设计）

　　1. 图表布局　在此可对图表进行快速布局，选中图表，单击添加图表元素命令按钮，可以执行对坐标轴、轴标题、图标标题、数据标签、数据表等的设置或打开其对应的子菜单进行设置，如图 4 - 78 所示。

　　2. 切换行/列　交换坐标轴上的数据。标在 X 轴上的数据将移到 Y 轴上，反之亦然，如图 4 - 79 所示。

图 4-78　图表元素

3. 选择数据源　更改图表中包括的数据区域，如图 4-79 所示。

图 4-79　选择数据源和切换行/列

4. 更改图表类型　在此更改为其他类型的图表，如图 4-80 所示。

图 4-80　更改图表

5. 移动图表　将图表移至工作簿中的其他工作表或标签，如图 4-81 所示。

（二）图表的修饰

图表创建和编辑好后，用户可以根据自己的审美要求，对图表进行美化。

要对图表进行修饰，首先选中需修饰的图表，在功能区会显示"图表工具"，选择"格式"选项卡。"格式"选项卡由"当前所选内容""插入形状""形状样式""艺术字样式""排列""大小"组成，如图 4-82 所示。

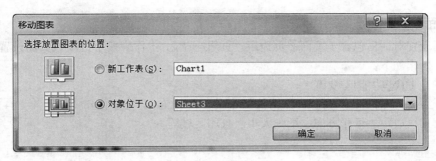

图 4-81　移动图表

图 4-82　"格式"选项卡

现以"学生成绩表"图表为例，为其设置背景的具体操作方法如下：

先选中"成绩统计"图表，在功能区的"图表工具"中选择"格式"选项卡，选择"当前所选内容"中的"设置所选内容格式"，打开"设置图表区格式"窗格，对图表区进行"填充"和"边框"设置，如图 4-83 所示。

图 4-83　设置图表区格式

任务二　电子表格的打印输出

当一个工作簿中的各张工作表制作完成后，可以通过打印机将内容打印输出。在进行打印输出之前要先进行一些相关的页面设置和打印设置。下面以学生情况统计表的打印为例，介绍一下在 Excel 中打印电子表格的方法和技巧。

一、页面设置

页面设置对话框包含了页面、页边距、页眉/页脚、工作表四个选项。页面设置的方法有两种，操作如下：

（一）通过功能区设置

打开需要打印的工作表，选择功能区中的"页面布局"选项卡（如图4-84所示），在此可设置页边距、纸张方向、纸张大小、打印区域等。

图4-84 "页面布局"选项卡

（二）通过 "页面设置" 对话框设置

打开需要打印的工作表，选择功能区中的"页面布局"选项卡，单击"页面设置"组右下角的功能扩展按钮，在弹出的"页面设置"对话框中选择相应的设置。

1. 页面 通过此选项卡可设置纸张的方向、纸张大小等。默认方向为纵向，纸张大小为A4，如图4-85所示。

2. 页边距 是指页面上打印区域之外的空白区域。可根据需要进行上、下、左、右边距等的调整（图4-86）。

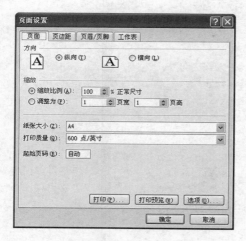

图4-85 纸张方向、大小设置

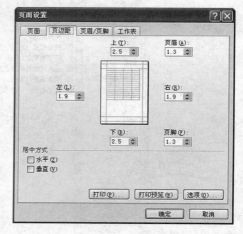

图4-86 页边距设置

3. 页眉/页脚 页眉用于显示每一页顶部的信息，在Excel表格中通常包括表格名称等内容。页脚用于显示每一页底部信息，通常包括页数、打印日期和时间等，如图4-87所示。

4. 工作表 当工作表中行或列很多，无法在一页内打印出来时，将自动分页，此时，只有第一页有标题行，查看数据很不方便。此时可通过设置"工作表"中的打印标题，使得每一页上都重复打印相同的行或列，如图4-88所示。

二、打印预览

为保证打印效果符合要求，不浪费纸张，在打印一个工作表之前，除了根据需要进行相应的页面设置，还需要对工作表进行打印预览，确认最终打印效果。下面将对打印预览的方法进行介绍。

图 4 - 87　页眉/页脚设置　　　　　　　　图 4 - 88　打印标题

步骤 1：打开需要打印的工作表，选择"文件"选项卡，单击"打印"命令，即可在打开的页面中预览工作表的打印效果了，如图 4 - 89 所示。

图 4 - 89　打印预览（1）

步骤 2：单击"快速访问工具栏"右侧的下拉按钮，在打开的下拉菜单中选中"打印预览"命令，将其添加到快速访问工具栏中，只要单击快速访问工具栏中的"打印预览和打印"按钮，也可预览打印效果，如图 4 - 90 所示。

三、打印工作表

打印预览工作完成后，可以根据需要修改页面设置或返回工作表中进行数据修改，当工作表的设置符合要求后就可以开始打印了。

打印工作表的操作方法为：打开需要打印的工作表，选择"文件"选项卡，单击"打印"命令，在相应数据框中输入打印的份数，打印的页码范围等，设置好后单击"打印"按钮，即可开始打印。默认情况下，"副本"数据框中的打印份数为 1 份，"页数"数据框中的打印页码范围为全部打印。

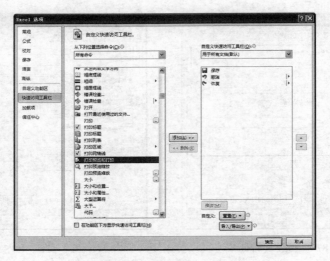

图 4-90　打印预览（2）

实训一　学生成绩表

1. 依次解答以下各小题：

打开实验素材\第四章\学生成绩表.xlsx，如图 4-91 所示，完成以下操作并保存操作结果。

姓名	班级	高等数学	大学英语	计算机基础	总分
李　凌	护理	98	87	85	270
程　燕	护理	84	89	85	258
王大伟	护理	78	80	90	248
武立阳	护理	78	81	79	238
潘　锋	护理	75	80	76	231
曹克阳	护理	67	72	64	203
马宏军	康复	90	92	88	270
李　博	康复	89	86	80	255
程小霞	康复	79	75	86	240
肖　玲	康复	73	80	82	235
柳亚萍	康复	72	79	80	231
张珊珊	康复	60	68	75	203
李　枚	中药	96	95	97	288
李静瑶	中药	85	90	88	263
赵　波	中药	81	92	82	255
张小京	中药	82	81	76	239
周　羽	中药	83	79	72	234
丁一平	中药	69	74	79	222

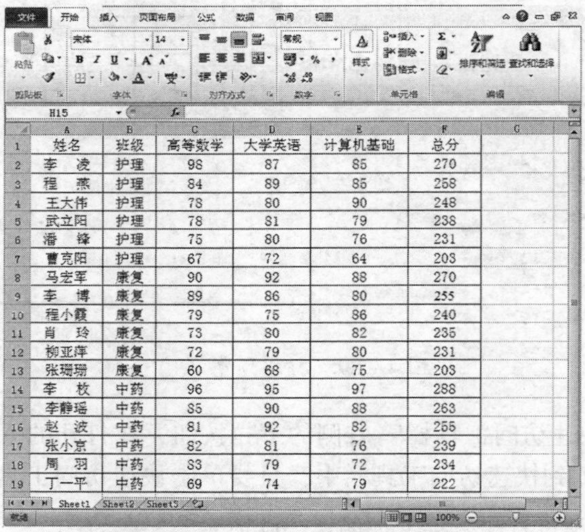

图 4-91　学生成绩表

（1）在 Sheet1 中建立学生成绩工作表，输入学号时采用自动填充序列的方式输入。

（2）插入一张新工作表 Sheet2，将 Sheet1 工作表内容复制到 Sheet2。

（3）在 Sheet2 中，将表格标题设置成黑体、16 磅大小，加粗，跨列居中，字体颜色为“红色”。

（4）给整个表格加边框和底纹，边框是“蓝色”，标题底纹是“黄色”，记录数据底纹是“浅绿”。

（5）将 Sheet2 重命名为“2014 级学生成绩表”。

（6）将“考试科目”列的列宽设置为 10。

（7）用函数计算出表格中的“总分”，“平均分”，“名次”，“等级”（> =90，优秀；> =60，合格；<60，不合格）。（注：函数分别使用 SUM，AVERAGER，RANK，IF。）

（8）按总分降序排列。

（9）筛选出“中基”大于 60 且“总分”大于 300 的记录，使用高级筛选（条件在 A21：B22 范围），并在条件的下方空白处后显示高级筛选结果。

（10）使用条件格式，对学生的每门课中 <60 分的成绩以粗体，红色显示。

（11）建立成绩柱形图表。

（12）将表格（A1：F19 区域）创建数据透视表，其中的“姓名”作为行标题，将“等级”作为要表现的“数据”，数据透视表显示位置为“新工作表”，其他默认。

实训二　政府定价药品表

2. 依次解答以下各小题：

打开实验素材 \ 第四章 \ 政府定价药品表 . xlsx，如图 4 – 92 所示完成以下操作并保存操作结果。

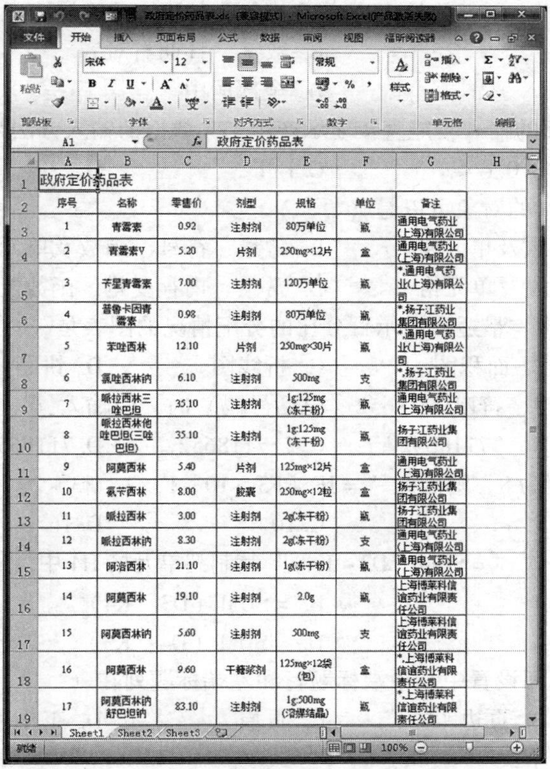

政府定价药品表

序号	名称	零售价	剂型	规格	单位	备注
1	青霉素	0.92	注射剂	80万单位	瓶	通用电气药业(上海)有限公司
2	青霉素V	5.20	片剂	250mg×12片	盒	通用电气药业(上海)有限公司
3	苄星青霉素	7.00	注射剂	120万单位	瓶	*,通用电气药业(上海)有限公司
4	普鲁卡因青霉素	0.98	注射剂	80万单位	瓶	*,扬子江药业集团有限公司
5	苯唑西林	12.10	片剂	250mg×30片	瓶	*,通用电气药业(上海)有限公司
6	氯唑西林钠	6.10	注射剂	500mg	支	*,扬子江药业集团有限公司
7	哌拉西林三唑巴坦	35.10	注射剂	1g:125mg(冻干粉)	瓶	通用电气药业(上海)有限公司
8	哌拉西林他唑巴坦(三唑巴坦)	35.10	注射剂	1g:125mg(冻干粉)	瓶	扬子江药业集团有限公司
9	阿莫西林	5.40	片剂	125mg×12片	盒	通用电气药业(上海)有限公司
10	氯苄西林	8.00	胶囊	250mg×12粒	盒	扬子江药业集团有限公司
11	哌拉西林	3.00	注射剂	2g(冻干粉)	瓶	扬子江药业集团有限公司
12	哌拉西林钠	8.30	注射剂	2g(冻干粉)	支	通用电气药业(上海)有限公司
13	阿洛西林	21.10	注射剂	1g(冻干粉)	瓶	通用电气药业(上海)有限公司
14	阿莫西林	19.10	注射剂	2.0g	瓶	上海博莱科信谊药业有限责任公司
15	阿莫西林钠	5.60	注射剂	500mg	支	上海博莱科信谊药业有限责任公司
16	阿莫西林	9.60	干糖浆剂	125mg×12袋(包)	盒	*,上海博莱科信谊药业有限责任公司
17	阿莫西林钠舒巴坦钠	83.10	注射剂	1g:500mg(溶媒结晶)	瓶	*,上海博莱科信谊药业有限责任公司

图 4 – 92　政府定价药品表

（1）将 Sheet1 中的标题设置为褐色、18 磅、楷体，水平跨列居中，垂直居中显示。将标题行行高设置为 30 磅。将 B 列至 G 列设置为最适合的列宽。为表格的 A2：G19 区域添加红色双线外框和黑色单线内框，并 A2：G2 区域添加 25% 灰色底纹。将"零售"的数值内容设置为带美元符号的货币格式，保留 1 位小数。对"零售价"数据设置条件格式，当数值大于 10 美元时，字体显示为红色。

（2）为 Sheet1 中的数据建立数据透视表，其中，剂型汇总方式为计数，零售价的汇总方式为平均值。并将数据透视表放置在 A20 开始的单元格中。

（3）在 Sheet2 中 A12：G22 区域建立"三维簇状柱形图"，并设置相应图表格式。

（4）将 Sheet1 设置为：横向打印，水平、垂直居中，页眉居中为"统计表"，字体设置为：黑体、倾斜、16 磅。

目标检测

一、选择题

1. 在 Excel 2010 环境中，用来储存并处理工作表数据的文件，称为（ ）。
   A. 工作区　　　　　B. 单元格　　　　　C. 工作簿　　　　　D. 工作表

2. 在 Excel 2010 中，名称框显示为 E12，则表示（ ）。
   A. 第 1 列第 2 行　　　　　　　　　B. 第 5 列第 12 行
   C. 第 12 列第 5 行　　　　　　　　　D. 第 5 列第 5 行

3. 在 Excel 2010 中，当向单元格输入内容后，在没有任何设置的情况下（ ）。
   A. 全部左对齐　　　　　　　　　　B. 数字、日期右对齐
   C. 全部右对齐　　　　　　　　　　D. 全部居中

4. Excel 2010 中，下面的输入，能直接显示产生 1/4 数据的输入方法是（ ）。
   A. 0.25　　　　　B. 0 1/4　　　　　C. 1/4　　　　　D. 2/8

5. 在 Excel 2010 中公式的对象可以是（ ）。
   A. 常量、变量、函数及单元格　　　B. 常量、符号、函数及单元格
   C. 常量、变量、字段及单元格　　　D. 常量、内存变量、函数及单元格

6. 在 Excel 2010 图表中，最适合显示百分比的分配情况的图表是（ ）。
   A. 柱形图　　　　　B. 面积图　　　　　C. 折线图　　　　　D. 饼图

7. 在单元格中输入数字字符串 7118652（电话号码）时，应输入（ ）。
   A. 7118652'　　　　B. "7118652"　　　　C. ' 7118652　　　　D. 7118652

8. 假如单元格 F3 的值为 8，则函数" = IF（F3 > 10，F3/2，F3 * 2）"的结果为（ ）。
   A. 4　　　　　B. 8　　　　　C. 10　　　　　D. 16

9. 将单元格 H3 中的公式" = SUM（D3：K4）"复制到单元格 H4 中，显示的公式为（ ）。
   A. = SUM（D3：K3）　　　　　　　B. = SUM（D3：K4）
   C. = SUM（D4：K5）　　　　　　　D. = SUM（D4：K3）

10. 在 Excel 2013 的页面设置中，顶端标题行和左端标题列在（ ）选项卡里设置。
    A. 页面　　　　　B. 页边距　　　　　C. 页眉　　　　　D. 工作表

二、填空题

1. 在 Excel 2010 中输入数据时，如果输入的数据具有某种内在规律，则可以利用它的

_____功能。

2. 在 Excel 2010 中，如果在单元格中输入 4/5，默认情况下会显示为_____。

3. 在 Excel 2010 中，单元格的引用（地址）有_____、_____和_____三种形式。

4. 分类汇总前必须对要分类的项目进行_____。

5. 为工作表设置页眉页脚，可以选择_____命令中的_____选项卡。

模块五

演示文稿制作软件 PowerPoint

学习目标

知识要求 **1. 掌握** 利用 PowerPoint 演示文稿制作软件制作演示文稿的方法和技巧。

2. 熟悉 PowerPoint 演示文稿制作软件中多媒体信息的设置。

3. 了解 PowerPoint 演示文稿的输出与打印。

技能要求 1. 以 PowerPoint 2010 为例，熟练掌握演示文稿制作的基本操作；创建和美化演示文稿，演示文稿动画效果、幻灯片切换的设置。

2. 学会制作有声有色的多媒体演示文稿的操作方法、演示文稿的输出及打印。

PPT，全称为 Microsoft Office PowerPoint，是微软公司推出的系列办公软件之一，利用 PowerPoint 2010，可以对文字、图形、图表、图像、动画、音频、视频等媒体进行编辑，快速制作出精美的演示文稿，增强演示效果，提高沟通效率，PPT 广泛应用在产品介绍、竞聘、演讲、授课等过程中，已成为现代办公中不可或缺的软件。

项目一　演示文稿的基础

案例导入

案例："健康生活"演示文稿建立

小红在征文中获得一等奖，学校安排小红在全体同学面前做"健康生活"为主题的报告。为了让同学们在听报告时更清楚、更直观，小红决定提前做个演示文稿，通过播放幻灯片来展示报告的内容。

讨论：如何使用 PowerPoint 来制作内容丰富、形象生动的演示文稿？

PowerPoint 是 Microsoft Office 家族中的成员之一，自 1987 年首次问世以后，随着操作系统平台的变化而不断升级，由 PowerPoint 1.0 ~ 4.0、PowerPoint95、PowerPoint 97、PowerPoint 2000、PowerPoint XP、PowerPoint 2003、PowerPoint 2007、PowerPoint 2010、PowerPoint 2013 发展到现今的最新版本 PowerPoint 2016。随着 PowerPoint 版本的不断更新，其功能也变得越来越强大。本书主要以 PowerPoint 2010 为例来介绍演示文稿制作软件的功能和应用。

演示文稿的创建与保存是 PowerPoint2010 中的基本操作，它展示了演示文稿从无到有的过程，也是每个用户都必须掌握的常用操作。通过学习，将帮助用户掌握 Office PowerPoint 20010 的基础知识和操作技能。

一、演示文稿简介

（一）启动 PowerPoint 2010

方法 1：利用 windows 7 开始"菜单"启动。

单击 Windows 7 任务栏左侧"开始"菜单按钮，单击"所有程序"，选择列表中的"Microsoft Office"，单击"Microsoft Office"后选择菜单项"Microsoft PowerPoint 2010"，即可以启动 PowerPoint 2010。

方法 2：利用 Windows 7 桌面上 PowerPoint 2010 快捷图标。

如果在桌面上设置了 PowerPoint 2010 快捷图标，如图 5 - 1 所示，可直接在桌面上用鼠标左键双击该图标直接启动 PowerPoint 2010。

图 5 - 1　PowerPoint 2010 快捷图标

方法 3：利用已建立的 PowerPoint 文稿进行启动

在 Windows 7 中通过"计算机"找到已保存的 PowerPoint 演示文稿，鼠标左键双击打开该文稿，即可启动 PowerPoint 并进行编辑。

前两种方法打开的将是 PowerPoint 2010 空白演示文稿，而第三种方法打开的是已编辑并保存的演示文稿。

（二）退出 PowerPoint 2010

方法 1：单击 PowerPoint 2010 窗口标题栏右上角"关闭"按钮 ✕ 退出。

方法 2：鼠标左键双击 PowerPoint 2010 窗口标题栏左上角控制菜单按钮 ⚟ 退出。

方法 3：单击 PowerPoint 2010 窗口中"文件"菜单下的"关闭"命令进行退出。

方法 4：通过组合键"Alt + F4"退出。

在退出 PowerPoint 2010 前，若没有对演示文稿进行保存，系统会提示是否保存对演示文稿的更改。

（三）PowerPoint 2010 窗口基本组成

PowerPoint 2010 窗口由标题栏、快速访问工具栏、"文件"菜单、功能选项卡和功能区、状态栏和视图栏、"幻灯片/大纲"窗格、"帮助"按钮、"幻灯片编辑"窗格等组成，具体如图 5 - 2 所示。

1. 标题栏　标题栏位于 PowerPoint2010 窗口界面顶部，显示当前打开的文档名称、程序名称和窗口控制按钮等，如图 5 - 2 中，当前显示的文档名称为"演示文稿 1"，程序名称为"Microsoft PowerPoint"，标题栏右侧的窗口控制按钮包括"功能区显示选项"按钮、"最小化"按钮、"最大化"或"向下还原"按钮、"关闭"按钮。

2. 快速访问工具栏　快速访问工具栏位于 PowerPoint2010 窗口标题栏左侧，集中了常用的一些工具按钮，如"保存"按钮、"撤销"按钮、"恢复"按钮，用户也可通过快速访问工具栏右侧的下拉按钮进行"自定义快速访问工具栏"设置，方便用户使用。

3. "文件"菜单　"文件"菜单位于 PowerPoint 2010 工作界面左上角，包括"保存""另存为""打开""关闭""信息""最近所用文件""新建""打印""保存并发送""帮

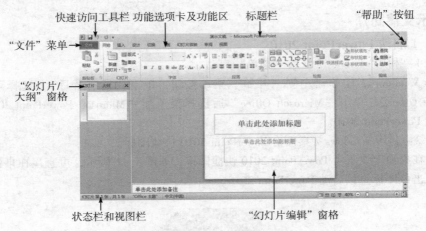

快速访问工具栏 功能选项卡及功能区　标题栏

"文件"菜单

"帮助"按钮

"幻灯片/大纲"窗格

单击此处添加标题

单击此处添加副标题

状态栏和视图栏

"幻灯片编辑"窗格

图 5 - 2　PowerPoint 2010 窗口组成

助""选项""退出"等选项，用户可进行相应的操作。

4. 功能选项卡和功能区　在 PowerPoint 2007 以后，功能选项卡替代了以往的菜单栏。单击功能选项卡功能，即可打开对应的功能区，功能区由若干工具组组成，存放常用的命令或者列表框。

5. 状态栏和视图栏　状态栏和视图栏位于 PowerPoint 2010 工作窗口最下方。状态栏显示当前幻灯片页数，总页数、字数和输入状态等信息；视图栏显示试图按钮组（普通试图、幻灯片浏览视图、阅读视图）、缩放比例控制杆，同时备注和批注按钮也显示在视图栏中。

6. 大纲/幻灯片窗格　"大纲/幻灯片"窗格位于 PowerPoint 2010 工作窗口左侧，显示当前幻灯片演示文稿数量及当前幻灯片位置。

7. "帮助"按钮　"帮助"按钮位于 PowerPoint 2010 标题栏右侧，单击"帮助"按钮可以快速弹出"PowerPoint 帮助"界面，从中找到所需的帮助信息。

8. "幻灯片编辑"窗格　"幻灯片编辑"窗格位于 PowerPoint 2010 工作界面中间，是对幻灯片进行编辑的主要工作区。

二、建立和保存演示文稿

（一）建立演示文稿

1. 建立空演示文稿　空演示文稿建立方法常用有 3 种，分别为：

方法 1：启动软件新建空白演示文稿。启动 PowerPoint 2010，启动后，选择界面右侧的"空白演示文稿"，将创建一个名称为"演示文稿 1"的空演示文稿，如图 5 - 3 所示。演示文稿默认文件名为演示文稿 1，演示文稿 2……，扩展名为 . pptx。

方法 2：使用鼠标右键新建空演示文稿。在桌面空白处单击鼠标右键，在快捷菜单中选择"新建"命令，如图 5 - 4 所示，在"新建"命令中选择"Microsoft PowerPoint 演示文稿"。在桌面新建一个文件名为"新建 Microsoft PowerPoint 演示文稿 . pptx"的空白演示文稿，用户可以直接修改文件名。

方法 3：使用组合键 Ctrl + N 新建空白演示文稿。启动 Microsoft PowerPoint 2010 后，可直接通过组合键 Ctrl + N 新建一个空演示文稿。

2. 根据模版新建演示文稿　通过模版新建演示文稿，可以将演示文稿整体风格统一，借助于模版风格的华丽和专业，没有多少美术基础的用户也可以制作出外观精美的演示文稿。具体步骤如下：

图 5 - 3　创建空演示文稿

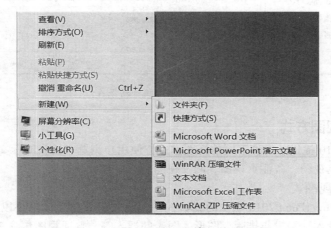

图 5 - 4　鼠标右键"新建"演示文稿

步骤1：切换到"文件"选项卡，选择"新建"选项；

步骤2：点击"样本模板"后，在"可用的模板和主题"列表中选择一种合适的样本模版，根据当前选定的模版创建演示文稿。

（二）保存演示文稿

1. 新建的演示文稿进行保存　常用的有以下三种方法。

方法1：在"文件"选项卡中选择"保存"命令，出现"另存为"对话框，在对话框中选择演示文稿保存路径，在"文件名"框中输入对应的文件名，最后单击"保存"按钮即可。

方法2：选择标题栏左侧的"快速访问工具栏"中的"保存"按钮，同样会弹出"另存为"对话框，操作方法同上。

方法3：通过组合键 Ctrl + S 进行保存，方法同上。

2. 保存已命名的演示文稿　保存已有的演示文稿，方法同保存未命名的演示文稿相似，因为保存路径和文件名已有，不会出现"另存为"对话框。

3. 已有演示文稿另存为新演示文稿　在"文件"选项卡中选择"另存为"命令，出现"另存为"对话框，在对话框中更改演示文稿保存路径和文件名，最后单击"保存"按钮即可。

4. 演示文稿自动保存　为防止意外事件造成的演示文稿丢失，可以设置演示文稿自动保存。选择"文件"菜单下"选项"命令，在"选项"对话框中选择"保存"选项卡，在"保存"选项区域中选择"保存自动恢复信息时间间隔"复选框，在对应的微调框中输入保存的时间间隔即可。如图 5 – 5 所示。

图 5 – 5　演示文稿自动保存

三、演示文稿视图方式

PowerPoint 2010 提供了 5 种不同的视图方式方便用户浏览、编辑演示文档，分别为普通视图、幻灯片浏览视图、备注页视图、阅读视图和幻灯片放映视图。

（一）普通视图

普通视图是 PowerPoint 2010 默认的编辑视图，绝大多数的工作都可以在普通视图下完成，例如文本的录入、编辑与排版，图形、图表的插入等。普通视图包含 3 个工作区："大纲/幻灯片"选项卡、编辑区、备注窗格。如图 5 – 6。

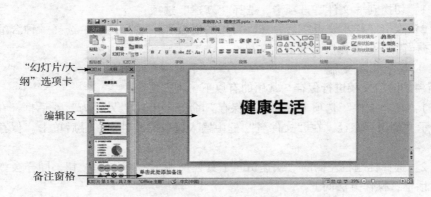

图 5 – 6　普通视图窗口

1. "幻灯片/大纲"选项卡　用户单击大纲选项卡按钮，将切换到大纲视图模式。在此视图下幻灯片按从小到大的顺序进行编号，每张幻灯片不仅显示的幻灯片标题，还按层次显示每张幻灯片主要内容，适合用户对文稿全部内容进行浏览和编辑；用户单击幻灯片选项卡按钮，将切换到幻灯片视图模式，幻灯片将以缩略图的形式进行展示，方便对幻灯片顺序调整、添加或删除幻灯片。

2. 编辑区 普通视图下的编辑区主要对幻灯片进行设计，在此区域可以为当前幻灯片录入文字、插入图片、图形、图像、音频、视频等，对当前幻灯片内容进行格式设置。

3. 备注窗格 备注窗格位于幻灯片窗格下方，为当前幻灯片添加备注内容，或者通过打印机将备注内容打印出来。

在普通视图下，用户还可以调整幻灯片文稿编辑区在屏幕中的显示大小。选择"视图"选项卡中的"显示比例"按钮，打开如图 5 - 7 的"显示比例"对话框，在对话框中选择合适的显示比例，或者在演示文稿工作窗口下的状态栏右侧，选择缩放比例控制杆进行设置。

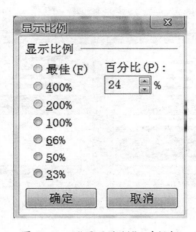

图 5 - 7 "显示比例"对话框

(二) "备注页" 视图

"备注"窗格位于"幻灯片"窗格下，单击状态栏下方的"备注"按钮可以显示备注的内容，也可以对当前幻灯片添加备注内容，为演示文稿提供参考。

设置"备注页"视图先单击"视图"选项卡，在"演示文稿视图"组中单击"备注页"按钮，如图 5 - 8 所示。

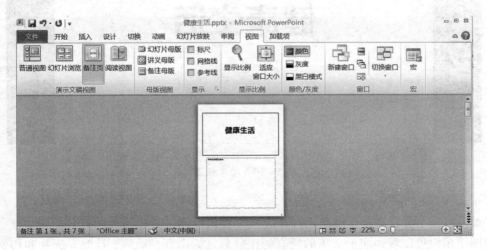

图 5 - 8 "备注页"视图

（三）"幻灯片浏览"视图

幻灯片浏览视图可以通过缩略图的形式查看幻灯片，在浏览视图下，可以对演示文稿的顺序进行重新排列和组织，也可以对幻灯片进行插入、复制、移动、删除等操作，但不能在此视图下对幻灯片进行内容编辑。

设置"幻灯片浏览"视图先单击"视图"选项卡，在"演示文稿视图"组中单击"幻灯片浏览"按钮，如图5-9所示。

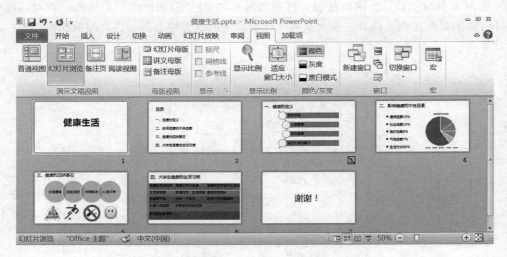

图5-9　"幻灯片浏览"视图

（四）阅读视图

阅读视图下将以整版显示幻灯片，"文件"按钮及功能区将被隐藏，如图5-10所示。

图5-10　阅读视图

（五）"幻灯片放映"视图

单击界面下方状态栏中的"幻灯片放映"视图按钮，开始播放幻灯片演示文稿。在该视图中用户可以看到演示文稿的所有制作效果，如声音、动画、计时、影片和切换效果等。

项目二　演示文稿的编辑与美化

案例导入

案例： "健康生活" 演示文稿设计与美化

　　小红的演示文稿做完了，自己对内容很满意，但是感觉还不够美观。经过学习和思考，小红收集到了更多地素材，调整了布局、设置了模板、适当添加设置了一些动画和切换效果，立刻感觉效果不一样了。美观的 PPT 和小红的演讲相互辉映，得到大家一致的称赞。

讨论： 如何对演示文稿进行设计和美化，以提高演示文稿的趣味性和专业性？

　　本项目中，将通过具体制作演示文稿，学习演示文稿的管理、演示文稿元素的添加及演示文稿的美化。

任务一　演示文稿的编辑与管理

　　一个完整的演示文稿是由多张幻灯片组成的，用户在制作演示文稿的过程中，通常需要对多张幻灯片进行操作，例如：选定幻灯片、插入幻灯片、复制、移动和删除幻灯片等。幻灯片中的组成元素多种多样，可以是文字、图表、图片、图形，也可以插入音频、视频。通过这些元素的综合运用，可以将所表达的信息组合在一起，达到最佳的宣传和观赏效果。

一、管理演示文稿

（一）选定幻灯片

　　选定幻灯片通常有单选、连续选定、非连续选定三种方式。

　　1. 单选　在 "幻灯片浏览视图" 中，单击选中的幻灯片。

　　2. 连续多选　在 "幻灯片浏览视图" 中，鼠标左键单击待选的第一张幻灯片缩略图，按住 Shift 键，再单击最后一张要选定的幻灯片缩略图。

　　3. 非连续性多选　在 "幻灯片浏览视图" 中，鼠标左键单击待选的第一张幻灯片缩略图，按住 Ctrl 键，在逐次单击其他待选的幻灯片缩略图即可。

　　4. 全选　在 "幻灯片浏览视图" 中，通过组合键 Ctrl + A 进行全选。

（二）添加幻灯片

　　编辑过程中如需要对演示文稿添加新的幻灯片，有下列操作方式：

　　1. 在 "幻灯片浏览视图" 中插入幻灯片　鼠标左键单击要插入新幻灯片的位置，切换到 "开始" 选项卡，在 "幻灯片" 选项组中单击 "新建幻灯片" 箭头按钮，在下拉列表中选择一种版式，即可插入一张新幻灯片。

　　2. 在 "大纲视图" 插入幻灯片　鼠标左键单击第一张幻灯片，按 Enter 键即可在第一张幻灯片前插入一张新幻灯片；鼠标单击末尾幻灯片，按 Enter 键即可在幻灯片后面插入一张新幻灯片。

　　3. 在 "普通视图" 中插入幻灯片　单击某张幻灯片，然后按 Enter 键即可在当前幻灯片后面插入一张新幻灯片。

（三）删除幻灯片

　　选定需要删除的单张或多张幻灯片，通过以下三种方式进行删除：

1. 单击键盘 Delete 键进行删除。

2. 切换到"开始"选项卡，在选项卡中选择"删除"按钮。

3. 鼠标右键单击选定的幻灯片，在弹出的快捷菜单中选择"删除幻灯片"命令。

（四）移动幻灯片

在"普通视图"或"幻灯片浏览视图"中，选择需要移动的幻灯片，然后拖至所需位置；或者利用"剪切"和"粘贴"命令进行移动。

（五）复制幻灯片

复制幻灯片常用的方法很多，常用的有通过选项卡按钮复制和快捷菜单进行复制两种。

1. 通过选项卡按钮进行复制

步骤1：在"普通视图"或"幻灯片浏览视图"中，选择待复制的幻灯片，在"开始"选项卡中的"剪贴板"区域选择"复制"按钮；

步骤2：将光标定位在目的地，在"开始"选项卡中的"剪贴板"区域选择"粘贴"按钮即可。

2. 通过快捷菜单进行复制

步骤1：单击鼠标右键弹出快捷菜单，在快捷菜单中选择"复制"命令；

步骤2：将光标定位在目的地，单击鼠标右键在快捷菜单中选择"粘贴"命令即可。

（六）隐藏与显示幻灯片

如果不希望某张幻灯片放映时显现，可有设置该幻灯片为隐藏。具体操作步骤如下：

步骤1：在"普通视图"中选择左侧窗格的"幻灯片"选项卡。

步骤2：鼠标右击需要隐藏的幻灯片，在弹出的快捷菜单中选择"隐藏幻灯片"命令。幻灯片设置为隐藏后，会在该幻灯片左上角出现一个隐藏幻灯片图标，如图 5 – 11 所示。

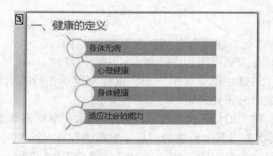

图 5 – 11   隐藏幻灯片

二、编辑演示文稿

以图 5 – 12 所示的演示文稿模版为例，对建立的演示进行编辑，详细讲解演示文稿制作方法。

（一）幻灯片中的文本设置

幻灯片中的文本设置包括文本编辑和段落格式设置，文本编辑主要有输入文本、移动和复制文本、查找和替换文本；段落格式设置包括段落格式设置、使用项目符号和编号。

1. 输入文本   在幻灯片中输入文本，最简单的是通过文本占位符进行，也可以根据需要在幻灯片空白处利用文本框添加文本，方法如下：

（1）使用占位符添加文本   占位符是幻灯片版式中带有虚线边的方框，在方框中可以输入标题及正文部分，也是可设置图片、图表、表格。在占位符中输入文本非常容易，可

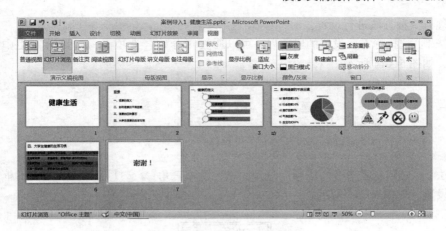

图 5 - 12　演示文稿示例

以直接点击幻灯片中的"单击此处添加文本"提示语，光标就会在对应位置处闪烁，用户即可进行文本输入。

（2）使用文本框添加文本　使用文本框进行文本输入，具体步骤如下：

步骤 1：启动 PowerPoint 2010，单击"插入"选项卡→"文本框"，在下拉列表选项中选择"横排文本框"或"竖排文本框"，如图 5 - 13 所示。

图 5 - 13　使用"文本框"添加文本

步骤 2：在幻灯片需要插入文本框的地方，按住鼠标左键拖动，绘出适合的文本框，用户就可以在对应处进行文本输入。

2. 移动和复制文本　幻灯片中移动与复制操作与 word 中相同。

（1）移动文本　移动文本可以通过以下两种基本方法进行设置：

方法 1：单击鼠标左键"开始"选项卡→"剪切"，将文本移动到剪贴板，再点击鼠标左键"开始"选项卡→"粘贴"，将文本放置在指定位置。

方法 2：通过组合键"Ctrl + X"和"Ctrl + V"进行操作。

（2）复制文本　复制文本可以通过以下两中基本方法进行设置：

方法 1：单击鼠标左键"开始"选项卡→"复制"，将文本移动到剪贴板，再点击鼠标左键"开始"选项卡→"粘贴"，将文本放置在指定位置。

方法 2：通过组合键"Ctrl + C"和"Ctrl + V"进行操作。

（3）快速移动或复制文本　进行快速移动文本，首先选择需要移动的文本，然后将选中文本拖到适当地方松开鼠标左键即可完成；快速复制文本，只需在拖动文本的同时按住键盘"Ctrl"键，在适当地方松开鼠标左键即可完成复制操作。

3. 查找和替换　对张数较多的幻灯片进行文本查找和替换，通过"开始"选项卡→"编辑"组→"查找"或"替换"按钮进行。

4. 段落格式设置　主要包括段落对齐方式、段落缩进方式、行距和段间距设置。

（1）段落对齐方式　段落对齐方式有左对齐、居中、右对齐、两端对齐、分散对齐五种。常规有 2 种方法进行设置：

方法 1：选择好需要设置的段落后，可以通过"开始"选项卡→"段落"组中图标进行设置，如图 5-14 所示。

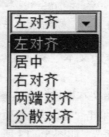

图 5-14　段落对齐设置图标

方法 2：鼠标左键单击"段落"选项组右侧的小三角 ，打开"段落"对话框进行对齐方式设置，如图 5-15 所示。

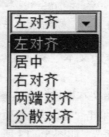

图 5-15　段落对齐设置下拉选项

其中：
- 左对齐：所选文字左侧与页左边距对齐。
- 居中：所选文字在页面中心部分显示。
- 右对齐：所选文字右侧与右页边距对齐。
- 两端对齐：文本的左右两侧分别与左、右页边距对齐。
- 分散对齐：文本的左右两侧分别与左、右页边距对齐，如果段落最后文本不满一行，将自动增加字符间距，便于均匀分布。

（2）缩进方式　段落缩进包括左缩进、右缩进、悬挂缩进和首行缩进。PPT 中既可以通过水平标尺进行设置，如图 5-16 所示，也可通过"段落"对话框进行设置，如图 5-17 所示。

图 5-16　"水平标尺"设置段落缩进

其中：
- 左缩进：所选段落整体向右进行缩进。
- 右缩进：所选段落整体向左进行缩进。
- 悬挂缩进：所选段落首行位置不发生移动，其余各行向右侧缩进若干距离。
- 首行缩进：所选段落首行位置右侧缩进若干距离，其余各行保持不变。

（3）间距和行距　段落的间距包括"段前"间距和"段后"间距，可在"段落"组中通过按钮进行设置如图 5-18 所示，也可以在"段落"对话框中进行详细设置。

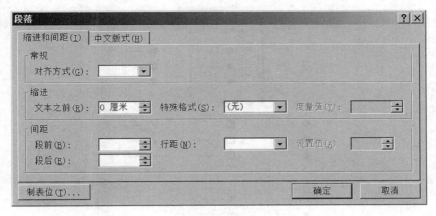

图 5-17 "段落"对话框设置段落缩进

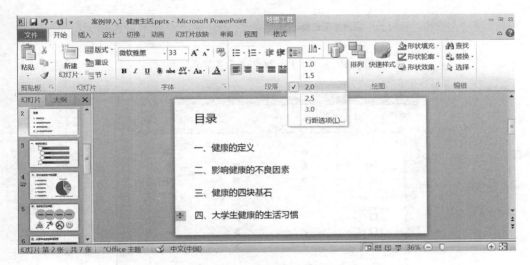

图 5-18 "段落"组中设置间距和行距

5. 项目符号和编号 通过使用项目符号和编号，可以使 PPT 显得层次分明，逻辑清晰。

（1）项目符号 设置项目符号常规有 2 种方法，分别为：

方法 1：在所选段落前添加默认的项目符号，选择"段落"组中的"符号"按钮 旁的下拉三角，可以为所选段落添加符号，如图 5-19 所示。

方法 2：选择符号下方的"项目符号和编号……"对话框，如图 5-20 所示，在对话框中重新设定符号大小、颜色，或者设置符号为图片等。

若重新选择一种符号，可按以下步骤进行：

步骤 1：在图 5-21 右下角点击"自定义……"按钮，出现如图 5-21"符号"对话框；

步骤 2：选择新的符号后点击"确定"按钮，即可重新设定符号，如图 5-22 为更新后的"项目符号和编号"对话框；类似也可更改符号为图片形式。

（2）项目编号 在所选段落前添加一组有序的序号称之为项目编号。与添加项目符号类似，项目编号常规也有 2 种方法进行设置：

方法 1：通过"段落"组中的"编号"按钮 旁的下拉三角，可以为所选段落添加编号，如图 5-23 所示。

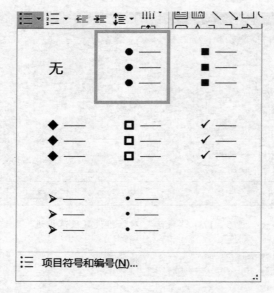

图 5-19　"段落"组中设置"符号"按钮

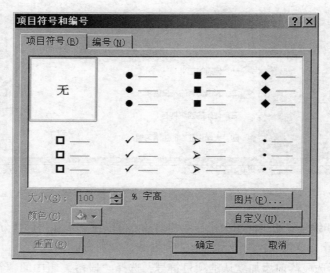

图 5-20　"项目符号和编号"对话框

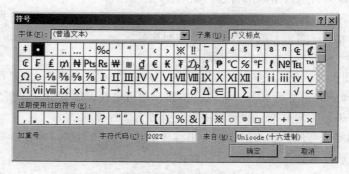

图 5-21　"符号"对话框

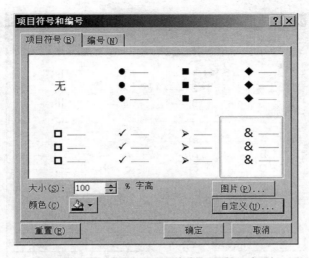

图5－22　更新后的"项目符号和编号"对话框

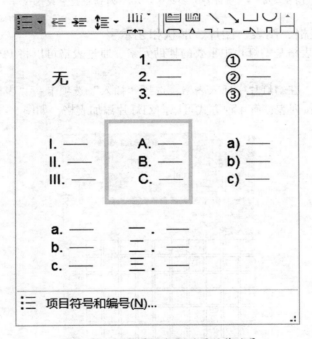

图5－23　"编号"按钮设置段落编号

方法2：单击选项下方的"项目符号和编号……"对话框，在对话框中设定高度、颜色、起始编号等如图5－24所示。

段落需要进行起始编号的设置，可进行如下操作：

步骤1：选定需更改的段落，单击"开始"选项卡→"段落"组中的"编号"按钮，打开"项目符号和编号……"对话框。

步骤2：将对话框右下角"起始编号"按钮设定为所需序号，如设定为"2"，点击确定，即可完成设置。

若需取消"项目符号和编号"，只需在打开的"项目符号和编号"对话框中选择"无"即可。

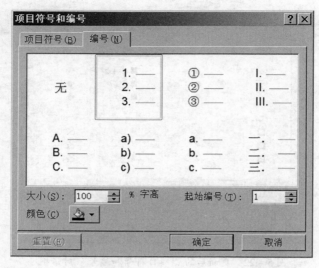

图 5-24 "项目符号和编号……"对话框设置段落编号

(二）添加表格、图表、图片、形状和艺术字

1. 表格设计 表格是幻灯片中重要的辅助元素，通过表格可以将 PPT 中的数据更直观地显示出来。

（1）插入表格 在幻灯片中插入表格，选择"插入"选项卡→"表格"组，单击"表格"按钮下方的下拉列表，有 4 种方式可以向幻灯片添加表格，如图 5-25 所示。

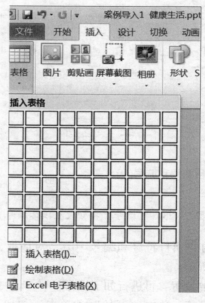

图 5-25 插入"表格"

在幻灯片中使用"绘制表格"时，需要先将幻灯片中正文文本框删除，然后选择"绘制表格"，此时鼠标变成画笔样式，即可在对应幻灯片中绘制表格。

（2）导入外部表格 在制作演示文稿时，可以在不打开 Excel 文档的情况下直接将表格导入演示文稿中，如图 5-26 所示，步骤如下：

图 5-26　导入外部表格

步骤 1：鼠标单击"插入"选项卡→"文本"组中的"对象"命令；

步骤 2：在"插入对象"中选择"由文件创建"单选按钮，单击"浏览"按钮，选择需要插入的 Excel 文件后，单击"确定"即可在幻灯片中完成表格导入，如图 5-27 所示。

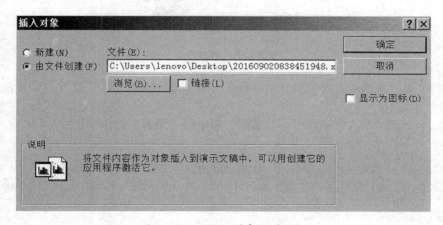

图 5-27　"插入对象"对话框

（3）设置表格效果　在幻灯片中选择表格后，在菜单栏上会出现"表格工具"选项，包括"设计"和"布局"选项卡，如图所示。

"设计"选项卡包括设置表格样式选项、表格样式、表格底纹、表格边框颜色、表格的宽度和线型，如图 5-28 所示；"布局"选项卡包括设置表格的行列、合并、设置单元格大小、表格文字对齐方式及表格尺寸等，如图 5-29 所示。对幻灯片内表格设计遵循的原则是"先选定，后操作"。

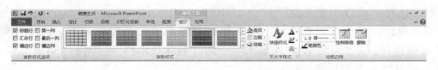

图 5-28　表格"设计"选项卡

图 5-29　表格"布局"选项卡

2. 图表设计　幻灯片中图表的应用可以形象直观的呈现数据，帮助读者快速理解数据含义。在进行图表设计中，可参照 Excel 中相关命令进行操作，现对创建图表、更改图表类型、编辑图表源数据、更改图表布局及样式进行介绍。

（1）创建图表　在 PowerPoint 中，可以插入多种类型图表，如柱形图、折线图、饼图、条形图等，在图 5 – 30 中创建饼图，操作步骤如下：

二、影响健康的不良因素

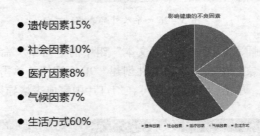

- 遗传因素15%
- 社会因素10%
- 医疗因素8%
- 气候因素7%
- 生活方式60%

图 5 – 30　创建饼图

步骤 1：选择要插入图表的幻灯片，若有"单击此处添加文本"文本占位符，可将其删除。

步骤 2：单击"插入"选项卡→"插图"组中的"图表"按钮，如图 5 – 31 所示。

图 5 – 31　"插图"组中"图表"按钮

步骤 3：在打开"图表"对话框中选择适当的图表类型，本例选择饼图，点击"确定"按钮，如图 5 – 32 所示。将会出现"Microsoft PowerPoint 中的图表"，在 Excel 窗口中设置好数据，关闭窗口后即可在幻灯片中看到对应饼图。

（2）更改图表类型　在幻灯片中可以对已有的图表类型进行更改，例如要将图 5 – 30 中饼图类型更改为"簇状柱形图"，操作步骤如下：

步骤 1：选中幻灯片中图表，鼠标左键单击菜单栏中"图表工具""设计"选项卡中的"类型"组，选择"更改图表类型"按钮。如图 5 – 33 所示。

步骤 2：弹出的"更改图表类型"对话框，左侧显示的是图表分类，每种分类中有若干个类型可供选择，本例中选择"柱形图"中的"簇状柱形图"，单击"确定"按钮完成。图 5 – 34 是更改图表类型后的幻灯片。

（3）编辑图表源数据　创建图表后，用户还可以对图表中数据进行修改，选择菜单栏右侧"图表工具"，鼠标左键单击"设计"选项卡→"数据"组中的"编辑数据"；也可以在幻灯片图表区单击鼠标右键，选择"编辑数据"选项，如图 5 – 35 所示。

（4）更改图表布局及样式　用户还可以对幻灯片中设置好的图表更改"图表布局"和"图表样式"。

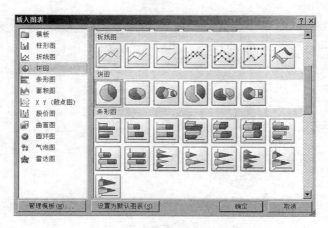

图 5 – 32 　"图表类型"对话框

图 5 – 33 　更改图表类型

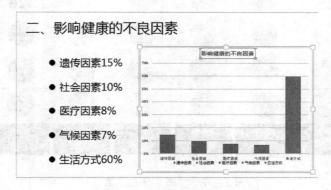

图 5 – 34 　更改后的柱状图形

图 5 – 35 　编辑图表源数据

　　更改"图表布局"，通过选择"图表工具"→"设计"选项卡→"图表布局"，对图表中的坐标轴、轴标题、图表标题等位置进行重新分布，如图 5 – 36 所示。

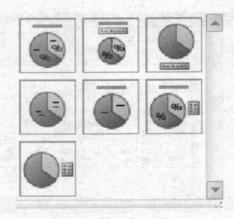

图 5 – 36　"图表布局"选项

在"图表样式"选项中，用户可以重新选择合适的图表样式进行设置，如图 5 – 37 所示。

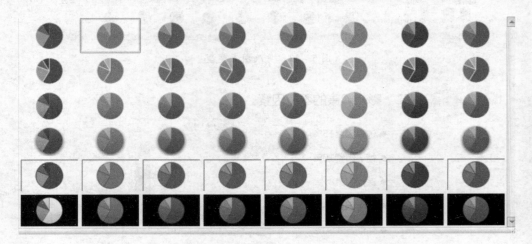

图 5 – 37　"图表样式"选项

3. 图片设计　在幻灯片中插入图片，可以让制作的幻灯片图文并茂，形象生动，提升观者的兴趣，达到最佳的效果。本部分将从插入图片、编辑图片、图片次序设置、图片初步处理进行介绍。

（1）插入图片　在幻灯片中插入图片可以是本地图片也可以是外部导入图片。

选择需要插入图片的幻灯片，鼠标左键单击"插入"选项卡→"图像"组→"图片"按钮，在打开"插入图片"对话框窗口中选择存储路径找到图片，单击"确定"按钮即可，如图 5 – 38 所示。

还可以通过相册来获取图片，通过"插入"选项卡→"图像"选项组→"相册"按钮，打开"相册"对话框，从"文件/磁盘……"中插入图片，如图 5 – 39 所示。

（2）编辑图片　在 PowerPoint 中图片的编辑功能十分强大，用户可以十分方便的设置图片大小、旋转角度、对齐方式和叠放次序等，下面做简单介绍。

设置图片大小：首先选定图片，选择菜单栏"图片工具"→"格式"选项卡，"大小"选项组，在"大小"选项组中输入对应的具体数值后回车键确认即可；若需对多张图片统

图 5-38　插入本地图片

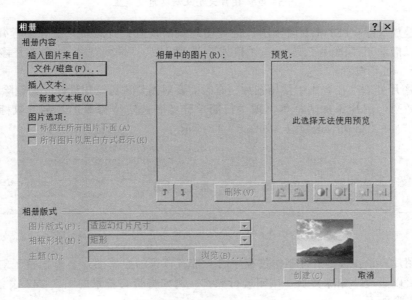

图 5-39　"相册"对话框

一进行大小设置，可首先选定多张图片，然后输入对应的数值，如图 5-40 所示。

　　旋转图片角度：旋转角度可借助于图片中央的"⟳"按钮进行粗略调整，若要进行精确角度调整，可点击"大小"选项组下方的"⬃"按钮，在打开的"设置图片格式"中选择"旋转"选项，输入确定的角度即可。

　　图片对齐方式：多张图片进行对齐设置时，首先借助 Ctrl 键选定需要设置的图片，鼠标左键单击"图片工具"→"格式"选项卡→"排列"组→"对齐"按钮，选取适合的对齐方式即可。

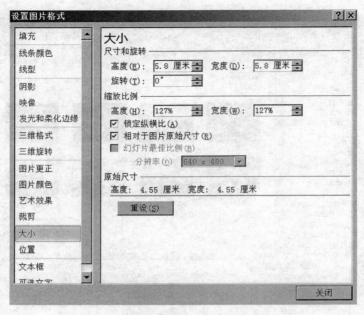

图 5 – 40 图片大小及旋转角度设置

图片叠放次序：PPT 中对若干图片进行动画效果设置，就需要对图片进行叠放次序的设计。可以借助于"图片工具"→"格式"选项卡→"排列"组中的"上移一层"或"下移一层"进行设置。

（3）图片处理 在 PPT 中使用图片，有时需要对图片进行美化设计，如删除图片背景、调整图片效果、图片添加边框等，现进行简单介绍。选定待修改图片后，鼠标左键单击"图片工具"→"格式"选项组，如图 5 – 41 所示。

图 5 – 41 "图片"格式选项组

删除图片背景：在幻灯片制作过程中时，带有背景的原始图片会影响整张幻灯片的美观，这时可以通过"删除背景"按钮进行操作，例如将带有背景的图 5 – 42 设置为图 5 – 43，操作步骤如下：

步骤 1：选择需要删除背景的图片，鼠标左键单击"图片工具"→"格式"选项卡→"调整"组→"删除背景"，图片背景颜色由紫红色变为白色。

步骤 2：选择"标记要删除的区域"后，点击"保存更改"即可得到如图 5 – 43 所示的删除图片背景效果图。

调整图片效果：可以对图片进行锐化/柔化、亮度或对比度、颜色、艺术效果等设计，如图 5 – 44 即是对图片进行的"艺术效果"设置。

图片艺术美化：幻灯片中，通过选择"图片工具"→"格式"选项卡→"图片样式"选项组对图片进行"图片边框"、"图片效果"、"图片版式"的设置，例如选择"其他"下拉选项可以将图片设置为"棱台形椭圆，黑色"，如图 5 – 45 所示。

图 5-42　删除图片背景原图　　　　　　　　图 5-43　删除图片背景效果图

　　原图　　　　　　铅笔灰度　　　　　玻璃　　　　　　塑封

图 5-44　图片不同的艺术效果

图 5-45　图片艺术美化

4. 图形设计　　PowerPoint2010 用户不仅可以使用系统提供的各类"形状"图形，同时还可以使用方便的"SmartArt"图形，现将两种图形分别做介绍。

（1）形状　　通过"插入"选项卡→"插图"组中的"形状"按钮，可以在幻灯片中插入线条、矩形、基本形状、箭头等，如图 5-46 所示。

幻灯片中插入图形后，可以根据内容需要在图形中添加文字、编辑形状、多个形状进行组合与对齐等操作。

添加文字：通过鼠标右击图形，在弹出的快捷菜单中选择"编辑文字"即可，如图5-47 所示。

编辑形状：需要借助"绘图工具"→"格式"选项卡→"插入形状"组，鼠标左键单

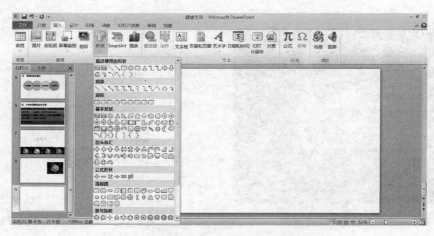

图 5-46　图形"形状"按钮

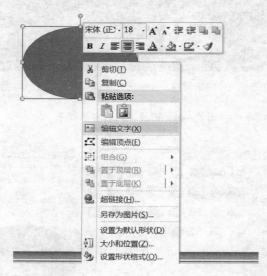

图 5-47　"形状"中添加文字

击"编辑形状"按钮" "下的"更改形状",从"更改形状"中选择一种形状即可。例如需要对两个圆形图案更改为方形图案,编辑后图形如图 5-48 所示。

图 5-48　编辑形状

　　多个形状进行组合:通过 Ctrl 先选定多个对象,鼠标左键单击"绘图工具"→"格式"选项卡→"排列"组,选择"组合对象"下拉选项"组合";若是需要取消组合,选择"取消组合"即可。

　　(2) SmartArt 图形　SmartArt 图形可以实现信息快速、有效、直观的传达,图形包括列表图、流程图、循环图、层次结构图、关系图、矩阵图、棱锥图等。

通过单击"插入"选项卡→"SmartArt"按钮，即可在打开的对话框窗口中选择适当的图形，用户常需对 SmartArt 图形添加图形，更改 SmartArt 图形，更改颜色等。

添加形状：只需鼠标左键单击"SmartArt"工具选项→"设计"选项卡→"创建图形"选项组中的"添加形状"即可，如图 5-49 所示。

图 5-49 添加 SmartArt 图形形状

更改图形和颜色：同样，选择"SmartArt"工具选项，在"设计"选项卡中也可以完成更改 SmartArt 图形、更改颜色的操作，更改后如图 5-50 和图 5-51 所示。

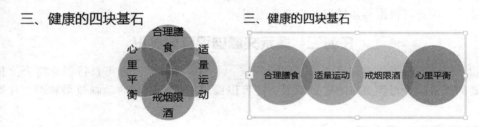

图 5-50 更改后图形   图 5-51 更改后颜色

5. 艺术字设计 在幻灯片单击"插入"选项卡→"文本"组"艺术字"按钮，即可打开艺术字样式选项，在预置的艺术字格式基础上进行艺术字效果设置，打开"绘图工具"→"格式"选项卡→"艺术字样式"组，可设置文本填充、文本轮廓、文字效果，如图5-52所示。

图 5-52 艺术字设计

三、插入音频和视频

在幻灯片中加入音频和视频文件，将使制作的幻灯片更具有感染力，提升内容的认知度。

（一）音频

获取音频文件有很多种方法，可以是 PowerPoint 自带声音、网络下载声音或是自己录制的声音。在幻灯片中插入音频文件后会常会设置声音音量、声音隐藏、声音连续播放形式及声音播放模式进行设置，如图 5-53 所示，下面做具体介绍。

1. 添加音频 在幻灯片中通过"插入"选项卡→"媒体"选项组音频图标"🔊"，点击图标下方列表，用户可以选择添加音频文件方式。

2. 设置音量 选择"音量"按钮，下拉列表中可选择高、中、低、静音四种方式。

图 5-53 音频工具选项组

3. 声音隐藏 幻灯片中音频文件进行播放时，常将声音图标进行隐藏，选中"音频工具"→"播放"选项卡→"放映时隐藏"即可。

4. 声音启动方式 声音启动方式通过选择"音频工具"→"播放"选项卡→"音频选项"组中的"开始"下拉列表，可以选择"自动"、"单击时"和"跨幻灯片播放"，选择"跨幻灯片播放"声音将伴随整个幻灯片放映过程。

（二）视频

视频文件通常借助 PowerPoint 自带视频和网络下载视频获取。在幻灯片中插入视频文件后会常会设置视频属性，包括全屏播放视频、视频播放音量、未播放时隐藏视频及视频循环播放，用户可根据具体情况进行选择应用。

任务二　演示文稿的设计与美化

演示文稿可根据内容需要进行文稿的背景、主题进行设置，也可自行创建符合文稿内容需要的版式，为得到更好的展示效果，还可以设定幻灯片内部的动画效果和幻灯片切换效果。

一、设置演示文稿主题

在 office 2007 以后的版本中，引入"主题"这一设计概念，"主题"由颜色、字体、效果和背景组成。通过"颜色"可以调整配色方案，"字体"设定演示文稿中的标题正文的字体样式，"效果"可以设定细微固体、带状边缘等不同的演示效果，"背景样式"设定幻灯片背景效果。

（一）使用预置文稿主题

用户可以在 Powerpoint 2010 多种设计精美的主题中进行选择，下面介绍使用预置文稿的基本操作：

步骤1：新建演示文稿后，鼠标左键单击"设计"选项卡→"主题"选项组下拉按钮，在"主题"选择的下拉菜单中进行选择，如图 5-54 所示。

图 5-54 预置演示文稿主题

步骤2：鼠标左键在需要的"主题"样式稍作停留，对应的"主题"名称即可显现在下方，单击鼠标左键即可将所选"主题"样式应用于打开的演示文稿。

（二）使用自定义文稿主题

用户若想自行设计文稿主题，可以通过设置主题颜色、字体、效果及背景进行个性化设计。

1. 主题颜色 每个主题都有一个基本的配色方案，具体步骤如下：

步骤 1：鼠标左键单击"设计"选项卡→"主题"组→"颜色"选项，如图 5-55 所示。

步骤 2：在弹出的颜色选项中可以任选；也可选择下方的"新建主题颜色"，在出现的"新建主题颜色"对话框窗口中进行配色方案设计，如图 5-56 所示。

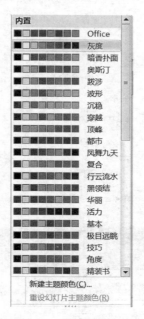

图 5-55 设置主题颜色

图 5-56 "主题颜色"配置对话框

2. 主题字体　使用合适的字体会使制作的幻灯片更加美观，具体步骤如下：

步骤 1：鼠标左键单击"设计"选项卡→"主题"组→"字体"选项。

步骤 2：在弹出的字体选项中可以任选，如图 5-57 所示；也可选择下方的"自定义字体"，在出现的"自定义字体"对话框窗口中进行字体方案设计，如图 5 – 58 所示。

图 5 – 57　内置主题字体

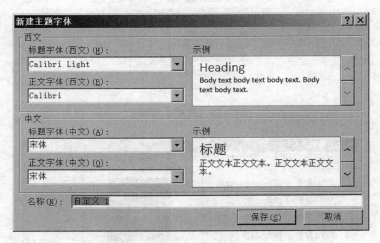

图 5 – 58　自定义主题字体

3. 主题效果　演示文稿中的图案形状的效果设置称为主题效果，具体步骤如下：

步骤 1：鼠标左键单击"设计"选项卡→"主题"组→"效果"选项。

步骤 2：在弹出的效果选项中可以任选，如图 5 – 59 所示。

4. 背景样式　幻灯片中的其他元素都放在背景上，背景样式的具体步骤如下：

步骤 1：鼠标左键单击"设计"选项卡→"背景"组→"背景样式"选项。

步骤 2：在弹出的背景样式选项中可以任选，如图 5 – 60 所示；也可选择下方的"设置背景格式"，在幻灯片右侧窗口中会出现"设置背景格式"选项卡。若要隐藏背景图形，只需在"背景"组→"背景样式"中点击"隐藏背景图形"前的选项框即可，如图 5 – 61 所示。

5. 保存主题　新建的演示文稿主题可以进行保存便于以后使用，保存的主题不仅能在幻灯片中使用，也可以在 Word、Excel 等软件中使用。具体步骤如下：

步骤 1：鼠标左键单击"设计"选项卡→"主题"列表框中靠右的下拉箭头→"保存当前主题"对话框。

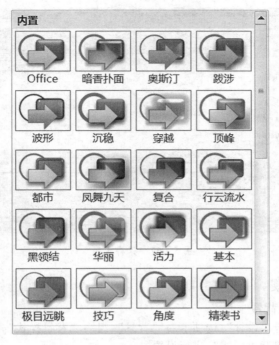

图 5 – 59　设置主题效果

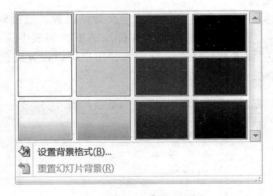

图 5 – 60　设置背景样式

图 5 – 61　隐藏背景图形

步骤 2：在弹出的"保存当前主题"对话框中，选择保存路径、主题名称后单击"保存"按钮即可，如图 5 – 62 所示。

图 5-62 保存主题

二、设置幻灯片背景

（一）使用预设背景

通过鼠标左键单击"设计"选项卡→"背景"组→"背景样式"选项，可以在弹出的下拉列表中选择"设置背景样式"进行设置。

（二）使用自定义背景

对背景不仅可以进行预设，还可以进行自定义背景设置，通过鼠标左键单击"设计"选项卡→"背景"组→"背景样式"选项，在弹出的下拉列表中选择"设置背景格式"，在编辑窗口右侧会出现"设置背景格式"选项卡，用户可以设置纯色填充、渐变填充、图片或纹理填充、图案填充。如图 5-63 所示。

图 5-63 自定义背景设置

1. 纯色填充 在幻灯片中进行单一的颜色填充，是幻灯片背景中最简单，也是应用最广泛的一种设置。具体操作步骤如下：

步骤 1：选择需要自定义背景的幻灯片，在设置背景格式选项中选择"填充"→"纯色填充"。

步骤2：在选项卡下方设定需要的颜色和透明度，可对当前幻灯片进行设置，若是全部幻灯片都采用同一颜色设置，点击选项卡右下角全部应用。

2. 渐变填充　通过两种以上颜色设置，通过颜色渐变设计出美观的幻灯片背景。在渐变填充中可以进行预设渐变、类型、方向、角度、渐变光圈、颜色、位置、透明度、亮度的设置。例如如图5-64中所示，需要设置3种渐变颜色，可以进行如下操作：分别选择"渐变光圈"中的停止点"📥"，再通过下方"颜色"下拉列表设置需要的渐变颜色。

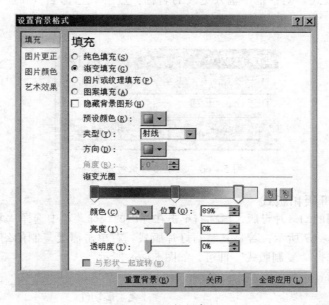

图5-64　渐变填充

3. 图片或纹理填充设置　图片既可以是幻灯片自带纹理图片，也可以是用户自有图片。

4. 图案填充　通过图案填充进行前景色和背景色的颜色选择，组合成不同的图案。

三、设置幻灯片母版

母版是幻灯片各种信息的设计来源，包含了项目符号、字体大小、占位符设置、背景设置、颜色方案等版式要素信息。母版有幻灯片母版、讲义母版、备注母版三种，通常母版就是指幻灯片母版。幻灯片母版可以保证制作的幻灯片整体风格统一，减少后续幻灯片制作的时间，后续添加的幻灯片还会保留母版的特征，提高制作者的工作效率。

母版的基本操作包括添加母版、添加版式、重命名母版、复制母版和版式、删除母版和版式等，下面分别进行介绍。

（一）添加母版

单击"视图"选项卡→"母版视图"选项组下的幻灯片母版，在"幻灯片母版"选项卡下选择"编辑母版"中的"插入幻灯片母版"即可。如图5-65所示。

图5-65　添加母板

（二）添加版式

添加版式是在幻灯片母版中添加版式，具体操作与添加母版相似，在"幻灯片母版"选项卡下选择"编辑母版"中的"插入版式"即可。

（三）重命名母版

选择需要重命名的幻灯片母版，右单击弹出快捷菜单，在快捷菜单中选择"重命名"命令；或者在"幻灯片母版"选项卡下选择"编辑母版"中的"重命名"按钮，然后在出现的"重命名版式"对话框中输入更改的名称，点击"重命名（R）"即可，如图5－66所示。

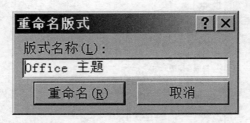

图5－66　重命名母板对话框

（四）复制母版和版式

选择需要复制的幻灯片母版，鼠标右单击在弹出的快捷菜单中选择"复制幻灯片母版"选项即可，如图5－67所示；若是复制幻灯片版式，右单击需要复制的幻灯片版式，在弹出的快捷菜单中选择"复制版式"即可，如图5－68所示。

图5－67　复制母板

图5－68　复制版式

（五）删除母版和版式

删除操作与复制母版和版式相似，选择需要删除的幻灯片母版，鼠标右单击在弹出的快捷菜单中选择"删除幻灯片母版"选项；若是删除幻灯片版式，右单击需要删除的幻灯片版式，在弹出的快捷菜单中选择"删除版式"即可。

任务三　演示文稿动画效果的设置

动画可以使演示文稿中的各种对象活动起来，实现演示文稿中所要表达内容的演示，起到强调的作用，同时也常用来创建各种对象出场和退场的效果，在 PowerPoint 2010 中，用户可以给幻灯片中的任意某个对象添加动画效果，也可以对添加完的动画效果进行重新设置，使播放效果更加生动形象，让观赏者印象深刻，加强对幻灯片内容的理解。

一、幻灯片切换设置

幻灯片切换动画是指从一张幻灯片移动到另一张幻灯片时的过渡效果设置。恰当使用幻灯片切换效果可增加幻灯片的观赏性。

（一）设置幻灯片动画切换

PowerPoint 2010 中提供了三类幻灯片动画切换设置：细微型、华丽型、动态效果。具体的切换动画效果步骤如下：

步骤 1：选定幻灯片，鼠标左键单击"切换"选项卡→"切换到此幻灯片"组，单击下拉列表，选择需要切换的动画，设置后，即可在当前幻灯片中看到设定的效果。如图 5 - 69 所示。

图 5 - 69　设置幻灯片动画切换

步骤 2：切换效果设定后，都可具体对"效果选项"进行设置，例如选择"淡出"中又可进行"平滑""全黑"两种不同的效果设置。

（二）设置幻灯片切换声音

在幻灯片切换过程中可以添加声音效果，使幻灯片播放时更加富有吸引力，具体的声音效果设置步骤如下：

步骤 1：选定幻灯片，鼠标左键单击"切换"选项卡→"计时"组→"声音"按钮，单击下拉列表，选择需要切换时的声音，如图 5 - 70 所示。

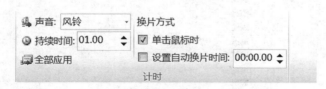

图 5 - 70　设置幻灯片切换声音

步骤 2：若要设定当前播放的声音直到下一段声音开始时才结束，可以在"声音"下拉列表中选择"播放下一段声音之前一直循环"。

（三）设置幻灯片切换时间

幻灯片的切换时间是两张幻灯片间的过渡时间，具体的时间效果设置步骤：

步骤 1：鼠标左键单击"切换"选项卡→"计时"组→"持续时间"复选框；

步骤 2：在方框内输入时间长度，或者单击右侧小三角"⬍"，改变一次时间变化为 0.25 秒。

（四）设置幻灯片换片方式

幻灯片换片方式有两种模式：单击鼠标时和自动切换，如图 5 – 71 所示。

☞ 单击鼠标表示幻灯片进行换片时通过鼠标单击。

☞ 自动换片表示更具设定的换片时间进行自动切换，如图表示 5 秒后自动换片。

若同时选中，则表示在幻灯片放映中，两种方式都可进行换片。

图 5 – 71　幻灯片换片方式

（五）更改切换效果设置

若对前期幻灯片切换动画效果不满意，可重新选择的动画效果进行设置。

（六）删除切换效果设置

删除幻灯片切换动画效果，可以在"切换"选项卡→"切换到此幻灯片"选项组中选择"无"选项即可；需要删除声音只需选择"切换"选项卡→"计时"组→"声音"，在"声音"选项下选择"无声音"即可，如图 5 – 72 所示。

图 5 – 72　删除幻灯片切换声音设置

二、幻灯片内部动画设置

幻灯片内元素进行动画效果设置，制作简单，效果明显。

（一）幻灯片内部动画效果设置

幻灯片片内动画效果设置包括四大类：进入、强调、退出和动作路径。每个大类下又有多个具体动画效果设置。进行幻灯片内部元素可以是文本、图片、图表等。例如要将某张幻灯片内标题"影响健康的不良因素"设置为"浮入"动画效果，具体操作步骤如下：

步骤1：选定需要进行动画效果设置的标题框，鼠标左键单击"动画"→"动画"组的下拉列表，在出现的下拉列表中选择"浮入"动画效果，如图5-73所示，选择后即可显示所选的动画效果。

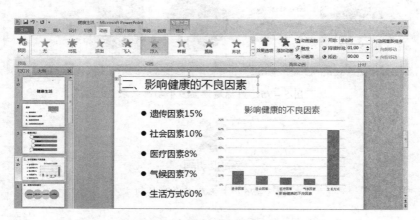

图5-73　幻灯片内部动画效果设置

步骤2：选择"浮入"动画效果后，点击效果选项下拉列表会显示"上浮"、"下浮"，用户可进行设置。

PowerPoint 2010还提供了更多动画效果选择项，在"动画"→"动画"组的下拉列表选项中，用户还可以点击"更多进入效果"等选项进行选择，如图5-74所示，点击后会出现对应动画效果的选项框，方便用户进行使用。

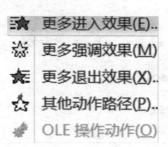

图5-74　"更多动画效果"选项

（二）为对象设置多个动画

PowerPoint 2010中，对幻灯片元素设置动画效果可以是多个，例如在图5-75中要将标题"影响健康的不良因素"设置为多个动画效果，在已有的动画效果"浮入"中在添加动画效果设置"放大/缩小"，具体操作步骤如下：

步骤1：选定标题框，鼠标左键单击"动画"选项卡→"高级动画"组→"添加动画"按钮，出现下拉列表，如图5-76所示。

步骤2：在下拉列表中选择"强调"效果下的"放大/缩小"按钮，如图5-77所示，即可将文本框设置为两种动画效果。

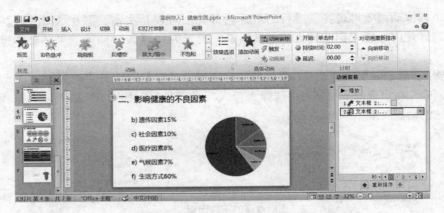

图 5－75　为标题设置多个动画效果

添加动画

图 5－76　"添加动画"按钮

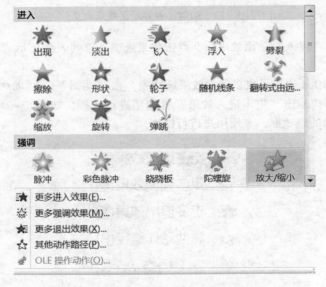

图 5－77　添加动画效果"放大/缩小"

设置完成后，在标题框左上角会出现1、2两个记号，这表示当前标题框进行了两个动画效果设置，用户也可通过"动画"选项卡→"高级动画"组→"动画窗格"进行查看。

（三）设置幻灯片元素计时

幻灯片内部元素的动画效果完成后，还可对对应的时间进行设置，具体操作步骤为：

鼠标左键单击"动画"选项卡→"计时"组→"持续时间"右侧的上、下三角形"$\updownarrow$"，每单击一次时间变化为0.25秒。

设置完成后，可以在动画窗格中看到对应的时间条也发生了相应的变化。

在"计时"组中还可以设置动画开始的方式"单击时""与上一动画同时""上一动画

之后"，表示当前元素是通过鼠标单击显示，或是与前一动画显示的先后顺序。

（四）查看幻灯片元素内部设置

幻灯片元素动画效果设置后，可以通过动画窗格中进行"效果选项"的设置。例如要将幻灯片图 5 - 78 中的图表效果选项设置为"按系列"，具体操作步骤如下：

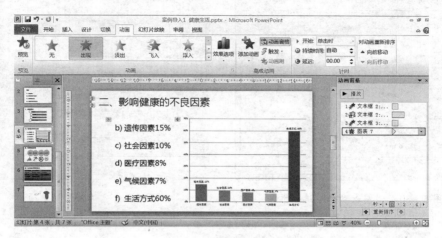

图 5 - 78 幻灯片元素内部设置

步骤 1：选择幻灯片中需要设置的元素，本例中选择图表框，动画窗格中相应的图表框也被选中。

步骤 2：点击动画窗格选项右侧的下拉三角形" ▼ "，下下拉列表中选择"效果选项"对话框。如图 5 - 79 所示。

步骤 3：在"效果选项"对话框中选择"图表动画"选项卡，如图 5 - 80 所示，在"组合图表"下拉列表中选择"按系列"即可。不同的动画效果对应的效果选项不一定相同。

还可以在"效果选项"中通过"效果"选项卡对细节部分进行设置，如图 5 - 81 所示。

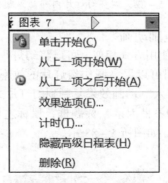

图 5 - 79 "效果选项"对话框

（五）调整幻灯片内部动画顺序

幻灯片内部元素顺序进行调整，可以通过幻灯片"动画窗格"进行设置。例如要将图 5 - 82 中"图表 7"调整到"文本框 3"前，具体操作步骤如下：

步骤 1：在动画窗格中，鼠标左键单击选定待调整的元素，本例中为"图表 7"．

步骤 2：鼠标左键单击"动画"选项卡→"计时"组→"对动画重新排列"，选择

"向前移动"或"向后移动"即可完成元素的前移或者后退，本例中单击"向前移动"，可以看到"图表7"排列在"文本框3"前。

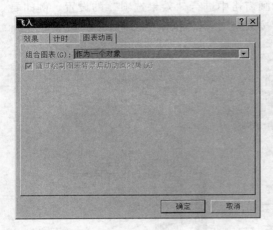

图 5 − 80 　"图表动画"选项卡

图 5 − 81 　"效果"选项卡

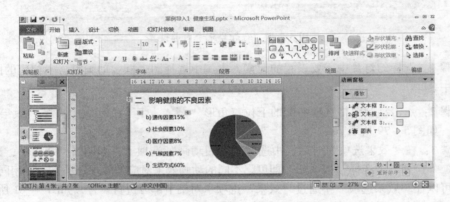

图 5 − 82 　调整幻灯片内部动画顺序

（六）使用"动画刷"复制动画

"动画刷"，与"格式刷"使用方式相似，可以将幻灯片中某个元素设置好的动画效果复制到另一个元素中，合理使用可以提高制作幻灯片的效率。例如在图 5 − 82 中要将标题"影响健康的不良因素"的"浮入"动画效果复制到幻灯片文本中。具体操作步骤如下：

步骤1：选定"影响健康的不良因素"标题框，鼠标左键单击"动画"选项卡→"高级动画"组→"动画刷"按钮。如图所 5 − 83 示。

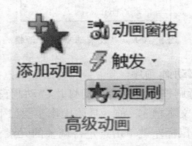

图 5 − 83 　"动画刷"按钮

步骤 2：鼠标左键选定需要设定动画效果对象，本例中是文本框，即可看到文本框动画效果与标题框动画效果相同，同为"浮入"。

使用"动画刷"对多个元素进行设置时，只需将步骤 1 中的鼠标左键单击改为双击即可，设置完成后若想取消"动画刷"，只需再鼠标左键点击"动画刷"按钮或者按下键盘上的"ESC"键。

（七）删除幻灯片内部动画效果

通过"动画窗格"可以快速将设置好的动画效果删除，例如需要将图 5 – 84 中"图表7"的动画效果删除，可以在"动画窗格"中点击"图表7"右侧的下拉列表，在弹出的下拉列表中选择"删除"命令即可。

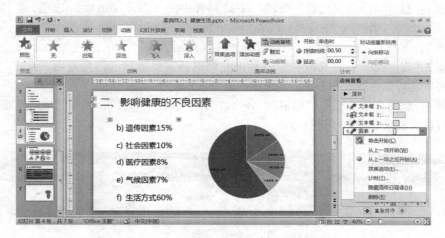

图 5 – 84　删除幻灯片内部动画效果

项目三　演示文稿的播放和输出

演示文稿由静态到动态的转变就是给幻灯片及幻灯片中的对象添加动画和交互效果，使得演示文稿更富生机和活力。动画与交互效果可以说是制作演示文稿的精髓所在，在 PowerPoint 2010 中可以设置动作按钮，不仅可以使演示文稿按顺序播放，还可进行交互式播放，同时按不同的需要进行文稿的输出。

任务一　播放演示文稿

演示文稿制作完成后，用户可以对幻灯片中对象的进入、退出、强调和动作路径进行设置，以确保演示文稿中幻灯片的动画效果的质量，提高观众对演示文稿的兴趣。

一、幻灯片放映

（一）放映幻灯片

打开"幻灯片放映"选项卡→"开始放映幻灯片"组，制作好的演示文稿有四种放映选项，如图 5 – 85 所示，现进行介绍。

1. 从头开始　将从演示文稿第一张幻灯片开始播放。

2. 从当前幻灯片开始　将从鼠标所在处的幻灯片开始播放。

3. 广播幻灯片　群体通过网络可以远程访问，同步观看演示文稿内容。

图 5 – 85　幻灯片放映选项

4. 自定义幻灯片放映　通过点击"自定义幻灯片放映"，用户可以自己设计幻灯片播放的起始位置具体步骤如下：

步骤 1：打开"自定义幻灯片放映"下拉列表中的"自定义放映"选项，如图 5 – 86所示。

步骤 2：选择"新建"按钮，出现如图 5 – 87 所示。

步骤 3：在"定义自定义放映"对话框左侧选择需要播放的幻灯片后，点击"添加"按钮，将所选幻灯片放置在右侧，并可根据需要进行顺序调整。

步骤 4：设置完成后点击"确定"，弹出"自定义放映"选项，单击"放映"按钮，幻灯片即可按设置要求和顺序进行放映。

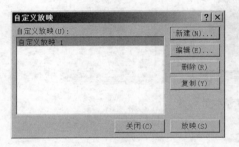

图 5 – 86　"自定义放映"选项

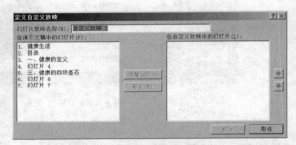

图 5 – 87　自定义添加幻灯片

（二）设置放映方式

用户可点击"幻灯片放映"→"设置幻灯片放映"进行个性化设置，可进行放映类型、放映选项、放映幻灯片、换片方式等选项设置，如图 5 – 88 所示。

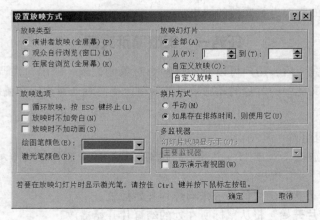

图 5 – 88　设置放映方式

当用户电脑安装多个显示器投影设备后，利用多监视器进行设置，达到在多个显示器中放映幻灯片的目的。

（三）排练与录制

排练功能主要通过"排练计时"按钮进行设置，它根据用户自己的需要，设置动画之间的间隔时间、每张幻灯片放映的时间等，更好的展示幻灯片的内容。录制功能与排列功能十分相似，就不做具体介绍。

二、交互式放映演示文稿

交互式演示文稿主要借助于超级链接和动作按钮的设置来完成。

（一）设置超链接

顾名思义超链接是从一个位置直接跳转到另外一个位置，在 PowerPoint 2010 中，幻灯片和幻灯片之间、幻灯片和外部文件之间、幻灯片与网页之间、幻灯片与邮箱之间都可以超链接。

1. 内部超链接　将演示文稿内部幻灯片和幻灯片之间进行链接，例如将本例第一张幻灯片链接到第五张幻灯片，具体操作步骤如下：

步骤1：选择第一张幻灯片内部超链接对象（例如标题），鼠标左键单击"插入"选项卡→"链接"组→"超链接"按钮，即可打开"插入超链接"对话框，如图5-89所示。

步骤2：在"链接到"下方选择"本文档中的位置"，即可显现当前演示文稿的所有幻灯片，鼠标点击第四张幻灯片后，在右侧"幻灯片浏览"即可看到第四张幻灯片内容。

步骤3：设置好超链接后，单击右下角"确定"按钮即可。

幻灯片放映时，当用户点击第一张幻灯片标题后，将直接跳转到第五张幻灯片。

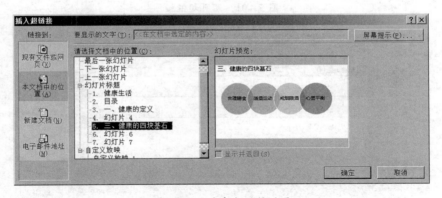

图 5 - 89　内部超链接设置

2. 外部超链接　与内部超链接类似，外部超链接只是需要选择具体的文件路径，如图5-90所示。

3. 网页超链接　还可以将幻灯片与网页链接起来，在打开的图中先选择"现有文件或网页"，在下方"地址"栏中输入对应网址，如图5-91所示。

4. 邮箱超链接　在"插入"选项卡→地址"链接"组→"超链接"，点击电子邮件地址，在打开的"超链接"对话框中输入电子邮件地址名和邮件主题即可，如图5-92所示。

（二）设置动作按钮

使用者在演示文稿播放过程中，可能需要通过操作幻灯片中某个对象来完成下一步内

图 5-90　外部超链接

图 5-91　网页超链接

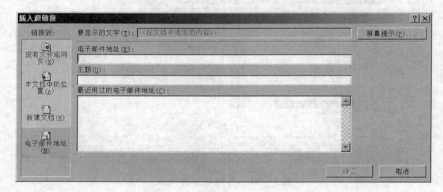

图 5-92　邮箱超链接

容的展示，动作按钮的设定会让幻灯片在演示过程中互动性更强。首先选定需要设置动作的对象，然后鼠标左键单击"插入"选项卡→"链接"组中点击"动作"按钮，如图 5-93 所示。

图 5-93　设置动作按钮

在打开的"操作"按钮对话框中进行设置,各选项功能如下:

- "单击鼠标时的动作":可以选定链接的地址或文件,如图 5 – 94 所示。
- "鼠标移过的动作":表示当鼠标移过对象时发生的动作。
- "运行程序"表示当鼠标单击或这鼠标移动时,会自动运行所选的应用程序。

在进行动作设置时,也可以根据需要来设置动作发生时伴随的声音和视觉效果,通过对话框窗口下方的"播放声音"和"单击时/鼠标移动时突出显示"进行设置。

图 5 – 94　动作按钮功能

任务二　输出演示文稿

PowerPoint 2010 提供了多种保存、输出演示文稿的方法,用户可以将制作出来的演示文稿输出为多种形式,以满足在不同环境下的需要。

一、导出幻灯片演示文稿

(一)打包为 CD 演示文稿

打包后,文件可以在未安装 PowerPoint 的电脑里播放,也不需要考虑原来 PPT 中的外部链接文件,具体操作步骤如下:

步骤 1:鼠标左键单击"文件"→"保存并发送"→"将演示文稿打包成 CD"后,点击"打包成 CD"按钮,如图 5 – 95 所示。

步骤 2:在弹出的"打包成"对话框中,输入对应的 CD 名称及点击"复制到文件夹……"按钮选择保存位置即可,如图 5 – 96 所示。

若需要将幻灯片刻成 CD 盘,直接点击"复制到 CD"按钮即可。

(二)创建视频

幻灯片导出为视频,是一种非常简单的视频制作方法。具体步骤如下:

步骤 1:鼠标左键单击"文件"→"保存并发送"→"创建视频",点击"创建视频"按钮。

步骤 2:在弹出"另存为"对话框后选择保存路径、输入保存后的文件名和保存类型即可,如图 5 – 97 所示。

图 5-95　演示文稿打包为"CD"

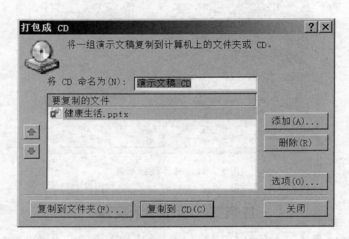

图 5-96　设置打包后的名称及路径

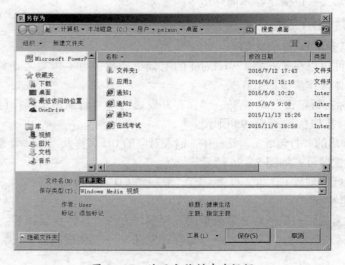

图 5-97　演示文稿创建为视频

（三）创建 PDF/XPS 文档

在"导出"选项中，"创建 PDF/XPS 文档"格式可避免打印格式不同而产生的问题。具体设置步骤为：

步骤 1：鼠标左键单击"文件"→"保存并发送"→"创建 PDF/XPS 文档"，点击"创建 PDF/XPS 文档"按钮后，出现如图 5-98 所示对话框。

步骤 2：设定文件路径、文件名称、保存类型，点击"发布"即可；若需要修改演示文稿选项，可在图中点击"选项"按钮，出现如图 5-99 所示"选项"对话框，可根据需要进行选择。

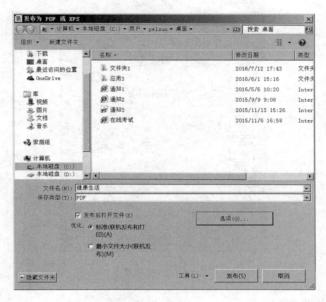

图 5-98　"创建 PDF/XPS 文档"对话框

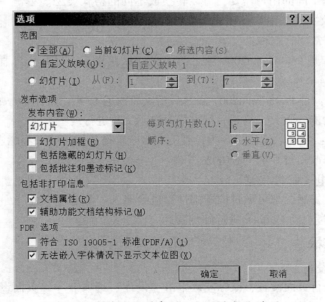

图 5-99　修改"创建 PDF/XPS 文档"选项

（四）创建讲义

通过创建讲义可以将幻灯片和备注内容放在 Word 文档中，演示文稿内容变化，也会自动更新讲义中的幻灯片。具体设置步骤如下：

步骤1：鼠标左键单击"文件"→"保存并发送"→"创建讲义"，点击"创建讲义"按钮后，出现如图 5 - 100 所示对话框。

步骤2：在"发送到 Microsoft Word"对话框中选择一种版式，点击"确定"即可完成。

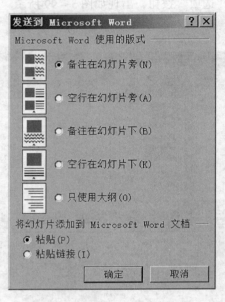

图 5 - 100　创建讲义

（五）更改文件类型

演示文稿根据不同的用户需要，可以转换成不同的格式类型。单击"文件"→"保存并发送"→"更改文件类型"选项，用户可自行选择。

PPT 格式类型常用有三种：

- *. PPT：是 PowerPoint2003 版之前的文件保存格式，打开后可直接对演示文稿进行编辑。
- *. PPTX：是 PowerPoint2007 版之后的文件保存格式，相比 PowerPoint2003 版之前的版本功能要强大，打开后可直接对演示文稿进行编辑。
- *. PPSX：是演示文稿保存为打开能直接全屏播放的格式，不能进行编辑，这是防止别人修改幻灯片的一种方法。

（六）通过电子邮件发送

演示文稿制作好后，也可通过电子邮件发送给他人，单击"文件"→"共享"→"电子邮件"，即可通过启动 Outlook 进行邮件发送。

二、打印演示文稿

（一）页面设置

对演示文稿进行页面设置，鼠标左键单击"设计"选项卡→"页面设置"组→"页面设置"按钮，在弹出的对话框中即可进行页面设置，如图 5 - 101 所示。

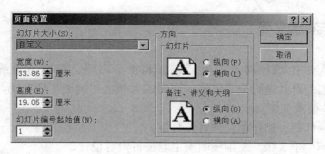

图 5 - 101　页面设置

（二）打印演示文稿

对演示文稿进行打印，可单击"文件"菜单→"打印"选项，用户可依次对打印份数、打印机、打印范围、打印顺序、打印颜色进行设置，完毕后点击"打印"按钮进行打印，如图 5 - 102 所示。

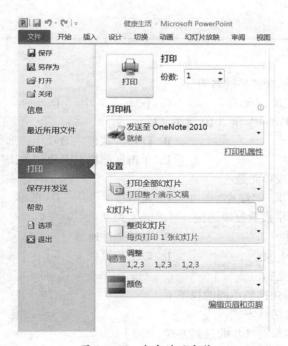

图 5 - 102　打印演示文稿

重点小结

演示文稿制作软件是微软公司的 Microsoft Office 系列办公组件之一，它可以方便快捷地制作出一组幻灯片，即演示文稿。本项目以 PowerPoint 2010 为例，系统地介绍了 PowerPoint 2010 的工作界面、演示文稿的基本制作与美化设计、演示文稿中多媒体对象的设置、动画效果的设置、演示文稿的放映与输出等功能和使用方法，方便学习者在学术交流、工作汇报、产品演示等场合灵活方便地使用 PowerPoint 制作演示文稿。

实训　制作演示文稿

为更好宣传大学生积极向上的生活态度和生活习惯，某校药学系准备通过 Power-Point2010 制作一组幻灯片进行全系展播，请你以大学生"健康生活"为主题制作一份相关的演示文稿，具体要求如下：

1. 标题页包括标题、制作单位和宣传日期。
2. 演示文稿不少于 5 张，要围绕明确主题进行内容设计。
3. 演示文稿中除文字外需包含图片、表格、图表等元素，在两张幻灯片间设置超链接进行跳转。
4. 幻灯片内部动画效果要多样，幻灯片切换效果设置统一。
5. 演示文稿背景音乐要全程自动播放。
6. 制作完成的演示文稿以"大学生的健康生活"为名进行保存。

目标检测

一、选择题

1. PowerPoint 2010 演示文稿扩展名为（　　）。

　　A. . ppt　　　　　　　B. . pptx　　　　　　　C. . potx　　　　　　　D. . xlsx

2. （　　）不能关闭 PowerPoint 2010 演示文稿。

　　A. 单击 ESC 键　　　　　　　　　　　B. 打开"文件"选项卡，选择"关闭"命令

　　C. 组合键 ALT + F4　　　　　　　　　D. 单击标题栏右上角"关闭"按钮。

3. 演示文稿的基本组成单元是（　　）。

　　A. 文本　　　　　　　B. 幻灯片　　　　　　　C. 超链接　　　　　　　D. 图形

4. 在 PowerPoint 2010 中设置超级链接，可以链接到（　　）。

　　A. 本地磁盘的文件　　　　　　　　　B. 电子邮件地址

　　C. Internet 上的 Web 页　　　　　　　D. 以上都可以

5. 幻灯片的切换方式是指（　　）。

　　A. 在编辑幻灯片时切换到不同的视图下

　　B. 幻灯片内对象的切换方式

　　C. 幻灯片放映时两张幻灯片的过渡方式

　　D. 编辑幻灯片时切换到不同演示文稿视图

6. 如果要为演示文稿设置统一、专业的外观，应该使用（　　）。

　　A. "设计"选项卡　　　　　　　　　　B. "切换"选项卡

　　C. "动画"选项卡　　　　　　　　　　D. "插入"选项卡

7. PowerPoint 2010 演示文稿中要为幻灯片添加切换效果，应该使用（　　）。

　　A. "设计"选项卡　　　　　　　　　　B. "切换"选项卡

　　C. "动画"选项卡　　　　　　　　　　D. "幻灯片放映"选项卡

8. PowerPoint2010 演示文稿中要为幻灯片画一条不规则的曲线，应该使用"插入"选项组→"插图"组→"形状"下的（　　）大类。

　　A. "线条"　　　　　　　　　　　　　B. "矩形"

　　C. "基本形状"　　　　　　　　　　　D. "箭头总汇"

9. 如果演示文稿中某些幻灯片不想展示给观众看，可以进行（ ）设置。

A. 选中幻灯片后右单击，在快捷菜单中选择"删除幻灯片"

B. 选中幻灯片后右单击，在快捷菜单中选择隐藏幻灯片

C. 新建不包含这些幻灯片的演示文稿

D. 无法操作

10. 若将演示文稿在另一台没有安装 PowerPoint 2010 的计算机上放映，则需将演示文稿进行
（ ）。

A. 移动　　　　　　B. 打印　　　　　　C. 复制　　　　　　D. 打包

二、选择题

1. 在_____和_____下可以改变幻灯片的顺序。

2. 演示文稿视图包含 5 种，分别为：_____、_____、_____、_____、和_____。

3. 母版包括_____、_____、_____。

4. 在 PowerPoint 中，为对幻灯片设置切换效果可通过_____选项组进行设置。

5. 退出 PowerPoint 的快捷键是_____。

模块六
计算机网络基础及应用

学习目标

知识要求　**1. 掌握**　Internet 提供的各种服务的使用方法。

　　　　　2. 熟悉　各种搜索引擎的操作技巧。

　　　　　3. 了解　计算机网络的基础知识；物联网、云计算等新技术的应用。

技能要求　1. 熟练掌握互联网相关应用（浏览器的使用、电子邮件的收发和文件的上传与下载）。

　　　　　2. 学会使用搜索引擎进行信息资源检索与利用。

随着信息技术的迅猛发展，特别是互联网技术的普及和应用，信息网络已经完全融入国民生产和社会生活的方方面面。Internet 深刻影响了人们的工作、生活、休闲的方式。为了更好地利用网络资源，我们必须认真学习计算机网络的基础知识，掌握互联网的基本操作方法和操作技能，了解网络技术的最新应用，提高知识运用能力，提升工作和学习效率。

项目一　计算机网络的连接与配置

案例导入

案例：认识互联网

小明买好了一台新电脑，宽带手续也办好了，怎么样才能让电脑上网，手机连接WiFi？平时小明对计算机网络知识的各种概念名词以及英文缩写纠结不清，弄不明白又不好意思问人，下面我们就和他一起学习计算机网络基础知识，完成家用无线路由器的连接与配置，做一个有内涵的网络达人。

讨论：1. 计算机网络的功能有哪些？

　　　2. 什么是交换机、路由器、IP 地址、WWW、DNS 等？

计算机网络是计算机技术和通信技术紧密结合的产物，它的诞生和发展对人类社会的进步做出了重要贡献。了解计算机网络基础知识，掌握网络连接的基本常识和配置方法，是利用计算机网络资源最基本的要求。

任务一　计算机网络概述

计算机网络，是指将地理位置不同的具有独立功能的多台计算机及其外部设备，通过通信线路连接起来，在网络操作系统、网络管理软件及网络通信协议的管理和协调下，实现资源共享和信息传递的计算机系统。

一、计算机网络的形成与发展

计算机网络诞生于 20 世纪 60 年代，其发展总体来说可以分成四个阶段。

第一代（20 世纪 60 年代末至 20 世纪 70 年代初）：远程终端联机阶段，完成了数据通信技术与计算机通信网络的研究，为计算机网络产生奠定了理论基础；

第二代（20 世纪 70 年代中后期）：以资源共享为目的的多级互联网阶段；

第三代（20 世纪 80 年代）：标准化网络阶段，主要解决网络体系结构与网络协议的国际标准化问题；

第四代（20 世纪 90 年代初至今）：国际互联网与信息高速公路阶段，最主要的标志是 Internet 的广泛应用、高速网络技术、网络计算与网络安全技术的研究和发展。

二、计算机网络的功能与分类

（一）计算机网络的功能

1. 信息交流 这是计算机网络最基本的功能，是指计算机网络为用户提供了强大的通信手段，以实现传送电子邮件、发布新闻消息和进行电子商务活动等。

2. 资源共享 资源共享包括计算机硬件资源、软件资源和数据资源共享。由于受经济和其他因素的制约，有些硬件资源不可能每个用户都配备（比如打印机），使用计算机网络可以使网络中的计算机共享硬件资源，提高硬件资源的利用率；软件资源和数据资源的共享可以充分利用已有的信息资源，减少软件开发过程的劳动量，避免大型数据库的重复建设。

3. 分布式处理 分布式处理是指当某台计算机的任务过重时，将部分任务转交给其他空闲的计算机完成。利用计算机网络技术可以将许多小型计算机或微型计算机连成高性能的分布式计算机系统共同协作进行重大科研课题的开发和研究。

4. 提高系统的可靠性 在使用单个计算机的情况下，任何一个系统都有发生故障的可能，当计算机联网后，当一台计算机出现故障时，可使用另一台计算机；一条通信线路有了问题，可以取道另一条线路，从而提高了网络整体的可靠性。

（二）计算机网络的分类

计算机网络可以分别按照地理范围、网络拓扑结构、使用传输介质三个方面进行分类。

按照地理范围划分，计算机网络可分为局域网、城域网、广域网三种类型。

局域网（LAN）是一种在小区域内构成的规模相对较小的计算机网络，其覆盖范围通常较小，例如，将一座写字楼、一个校园或一个实验室等的计算机连接起来的网络都属于局域网。当前，最流行的无线局域网技术 WiFi，它的实际覆盖范围是 8~45 米。

城域网（MAN）是介于局域网和广域网间的一种大范围的高速网络。通常距离从几十千米到上百千米。其规模如在一个城市或一个地区，运行方式类似局域网。城域网通常包括若干个彼此互联的局域网，以便于在更大范围内进行信息的传输与共享，它的传输速率一般从 45~150Mbps。

广域网（WAN）也称为远程网，其数据传输距离从几十千米到几千千米，地理覆盖范围包括若干城市、地区、省甚至国家。一般是指将众多的城域网、局域网连接起来，从而实现计算机远距离连接的超大规模计算机网络。

计算机或设备通过传输介质在计算机网络中形成的物理连接方式称为网络拓扑结构。按照网络拓扑结构划分，计算机网络有星型、树型、总线型、环型和网状等五种。

网络传输介质是指在网络中传输信息的载体。根据传输介质不同，计算机网络分为有线网和无线网两大类。其中有线网可采用双绞线、同轴电缆和光纤作为传输介质；无线网则采用红外线、微波、光波作为传输介质。

三、计算机网络的组成

一个完整的计算机网络由网络硬件设备和网络软件组成。计算机网络硬件设备主要有计算机（如电脑、手机等）、信息处理与交换设备（如路由器）和必要的连接器材（如双绞线等）。网络软件主要是计算机网络正常运行所需的操作系统、网络协议以及一些应用软件和用户软件等。

（一）计算机网络硬件设备

服务器是网络中运行着网络操作系统的核心设备，负责网络资源管理和为用户提供服务，具有高性能、高可靠性、高吞吐量、内存容量大等特点。除服务器外，网络中能够独立处理问题的计算机称为工作站。

网络接口卡（简称网卡）是构成网络的基本设备，用于将计算机和通信介质连接起来，实现计算机处理的数字信号和通信线路传送信号之间的转换。网卡的存储器中保存着全球唯一的网络节点地址，称为介质访问控制（MAC）地址或网卡物理地址。

网卡分为有线网卡、无线网卡和手机网卡三类。有线网卡是构成网络基本的部件；无线网卡遵循 IEEE802.11 系列标准，用于实现计算机与 WLAN 的连接；手机网卡可以在拥有无线电话信号覆盖的任何地方，利用手机的 SIM 卡连接到互联网。

网络扩展以后还可能需要更多的设备，见表 6-1。

表 6-1　常见网络设备

设备名称	主要用途
集线器（Hub）	通过添加额外的端口扩展有线网络。根据工作方式的不同，集线器可分为无源、有源和智能等种类。
交换机（Switch）	智能地协助网络中多个设备的通信。著名的交换机品牌有华为、思科、中兴、H3C 等。
路由器（Router）	将两个网络连接起来以组成更大的网络，用于识别网络层地址、为数据包选择一条合适的传送路径、生成和保存路由表等。
防火墙（Firewall）	由软件和硬件构成，设置在不同网络之间用来加强网络的访问控制、防止外部网络用户以非法手段进入网络内部以访问资源，保护内部网络操作系统的安全。
无线接入点（WAP）	使无线设备可以连接到有线网络。

（二）计算机网络软件

计算机网络中的软件主要有网络操作系统、网络协议软件和网络通信软件。

网络操作系统是向网络中计算机提供服务的特殊操作系统，它使操作系统增加了高效、可靠的网络通信能力，并提供多种网络服务功能。主流的网络操作系统有 Windows Server 2008/2012、UNIX、Linux 等。

网络协议软件规定了网络中所有计算机和通信设备之间数据传输的格式和传送方式，使它们能够进行正确可靠的数据传输。

网络通信软件用于控制应用程序与多个站点的通信，并对大量的通信数据进行加工处理。

四、计算机网络常见的术语

（一）TCP/IP

TCP/IP 是 Transmission Control Protocol/Internet Protocol 的简写，中译名为传输控制协议/因特网互联协议，又名网络通信协议，是 Internet 最基本的协议、Internet 国际互联网络的基础，由网络层的 IP 协议和传输层的 TCP 协议组成。TCP 负责发现传输的问题，一有问题就发出信号，要求重新传输，直到所有数据安全正确地传输到目的地。而 IP 是给因特网的每一台联网设备规定一个地址。TCP/IP 定义了电子设备如何连入因特网，以及数据如何在它们之间传输的标准。协议采用了四层的层级结构，每一层都呼叫它的下一层所提供的协议来完成自己的需求，TCP/IP 协议与国际标准化组织（ISO）颁布开放系统互联参考模型 OSI/RM（Open System Interconnection/Reference Model）具有清晰的对应关系，如图 6 – 1 所示。

OSI	TCP/IP
应用层	应用层
表示层	
会话层	
传输层	传输层
网络层	Internet 层
数据链路层	网络接口层
物理层	

图 6 – 1　OSI 与 TCP/IP 对应模型

TCP/IP 参考模型与 OSI 参考模型也有区别之处：前者是四层结构，后者是七层模型；OSI 模型具有通用性，TCP/IP 模型只适用于 TCP/IP 网络；实际市场应用不同，OSI 模型只是理论上的模型，而 TCP/IP 已经成为一种实用标准。

（二）IP 地址

在 Internet 上连接的所有计算机，都是各自独立的，可以称之为主机。为了实现各主机之间的正常通信，每台主机都必须有一个唯一的网络地址，就像每个人的身份证编号一样。也就是说在 Internet 网络中，一个网络地址唯一地标识一台计算机，靠的就是能唯一标识该计算机的网络地址，这个地址被称为 IP（Internet Protocol 的简写）地址，即 TCP/IP 中用来标识网络节点的地址。

目前在 Internet 里，IP 地址是一个 32 位的二进制地址，也就是 4 个字节，为了便于记忆，IP 经常被写成十进制的形式，并将它们分为四组，每组 8 位，由小数点分开，即 IP 地址用 4 个字节来表示，用点分开的每个字节的数值范围是 0～255，例如 202.115.0.28。

根据网络规模和应用而不同，IP 地址分为 A、B、C、D、E 共 5 类，其中常用的是 B、C 两类。IP 地址的详细结构见表 6 – 2。

表 6 – 2　IP 地址详细结构表

网络类型	1 – 8 位		9 – 16 位	17 – 24 位	25 – 32 位
A 类	0	7 位	24 位主机地址		
B 类	1 0	14 位		16 位主机地址	
C 类	1 1 0	21 位			8 位主机地址

当前 IPv4 地址几乎耗尽，为此，IETF（互联网工程任务组）设计 IPv6，以替代 IPv4。IPv4 规定 IP 地址的长度为 32，最大地址个数为 2^{32}，而 IPv6 中 IP 地址的长度为 128，即最大地址个数为 2^{128}，允许网络扩充，并且提高了安全性。在今后一段时间内，IPv4 将和 IPv6 共存，并最终过渡到 IPv6。

（三）域名与 DNS

1. 域名的概念 由于 IP 地址是数字标识，使用时难以记忆和书写，因此在 IP 地址的基础上又发展出一种符号化的地址方案，来代替数字型的 IP 地址。每一个符号化的地址都与特定的 IP 地址对应，这样网络资源访问起来就容易。这个与网络上的数字型 IP 地址相对应的字符型地址被称为域名。

DNS（Domain Name System，域名系统）由解析器及域名服务器组成。域名服务器是指保存有该网络中所有主机的域名和对应的 IP 地址，并具有将域名转换为 IP 地址功能的服务器。

2. 域名的组成与分类 域名由若干不同层次的子域名组成，他们之间用圆点"."隔开，并采用"主机名.机构名.网络名.顶级域名"的形式，以标识 Internet 中某一台计算机的名称。

顶级域名分为组织机构和地理模式两类。由于 Internet 上的主机数量非常庞大，因此为了便于管理将它们按照机构不同进行了分类，例如 com 表示商业机构、net 表示网络提供商、edu 表示教育机构、gov 表示政府部门等；地理域名使用国家代码，例如中国是 cn、美国是 us、日本是 jp。二级域名是在顶级域名之下的域名。在国际顶级域名下，它表示域名注册者的网上名称，如 IBM、Microsoft 等；在国家顶级域名下，它表示注册企业类别，如 com、edu、gov 等。三级域名用字母、数字和连接符组成，长度不能超过 20 个字符。

我国在国际互联网络信息中心（InterNIC）正式注册并运行的顶级域名是 cn。在顶级域名之下，我国的二级域名又分为类别域名和行政区域域名两类。类别域名共 6 个，分别是 ac（科研机构）、com（工商金融企业）、edu（教育机构）、gov（政府部门）、net（互联网信息中心和运行中心）和 org（非营利性组织）。行政区域由 34 个分别对应我国各省、自治区、直辖市。例如 pku.edu.cn 是一个域名地址，其中 pku 代表北京大学、edu 表示教育机构、cn 表示中国。

中文域名是含有中文字符的域名。目前 CNNIC 负责管理包含".cn"".中国"".公司"".网络"结尾的中文域名体系。例如"清华大学.cn""北京大学.中国"都是已注册的中文域名。

（四）WWW

WWW 是环球信息网的缩写（英文全称为"World Wide Web"），中文名字为"万维网""环球网"等，常简称为 Web。分为 Web 客户端和 Web 服务器程序。WWW 可以让 Web 客户端（常用浏览器）访问浏览 Web 服务器上的页面，是一个由许多互相链接的超文本组成的系统，通过互联网访问。在这个系统中，每个有用的事物，称为一样"资源"；并且由一个全局"统一资源标识符"（URI）标识；这些资源通过超文本传输协议（Hypertext Transfer Protocol）传送给用户，而后者通过点击链接来获得资源。由于 WWW 内容丰富、浏览方便，目前已经成为互联网最重要的服务。

万维网常被当成因特网的同义词，但万维网与因特网有着本质的差别。因特网是指一个硬件的网络，全球所有的计算机通过网络连接后便形成了因特网。而万维网更倾向于一种浏览网页的功能。

任务二 建立网络连接与配置无线路由器

学了这么多的网络基础知识，宽带手续办好了，那么怎样才能上网呢？在这个任务中我们将完成宽带连接与无线路由器配置。

一、宽带网络连接

不同的计算机用户可能处于不同的网络环境中，下面以 Windows 7 系统创建家庭宽带连接为例，介绍网络连接的步骤。

（一）连线

将 ADSL 和计算机网卡通过双绞线连接起来。

（二）在 Windows 7 上创建拨号连接

1. 打开"控制面板"下的"网络和共享中心"，如图 6 – 2 所示。

2. 选择"更改网络设置"选项组中的"设置新的连接或网络"链接，然后选择第一项"连接到 Internet"，如图 6 – 3 所示。

图 6 – 2　网络和共享中心　　　　　　　图 6 – 3　设置连接网络

3. 选择"宽带 PPPoE"连接，如图 6 – 4 所示。笔记本电脑一般都带有无线网卡，选择第一项"无线"即可连入无线网络。

4. 在图 6 – 5 所示的界面中输入上网账号和密码，最后选择连接就可以了。如果连接成功了就可以畅游网络了。

图 6 – 4　选择连接方式　　　　　　　图 6 – 5　设置账号和密码

二、设置无线路由器

（一）连接无线路由器

要把原来的网络连接改变一下，加一个无线路由器进去。标有 LAN 的端口为局域网接口，连接计算机的网卡，标有 Internet 的接口连接 ADSL 拨号猫或数字宽带线。

（二）在无线路由器中设置拨号连接

1. 启动路由器，打开浏览器，输入路由器 IP 地址（一般是 192.168.0.1 或者

192.168.1.1），输入路由器账号和密码（一般都是 admin），图 6－6 是某品牌无线路由器管理界面，大部分家用或商用小型路由器管理界面类似。

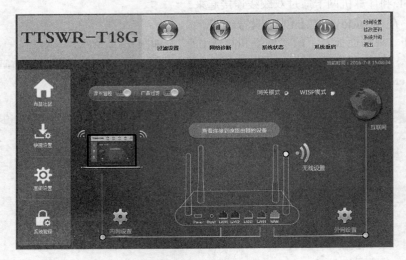

图 6－6　无线路由器登录界面

2. 选择"快速设置"，弹出"快速设置"对话框窗口，如图 6－7，在"外网设置"栏中输入宽带账号密码，提交后路由器自动完成拨号，这样每次路由器启动的时候都会自动完成拨号，无须手动再次干预。设置完毕，只要确认路由器是否可以正常连通网络，那么通过网络连接的计算机如果使用 Windows 7 无须设置就可以上网了。

图 6－7　快速设置对话框

（三）在无线路由器中设置 WiFi 连接密码

1. 为了防止别人蹭网，使用你的 WiFi，我们要在打开无线网络连接同时为无线网设置接入密码。选择管理界面中的"高级设置"，在高级设置对话框中选择"无线高级设置"，如图 6－8 所示，在"安全模式"下拉列表中选择一种安全模式，在"密码"文本框设定密码即可。也可以在"快速设置"对话框窗口的"无线设置"栏中设置安全模式和密码。

（四）在无线路由器中设置 MAC 过滤

现在万能钥匙等无线蹭网软件的使用，可能会导致无线密码泄露，网络被蹭，MAC 地

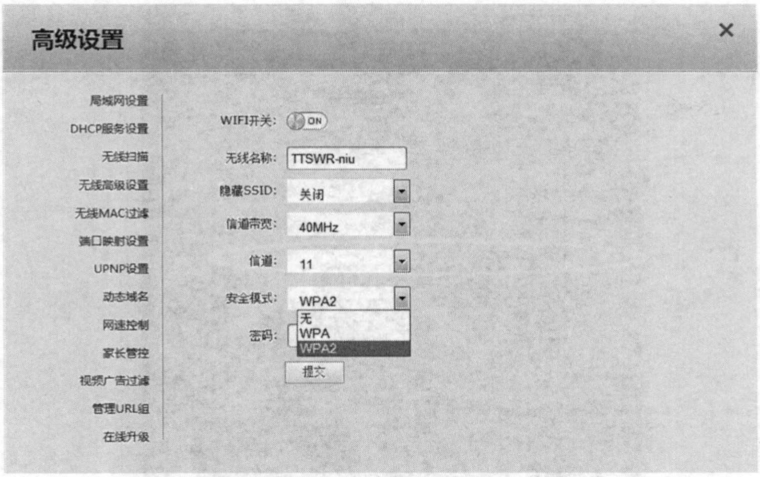

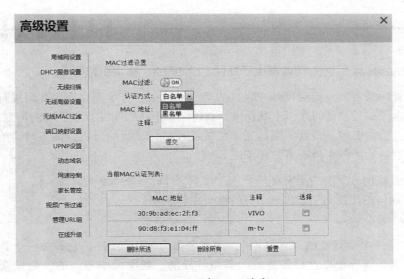

图 6-8　无线高级设置

址过滤是非常有效的防范方法，下面我们来学习无线 MAC 地址过滤的设置方法。

1. 选择"无线 MAC 过滤"，开启 MAC 过滤，如图 6-9 所示，选择认证方式，白名单是允许接入的终端，黑名单是不允许接入的终端，这里我们选择白名单，然后将自己家中所有无线终端的 MAC 地址，为了区分不同的终端可以在"注释"文本框中输入终端名字。提交以后认证列表中没有的终端就不能访问无线网络。

图 6-9　无线 MAC 过滤

2. 安卓手机的 MAC 地址通常可以通过打开"手机设置—关于手机—状态信息"或"WLAN—高级设置"栏目下可以查看 MAC 地址。其他智能终端如智能电视机顶盒等的产品标签上一般会标有 MAC 地址。

3. 下面学习查看笔记本电脑无线网卡的 MAC 地址。在"开始"菜单中的"搜索"文本框中输入"cmd"，打开"命令提示符"窗口，输入"ipconfig/all"命令，查看具体的 TCP/IP 信息。如图 6-10 中的"物理地址"即为无线网卡的 MAC 地址。

图 6 – 10 查看无线网卡 MAC 地址

项目二 Internet 的应用

案例导入

案例：Internet 网上冲浪 （收发电子邮件、Outlook、搜索引擎等）

　　学校社团准备到兄弟院校参加联谊活动。小红负责与对方学校的社团进行具体联系，通过电子邮件和即时通讯工具往来，就这样，小红顺利完成了活动的策划和组织。小明则通过搜索引擎，查到了到达兄弟院校最经济、快捷的出行方案。网络的快速发展，使我们的生活越来越离不开它了。

讨论：1. 互联网常见的应用有哪些？
　　　2. 如何使用搜索引擎进行信息资源检索与利用？

　　Internet 是一个全球性的"互联网"，中文名称为"因特网"。它并非一个具有独立形态的网络，而是将分布在世界各地的、类型各异的、规模大小不一的、数量众多的计算机网络互连在一起而形成的网络集合体，成为当今最大的和最流行的国际性网络。掌握浏览器的应用和网络信息资源的搜索技巧，掌握电子邮箱的申请和电子邮件的收发，了解计算机网络领域最新的应用，对于同学们今后的工作、学习、生活具有十分重要的意义。

任务一 使用 Internet Explorer 浏览器

　　浏览器又称 Web 客户端程序，用于获取 Internet 的信息资源。Internet Explorer（简称 IE）是微软公司推出的一款网页浏览器，也是微软 Windows 操作系统的一个组成部分。

Windows 7 预设的 IE 版本是 IE 8.0，截至目前 IE 浏览器最新的版本为 11.0，本书以 IE 8.0 为例介绍 IE 浏览器的使用。

一、使用 IE 浏览网页

（一）启动 IE 浏览器

双击桌面上的"Internet Explorer"快捷方式图标，或者选择"开始"→"Internet Explorer"命令，可以启动 IE 浏览器。在地址栏中输入 http：//www. sina. com，按回车键，在 IE 浏览器窗口中显示新浪主页，如图 6 – 11 所示。

IE 浏览器会自动记忆之前输入的地址，单击地址栏右侧的下拉箭头按钮，从下拉列表中选择某个曾经访问过的网页地址可以再次进行访问。当协议类型是 http（超文本传输协议）时，可以省略输入，IE 会自动加上。将指针移至网页上具有超链接的文字或图形上，指针会变成手形，此时单击鼠标可以跳转到另一个页面。

图 6 – 11　IE 浏览器的工作界面

（二）使用命令按钮

IE 浏览器的导航按钮方便了用户浏览网页，单击"后退"按钮可以返回上一个网页；单击"前进"按钮可以链接到当前页面下一个页面；单击"停止"按钮或按（Esc）键可以停止对当前网页的显示；单击"刷新"按钮能够重新显示当前网页；单击"主页"按钮可以返回起始网页。

当需要增大或者缩小页面中的字体时，可以分别按 < Ctrl + + > < Ctrl + – > 组合键，若要缩放到 100%，按 < Ctrl + 0 > 组合键。按 < Alt + D > 组合键可以选择地址栏中的字符串。

（三）使用多选项卡浏览网页

每当打开一个新的窗口，IE 浏览器会在新建的选项卡中将网页内容显示出来。单击不同的选项卡可以切换显示不同的网页。在选项卡栏的左侧，单击"快速导航选项卡"按钮，所有选项卡的内容会以缩略图的形式呈现出来。单击某一缩略图，可以切换到对应的页面。如果同一窗口内的选项卡来自不同网站，IE8 会自动将来自同一网站的所有选项卡使用同样的颜色标注出来，更加方便阅读。

二、保存和收藏网页

（一）保存整个网页

选择"页面"→"另存为"命令，在打开的"保存网页"对话框窗口中的"文件名"下拉列表中输入网页文件名，然后单击"保存"按钮，如图 6 – 12 所示。这样，当前页面中的图像、框架和样式表将全部保存，网页中所有显示的图片文件也一同下载并保存到"文件名 .file"文件夹中。

图 6 –12 "保存网页"对话框

（二）保存网页中的图片、文本

1. 保存图片时，在图片上右击，从弹出的快捷菜单中选择"图片另存为"命令，在打开的"保存图片"对话框窗口中选择文件保存路径，输入文件名，单击"保存"按钮。

2. 保存网页中的文本时，可以选中它们，然后复制到剪切板中，接着启动"记事本"等文字处理程序，粘贴后再保存即可。

（三）收藏网站或网页

在浏览网页时，如果发现感兴趣的网站或者需要经常登录的网站，可以将其收藏起来。以后再次访问该网页时，不需要输入网址即可快速将其打开。单击"收藏夹"工具栏中的"添加到收藏"即可收藏当前网页。

单击"收藏夹"，打开"收藏夹"面板，所有收藏的网址都以列表的形式显示出来，如图 6 – 13 所示。选择要浏览的选项，即可打开相应的网站。

三、删除浏览历史记录

默认情况下，IE 浏览器会保留 20 天内访问过的历史记录，过期后，历史记录会自动删除。如果要自行删除网页浏览记录，可以选择菜单栏上的"安全"按钮，再选择"删除浏览的历史记录"命令，在打开的"删除浏览的历史记录"对话框窗口中选择需要删除的项目，如图所示，单击"确定"即可。

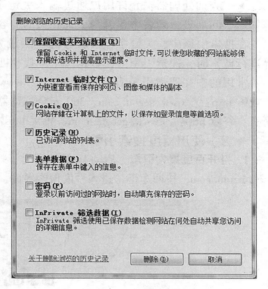

图 6 – 13　"收藏夹"面板　　　　图 6 – 14　"删除浏览的历史记录"对话框

拓展阅读

什么是"Cookie"

Cookie 是由 Web 服务器生成后存储在用户计算机硬盘上的文本文件中的一小块数据。它允许网站将信息存储在客户端计算机上以备将来检索之用。网站可以使用 Cookie 监控用户浏览网站的路径，记录用户查看过的页面或者用户购买的物品；收集信息使 Web 服务器能够根据用户以前在该网站上购买的产品弹出相应的广告条；收集用户在网页表单中输入的个人信息，留作今后用户访问该网站使用。在电子商务网站中多有用到，也有人认为 Cookies 在某种程度上说已经严重危及用户的隐私和安全。

任务二　网络信息检索

Web 包含数以亿计的页面，它们存储在遍布世界各地的服务器上。要使用这些信息必须找到它们。Web 冲浪者要学会依靠搜索引擎为他们在浩如烟海的信息中导航，利用不同的搜索方法得到预期的信息。

一、使用搜索引擎

（一）搜索引擎基础知识

搜索引擎根据一定策略、运用特定的计算机程序从互联网上搜索信息，在对信息进行组织和处理后，为用户提供检索服务，将用户检索的相关信息展示给用户的系统。

搜索引擎包含以下四个组件：

- 爬网程序：遍寻 Web 以收集表示网页内容的数据。
- 索引器：处理爬网程序收集来的信息，将其转换成存储在数据库中的关键字和 URL。
- 数据库：存储数以十亿计网页的索引引用。
- 查询处理器：允许用户通过输入关键字返回访问数据库，然后会产生一个网页访问列表，列表中包含与查询相关的内容。

在搜索引擎中，关键字检索服务的使用最为广泛，在界面中输入关键字、词组、句子等进行搜索时，搜索引擎会在数据库中查找相匹配的信息，将结果返回给用户。

常用的中文搜索引擎有：百度 http：//www.baidu.com、搜搜 http：//www.soso.cn、搜狗搜索 http：//www.sogou.com、360 安全浏览器 http：//hao.360.cn 等。常用的英文搜索引擎有：谷歌 http：//www.google.com、雅虎 http：//www.yahoo.com 等。

（二）使用百度搜索引擎

1. 打开百度搜索引擎　启动 IE 浏览器后，打开主页，在 IE 浏览器地址栏输入：http：//www.baidu.com，按回车键，进入百度搜索界面，如图 6－15 所示。

图 6－15　百度搜索主页面

2. 输入查询词　在百度搜索文本框中输入查询词：药物信息学 filetype：pdf。然后单击"百度一下"按钮，符合条件的词条链接都已经按照相关要求排列出来了，如图 6－16 所示。

3. 查看资料　单击搜索结果中的超链接，打开链接内容，找到所需资料。

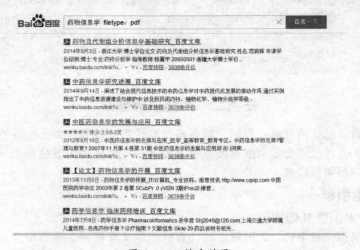

图 6－16　搜索结果

二、搜索语法与技巧

（一）基本搜索

多数搜索引擎处理的是关键字查询，在这些关键字查询中会含有与用户需要查找的信息相关的一个或多个称为"搜索项"的单词。例如，如果用户对医院信息系统感兴趣，可以直接输入"医院信息系统"进行搜索。

在形成查询时，要记住以下的简单技巧：

- 表述准确，要查询的内容与输入的查询词要保持一致。
- 查询词要与主题关联性强且简练。
- 多数搜索引擎是不区分大小写的。
- 顶级的搜索引擎使用关联搜索技术，会查找所输入的关键字的复数形式或者派生词。
- 顺序是有关系的，例如搜索"机器学习"与搜索"学习机器"会产生不同的结果。
- 位置是有关系的，如果搜索引擎能确定用户的位置，得到的结果可能会受到影响。多数搜索引擎会让用户自行选择改变所在的位置或是隐藏该位置。例如我们在"美团网"上订购外卖时系统就会根据用户的位置给出不同搜索结果供挑选。
- 搜索引擎会根据用户之前的搜索处理搜索结果，除非用户清除了自己的浏览历史。

（二）使用搜索运算符

搜索运算符是描述关键字之间的关系的单词或符号，因此它可以帮助用户创建更具针对性的查询。

1. 使用逻辑运算符

（1）＋、AND 或空格（逻辑与）　搜索结果要求包含两个及两个以上关键字用"＋"逻辑运算符连成一对，只有同时满足这两个关键词才有效，只满足一项的将被排除。

（2）｜、OR（逻辑或）　搜索结果至少包含多个关键字中的任意一个或者全部，只要满足其中一个关键词就有效。

（3）—、NOT（逻辑非）　任何跟在 NOT 后面的关键字，都不会被包含在搜索结果的任一页面中。

2. 使用"intitle："和"filetype："进行搜索　网页标题通常是对网页内容的归纳，把查询内容限定在网页标题中，往往可以得到和输出关键字匹配度更高的检索结果。例如，查找食品药品的信息，可以输入"intitle：食品药品"，搜索结果如图 6－17 所示。注意，"intitle："与后面的关键字之间不能有空格。

图 6－17　使用"intitle："的搜索结果

　　"filetype:"表示对搜索对象的格式（如 PDF、DOC 等）进行限制，从而方便有效地找到特定信息，尤其是一些学术领域的信息，前面的例子已经用到。

　　3. 使用书名号《》和双引号""进行搜索　书名号《》是百度独有的特殊查询语法，表示精确匹配电影或小说。加上书名号的查询词汇有两层特殊功能，一是书名号会出现在搜索结果中；二是书名号中的内容不会被拆分。例如，查找电影"手机"时，如果不加书名号，多说结果是手机这种通信工具，而加上书名号后，《手机》的结果就表示电影或电视剧了，如图 6-18、6-19 所示。

图 6-18　搜索"手机"的结果　　　　　　图 6-19　搜索"《手机》"的结果

　　如果在搜索文本框中输入的查询词很长，百度经过分析之后，给出的搜索结果可能会对查询词进行拆分。此时可以给查询词加上双引号""，以实现精确匹配查询词。例如，查找搜索引擎优化的资料，如果不加双引号，搜索结果会被拆分，但加上双引号后，获得的结果令人满意。

　　4. 使用 inurl 和"＊"进行搜索　inurl 可以把搜索范围限定在 URL 链接中，具体的实现方式在 inurl 的后面写上 URL 中出现的关键词。例如，输入"inurl：mp3 小苹果"，可以搜索到有关"小苹果"这首 mp3 歌曲的网页。

　　星号"＊"通配符，可以代替所有的数字和字母，用来检索不确定的关键字。例如输入"城＊"，则搜索结果将包含"城"字的内容（如"城市"等）。

　　（三）使用高级搜索集成界面

　　许多搜索引擎为使用用户搜索更精确并能获得更有用结果的方法。用户可以使用高级搜索选项来将搜索限制为以特定语言写成的或是以特定文件格式存储的材料，还可以指定日期，排除来自成人网站的结果，以及规定在网页标题、URL 或是在主体中查找搜索项。

　　选择百度搜索页面右上角的"设置"→"高级搜索"，可以打开百度的高级搜索窗口，如图 6-20 所示，如果对百度查询语法不熟悉，可以在该集成界面进行高级搜索。

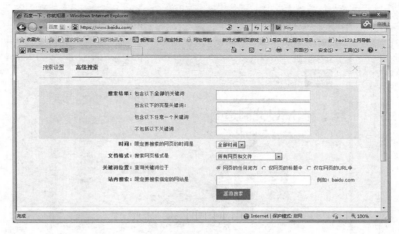

图 6-20　百度高级搜索集成界面

任务三　收发电子邮件

因特网的真正腾飞始于人们发明电子邮件之时。电子邮件简称 E-mail，是一种利用电子手段进行信息交换的通信方式。在计算机网络中电子邮箱可以自动接受其他电子邮箱所发的邮件，并能存储多种格式的电子文件。

E-mail 综合了电话和邮政信件的特点，它能以电话的速度传送信息，又能像信件一样使接受者在接收端收到文字记录。E-mail 与普通邮件的区别在于它是电子地址，每个 E-mail 地址都是全球唯一的。通过这些地址，邮件服务器将每封邮件发送到用户信箱中。

一个完整的电子邮件地址格式为：登录名@ 主机名 . 域名。其中中间用表示"在"（at）的符号"@"分开，符号左边是登录名，右边是完整的邮件服务器，它由主机名和域名组成。

一、使用免费的 WebMail

目前很多网站都提供了免费邮箱服务，如网易的 163 邮箱（mail. 163. com）、网易 126 邮箱（mail. 126. com）、新浪邮箱（mail. sina. com. cn）、QQ 邮箱（mail. qq. com）等。下面以申请网易 163 免费电子邮箱为例说明申请免费电子邮箱和收发电子邮件。

（一）申请邮箱

1. 登录 IE，在地址栏输入网址 http：//mail. 163. com，打开网易 163 邮箱主页，如图 6-21 所示。

2. 单击"注册"按钮，打开 163 邮箱的注册页面，在"邮件地址"文本框中输入"jsjjiaoxue2017"，在密码文本框中输入登录邮箱密码，再次"确认密码"，在"手机号码"文本框中输入手机号码，在"验证码"文本框中输入后面的验证码字符，单击"免费获取验证码"按钮，将手机上收到的网易短信中的验证码输入到"短信验证码"后的文本框中，单击"立即注册"按钮，如图 6-22 所示。弹出邮箱注册成功界面即完成邮箱注册。

（二）发送邮件

1. 登录邮箱，打开 163 邮箱主页（http：//mail. 163. com），打开登录界面，如图 6-21 所示，输入刚才注册的用户名和密码，单击登录按钮，进入邮箱主界面，如图 6-23 所示。

2. 单击"写信"按钮，打开邮件编辑窗口，如图 6-24 所示，窗口中各项功能介绍如表 6-3 所示。

图 6-21 登录 163 邮箱页面

图 6-22 注册邮箱界面

图 6-23 163 邮箱主界面

图 6-24　编辑邮件窗口

表 6-3　"写信"时的各项功能介绍

选项	功能
收件人	邮件接收人，如果是多个收件人，中间用逗号隔开。
发件人	发邮件的人
抄送	邮件发送给自己的同时，另外还要发送给别人。收件人会看到邮件发给自己的同时，还发给了谁。
密件抄送	收信人只看到邮件发给自己，看不到是否发给了别人。
主题	邮件标题，跟文章标题一样
正文	邮件主体，跟文章内容一样
附件	邮件附加的文件，可以在传送文字内容的同时附带文件同时传送给对方

（三）接收邮件

1. 打开邮箱，单击"收信"按钮，打开"收件箱"窗口，接收到的邮件以记录列表的形式显示出来。

2. 查阅邮件，单击邮件标题，打开邮件，即可查阅邮件内容了。

二、使用 Microsoft Outlook 2010

Microsoft Outlook 2010 是 Office2010 套件的组成部分，用于在客户端收发电子邮件、进行通信与日常管理工作。

（一）新建邮件账户

1. 启动 Outlook2010　单击"开始"按钮，选择"所有程序"→"Microsoft Office"→"Microsoft Outlook 2010"命令，启动 Outlook 2010 软件。

2. 进行账户设置　首次启动 Microsoft Outlook 2010，会出现配置账户向导，如图 6-25 所示，单击"下一步"按钮，会出现一个连接电子邮件账户的提示对话框，如图 6-26 所示，可以选择"是"单选按钮，或者选择"否"单选按钮，直接进入 Outlook2010，然后在添加用户时进行连接电子邮件的操作。这里选择"是"单选按钮，然后单击"下一步"按钮，弹出账户设置对话框，如图 6-27 所示，共有 3 种方式："电子邮件账户""短信（SMS）""手动配置服务器设置或其他服务类型"。

这里以"电子邮件账户"的方法来介绍账户的设置。选择"电子邮件账户"单选按钮，按要求依次在"您的姓名""电子邮件地址""密码""重新键入密码"文本框中输入相应内容，然后单击"下一步"按钮（Outlook 会自动为你选择相应的设置信息，如邮件发送和接收服务器等。但有时候它找不到对应的服务器，那就需要手动设置了）。弹出 IMAP 配置成功界面，如图 6-28 所示，单击"完成"按钮，进入 Outlook 主页面。

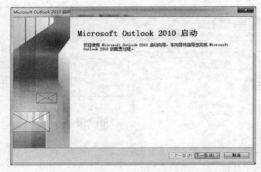

图 6-25　启动 Outlook2010

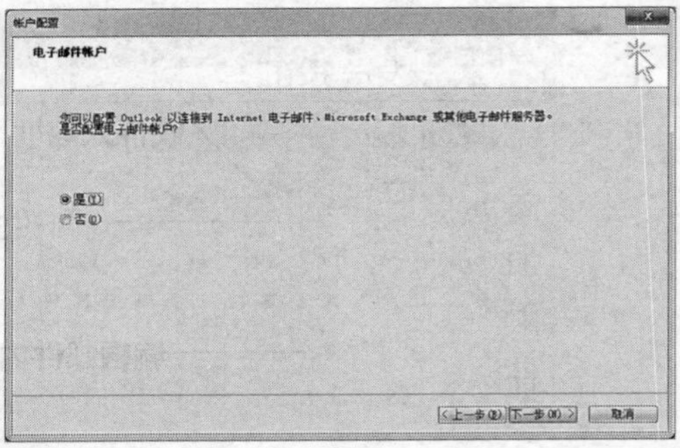

图 6-26　连接电子邮件提示

图 6-27　自动账户设置

图 6-28　电子邮件账户配置成功

3. 打开 Outlook 2010 主页面　进入 Outlook 2010 主页面可以看到主界面的组成，如图 6-29 所示。

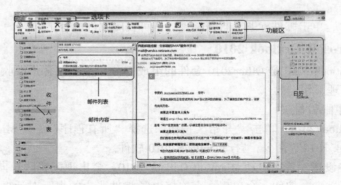

图 6-29　Outlook 主界面

4. 添加新用户　需要添加的邮箱可以是一个或者多个，操作方法如下：

单击"文件"按钮，选择"信息"选项，单击"添加账户"按钮，如图 6-30 所示；弹出添加账户对话框，选择"电子邮件账户"选项，单击"下一步"按钮。

弹出"添加新账户"的账户设置对话框，此页面和第一次启动软件时的账户设置对话框一样，操作和设置账户一致。操作完成后，回到 Outlook 主界面，发现收件人列表处已经增加了该收件人。

（二）查收邮件

在收件人列表处选择一个邮箱地址，然后单击"收件箱"按钮，在它的右侧会按要求

图 6-30　添加新用户按钮

列出邮箱中的邮件，单击一个邮件，在右侧会显示出该邮件的内容。

（三）编辑发送邮件

单击"开始"选项卡中的"新建电子邮件"按钮，显示编辑新邮件界面，如图 6-31
所示，按照页面内的要求填写完邮件，单击"发送"按钮即可。编辑新邮件页面内的菜单
选项的基本功能如表 6-4 所示。

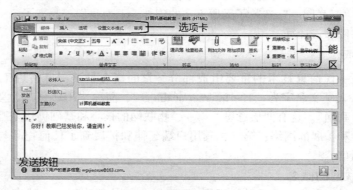

图 6-31　编写邮件

表 6-4　菜单功能

选项	功能
文件	设置邮件的基本信息，如设置邮件权限、保存位置等。
邮件	邮件编辑的基本页面，对收件人、邮件内容等进行编写
插入	在邮件内插入所需的图片、表格及其他附件
选项	对邮件的页面、发送回执等进行设置
设置文本格式	对邮件的内容格式进行设置
审阅	对邮件内容的字数、拼写等审阅
开发工具	邮件的宏编写

拓展阅读

邮件协议

POP3是 Post Office Protocol 3 的简称，即邮件协议的第三个版本，它规定怎样将个人计算机连接到 Internet 的邮件服务器和下载电子邮件的电子协议。

SMTP 的全称是 "Simple Mail Transfer Protocol"，即简单邮件传输协议。它是一组用于从源地址到目的地址传送邮件的规范，通过它来控制邮件的中转方式。

IMAP 的全称是 Internet Mail Access Protocol，即交互式邮件存取协议，它是跟 POP3 类似的邮件访问标准协议之一。不同的是开启了 IMAP 以后，你在电子邮件客户端收取的邮件仍然保留在服务器上，同时客户端上的操作会反馈到服务器上，如：删除邮件、标记已读等，服务器上的邮件也会做相应的动作。

网易邮箱默认关闭 POP3/SMTP/IMAP 服务，如果想通过 Outlook 客户端收发邮件，需要在邮箱主界面中选择"设置"按钮，打开设置选项卡，在左侧窗格中选择 "POP3/SMTP/IMAP" 选项，开启相应的服务。

任务四　了解新一代网络信息技术

除了我们前面介绍的互联网应用，同学们在日常使用的比较多的诸如网络即时通讯工具 QQ、微信、飞信等，以及信息分享、传播、获取平台微博和微信朋友圈，电子商务也日益成为人们生活中不可或缺的组成部分。全球的移动 4G 建设及部署如火如荼，5G 研究开发已悄然进行。"互联网＋"造就了无所不在的创新，下面我们一起来了解一下新一代的网络信息技术物联网和云计算。

一、了解物联网

物联网是新一代信息技术的重要组成部分。它的概念是美国麻省理工学院的专家在 1999 年提出的。其英文名字为 "The Internet of things"，简称 "IOT"，其含义是 "物联网就是物物相连的互联网"。这有两层意思：第一，物联网的核心和基础仍然是互联网，是在互联网基础上延伸和扩展的网络；第二，其用户端延伸和扩展到了任何物品与物品之间，进行信息交换和通信。

（一）物联网的概念

物联网的一般定义是：通过射频识别（RFID）、红外感应器、全球定位系统、激光扫描器等信息传感设备，按约定的协议，把任何物品与互联网相连接，进行信息交换和通信，以实现对物品的智能化识别、定位、跟踪、监控和管理的一种网络概念。物联网又名 "传感网"，通过装置在各类物体上的电子标签、传感器、二维码等，经过接口与无线网络互联，从而赋予物体智能，可以实现人与物体之间的沟通与对话，也可以实现物体与物体之间的沟通与对话。物联网是信息化和自动化相融合的产物，也被称为 "智慧地球"，物与物之间实现智能化，相当于遥控，用户可以通过网络进行设置。

2005 年 11 月 17 日，在突尼斯举行的信息社会世界峰会（WSIS）上，国际电信联盟（ITU）发布《ITU 互联网报告 2005：物联网》，引用了 "物联网" 的概念。物联网的定义和范围发生了变化，覆盖范围有了较大的拓展，不再只是基于 RFID 的物联网。

报告指出，无所不在的 "物联网" 通信时代即将来临，世界上的所有物体，从轮胎到牙刷，从房屋到纸巾都可以通过因特网主动进行信息交换。射频识别技术（RFID）、传感器技术、纳米技术、智能嵌入技术将得到更加广泛的应用。

根据 ITU 的描述，在物联网时代，通过在各种各样的日常用品上嵌入一种短距离的移动收发器，人类在信息与通信世界将获得一个新的沟通维度，从任何时间任何地点的人与人之间沟通连接扩展到人与物之间的沟通连接。

从物联网本质看，物联网是现代信息技术发展到一定阶段后出现的一种聚合性应用与技术提升，将各种感知技术、现代网络技术和人工智能与自动化技术聚合与集成应用，使人与物智慧对话，创造一个智慧的世界。物联网技术被称为是信息产业的第三次革命性创新。物联网的本质概括起来主要体现在三个方面：一是互联网特征，即对需要联网的物一定要能够实现互联互通的互联网络；二是识别与通信特征，即纳入物联网的"物"一定要具备自动识别与物物通信功能；三是智能化特征，即网络系统应具有自动化、自我反馈与智能控制的特点。

（二）物联网的基本框架

物联网主要有三层框架，即：感知层、网络层和应用层。

1. 感知层解决的是人类世界和物理世界的数据获取问题，由各种传感器以及传感器网关构成。该层被认为是物联网的核心层，主要是物品标识和信息的智能采集，它由基本的感应器件（例如 RFID 标签和读写器、各类传感器、摄像头、GPS、二维码标签和识读器等基本标识和传感器件组成）以及感应器组成的网络（例如 RFID 网络、传感器网络等）两大部分组成。该层的核心技术包括射频技术、新兴传感技术、无线网络组网技术、现场总线控制技术（FCS）等，涉及的核心产品包括传感器、电子标签、传感器节点、无线路由器、无线网关等。

2. 传输层也被称为网络层，解决的是感知层所获得的数据在一定范围内，通常是长距离的传输问题，主要完成接入和传输功能，是进行信息交换、传递的数据通路，包括接入网与传输网两种。传输网由公网与专网组成，典型传输网络包括电信网（固网、移动网）、广电网、互联网、电力通信网、专用网（数字集群）。接入网包括光纤接入、无线接入、以太网接入、卫星接入等各类接入方式，实现底层的传感器网络、RFID 网络的最后一公里的接入。

3. 应用层也可称为处理层，解决的是信息处理和人机界面的问题。网络层传输而来的数据在这一层里进入各类信息系统进行处理，并通过各种设备与人进行交互。处理层由业务支撑平台（中间件平台）、网络管理平台（例如 M2M 管理平台）、信息处理平台、信息安全平台、服务支撑平台等组成，完成协同、管理、计算、存储、分析、挖掘、提供面向行业和大众用户的服务等功能，典型技术包括中间件技术、虚拟技术、高可信技术，云计算服务模式、SOA 系统架构方法等先进技术和服务模式可被广泛采用。

在各层之间，信息不是单向传递的，可有交互、控制等，所传递的信息多种多样，包括在特定应用系统范围内能唯一标识物品的识别码和物品的静态与动态信息。尽管物联网在智能工业、智能交通、环境保护、公共管理、智能家庭、医疗保健等经济和社会各个领域的应用特点千差万别，但是每个应用的基本架构都包括感知、传输和应用三个层次，各种行业和各种领域的专业应用子网都是基于三层基本架构构建的。

（三）物联网的典型应用领域

物联网应用涉及国民经济和人类社会生活的方方面面，信息时代，物联网无处不在。由于物联网具有实时性和交互性的特点，因此，物联网的应用主要有如下几个领域。

1. 城市管理

（1）智能交通（公路、桥梁、公交、停车场等）　物联网技术可以自动检测并报告公路、桥梁的"健康状况"，还可以避免过载的车辆经过桥梁，也能够根据光线强度对路灯进行自动开关控制。在交通控制方面，可以通过检测设备，在道路拥堵或特殊情况时，系统自动调配红绿灯，并可以向车主预告拥堵路段、推荐行驶最佳路线。在公交方面，物联网技术构建的智能公交系统通过综合运用网络通信、GIS 地理信息、GPS 定位及电子控制等手段，集智能运营调度、电子站牌发布、IC 卡收费、ERP（快速公交系统）管理等于一体。通过该系统可以详细掌握每辆公交车每天的运行状况。另外，在公交候车站台上通过定位系统可以准确显示下一趟公交车需要等候的时间；还可以通过公交查询系统，查询最佳的公交换乘方案。

停车难的问题在现代城市中已经引发社会各界的热烈关注。通过应用物联网技术可以帮助人们更好地找到车位。智能化的停车场通过采用超声波传感器、摄像感应、地感性传感器、太阳能供电等技术，第一时间感应到车辆停入，然后立即反馈到公共停车智能管理平台，显示当前的停车位数量。同时将周边地段的停车场信息整合在一起，作为市民的停车向导，这样能够大大缩短找车位的时间。

（2）智能建筑（绿色照明、安全检测等）　通过感应技术，建筑物内照明灯能自动调节光亮度，实现节能环保，建筑物的运作状况也能通过物联网及时发送给管理者。同时，建筑物与 GPS 系统实时相连接，在电子地图上准确、及时反映出建筑物空间地理位置、安全状况、人流量等信息。

（3）文物保护和数字博物馆　数字博物馆采用物联网技术，通过对文物保存环境的温度、湿度、光照、降尘和有害气体等进行长期监测和控制，建立长期的藏品环境参数数据库，研究文物藏品与环境影响因素之间的关系，创造最佳的文物保存环境，实现对文物蜕变损坏的有效控制。

（4）古迹、古树实时监测　通过物联网采集古迹、古树的年龄、气候、损毁等状态信息，及时做出数据分析和保护措施。在古迹保护上实时监测能有选择地将有代表性的景点图像传递到互联网上，达到扩大知名度和广泛吸引游客的目的。另外，还可以实时建立景区内部的电子导游系统。

（5）数字图书馆和数字档案馆　使用 RFID 设备的图书馆/档案馆，从文献的采访、分编、加工到流通、典藏和读者证卡，RFD 标签和阅读器已经完全取代了原有的条码、磁条等传统设备。将 RFID 技术与图书馆数字化系统相结合，实现架位标识、文献定位导航、智能分拣等。

应用物联网技术的自助图书馆，借书和还书都是自助的。借书时只要把身份证或借书卡插进读卡器里，再把要借的书在扫描器上放一下就可以了。还书过程更简单，只要把书投进还书口，传送设备就自动把书送到书库。同样通过扫描装置，工作人员也能迅速知道书的类别和位置以进行分拣。

2. 数字家庭　如果简单地将家庭里的消费电子产品连接起来，那么只是一个多功能遥控器控制所有终端，仅仅实现了电视与电脑、手机的连接，这不是发展数字家庭产业的初衷。只有在连接家庭设备的同时，通过物联网与外部的服务连接起来，才能真正实现服务与设备互动。有了物联网，就可以在办公室指挥家庭电器的操作运行，在下班回家的途中，家里的饭菜已经煮熟，洗澡的热水已经烧好，个性化电视节目将会准点播放；家庭设施能够自动报修；冰箱里的食物能够自动补货。

3. 定位导航　物联网与卫星定位技术、GSM/GPRS/CDMA 移动通信技术、GIS 地理信息系统相结合，能够在互联网和移动通信网络覆盖范围内使用 GPS 技术，使用和维护成本大大降低，并能实现端到端的多向互动。

4. 现代物流管理　通过在物流商品中植入传感芯片（节点），供应链上的购买、生产制造、包装/装卸、堆栈、运输、配送/分销、出售、服务每一个环节都能无误地被感知和掌握。这些感知信息与后台的 GIS/GPS 数据库无缝结合，成为强大的物流信息网络。

5. 食品安全控制　食品安全是国计民生的重中之重。通过标签识别和物联网技术，可以随时随地对食品生产过程进行实时监控，对食品质量进行联动跟踪，对食品安全事故进行有效预防，极大地提高食品安全的管理水平。

6. 零售　RFID 取代零售业的传统条码系统（Barcode），使物品识别的穿透性（主要指穿透金属和液体）、远距离以及商品的防盗和跟踪有了极大改进。

7. 数字医疗　以 RFID 为代表的自动识别技术可以帮助医院实现对病人不间断地监控、会诊和共享医疗记录，以及对医疗器械的追踪等。而物联网将这种服务扩展至全世界范围。RFID 技术与医院信息系统（HIS）及药品物流系统的融合，是医疗信息化的必然趋势。

8. 防入侵系统　通过成千上万个覆盖地面、栅栏和低空探测的传感节点，防止入侵者的翻越、偷渡、恐怖袭击等攻击性入侵。上海机场和上海世界博览会已成功采用了该技术。据预测，到 2035 年前后。中国的物联网终端将达到数千亿个。

随着物联网的应用普及，形成我国的物联网标准规范和核心技术，成为业界发展的重要举措。解决好信息安全技术，是物联网发展面临的迫切问题。

二、云计算

近年来，随着计算机技术和网络通信技术的迅速发展，"云"慢慢走进了我们的生活。下面我们一起了解一下什么是云计算。谷歌原全球副总裁大中华地区总裁李开复曾这样描述云："如果你正要打开电脑，在一个文字处理软件中写下未来一周的旅行计划，那么你不妨试一试这样一种全新的文档编辑方式：打开浏览器，进入 Google Docs 页面，新建文档，编辑内容，然后，直接将文档的 URL 分享给你的朋友——没错，整个旅行计划现在被浓缩成了一个 URL，无论你的朋友在哪里，他都可以直接打开浏览器访问 URL。无论你分享给多少朋友，他们都可以与你同时编辑、修订那份诱人的旅行计划……如果你喜欢上了这种新颖的编辑体验，那么恭喜你，你正在拥抱一个美丽的网络应用模式——云计算。"

（一）什么是云计算

简单地说：云计算就是你的电脑不需要硬盘，甚至不需要处理器芯片，你的电脑只需要一个网卡和网页浏览器，就可以完成所有你要做的工作，存储文件、制作文件、发邮件都不需要你的电脑来处理，而由云计算服务商帮你处理，也就是你的电脑根本不需要硬盘、处理器、内存等，所有的硬件都可由云计算商提供。

云计算作为一个新的网络计算机概念，目前还没有严格统一的概念。云计算是分布处理、并行处理和网格计算的发展，是计算机科学概念的商业实现，其核心部分依然是数据中心。它使用的硬件设备主要是成千上万的工业标准服务器，企业和个人用户通过高速互联网得到计算能力，从而避免了大量的硬件投入。

云计算的基本原理是：通过使计算机分布在大量的分布式计算机上，而非本地计算机或服务器，使企业数据中心的运行与互联网相似。这使得企业能够将资源切换到需要的应用上，根据需求访问计算机和存储系统。云计算描述了一种可以通过互联网进行访问的可扩展的应用程序。云计算使用大规模的数据中心以及功能强劲的服务器来运行网络应用程序提供网络服务。任何一个用户通过合适的互联网接入设备以及一个标准的浏览器都能够访问一个云计算应用程序。

（二）云计算包括哪些服务

云计算是传统计算机技术和网络技术发展相融合的产物，它包括基础设施即服务（Infrastructure as a Service，IaaS）、平台即服务（Platform as aService，PaaS）和软件即服务（Software as aService，SaaS）三个层次的服务。其中 IaaS 是指消费者通过 Internet 可以从完善的计算机基础设施获得服务，如硬件服务器租用；PaaS 是指将软件研发的平台作为一种服务，以 SaaS 的模式提交给用户，如软件的个性化定制开发；SaaS 是一种通过 Internet 提供软件的模式，用户无须购买软件，而是向提供商租用基于 Web 的软件来管理企业经营活动。

（三）大数据有哪些特征

大数据（big data），是指无法在一定时间范围内用常规软件工具进行捕捉、管理和处理的数据集合，是需要新处理模式才能具有更强的决策力、洞察发现力和流程优化能力来适应海量、高增长率和多样化的信息资产。

IBM 提出大数据的 5V 特点：Volume（大量）、Velocity（高速）、Variety（多样）、Value（价值）、Veracity（真实性）。

- 大量（Volume）：数据体量巨大，从 TB 跃升到 PB 级别；
- 高速（Velocity）：数据的处理速度快，一般在秒级范围内给出分析结果；
- 多样（Variety）：数据类型多样，包括网络日志、视频、地理位置信息等；
- 价值（value）：合理运用大数据，以低成本创造高价值；
- 真实性（Veracity）：数据的质量。

数据的价值在于将正确的信息在正确的时间交付到正确的人手中。未来属于那些能够驾驭所有拥有数据的公司，这些数据与公司自身的业务和客户相关，通过对数据的利用，发现新的洞见，帮助他们找出竞争优势。

大数据技术的战略意义不在于掌握庞大的数据信息，而在于对这些含有意义的数据进行专业化处理。换而言之，如果把大数据比作一种产业，那么这种产业实现盈利的关键，在于提高对数据的"加工能力"，通过"加工"实现数据的"增值"。

从技术上看，大数据与云计算的关系就像一枚硬币的正反面一样密不可分。大数据必然无法用单台的计算机进行处理，必须采用分布式架构。它的特色在于对海量数据进行分布式数据挖掘。但它必须依托云计算的分布式处理、分布式数据库和云存储、虚拟化技术。

随着"云"时代的来临，大数据也吸引了越来越多的关注。大数据通常用来形容一个公司创造的大量非结构化数据和半结构化数据，这些数据在下载到关系型数据库用于分析时会花费过多时间和金钱。大数据分析常和云计算联系到一起，因为实时的大型数据集分析需要像 MapReduce 一样的框架来向数十、数百或甚至数千的电脑分配工作。

三、电子商务

Web 上最流行的活动之一就是购物，它跟商品目录一样充满诱惑力，顾客可以在闲暇时匿名地甚至是穿着睡衣上网购物。电子商务通常用来描述在计算机网络上以电子形式进行的商业交易，它包括了因特网和 Web 技术能够支持的所有形式的商业和市场营销过程。

电子商务的"商品"，包括许多种类的有形产品、数字产品以及服务。电子商务网站可以提供的有形产品包括衣服、鞋、滑板以及汽车这样的商品。这些产品可以通过物流快递公司送到购买者手中。

电子商务的商品包括越来越多的数字产品，如新闻、音乐、影像、数据库、软件以及各类基于知识的产品。这些产品的独特之处在于他们能够转换成二进制位（bit）的形式经由 Web 投递，顾客在完成他们订单后立刻就可以得到产品，不在需要有人支付运送费用。电子商务的商家也出售服务，如在线医疗咨询、远程教育等，这些服务中的一部分可以由计算机来执行，另一些则需要人来代理。

　　按照交易对象分类，常见的电子商务类型可分为：企业对企业的电子商务（Business to Business，B2B）；企业对消费者的电子商务（Business to Consumer，B2C）；消费者对消费者的电子商务（Consumer to Consumer，C2C）等。对于个人用户而言，所谓的网上购物主要是电子商务中的 C2C 和 B2C 两种类型。

　　目前，在国内，"淘宝网"是最常用的 C2C 网上购物平台，在淘宝网上，任何个人都可以设立个人的网络店铺，销售物品，其经营模式类似于现实经济活动中的"个体经营者"或俗称的"个体户"。

　　"天猫"是同属于淘宝的 B2C 网上购物平台，其中的业主都为企业或公司。其他比较著名的 B2C 平台包括卓越亚马逊、京东商城、国美商城、苏宁商城、当当网等。

　　在网上购物过程中，一个最关键的问题是货款的支付问题。在国内，信用卡和信用制度尚处于较初级的阶段，如何保证网上货款支付的安全，保证销售者和消费者双方的利益，成为制约电子商务发展的关键。为此，产生了很多第三方网上支付平台，这些平台作为网上购物的交易中介，通常在确定交易后消费者将货款支付给网上支付平台，当收到购买的物品后，再由网上支付平台将货款支付给销售者。这样，第三方网上支付平台就起到了居间保障的作用。国内常见网上支付平台包括支付宝、微信支付等。

四、移动 4G

　　智能型手机的问世加速了通信技术的革新，在几年间，数据传输率的增加让用户享受高速移动网络新体验，3G、4G、5G 的议题热度也始终居高不下，并跃居产学研等单位的研究主题。

　　但是到底什么是 3G、4G，一般人的认知，就是手机上网的速度更快，并不了解背后的科学含意，下面我们来简单了解一下这些名字由来。

　　我们常常听到广告说：4G LTE，其中 G 代表【代（Generation）】，4G 代表第四代，是为了与之前的第二代（2G）、第三代（3G）移动电话做出区分，我们以目前我国三大通讯运营商所支持系统来说明，这也是目前我国所使用的移动通信系统：

　　第二代移动电话（2G）：GSM 系统只支持线路交换的语音信道，主要通过语音信道打电话与传送短信，GPRS 系统支持分组交换因此可以上网，但是由于利用语音信道传送数据封包，因此上网的速度很慢。

　　第三代移动电话（3G）：是指支持高速数据传输的蜂窝移动通信技术。3G 服务能够同时传送语音及数据信息，速率一般在几百 kbps 以上。目前 3G 存在四种标准：CDMA2000，WCDMA，TD－SCDMA，WiMAX。中国电信使用的 3G 技术标准是 CDMA2000，中国联通使用的 3G 技术标准是 WCDMA，中国移动使用的 3G 技术标准是 TD－SCDMA。

　　第四代移动电话（4G）：LTE/LTE－A 系统支持分组交换，可以用更快的速度上网，由于 4G 的手机大多同时支持 3G 与 2G，因此在手机找不到 LTE 基站时仍然会以 3G 基站上网，打电话或发短信时仍然是使用 GSM 系统的语音信道来完成。

　　4G 和 LTE 技术同义，它们都是现有 3G 无线标准的演化升级。实际上，LTE 是 3G 的一种先进形式，它标志着由数据/语音混合网络向数据 IP 网络的转移。LTE 之所以能够实现更高的数据吞吐量，主要依赖于两大关键技术：MIMO 和 OFDM。后者的全称是正交频分复用，这种频谱效率方案可实现较高的数据传输速率，并允许多位用户共享一个通用频段。

　　多输入多输出（MIMO）技术在传输和接收器上使用了多根天线，从而进一步提升了数据吞吐量和频谱效率。它使用了复杂的数字信号处理技术，可在相同频段内设立多股数据流。早期的 LTE 网络在上行和下行链路都可支持 2x2 MIMO。

LTE 标准使用了频分双工（FDD）和时分双工（TDD）两种双工工作形式。但是，世界各国政府都基于出售 LTE 频谱来获利，而完全没有任何规划和考虑，这也导致了 LTE 如今拥有 44 个混乱的频段。最后需要指出的是，LTE 网络存在不同的类型。从消费者的角度讲，这些类型主要根据理论速度区分。

4G 系统能够以 100Mbps 的速度下载，比拨号上网快 2000 倍，上传的速度也能达到 20 - 50Mbps，并能够满足几乎所有用户对于无线服务的要求。而在用户最为关注的价格方面，4G 与固定宽带网络在价格方面不相上下，而且计费方式更加灵活机动，用户完全可以根据自身的需求确定所需的服务。此外，4G 可以在 DSL 和有线电视调制解调器没有覆盖的地方部署，然后再扩展到整个地区。很明显，4G 有着不可比拟的优越性。

5G 网络将有更大的容量和更快的数据处理速度，通过手机、可穿戴设备和其他联网硬件推出更多的新服务将成为可能。5G 的容量预计是 4G 的 1000 倍。使用 4G 网络，你不能在手机上真正实时在线玩游戏，但使用 5G 网络却可以做到。4G 网络是专为手机打造的，没有为物联网进行优化。5G 技术为物联网提供了超大带宽。与 4G 相比，5G 网络可以支持 10 倍以上的设备。举个例子，我们有可能用智能眼镜观看高清视频。

当今社会，无所不在的网络、无所不在的计算、无所不在的数据、无所不在的知识成为驱动社会变革的核心动力，未来十年将是自动化和信息化相融合，移动通讯和互联网相结合，"物联网 + 云计算"智慧地球产业的黄金十年。

随着我国卫生信息化快速推进，医学和生命科学的不断发展，深刻地影响与改变着传统医药科学，使得医药工作者和医学院校的师生们面临着知识更新的机遇和挑战。作为现代医学生在学好自己专业课的同时，要学会利用现代网络信息技术解决日常工作学习中问题，同时要敢于利用互联网和自己从事的行业进行深度融合，在互联网 + 医疗领域有所作为。

重点小结

本模块介绍了计算机网络的形成与发展、网络的基本概念、分类、网络拓扑结构、体系结构及网络协议、Internet 及 Internet 基本应用等内容。通过本项目的学习，可利用 Internet 知识及 IE 浏览器的基本操作，掌握收发、管理电子邮件的基本方法，使用搜索引擎进行信息资源检索与利用，了解因特网领域的最新技术的应用，提高信息资源的获取和应用能力。

实训一　使用搜索引擎查找信息

请按以下步骤进行操作：

1. 双击桌面上的 IE 浏览器图标，打开 IE 浏览器窗口。

2. 在地址栏内输入 http：//www. baidu. com，并回车，进入 baidu 首页。

3. 在搜索栏中填入关键词"中国卫生人才网"，单击"搜索"按钮进行检索。

4. 在搜索结果中单击"中国卫生人才网"网站选项的链接（提示的 URL 为"www. 21wecan. com"）进入网站。

5. 浏览网站。

实训二　申请电子邮箱和发送邮件

请按以下步骤进行操作：

1. 在 IE 浏览器地址栏中输入 http：//www. 126. com。

2. 在页面左侧选择"注册，输入"用户名"→单击"下一步"。输入"密码"和相关个人信息→"下一步"，即可完成注册。

3. 登录电子邮箱，单击左侧导航栏上部的"写信"按钮，进入写信界面。

4. 填入收件人地址，填写邮件主题，在编辑区撰写邮件内容。

5. 单击"添加附件"按钮，弹出"选择文件"对话框→选取文件，单击"打开"按钮，添加附件。如果需要添加多个附件，可重复添加附件的步骤。

6. 单击发件人栏上方的"发送"按钮发送电子邮件。

7. 单击左侧导航栏上的"收件箱"按钮，进入收件箱，单击"发件人"或"主题"的链接查看电子邮件。

8. 如果邮件带有附件，单击附件的链接或单击"下载附件"将附件文件下载到本地磁盘。

9. 单击窗口上方的"回复"按钮进入回信窗口，填写回信内容。

10. 单击窗口上方的"保存草稿"按钮，将回信保存到"草稿箱"中。

目标检测

一、选择题

1. IP 地址由一组（　　　）位的二进数组成。
   A. 8　　　　　　　　B. 16　　　　　　　　C. 32　　　　　　　　D. 128

2. 电子邮件的格式为 username@ hostname，其中 username 是（　　　）。
   A. 用户名　　　　　　　　　　B. ISPM 某台主机的域名
   C. 某公司名　　　　　　　　　D. 某国家名

3. 域名是 Internet 服务提供商（ISP）的计算机名，域名中的后缀 . gov 表示机构所属类型为（　　　）。
   A. 军事机构　　　B. 政府机构　　　C. 教育机构　　　D. 商业公司

4. 统一资源定位器的英文缩写是（　　　）。
   A. HTTP　　　　　B. FTP　　　　　C. TELNET　　　　D. URL

5. 计算机网络的通信传输介质中速度最快的是（　　　）。
   A. 同轴电缆　　　B. 光缆　　　　C. 双绞线　　　　D. 铜制电缆

6. 域名系统 DNS 的作用是（　　　）。
   A. 存放主机域名　　　　　　　B. 将域名与 IP 地址进行转换
   C. 存放 IP 地址　　　　　　　D. 存放电子邮箱号

7. 访问网页时，一些网页会在电脑中留下一个文件，用来记录访问的详细信息和追踪用户在互联网上的活动。这种文件称之为（　　　）。
   A. 缓存　　　　　B. Cookie　　　　C. 浏览器　　　　D. 书签

8. 因特网与万维网的关系是（　　　）。
   A. 都是互联网，只不过名称不同　　　B. 万维网只是因特网上的一个应用功能；

C. 因特网与万维网没有关系　　　　D. 因特网就是万维网

9. 以互联网为基础，将数字化、智能化的物体接入其中，实现自组织互联，是互联网的延伸与扩展；通过嵌入到物体上的各种数字化标识、感应设备，如 RFID 标签、传感器、响应器等，使物体具有可识别、可感知、交互和响应的能力，并通过与 Internet 的集成实现物物相连，构成一个协同的网络信息系统。以上描述的是（　　　）。

　　A. 智慧地球　　　　B. 三网融合　　　　C. SaaS　　　　　D. 物联网

10. 通过建立网络服务器集群，将大量通过网络连接的软件和硬件资源进行统一管理和调度，构成一个计算资源池，从而使用户能够根据所需从中获得诸如在线软件服务、硬件租借、数据存储、计算分析等各种不同类型服务，并按资源使用量进行付费。以上描述的是（　　　）。

　　A. 网格计算　　　　B. 云计算　　　　　C. 效用计算　　　　D. 物联网

二、填空题

1. 计算机网络，是指将地理位置不同的具有独立功能的多台计算机及其外部设备，通过通信线路连接起来，在网络操作系统，网络管理软件及网络通信协议的管理和协调下，实现_____和_____的计算机系统。

2. 计算机网络按照地理范围划分，有_____、_____和_____3 种类型。

3. 在 Internet 网络中，一个网络地址唯一地标识一台计算机，靠的就是能唯一标识该计算机的网络地址，这个地址称为_____。

4. 在 IE 的_____中输入网址，可以打开网页。

5. 在 Microsoft Outlook2010 中想要增加一个收件人账户，用_____操作。

计算机实用工具软件

知识要求 　**1. 掌握**　计算机实用工具软件的基本功能。

　　　　　　2. 熟悉　计算机实用工具软件的使用方法。

　　　　　　3. 了解　计算机实用工具软件的特点。

技能要求 　1. 熟练掌握计算机 BIOS 设置及系统优化和维护工具软件的使用。

　　　　　　2. 学会屏幕捕捉软件、音频处理工具、多媒体格式转换软件的使用。

　　随着计算机的普及，人们希望能够轻松地对计算机进行各种设置，能够自行分析、排除一些常见故障，能够自己动手对计算机进行常规维护，并能够运用各种辅助工具软件处理工作生活中的一些问题，提高效率，目前计算机实用工具软件已经逐渐渗透到各行各业。

案例导入

案例：掌握计算机 BIOS 设置及系统优化和维护工具软件的使用

　　经过不断的努力学习，小明已经逐渐离开了计算机"菜鸟"的行列。他不仅能帮助同学重装系统、维护计算机性能，还经常运用自己学习和掌握的计算机常用工具软件为同学们解决常见的问题，得到了大家的一致好评。

讨论：1. 如何借助专业的系统优化软件和维护工具软件来解决计算机运行速度慢、启动时间长、内存占用太多等一系列问题？

　　　2. 如何将误删除或误格式化的文件进行恢复？

　　　3. 如何使用媒体处理工具进行编辑、转换，以达到自己想要的效果？

项目一　系统管理工具软件

　　计算机在使用过程中可能会碰到各种各样的问题，比如系统运行缓慢，垃圾文件、临时文件需要清理等，此时用户可以借助管理工具对系统进行优化和维护，以保证系统快速、稳定的运行。

任务一　BIOS 基本设置

　　BIOS（Basic Input/Output System，基本输入输出系统）全称是 ROM – BIOS，是一组固化到计算机主板 ROM 芯片上的程序，为计算机提供最低级最直接的硬件控制程序。

一、BIOS 的功能

　　目前市场上常用的 BIOS 主要有 AMI BIOS 和 Award BIOS 两种，二者的技术也互有融合。在功能上，BIOS 主要包含自检与初始化、硬件中断处理与程序服务处理三个功能。

自检与初始化功能。计算机接通电源后，BIOS 最先被启动。首先通过 BIOS 中的自诊断程序对计算机的硬件部分进行检测，即加电自检（Power On Self Test，简称 POST），检查计算机中硬件是否良好，包括 CPU，640K 基本内存、扩展内存、ROM、主板、CMOS 存储器、串并口、显示卡、软硬盘子系统及键盘鼠标等外部设备。检测过程中，如果发现严重故障则停止计算机的运行，此时由于各种初始化操作还没有完成，不给出任何提示或信号；对于非严重故障则给出屏幕提示或声音报警信号，等待用户处理。例如日常生活中经常遇到的不停断的提示声，是提示用户内存条损坏或没插好，需要更换或重新插拔内存条。如果没有发现问题，则进行初始化操作，包括创建中断向量、设置寄存区、对硬件的参数信息进行设置等。最后执行引导程序，根据 CMOS 中设置的启动顺序搜索可用设备并读取引导记录，引导系统启动。

程序服务处理，主要是为应用程序和操作系统服务，这些服务主要与输入输出设备有关，例如读磁盘、文件输出到打印机等。为了完成这些操作，BIOS 必须直接与计算机的输入输出设备打交道，通过特定的数据端口发出命令，传送或接收各种外部设备的数据，实现软件程序对硬件的直接操作。

硬件中断处理，是处理计算机中硬件的需求，当用户发出使用某个设备的指令后，CPU根据设备的中断号使用相应的硬件完成工作，再根据中断号跳回去继续执行原来的工作。

程序服务处理程序和硬件中断处理程序是两个独立的功能，分别为软件和硬件服务，但二者在使用上密切相关，只有组合到一起，才能使计算机系统正常运行。

拓展阅读

CMOS 与 BIOS 的区别

CMOS（Complementary Metal Oxide Semiconductor，互补金属氧化物半导体），是指制造大规模集成电路芯片用的一种技术或用这种技术制造出来的芯片，此处指计算机主板上的一块可读写的 RAM 芯片，用来存储计算机系统中时钟信息和硬件配置信息等。系统在启动过程中 BIOS 要读取 CMOS 中信息，用来初始化计算机各硬件的状态。

CMOS 与 BIOS 都跟计算机系统设置密切相关，初学者常将二者混淆。CMOS RAM 是一块存储器，只具有保存数据的功能，是系统参数存放的地方；而 BIOS 设置程序是完成系统参数设置的手段。因此，准确的说法应是通过 BIOS 设置程序对 CMOS 中存储的参数进行设置。而我们平常所说的 CMOS 设置和 BIOS 设置是其简化说法，也就在一定程度上造成了两个概念的混淆。

二、BIOS 设置

不同品牌的台式计算机以及笔记本电脑进入 BIOS 的操作不尽相同，但通常都是在系统启动的过程中，按键盘的 Del 键或功能键 F1 或 F2 或 F10 键即可进入 BIOS 的设置界面。以 VMWare 虚拟机中的 Phoenix BIOS 为例，其他 BIOS 的设置方法与之相似。进入 BIOS 后的界面，如图 7 – 1 所示。上方深蓝色区域为菜单栏，通过键盘的左右两个方向键进行选择，从左至右分别为主要，高级，安全，引导和退出。中间灰色区域根据选择菜单的不同而显示不同内容，包括系统日期和时间，系统硬件参数信息，启动顺序等。最下方为 BIOS 设置的操作说明，各按键功能说明如表 7 – 1 所示。

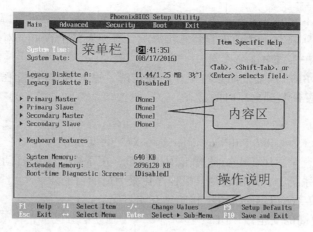

图7-1 BIOS-主界面-注释

表7-1 BIOS中按键功能说明

按键	功能说明	按键	功能说明
F1	显示帮助信息	ESC	不保存并退出BIOS设置
↑↓	切换选项	←→	切换菜单
-/+	调整选项的值	Enter	进入子菜单
F9	恢复BIOS的默认设置	F10	保存最新设置并退出BIOS

　　BIOS中通常设置第一启动设备为硬盘，当需要重新安装操作系统时，可使用光盘或做成系统启动盘的优盘引导系统进行安装，因此需要设置光驱或USB设备为第一启动设备。设置优盘为第一启动设备的详细步骤如下：首先按向右方向键【→】，切换到"Boot"菜单，图7-2所示；然后按向下方向键【↓】，选择"Removable Devices（可移动设备）"选项；接着按加号键【+】，将Removable Devices选项移动到第一行；最后按功能键F10，保存并退出BIOS，完成启动顺序的设置。设置完成后，系统在启动过程中首先检测U盘中是否有启动程序，如果包含启动程序，则从优U装载系统；否则继续检测第二启动设备，第三启动设备，直至完成系统引导；若所有启动设置中都没有找到启动程序则给出提示信息。

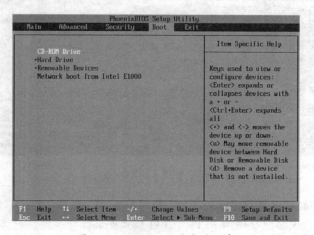

图7-2 BIOS-设置启动顺序

在计算机硬件不变的情况下，还可以通过 BIOS 设置调整 CPU 的实际工作频率，即超频来提高计算机的运算能力，BIOS 的设置直接影响计算机系统的性能，对于初学者要完全掌握比较困难，需要在实践中逐渐摸索。

当用户修改了 BIOS 设置致使系统工作不稳定时，进入 BIOS 设置程序后，直接按功能键 F9，将 BIOS 设置恢复到出厂时的状态。

三、UEFI BIOS

UEFI（Unified Extensible Firmware Interface，统一可扩展固件接口）是一种详细描述全新类型接口的标准，是适用于电脑的标准固件接口，用于操作系统自动从预启动的操作环境加载到一种操作系统上，从而达到开机程序化繁为简的目的。

UEFI BIOS 与传统的 Legacy BIOS 相比具有如下优势：

1. UEFI 具有更高的安全性。UEFI 启动需要一个独立的分区，它将系统启动文件和操作系统本身隔离，可以更好地保护系统的启动，当系统启动出错时，只需要重新配置启动分区。

2. UEFI 提供更大的磁盘容量。传统的 MBR 分区最大只能支持 2TB 的硬盘和 4 个主分区，而 UEFI 规范之一的 GPT（GUID Partition Table，全局唯一标识分区表）分区格式可以支持 18EB（1EB = 1024PB = 1，048，576TB）硬盘容量。

3. UEFI 提供更高的效能。传统 BIOS 专为 16 位处理器定制，寻址能力低下，效能差。UEFI 可以适用于任何 64 位处理器，寻址能力强，效能表现优秀。

4. UEFI 缩短了启动和休眠恢复的时间。

5. UEFI 的开发语言从汇编转变成 C 语言，高级语言的加入让厂商深度开发 UEFI 变为可能，如图 7 - 3 华硕 UEFI BIOS（a）、图 7 - 3 技嘉 UEFI BIOS（b）所示，为厂商深度开发的图形化 UEFI BIOS 设置界面。

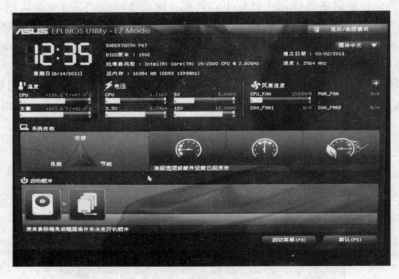

图 7 - 3　华硕 UEFI BIOS（a）

总之，随着 Windows8 操作系统对 UEFI 的完美支持，传统 BIOS 技术正在逐步被 UEFI 取代，最新的计算机很多已经使用 UEFI，UEFI 模式安装操作系统是趋势所在。

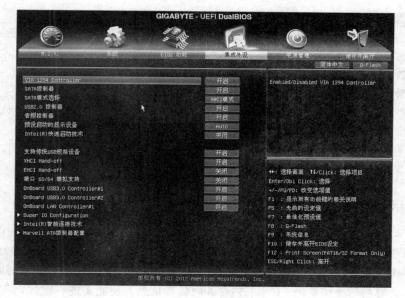

图 7 - 3　华硕 UEFI BIOS（b）

任务二　系统优化设置工具

Windows 7 操作系统向用户提供了友好的人机交互功能，为了能更好地发挥操作系统的作用，充分发掘计算机软件和硬件的潜能，用户需要对计算机的软硬件系统进行优化处理。目前常用的系统设置优化软件主要有 Windows 优化大师、腾讯电脑管家、360 安全卫士等。

一、Windows 优化大师

Windows 优化大师是一款国内知名的功能强大的系统设置辅助软件，有着丰富的优化功能，它向用户提供了全面有效且简便安全的系统检测、系统优化、系统清理、系统维护四大功能模块及数个附加的工具软件，同时适合 Windows98/Me/2000/XP/7.0 操作系统，能够为系统提供全面有效而简便的优化、维护和清理手段，让系统始终保持在最佳状态，同时该软件体积小巧，功能强大，是装机必备软件之一。

Windows 优化大师具有以下特点：一是具有全面的系统优化选项，向用户提供简便的自动优化向导，优化项目均提供恢复功能。二是具有详细准确的系统检测功能，向用户提供详细准确的硬件、软件信息及系统性能进一步提高的建议。三是具有强大的清理功能，能够快速安全清理注册表，清理选中的硬盘分区或指定目标。四是能有效地系统维护模块，能够检测和修复磁盘问题，对文件加密与恢复，保证文件安全。

既然 Windows 优化大师有如此强大的功能，那么该如何使用它，优化 windows 7 操作系统呢？下面，我们来一步步的看看如何安装和使用 Windows 优化大师。

（一）软件的下载、安装与运行

Windows 优化大师可以从官方网站（http://www.youhua.com）下载，也可以通过 360 软件管家等软件管理程序自动下载并安装。

打开 360 软件管家后，在软件宝库的系统工具中找到 Windows 优化大师，如图 7 - 4 所示。单击"一键安装"命令按钮，选择安装位置后，系统自动完成 Windows 优化大师的安装，如图 7 - 5 所示。

安装完毕后，双击桌面上的 Windows 优化大师图标，启动程序。

图 7-4 360 软件管家-优化大师　　　　　图 7-5 360 软件管家-优化大师安装

　　如图 7-6 所示，为 Windows 优化大师的启动界面。在 Windows 优化大师程序启动界面左侧，可以看到 Windows 优化大师具有系统检测、系统优化、系统清理、系统维护四大功能模块。每个模块里还有若干个附属工具软件。启动界面右上部分显示了 Windows 优化大师的版本、计算机的操作系统、CPU、内存和硬盘等信息，还能实现一键优化和一键清理。除此之外，Windows 优化大师还提供了一些优化工具，如：进程管理、文件加密/解密、内存整理、文件粉碎等工具。

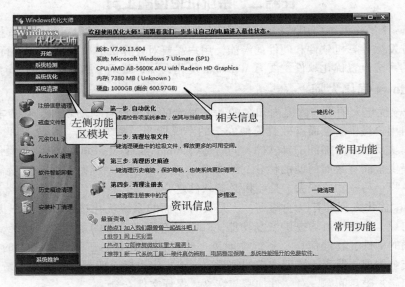

图 7-6 Windows 优化大师启动界面

（二）软件的使用

　　1. 系统检测　系统检测包含三个功能，系统信息总览、软件信息列表和更多软件信息。如图 7-7 所示。

　　（1）系统信息总览　在"系统信息"主界面中，可以了解到计算机中详细软件和硬件信息，分别包括：计算机系统、操作系统以及计算机的 CPU、BIOS、内存、硬盘、显示卡、显示器、音频及网卡设备等，帮助用户了解计算机的全面信息。

　　（2）软件信息列表　单击软件信息列表，计算机系统内安装的应用软件将以列表的方式在这里显示。该计算机系统安装的软件有：360 安全浏览器、暴风影音、微信、Windows

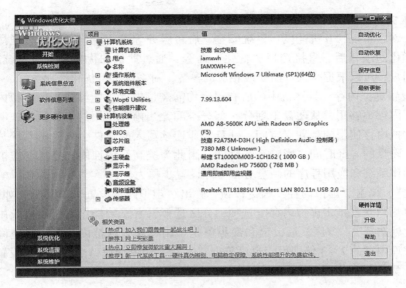

图 7-7　Windows 优化大师 - 系统检测模块

优化大师等，Windows 优化大师可以实现对这些软件进行删除、卸载等操作。

（3）更多硬件信息　Windows 优化大师是借助硬件检测工具——鲁大师检测计算机中硬件信息。选择更多硬件信息后，如果没有安装鲁大师硬件检测工具，优化大师会提示链接到鲁大师官方网站，需下载并安装鲁大师；如果已安装软件，则直接调用软件并查看计算机中的硬件信息，如图 7-8 所示。

图 7-8　鲁大师 - 硬件检测

（4）自动优化　Windows 优化大师在系统检测界面的右侧提供了一个"自动优化"命令按钮，对于初学者可以借助该工具，在减少人为干预的情况下实现对系统的优化。单击"自动优化"命令按钮，弹出自动优化向导，根据向导提示，选择正确的 Internet 接入方式，在注册表操作对话框中选择备份注册表后，优化大师开始自动优化系统，从而提高计算机的整体性能。

2. 系统优化 系统优化是 Windows 优化大师的主要模块，可以对硬盘缓存、桌面菜单、文件系统、网络系统、开机速度、系统安全、后台服务等进行优化。对于普通用户，可以选择需要优化的项目后，直接选择"优化"命令，通过默认的优化设置对系统进行优化。对于高级用户，可以根据个人经验修改相应的参数，对系统进行优化。

（1）设置虚拟内存 计算机中的所有程序均需经过内存才能够执行，虚拟内存是早期为解决物理内存不够用，从硬盘中划分一部分空间充当内存使用的一种技术，一直沿用至今。由于虚拟内存使用的是硬盘空间，硬盘上非连续写入的文件会产生磁盘碎片，过多的碎片将加长硬盘的寻址时间，影响系统性能，因此为提高系统性能，经常把虚拟内存设置在未安装操作系统和应用程序的硬盘分区中。设置步骤为：选择"系统优化"模块中"磁盘缓存优化"，单击"虚拟内存"命令按钮，弹出"虚拟内存设置"对话框，如图 7－9 所示，选择"用户自己指定虚拟内存"选项，分区选择没有安装操作系统以及应用程序的硬盘分区，此处选择 F: 分区。最大值和最小值是指用于作为虚拟内存的硬盘空间大小，通常设置为物理内存的 2～3 倍即可，也可单击"推荐"命令按钮，由优化大师设置，最后单击"确定"完成设置。

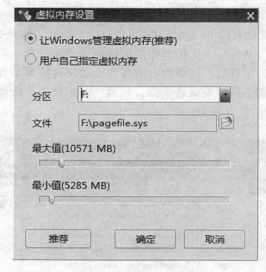

图 7－9　虚拟内存设置

（2）开关机速度优化 随着应用软件安装的越来越多，很多软件都设置为随系统自动启动，启动软件的增多，启动时间由几十秒延长至几分钟，为提高系统的启动速度，减少启动时间，可以通过"开机速度优化"减少自启动程序，界面如图 7－10 所示。在"开机速度优化"界面中可以设置启动信息的停留时间、默认启动的操作系统、需要时显示恢复选项的时间、系统启动预读方式、等待启动磁盘错误检查时间以及开机时不自动运行的项目等。

开机速度优化的步骤如下：打开开机速度优化界面，选中不需要在系统启动过程中启动的软件，如图 7－10 所示，此处选择了 RTHDVCPL（RealTek 音频管理器），ClearAM-Cache（视频采集卡相关程序），DAEMON Tools Pro Agent（虚拟光驱工具），Nwt（局域网通讯工具），HCDNClient（爱奇艺客户端）等，单击"优化"按钮完成启动程序的优化。具体哪些软件可以设置为不随系统同时启动，需要在实践中不断摸索，例如保护系统安全的防火墙、杀毒软件等就需要随系统启动。

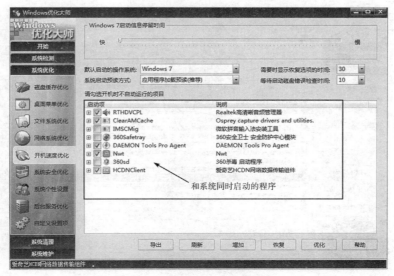

图 7－10　开机启动优化

在关闭 Windows 7 操作系统时，如果程序出错致使关闭系统要等待较长的时间，在"磁盘缓存优化"中，如图 7－11 所示，可以选中 Windows 自动关闭停止响应的应用程序，关闭无响应程序的等待时间 1 秒（推荐）和应用程序出错的等待响应时间 1 秒（推荐）等三个选项，以加快系统关闭时间。

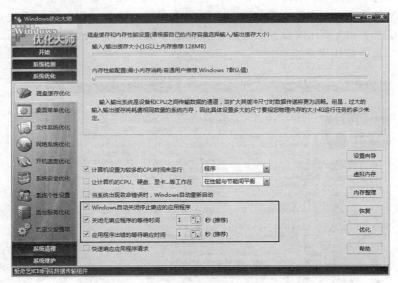

图 7－11　硬盘缓存优化－系统关闭时间

（3）后台服务优化　Windows 服务是使用户能够创建在 Windows 会话中可长时间运行的可执行应用程序。Windows 服务通常在系统启动时自动开启；独立于特定用户之上，可以被一台计算机上任何用户所公用；服务通常没有界面；服务可根据需要启动、停止或重新启动。Windows 系统中有很多服务，如图 7－12 所示，其中绿色三角表示该服务已经启动，红色方块表示该服务未启动，处于停用状态。并不是所有服务都要随系统启动，为减少启动时间，只需启动一些必要服务。

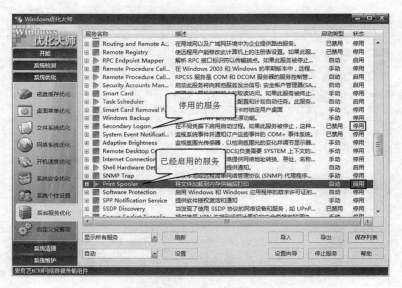

图 7 - 12　后台服务优化

以 Print Spooler 服务为例对后台服务进行优化设置。Print Spooler 是管理所有本地和网络打印队列及控制所有打印工作的服务，如果计算机并未连接本地和网络打印机，因此该服务可以停止，停止的操作步骤为：在"后台服务优化"界面中选定 Print Spooler 服务，如图 7 - 12 中灰色部分所示，单击右下方"停止服务"命令按钮即可停止该服务，此操作只是停止当前服务功能，而当系统重启时仍会随系统启动。若要使服务不随系统启动，选定服务项后，在图 7 - 13 所示的设置服务启动方式的下拉列表框中选择"已禁用"选项，并单击"设置"命令按钮完成设置。

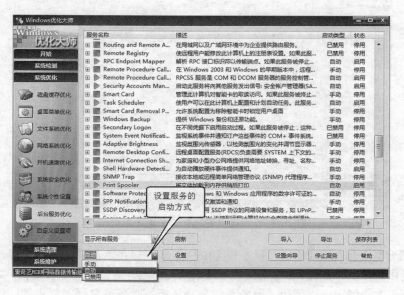

图 7 - 13　后台服务优化 - 服务启动方式

3. 系统清理　系统清理是 Windows 优化大师的四个主要模块之一，主要目的是清理一些无效的信息，临时文件等以达到节约磁盘空间，提高系统性能的目的。磁盘清理模块包括注册信息清理即常见的注册表清理，磁盘文件管理，冗余 DLL 清理，ActiveX 清理，软件智能卸载，历史痕迹清理，安装补丁清理等功能。

（1）注册表信息清理　界面如图 7-14 所示，在"请选择要扫描的项目"列表中选中需要扫描的项目，单击"扫描"命令按钮后，在下方列表区域显示出扫描结果。单击"备份"按钮，可将注册表信息进行备份。在扫描结果中选中一条或多条注册表信息，单击"删除"按钮可删除选中的注册表信息。单击"全部删除"按钮可删除所有扫描出的注册表信息。单击"恢复"按钮，在弹出的备份与恢复管理对话框的备份列表中选择一个早期备份的注册表，继续单击对话框中"恢复"命令将注册表恢复到指定时间的注册表状态。

图 7-14　注册表信息清理

（2）磁盘文件管理　磁盘文件管理界面如如图 7-15 所示，在"扫描选项"卡中设置需要扫描的文件，单击右上角的"扫描"命令按钮，系统根据扫描选项对磁盘进行扫描，并把扫描结果显示在"扫描结果"选项卡中，如图 7-16 所示。单击"全部删除"命令按钮将扫描的所有临时文件、无效文件、缓存文件等进行删除，以节约磁盘空间。单击"删除选项"选项卡，如图 7-17 所示，用于设置执行删除时的操作方式。例如选择"直接删除文件"选项，执行删除操作，相当于执行 Shift + Del，即文件不放入回收站而被彻底删除。

（3）软件智能卸载　系统在使用过程中经常要根据实际需要安装各式软件，部分软件在使用完后就很少再使用甚至就不用了，为节约磁盘空间，使系统性能处于最佳状态，需要把使用频率低的软件卸载。

软件卸载不等同于直接删除文件或文件夹，使用优化大师卸载软件的步骤如下：在如图 7-18 所示的软件智能卸载界面中，选中需要卸载的软件，例如 Daemon Tools Pro，单击"分析"按钮，弹出如图 7-19 所示的软件卸载提示提示对话框，单击"是"按钮，将使用 Daemon Tools 软件自带的卸载程序卸载软件；单击"否"按钮，优化大师对软件进行分析，并将软件分析结果，包括和软件相关的文件、注册表信息等显示在下方列表中，单击"卸载"按钮完成软件的卸载。对于自带卸载程序的软件，建议使用软件自带的卸载程序进行卸载。

图 7 – 15　磁盘文件管理

图 7 – 16　文件扫描结果

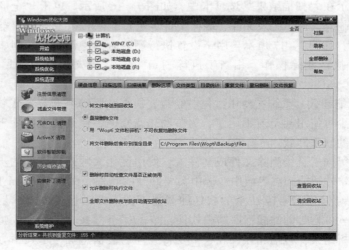

图 7 – 17　删除选项

图 7 – 18 软件卸载界面

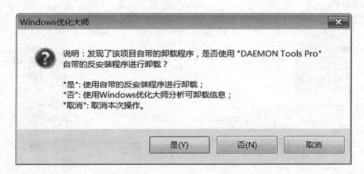

图 7 – 19 软件卸载提示对话框

4. 系统维护 系统维护也是 Windows 优化大师的主要组成模块之一，包括系统磁盘医生、磁盘碎片整理、驱动智能备份、其他设置选项、系统维护日志等。

（1）系统磁盘医生 帮助用户检查和修复由于系统死机、非正常关机等原因引起的文件分配表、目录结构、文件系统等系统故障。

如图 7 – 20 所示，系统磁盘医生操作界面，在"请选择要检查的分区"中选择一个或多个需要检查的磁盘分区，单击右侧的"选项"命令按钮，可以对系统磁盘医生进行设置。最后单击"检查"按钮开始根据选项的设置对选择的分区进行检查和修复。下方显示检查的进度以及检查的信息等。

（2）磁盘碎片整理 系统使用的时间久了，会产生磁盘碎片，过多的碎片不仅会导致系统性能降低，而且可能造成存储文件的丢失，严重时甚至缩短硬盘寿命。磁盘碎片整理能够帮助用户了解硬盘上的存在文件碎片的比例以及整理磁盘碎片，操作界面如图 7 – 21 所示。

在进行磁盘碎片分析和整理前，首先应确认当前用户为系统管理员用户，如果不是管理元用户，需退出优化大师，然后在桌面的优化大师快捷方式上右击，选择"以管理员身份运行"命令，以管理员身份运行优化大师。选择需要分析的分区，单击"分析"按钮对选择的分区进行分析，分析完成后单击"查看报告"按钮，弹出如图 7 – 22 所示碎片分析报告，用户根据报告建议进行后续操作，建议用户每 1 ~ 2 个月对磁盘进行一次分析整理操作。

图 7-20 系统磁盘医生界面

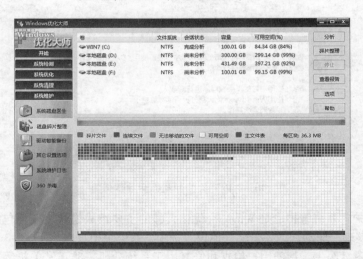

图 7-21 磁盘碎片整理界面

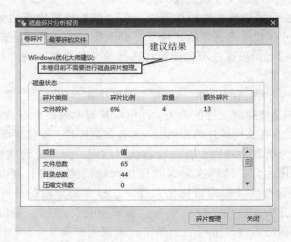

图 7-22 碎片分析报告

二、其他优化设置工具软件

除 Windows 优化大师外，其他比较常用的系统优化设置工具有腾讯电脑管家，360 安全卫士等免费软件。

腾讯电脑管家是腾讯公司推出的集云查杀木马、系统加速、漏洞修复、实时防护、网速保护、电脑诊所、软件管理功能于一身，既能对系统进行优化管理又能保护系统安全，是用户对系统进行优化管理常用软件之一。

腾讯电脑管家启动界面如图 7 – 23 所示，单击"全面体检"按钮，软件自动对系统进行检查，包括系统存在的漏洞、系统异常、电脑速度、帐号风险、病毒木马以及优化建议等，检查结果如图 7 – 24 所示，单击"一键修复"按钮，软件自动完成系统漏洞修复以及优化设置。

图 7 – 23　腾讯电脑管家 – 启动界面

图 7 – 24　全面体检结果

选择启动界面中的"病毒查杀"可以检查并清除系统中存在的病毒，保护系统安全。病毒查杀包括闪电杀毒、全盘杀毒以及指定位置杀毒三种杀毒方式。闪电杀毒是指对系统关键部位病毒进行查杀。全盘杀毒是指对整个硬盘中所有文件进行病毒查杀。指定位置杀毒是仅查杀指定文件夹或分区中的病毒。

选择启动界面中"清理垃圾"可以实现对系统盘瘦身、文件清理、插件清理等操作。选择"文件清理",打开系统优化界面,如图 7 - 25 所示,可以实现清理垃圾,清理痕迹,插件清理,文件清理和系统加速等功能。

选择启动界面中"电脑加速"可以对系统进行优化,提高系统性能以及减少开机时间等。选择"电脑加速"界面中的"启动项",打开如图 7 - 26 所示的启动项管理操作界面,包括对启动项、服务项以及计划任务三部分进行优化设置。单击右侧"状态与操作"对应的按钮,可以设置是启用还是禁用所选项目。

图 7 - 25　文件清理 - 系统优化

图 7 - 26　启动项管理

腾讯电脑管家中的电脑诊所是基于计算机中经常遇到的问题而研制出的一种快速解决方案,用户根据遇到的问题进行不同的分类选择然后进行修复。电脑诊所共分为腾讯专区、桌面图标、上网异常、软件硬件、系统综合以及全国维修共六类。例如当浏览网页时,打开主页后其他的二级链接都无法打开,该问题属于网络相关问题,因此在电脑诊所主界面如图 7-27 所示，选择"上网异常"分类后，再找到"网站内的链接打不开"选项，如图 7-28 所示，单击"立即修复"按钮，修改该问题。

图 7-27　电脑诊所主界面

图 7-28　网页内链接打不开

腾讯电脑管家中还具有其他很多功能，并提供很多实用工具，如流量监控、硬件检测、软件搬家等，由于篇幅有限，读者可在具体使用过程中逐渐发现适合自己使用的工具。

360 安全卫士是由奇虎 360 公司推出的一款具有电脑体检、查杀木马、修复漏洞、电脑清理、优化加速等功能安全杀毒软件，其作用和操作方法等与腾讯电脑管家相似，此处不再介绍。

任务三　系统备份恢复工具

不论是初学者还是计算机高手，安装操作系统都是一件麻烦的事情，而利用系统备份与恢复工具能帮助用户节省很多安装系统的时间和麻烦。目前比较流行的具有代表性的系统备份恢复工具是 Norton Ghost。

Norton Ghost，中文名为诺顿克隆精灵，是由美国赛门铁克公司开发的一款硬盘备份还原工具，能够完整而快速地复制备份、还原整个硬盘或单一分区。早期的 Norton Ghost 只允许运行在 DOS 环境下，新版的 Ghost 摆脱了 DOS 的束缚，可以让用户直接在 Windows 环境下对系统分区进行热备份而无须关闭 Windows 操作系统；新增了增量备份功能，可以将磁盘上新近变更的信息添加到原有的备份文件中，不必反复执行整盘备份操作；利用网络还可以把一台计算机硬盘上的数据同时克隆到多台计算机中；利用光盘或 U 盘启动后，能够快速地把损坏的系统恢复到备份时的状态。Ghost 的强大功能得到了广大用户的喜爱。

一、系统备份

利用 Norton Ghost 进行系统备份，是指把安装有操作系统的分区或整个硬盘以文件的形式备份到其他分区或其他硬盘的过程。用 PE 系统启动计算机后，运行 Ghost 软件，其操作界面如图 7 - 29 所示。利用 Ghost 将 C 分区备份到其他分区的步骤如下：

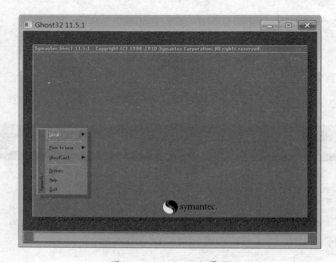

图 7 - 29　Ghost 主界面

1. 依次选择"Local" → "Partition" → "To Image"，如图 7 - 30 所示。

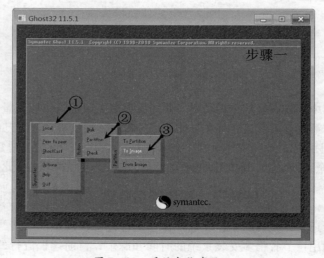

图 7 - 30　系统备份步骤一

在主菜单中各菜单项的含义如下：

Local：本地操作，对本地计算机上的硬盘进行操作。

Peer to peer：通过点对点模式对网络计算机上的硬盘进行操作。

GhostCast：通过单播/多播方式对网络中的计算机上硬盘进行操作。

Option：对 Ghost 进行设置的选项，一般使用默认设置即可。

Help：帮助。

Quit：退出 Ghost。

选择"Local"选项后，在二级菜单中各菜单项的含义如下：

Disk：对整个硬盘进行操作。

Partition：对分区进行操作。

Check：对分区或映像文件进行检查。

选择"Partition"选项后，在三级菜单中各菜单项的含义如下：

To Partition：将选定的分区克隆到另一个分区中，即实现分区的备份或称复制分区。

To Image：将选定的分区所有信息克隆到一个镜像文件（扩展名为 .gho）中。

From Image：通过镜像文件恢复分区，用于系统的恢复。

2. 在打开的"Select Local Source Driver by clicking on the drive number（单击驱动器号选择本地源驱动器）"对话框中，如图 7 – 31 所示，选择操作系统所在的硬盘。

图 7 –31　系统备份步骤二

3. 在打开的"Select Source partition（s）from Basic drive：1（在第一块硬盘中选择源分区）"对话框，如图 7 – 32 所示，选择操作系统所在的分区。

4. 在打开的"File Name to copy image to（创建的镜像文件文件名）"对话框中，如图 7 – 33 所示，选择镜像文件存放的位置，并输入镜像文件的名字，单击"save"按钮。

5. 选择创建镜像文件的压缩方式，如图 7 – 34 所示：No，不进行压缩；Fast，快速压缩；High，高压缩率压缩，此种方式创建的镜像文件最小，但速度也是最慢的。镜像文件的压缩率越大，其创建系统备份以及恢复备份的时间也越长。在磁盘空间允许的情况下，通常选择 Fast 压缩，在保证备份速度的同时，适当减少压缩文件的大小。

6. 选择"fast"压缩方式后，系统开始创建镜像文件，本任务将在 F 分区创建一个名为 bak 的镜像文件。

图 7-32 系统备份步骤三

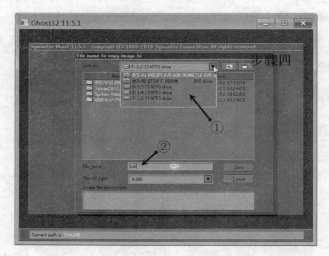

图 7-33 系统备份步骤四

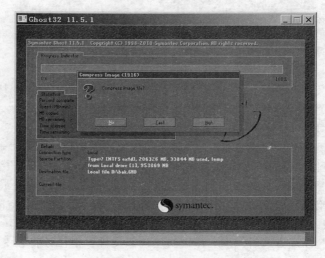

图 7-34 系统备份步骤五

二、系统恢复

系统恢复是系统备份的逆操作，是当系统不能正常使用时用备份的系统文件替换当前系统的过程。用 F 分区中 bak 文件恢复操作系统的步骤如下：

1. 用光盘或 U 盘启动计算机，进入 PE 系统，然后运行 Ghost 软件。

2. 依次选择 "Local" → "Partition" → "From Image" 选项。

3. 在打开的 "Image file name to restore from（镜像文件恢复）" 对话框中选择还原系统的镜像文件，如图 7 – 35 所示。首先单击 look in（查找）路径框右侧的向下三角，在下拉列表中选择镜像文件所在的分区，然后在下方显示的分区信息中找到并选择还原所需的镜像文件。

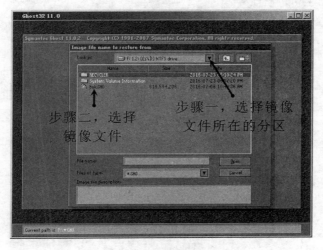

图 7 – 35　选择镜像文件

4. 在打开的 "Select source partition from image file（选择镜像文件的源分区）" 对话框中，列表中显示出镜像文件所记录的分区信息，如图 7 – 36 所示，直接单击 "OK" 按钮继续下一步。

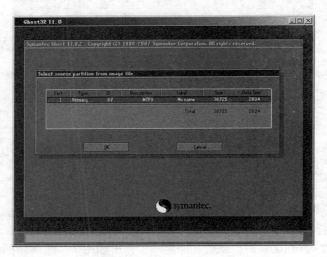

图 7 – 36　镜像文件所在硬盘

5. 在打开 "Select local destination drive by clicking on the drive number（单击驱动器号选择本机目标驱动器）" 对话框中选择需要恢复分区所在的硬盘驱动器，如图 7 – 37 所示，单击"OK"按钮。

6. 在打开的"Select destination partition from basic drive：1（在第一个驱动器中选择目标分区）"对话框中列出该驱动器中的所有分区，如图7-38所示，选择需要还原的目标分区，单击"OK"按钮。

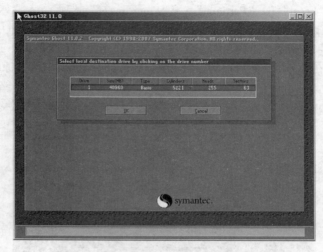

图7-37　选择目标驱动器

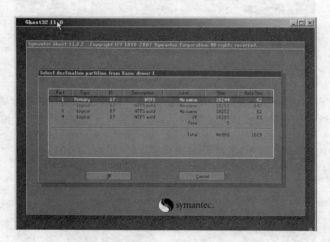

图7-38　选择目标分区

7. 为防止用户误操作，弹出如图7-39所示确认对话框。所示确认对话框。如果前边的操作正确无误，单击"Yes"按钮开始系统还原；否则，单击"No"取消系统还原。

8. 如图7-40所示，将镜像文件还原到指定分区。图中显示出还原进度、还原速度、已用时间、剩余时间等信息。

9. 当还原进度达到100%时，系统还原完成，弹出如图7-41所示的克隆完成对话框，由用户选择"continue（继续其他操作）"或"Reset Computer（重新启动计算机）"继续后续的操作。如果用户还原的是系统分区，此处建议选择重新启动计算机选项，以完成系统的设置操作。

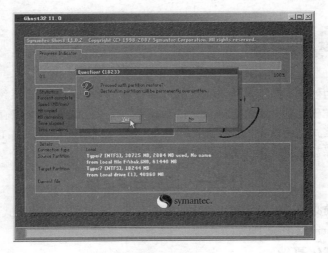

图 7-39　恢复确认

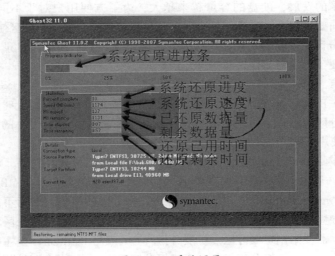

图 7-40　系统还原

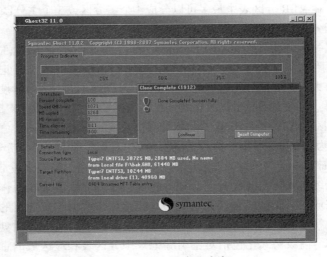

图 7-41　分区克隆完成

项目二　磁盘工具软件

　　磁盘，又称为硬盘，是计算机最主要的外部存储设备之一，操作系统、应用程序、数据文件等都存储在磁盘上，断电后磁盘中的数据不会丢失，能够长久保存。磁盘在使用前需要进行分区和格式化的操作。当误删除了重要文件时，借助数据恢复工具可以还原部分或全部已经被删除甚至格式化的文件或数据。

任务一　磁盘分区工具

　　硬盘在使用前必须进行分区和格式化的操作，目前常见的分区和格式化工具有 DiskGenius，PQmagic，Acronis Disk Director 等。

一、分区和格式化基础

　　随着硬盘技术的发展，硬盘的容量越来越大，为了方便用户对于不同类文件的管理，通常硬盘在使用前要进行分区的操作；当然，硬盘也可以仅分成一个分区使用。分区（partition）是指通过分区工具将一块硬盘划分为几个逻辑部分，不同类的目录与文件可以存储在不同的分区，便于用户对文件进行管理。

　　硬盘分区现有 MBR 和 GPT 两种分区结构。

　　MBR（Master Boot Record），主引导记录，是计算机开机后访问硬盘时所必须要读取的首个扇区，是由分区程序产生的。MBR 分区结构最大只能建立 2TB 大小的分区，对于大于 2TB 的分区需要使用 GPT 分区结构。

　　MBR 分区结构包含有主分区、扩展分区以及逻辑分区三种分区类型。MBR 包含一个仅 64 字节的硬盘分区表，由于一个分区需要 16 个字节的分区信息，因此 MBR 分区最多能识别 4 个主分区（Primary Partition）。主分区，即主磁盘分区的简称，是指不能再划分成其他类型的分区，是独立的，可以用于系统启动的分区，因此又称为启动分区。若要将硬盘划分出更多的分区，需要采用扩展分区。扩展分区（Extended Partition）是主分区的一种，可以将其继续划分为无数个逻辑分区，每一个逻辑分区都有一个和 MBR 结构类似的扩展引导记录。总的来说，在 MBR 分区表中最多可以分成 4 个主分区或 3 个主分区和 1 个扩展分区，扩展分区可以再细分为多个逻辑分区。

　　GPT 是全局唯一标识分区表（GUID Partition Table）的缩写，是 EFI（Extensible Firmware Interface，可扩展固件接口标准）的一部分，用于替代 BIOS 中的主引导记录分区表。由于 MBR 分区表不支持大于 2TB 的分区，因此一些 BIOS 系统为了支持大容量硬盘而用 GPT 分区表取代 MBR 分区表。GPT 硬盘的分区表位置信息存储在 GPT 头中，能够支持最大卷为 18EB，并且每个硬盘的分区数没有上限，分区数目仅受操作系统的限制，Windows 操作系统最大支持 128 个 GPT 分区。为提高分区数据结构的完整性，GPT 在硬盘中保存了一份分区表的备份。

　　格式化（format）是指对磁盘或磁盘中的分区进行初始化。格式化通常分为低级格式化和高级格式化。低级格式化指对磁盘进行划分柱面、磁道、扇区等的操作，通常由生产厂家在出厂时已经完成。高级格式化又称逻辑格式化，是指根据用户选定的分区格式，在磁盘的特定区域写入特定数据，以达到初始化磁盘或磁盘分区、清除原磁盘或磁盘分区中所有文件的一个操作。高级格式化包括对主引导记录中分区表相应区域的重写，根据用户选定的文件系统，在分区中划出一片用于存放文件分配表、目录表等用于文件管理的磁盘空间，以便用户使用该分区管理文件。平时经常说的格式化是指高级格式化。

　　硬盘经过低级格式化、分区和高级格式化三个处理步骤后，硬盘就可以在操作系统的管理下进行数据的存储等操作。

二、系统自带分区和格式化工具

　　Windows 7 操作系统自带有分区和格式化的工具，既可以在系统安装前对硬盘进行分区和格式化操作，也可在系统安装后，在系统中对硬盘进行分区和格式化的操作。

（一）安装系统前对硬盘分区和格式化操作

　　利用 Windows 的系统安装光盘安装系统的过程中，出现硬盘分区和格式化界面，如图 7－42 所示，便可对硬盘进行分区和格式化操作。

图 7－42　硬盘分区和格式化界面

　　单击"新建"按钮后，新建硬盘分区界面，如图 7－43 所示，此处可创建磁盘分区。操作方法为：在"大小"标签对应的文本框中输入准备创建的分区大小，单击"应用"按钮完成新分区的创建。例如要创建一个 40GB 的分区，在文本框中输入 40000，单位为 MB，单击"应用"按钮后，即完成了一个 40GB 分区的创建。

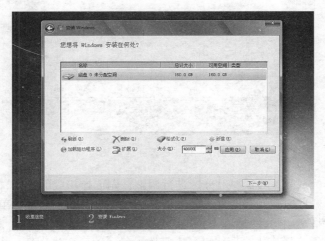

图 7－43　新建硬盘分区界面

创建一个分区后，如图 7 - 44 所示，包含有一个 100MB 的系统保留分区，一个 39.0G 的主分区和一个 120.9G 的未分配空间。100MB 的系统保留分区是在硬盘中创建第一个分区时由系统创建的，是主分区，用于存储引导文件。39.0GB 的主分区是用户创建的分区，由于 1GB = 1024MB，因此显示为 39.0GB；120.9GB 未分配空间是还没有创建分区的硬盘空间，用户可继续划分不同的区间。

图 7 - 44　创建一个分区后界面

选择未分配空间，然后单击"新建"按钮，按照上面的步骤创建第二、第三个分区。系统保留分区由于也是主分区，分区工具只能在分三个主分区，如图 7 - 45 所示，硬盘完成分区后，各分区大小界面。

图 7 - 45　硬盘分区结果

硬盘分区操作完成后，若需要对分区进行调整，先选择相应的分区，单击"删除"按钮删除选定的分区，此时被删除的分区称为未分配的磁盘空间，选定后单击"新建"按钮重新按需求创建分区。

选择分区，单击"格式化"按钮可完成对选定分区的格式化操作，系统默认将分区格式化为 NTFS 格式。

（二）磁盘管理工具

操作系统安装完成后，利用系统中的磁盘管理工具可以调整分区大小和格式化分区。在桌面计算机图标上单击右键，选择快捷菜单中"管理"命令，打开计算机管理窗口，在左侧选择"存储"中的"磁盘管理"打开如图7－2所示的磁盘管理界面，显示当前计算机中硬盘、光盘等外部存储设备以及硬盘的分区情况等内容。利用磁盘管理工具只能创建三个主分区，第四个分区为扩展分区，在扩展分区中可以继续划分为多个逻辑分区。

右键单击某一分区，在弹出的快捷菜单选择"删除卷"命令，可以删除指定的分区。若删除的分区为主分区，该分区所占空间变为未分配空间；若删除的分区为逻辑分区，该分区空间为可用空间；若删除扩展分区，需先将所有的逻辑分区删除后才能够删除扩展分区。主分区、扩展分区、逻辑分区如图7－46所示。

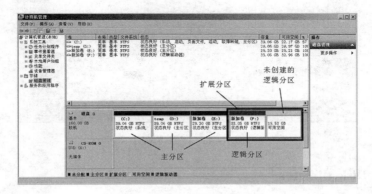

图7－46　磁盘管理界面

在未分配的空间或扩展分区上单击鼠标右键，选择快捷菜单中的"新建简单卷"命令，按照新建简单卷向导的提示，能够快速完成分区的创建以及格式化操作。

磁盘分区中没有数据时，对于磁盘大小的调整可以通过删除卷，新建简单卷的方式对磁盘进行分区操作，以满足分区大小调整的要求。当分区中有数据时，为保证数据的完整性，不能简单地删除卷，应通过压缩卷和扩展卷的方式实现分区大小的调整。

当需要减小分区大小时，在需要调整的分区上单击右键，选择弹出的快捷菜单中"压缩卷"命令，如图7－47所示，"输入压缩空间量"后对应数字为可以压缩的最大空间，此处输入实际需要压缩的空间大小，单击"压缩"按钮完成分区的调整。

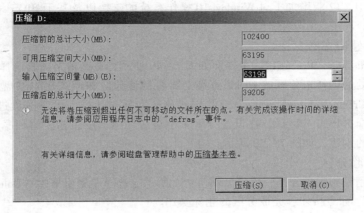

图7－47　压缩卷设置

当需要增加分区大小时，要求在分区前后有可用于扩展的未分配的磁盘空间；如果没有未分配空间，则需要通过一系列操作后才能够完成分区扩展。若要将 C 盘扩大 20G，需先将 D 盘中的数据备份到其他分区后，删除 D 分区，然后右击 C 分区，选择"扩展卷"命令，如图 7 - 48 所示，输入"选择空间量"为 20000，按向导提示完成扩展卷操作。

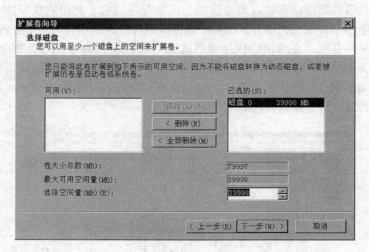

图 7 - 48　扩展卷向导

三、Acronis Disk Director

（一）Acronis Disk Director 简介

Acronis Disk Director 是 Acronis 公司开发的一款磁盘管理套件，可以组织和管理硬盘以实现最佳性能，同时保持数据安全。

Acronis Disk Director 除支持基本的磁盘分区操作外，还支持在 Windows 7 及以后版本的操作系统中，在不造成数据丢失或损坏的情况下，调整磁盘分区特别是系统分区的大小、分割磁盘分区、合并磁盘分区、复制和移动分区等操作。Acronis Disk Director 既可以将磁盘或分区格式化成 FAT16、FAT32、NTFS 等常用格式外，也支持 Ext2、Ext3、Reiser3 以及Linux SWAP 等格式。Acronis Disk Director 还具有磁盘克隆，基本磁盘和动态磁盘的转换、损坏或删除内容的恢复等功能。

Acronis Disk Director 最新版本为 12，可通过 http：//www. acronis. com/zh - cn/personal下载个人版试用。12 版增加了对 Windows10 操作系统的支持以及基于 BIOS 和 UEFI 的硬件的支持。

（二）创建磁盘分区

运行 Acronis Disk Director12，主界面如图 7 - 49 所示，左侧窗格随着选择对象的不同而发生变化，此处为选择未分区的 Disk2 磁盘（需要创建分区和格式化的磁盘）的界面。选择左窗格中"Create Volume"命令，打开创建分区向导对话框，可对磁盘进行分区操作。根据提示，选择 BASIC 分区后，在设置分区大小对话框中，按照标注的顺序进行参数的设置，完成分区的创建，如图 7 - 50 所示。

（三）删除分区

选择需要删除的磁盘分区，界面如图 7 - 51 所示，选择左侧窗格中"Delete volume"命令，单击"Ok"命令按钮，完成分区的删除操作。

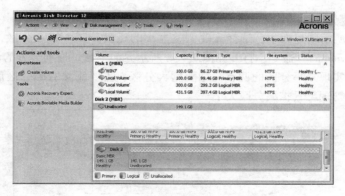

图 7-49 ADDS 创建分区主界面

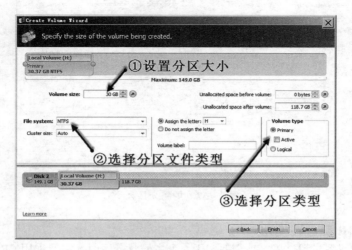

图 7-50 ADDS 创建分区向导

图 7-51 分区编辑界面

（四）调整分区大小

在图 7 – 51 所示的界面中，选择需要调整大小的磁盘分区，如 C 分区，然后选择左侧窗格中"Resize volume"命令，打开如图 7 – 52 所示界面，通过拖动上方的调块或直接输入分区大小的值，实现减小分区的调整。如要增大分区，需要删除右侧分区后才能增加，其原理同利用磁盘管理工具扩大分区大小。

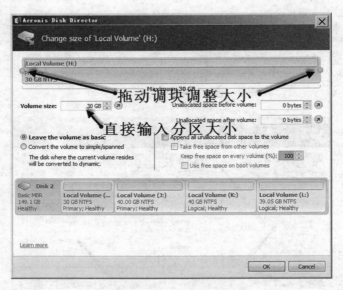

图 7 – 52   调整分区大小

（五）MBR 磁盘转换为 GPT 磁盘

当用户的硬盘容量超过 2TB 或需要多于 4 个主磁盘分区时，需要采用 GPT 磁盘模式。由 MBR 磁盘转换为 GPT 磁盘的操作步骤如下：选中需要转换的磁盘（disk），如图 7 – 53 所示，可以通过"Disk Management"菜单中"Convert to GPT"命令或直接在盘上右击，选择快捷菜单中"Convert to GPT"命令，按照提示即可完成转换。相反，可将 GPT 磁盘转换为 MBR 磁盘。

提示，按照前面的步骤完成各种操作后，此时 Acronis Disk Director 并未真正的执行，而是处于挂起状态，只有当用户单击工具栏中"Commit pending operations（n）"命令，在弹出的"Pending Operations"确认对话框中单击"continue"按钮，Acronis Disk Director 开始执行操作队列中的操作，完成磁盘分区、格式化、调整大小以及格式转换等各种操作。

任务二   数据恢复工具

数据恢复（Data Recovery）是指通过技术手段将保存在硬盘、U 盘、存储卡、磁带等外部存储设备上丢失的电子数据进行抢救和恢复的技术。数据恢复工具是指用于实现数据恢复的工具软件。在百度中搜索数据恢复能够搜索到很多用于数据恢复的工具软件，下面以 EasyRecovery 为例了解数据恢复工具软件的使用。

一、数据恢复基础知识

经常使用计算机的人都知道删除的文件或文件夹，如果在回收站中能够找到，是可以恢复还原回来的。但是，如果清空了回收站甚至格式化了磁盘或分区，数据是不是就彻底不存在了呢？事实上，经上述操作后的数据仍然存在于硬盘中，是可以借助一些工具软件

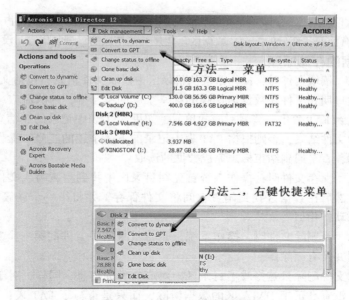

图 7 - 53　MBR 转换 GPT

找回来的。下面我们了解一下硬盘的数据结构以及数据的存储原理。

（一）硬盘的数据结构

硬盘在使用前需要进行分区和格式化操作。格式化好的硬盘，按所记录数据的作用不同可分为五部分，分别为主引导记录（MBR：Main Boot Record），操作系统引导记录（OBR：OS Boot Record），文件分配表（FAT：File Assign Table），根目录（DIR：Directory）和数据区（DATA）。其中只有主引导扇区是唯一的，其他的随你的分区数的增加而增加。

主引导扇区位于整个硬盘的 0 柱面 0 磁头 1 扇区，包括硬盘主引导记录 MBR（Main Boot Record）和分区表 DPT（Disk Partition Table）。其中主引导记录的作用就是检查分区表是否正确以及确定哪个分区为引导分区，并在程序结束时把该分区的启动程序即操作系统引导记录调入内存加以执行。值得一提的是，MBR 是由分区程序产生的。

操作系统引导记录（OBR）是操作系统可直接访问的第一个扇区，位于对应主分区/扩展分区的第一个扇区，包括一个引导程序和一个分区参数记录表。操作系统引导记录是由高级格式化程序产生的。

文件分配表（FAT），是 DOS/Win9x 系统的文件寻址系统，为了数据安全起见，FAT 一般做两个，第二 FAT 为第一 FAT 的备份，FAT 区紧接在 OBR 之后。文件进行存储时，是以簇而不是字节为基本单位，簇是相邻扇区的一个集合，每个簇可以包括 2、4、8、16、32或 64 个扇区。文件较大时，需要存储在多个簇中，多个簇有时并不在一个连续区域内，而是根据硬盘的使用情况被分成若干区域，像一条链子一样存放，即链式存储。为实现链式存储，FAT 必须准确记录哪些簇已经被文件占用，同时为每个已经占用的簇指明存储后续内容的下一个簇的簇号，因此 FAT 表中有很多表项，每项记录一个簇的信息。FAT 的格式有多种，比较常见的是 FAT16 和 FAT32 两种。

根目录（DIR），紧接在第二 FAT 表之后，目录项中包含有文件子目录或卷标的名字、扩展名、属性、生成或最后修改日期、时间、开始簇号及文件大小等信息。只有 FAT 还不能定位文件在磁盘中的位置，FAT 必须和 DIR 配合才能准确定位文件的位置。系统根据DIR 中的开始簇号，结合 FAT 表就可以获得文件在磁盘的具体位置和大小等详细信息。

数据区（DATA），用于存储用于文件、应用程序等的具体内容的区域，占据了硬盘的绝大部分空间，但没有前面各部分的配合，数据区只能是一些枯燥的二进制代码，没有任何意义。

（二）数据的存储原理

文件的读取　读取文件时，操作系统从目录区中读取文件信息，包括文件名、后缀名、文件大小、修改日期和文件在数据区保存的第一个簇的簇号等，并从对应簇号中读取相应的数据，然后找到 FAT 表中与簇号对应的单元，如果 FAT 表中记录的簇信息中包含文件结束标志，则表示文件结束，否则根据 FAT 表中记录的下一个簇的簇号，操作系统继续读取下一个簇的数据，直至遇到结束标志完成数据的读取。

文件的写入　保存文件时，操作系统首先在目录区中找到空区写入文件名、大小和创建时间等信息，然后在数据区找到闲置空间将文件保存，并将第一个簇簇号写入目录区，其余动作与读取动作相似。

文件的删除　当删除文件时，操作系统只是将目录区中文件的第一个字符改成了 E5，数据区中的数据并没有删除。

可见，所谓文件删除只是修改了目录区中对应文件的信息，同样，对于磁盘的高级格式化操作，也并没有真正把 DATA 区的数据清除，而只是重写了 FAT 表；对于硬盘分区，也是相同原理，只是修改了 MBR 和 OBR 信息，绝大部分数据区的数据并没有被改变，因此硬盘中的数据能够被还原。

二、EasyRecovery 应用

EasyRecovery 是由著名数据厂商 Kroll Ontrack 出品的一款简单易用的数据恢复软件，支持恢复硬盘、光盘、U 盘、数码相机、手机等不同存储介质中的数据，能恢复包括文档、表格、图片、音视频等各种文件。其最新版为 11.1.0.0 版，用户可以到官方网站 http：//www. easyrecoverychina. com/的产品下载页面中进行下载。

利用 EasyRecovery 进行数据恢复通过以下五个步骤就可以完成。

步骤一，选择最适合的数据丢失问题的存储介质。如图 7 - 54 所示，需要恢复硬盘中的数据，选择硬盘驱动器项；需要从 U 盘、存储卡、手机存储卡中恢复数据，选择存储设备项；需要恢复光盘中的数据，选择光盘媒体项；对于 EasyRecovery 个人版本，并不具备RAID 系统的恢复功能。

图 7 - 54　数据恢复步骤一

步骤二，选择要恢复数据的卷。如图 7 – 55 所示，如果在可用的磁盘或卷标中看不到要恢复数据的卷，直接选择卷所在的磁盘即可。

图 7 – 55　数据恢复步骤二

步骤三，选择适合的数据恢复方案。如图 7 – 56 所示，浏览卷标是以资源管理器的形式浏览选择卷中的数据；恢复已删除的文件是指通过文件内容发现意外删除的文件或丢失的文件；恢复格式化的媒体是指从一个被格式化的卷中恢复数据；磁盘诊断是以图形的形式显示卷的信息。

图 7 – 56　数据恢复步骤三

步骤四，检查前面步骤中选择的选项，如果一切正确则单击"继续"按钮开始扫描；如果存在问题需要修改，则单击"返回"按钮重新对前面的步骤进行选择，如图 7 – 57 所示。

根据扫描磁盘的大小，扫描过程可能需要几个小时或更长。

步骤五，选择并保存想要恢复的文件到恢复磁盘以外的其他磁盘位置。扫描完成后，已找到的数据将显示为一组文件或文件夹列表，如图 7 – 58 所示。在大多数情况下，已删除文件将不会再有原来的文件名，即文件的原始文件名是不能恢复的，因此在不能确定是否是需要恢复的文件时，建议将找到的全部文件都保存到其他磁盘，有时间时再进行取舍。

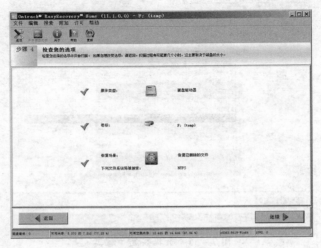

图 7 –57　数据恢复步骤四

图 7 –58　数据恢复步骤五

利用数据恢复工具虽然能实现数据的恢复，但是再完备的事后解决方案，也不能保证所有数据的完好无损，例如当用户使用文件粉碎机等软件彻底删除的数据或由于用户后期操作删除文件所在数据区已经被其他数据所覆盖等情况，用数据恢复工具也不能恢复数据。因此要真正做到重要数据的万无一失，应做好数据的备份工作，防患于未然。

项目三　屏幕捕捉软件

在使用计算机的过程中，有时需要将桌面、窗口、网页等感兴趣的内容以图像或视频的形式捕捉下来并进行编辑或保存。虽然 Windows 7 操作系统以及 Office2010 中都集成了屏幕截图功能，但仍具有一定的局限性，比如对于内容较多不能在一屏中显示的内容的截取以及操作过程的视频截取等，还需要使用专业的屏幕图像捕获工具。

任务一　Snagit 11

一、SnagIt 介绍

Snagit 是 TechSmith 公司推出的一款优秀的屏幕、文本和视频捕获、编辑与转换软件。Snagit 可以捕获屏幕上显示的所有内容，包括窗口、菜单、命令按钮或是自由绘制的区域，捕获的内容可以保存为 BMP、PNG、JPEG、TIF 等常用图像格式，也可以将操作过程保存成视频格式输出。Snagit 可以将捕获的图像直接发送到对应的应用程序中，也可以用自带的图像编辑器进行预览、编辑，如添加注释、设置水印等。

Snagit 11 程序的主窗口，如图 7 - 59 所示。

图 7 - 59　snagit 主界面

捕获配置：用于设置捕获类型。图像，即捕获的内容以图像的形式保存输出；视频，捕获的内容是一个视频文件，可以记录操作的过程；文本，捕获并识别所选区域中的文字信息。捕获配置也可以通过主界面中捕获按钮边的按钮进行选择设置。

预设方案：系统设置好的几种常用捕获方案，选择某种预设方案后，预设方案的设置情况显示在下方的配置设置窗口中，包括捕获的类型、共享的方式以及应用的效果等。

捕获设置：手动设置捕获操作的具体设置。捕获类型，用于选择在屏幕上捕获什么，可以是整个屏幕，也可以是一个窗口或一个自由绘制的区域等。共享，选择捕获到哪里，可以是一个应用程序，也可以使图像编辑器。效果，给捕获添加一种效果选项，如添加边框等。

选项：⬚设置捕获时是否显示鼠标指针；⬚捕获的结果在编辑器中预览；⬚定时捕获。

捕获按钮：开启捕获功能。

二、SnagIt 捕获模式

Snagit11 版本具有三种捕获模式，分别为图像捕获模式、文本捕获模式和视频捕获模式。

（一）图像捕获模式

图像捕获模式是指 Snagit 能够将整个屏幕中的任意部分按照用户的要求保存为图像的一种捕获模式。图像可以保存成 Snagit 的图像格式（＊.snag），也可以保存成常见的图像格式，如 bmp、jpg、tif、png、gif 等，同时还可以保存成 pdf 格式的文件。

捕获图像的一般步骤为：

步骤一：捕获配置选择"图像"。

步骤二：对配置进行设置。如果在省时配置的预设方案中有满足要求的配置设置方案，可直接选择对应方案。如果预设方案中没有满足要求的方案，可在捕获设置中进行自定义设置，各部分说明如下：

1. 捕获类型　主要是对捕获区域类型的设置，如图 7 – 60 所示。

全部：表示 snagit 支持的全部类型。当选择"全部"时，捕获类型中显示为"自由模式"，此时既可以捕获整个屏幕，也可以是一个窗口、一块区域或是滚动捕获等。

区域：手动选择需要捕获的范围。

窗口：直接捕获鼠标所在窗口区域。

滚动：当窗口范围超出屏幕大小时，可以选择该选项，程序会通过自动滚动的方式将整个窗口包含超出屏幕范围的内容捕获为一个图像。

菜单：捕获当前打开的菜单。

自由绘制：手动选择需要捕获的区域，该区域可以为任意形状的不规则区域。

全屏：捕获整个屏幕。

高级：高级捕获类型。

多区域：捕获不连续的多个区域。

包括光标：捕获图像时是否包含光标。

保持链接：保持图像中热点的链接。

属性：对捕获类型的参数进行设置，包含常规、固定区域、菜单、滚动、扫描仪和照相机、扩展窗口、链接或热点的设置。

图 7 – 60　snagit – 捕获类型 – 菜单

图 7 – 61　snagit – 共享菜单

2. 共享　是指捕获后图像的输出方式，如图 7 – 61 所示。

无：不输出，直接通过编辑器预览。

打印机：通过打印机打印，在属性对话框中对打印机的参数进行设置。

剪贴板：存入剪贴板中。

文件：输出为文件，文件名、文件类型等在属性窗口中进行设置。

电子邮件：将图像直接通过电子邮件发送，电子邮件收件人、主题等在属性窗口中进行设置。

FTP：上传到 FTP 服务器。在属性对话框中对 FTP 服务器的参数进行设置

程序：将捕获的图像用指定的程序打开，具体程序在属性对话框中设置。

Excel：将捕获的图像插入到 Excel 文件中。

Word：将捕获的图像插入到 Word 文件中。

Screencast. com：将捕获的图像分享到 Screencast. com 网站。

PowerPoint：将捕获的图像插入到 PowerPoint 文件中。

Camtasia Studio：将捕获的图像插入到 Camtasia Studio 程序中。

多目标：捕获的图像可同时输出到多个目标。

在编辑器预览：用 Snagit 编辑器预览图像。

属性：打开对电子邮件，FTP，程序、打印机等进行设置的对话框。

3. 效果 如图 7 - 62 所示，给捕获的图像添加效果。

颜色模式：设置图像的颜色模式，包括单色、黑白和灰度三种模式。

颜色替换：用颜色的补色或某一种颜色替换另一种颜色。

颜色校正：对捕获的图像的颜色进行校正。

图像缩放：捕获的图像执行缩放处理。

标题：捕获的图像添加标题、时间等信息。

边框：捕获的图像添加边框。

边缘效果：捕获的图像增加边缘效果。

水印：捕获的图像增加水印效果。

裁剪：捕获的图像进行裁切处理。

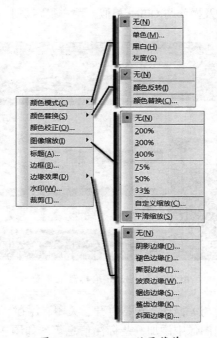

图 7 - 62 snagit - 效果菜单

4. 定时器设置 设定定时器后，程序可以延时对图像进行捕获，也可以按计划定时对图像进行捕获。

步骤三：单击主界面中"捕获"按钮或直接按"PrintScreen"键，执行捕获操作。

步骤四：在编辑器中单击"保存"按钮，对捕获内容进行保存操作。

（二）视频捕获模式

视频捕获模式即录制屏幕，是指将计算机屏幕上显示的信息保存成视频文件的过程，可用于操作过程的录制，视频片段的截取等。

视频捕获的一般步骤为：

步骤一：捕获配置选择"视频"。

步骤二：设置捕获类型。捕获类型可以是整个屏幕，也可以是指定的区域，其操作方式与图像的捕获类型相似。

步骤三：设置共享，即捕获视频的输出方式，其操作与图像的共享相似。

步骤四：单击"捕获"按钮开始视频录制。

当我们在截取视频时，为让截取的视频有良好的声音效果，可以准备一根音频线，将音频线的一端接到计算机音频输出口，另一端接到计算机的麦克接口，这样可以屏蔽周围环境的噪音。

（三）文字捕获模式

文本捕获模式，用于从桌面、窗口、网页等捕获文本。Snagit 本身并不具有 OCR（Optical Character Recognition，光学字符识别）功能，不能从 PDF 或图像文件中捕获文本，因此由于其使用数量很少，从 Snagit 12 版本后取消了文本捕获功能。

三、SnagIt 编辑功能

Snagit 除具有抓图功能外，还自带图像编辑器，具有强大的图像编辑功能。Snagit 图像编辑器的主界面，如图 7 – 63 所示，包含有文件、绘制、图像、热点、标签、视图以及共享等 7 个选项卡，界面组成及操作与 Office 相似，用户很容易上手使用。

图 7 – 63　Snagit 编辑器主界面

1. 文件菜单 用于文件相关操作，包括打开、关闭、保存、打印、删除等操作。

2. 绘制选项卡 用于向图像中添加一些标注信息等。如图 7 – 64 所示，绘制选项卡主要由 12 个绘制工具组成，依次为选择、注、箭头、图案、钢笔、突出区域、缩放、文本、线条、形状、填充和擦除。样式区显示当前选择的绘制工具所具有的样式，可通过右侧的轮廓、填充和效果三项对样式进行修改。

图 7 - 64   绘制选项卡

3. 图像选项卡   实现图像的相关操作。如图 7 - 65 所示，由画布、图像样式以及修改三个组构成，画布组用于对图像进行裁切、调整大小等操作；图像样式用于给图像四周增加边框等效果；修改组用于修改图像的颜色、清晰度、增加水印等效果。

图 7 - 65   图像选项卡

4. 热点选项卡   给图像的指定区域增加热点以及链接。热点是指在图像中增加的一个透明的形状区域，单击该形状时将链接到其他网页或位置。热点选项卡如图 7 - 66 所示，形状组包含矩形、任意多边形和圆形三种用于创建热点的图形；链接用于给添加的热点设置超级链接以及提示信息；Flash 弹窗用于给热点添加动作等。

图 7 - 66   热点选项卡

5. 标签选项卡   给图像文件增加一些标签，便于对捕获文件的管理。
6. 视图选项卡   通过不同的视图显示图像，便于图像的编辑。
7. 共享选项卡   快速分享捕获以及编辑过的图像文件。

任务二   Camtasia Studio 8

一、Camtasia Studio 软件介绍

Camtasia Studio 是由美国 TechSmith 公司出品的屏幕录像和编辑的软件，软件集成屏幕录像，视频剪辑与编辑，视频菜单制作、视频剧场和视频播放等功能。使用 Camtasia Studio 软件，用户可以轻松地记录屏幕动作，包括影像、音效、鼠标移动的轨迹以及解说声音等，可对音视频进行剪辑，添加转场效果等编辑操作，可将编辑过的音视频输出为 WMV，MOV，MP4，AVI 等，也可将视频文件打包成 EXE 文件或直接通过网络进行发布。

Camtasia Studio 软件主界面如图 7 - 67 所示，各部分说明如下。

1. 菜单栏   用以完成 Camtasia Studio 的绝大部分功能。
2. 的三个重要功能：屏幕录制、媒体导入、输出和分享。
3. 编辑尺寸   设置制作视频的分辨率。
4. 画布缩放   放大或缩小视频预览窗口中视频的显示比例，操作不改变视频的编辑尺寸。
5. 帮助   打开帮助文件。

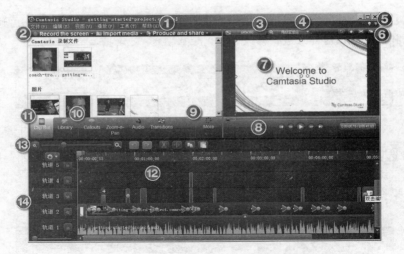

图 7-67 Camtasia 主界面

6. 预览窗口选项 对预览窗口中及对象进行设置，包括对象的裁切和移动操作以及预览窗口的最大化与还原，预览窗口与编辑器分离或附加到编辑器。

7. 预览窗口 可以对时间线上的对象进行显示、排列、旋转、调整大小等操作。

8. 播放控制 控制时间轴中对象的播放。

9. 任务选项卡 包含有添加标注、缩放视频、音频编辑和添加转场效果等。

10. 库 用于管理计算机中的视频、音频、图像等资源。

11. 剪辑 保存所有导入到当前项目中的视频、音频和图像资源。

12. 时间线 用于视频剪辑和编辑的主要工作区。

13. 时间轴工具栏 包括缩放、撤销、重做、剪切、分割、复制和粘贴操作。

14. 时间轴轨道 一个轨道是一个带有效果的视频短片。一个项目中可以包含多个时间轴轨道，用户通过快捷菜单添加或删除时间轴轨道。若干时间轴轨道的叠加构成最终的视频文件。

二、屏幕录制

运行 Camtasia Studio 应用程序后，单击主界面中"Record the Screen"按钮，或选择工具菜单中"录制屏幕（Ctrl + R）"命令按钮，或直接选择"开始"菜单→"所有程序"→"TechSmith"→"Camtasia Record 8"均可打开屏幕录制程序，界面如图 7-68 所示。

图 7-68 屏幕录制界面

1. 录制区域选择 选择需要录制的屏幕范围。Full Screen，录制整个屏幕；Custom，用户可根据需要自己选择需要录制屏幕的区域和大小。

2. 录制输入 打开或关闭摄像头以及声音。除录制屏幕内容外，还可以同时录制摄像头中的视频以及来源于系统或麦克的声音，单击向下的三角形按钮可以对输入源进行设置。

3. 录制按钮　开始录制。单击后，弹出一个提示框，提示按"F10"结束录制，延时 3 秒后开始屏幕录制。

4. 菜单栏　包含屏幕录制的所有命令。除上述设置外，"Effects"菜单的"Options"选项可以对鼠标敲击的声音，高亮显示鼠标指针等进行设置，使录制的视频中鼠标的操作能够清晰展示，适合于录制软件操作过程的展示等内容。

视频录制完成后，按"F10"键结束录制，弹出如图 7-69 所示的视频预览窗口，单击"Save and Edit"按钮，保存录制的视频文件，文件类型为 Camtasia 格式，扩展名为 . camrec；单击"Produce"按钮，可以将视频输出为 avi 格式，但此时的视频中将没有声音。

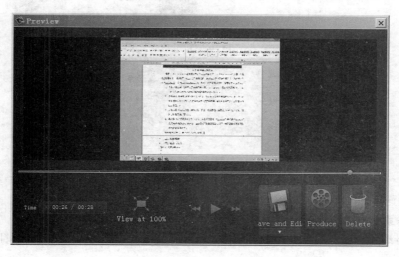

图 7-69　视频预览窗口

三、视频编辑

（一）导入素材

新录制的视频在视频预览窗口保存完后会自动用 Camtasia Studio 打开，用户直接对录制的视频进行编辑。

在主界面中，选择"Library"后，单击右键，在弹出的快捷菜单中选择"导入媒体 (I) …"命令，将视频编辑过程中需要添加的视频、音频、图像等素材导入到库中。

（二）视频编辑

1. 添加素材　选中库中的素材，鼠标左键拖动到时间轴轨道上，完成素材的添加。添加素材时应注意视频中的所有轨道是重叠在一起的，在相同的时间上，上方的轨道内容将遮挡住下方轨道的内容，即下方轨道上的内容将不可见。

选中轨道上的素材，直接将素材向左或向右拖动，可以调整素材出现和结束的时间；将鼠标指针移动到素材边界，鼠标指针变为左右箭头的调整指针时，拖动鼠标可以调整素材持续显示的时间。

选中时间轴轨道上的素材，并将时间滑块移动到素材出现的位置，在预览窗口中将显示素材内容，用户可对素材进行移动、旋转以及缩放等操作，将素材调整到合适的位置和大小。

2. 添加标注　如图 7-70 所示，选择任务选项卡中"Callouts"或选择"工具"菜单中的"标注"命令，在上方的"形状"中单击某一形状，在轨道上即可创建该形状的标注，见图中的④；根据选择形状的不同，形状属性窗口也不同，见图中的③；通过形状下方的命令按钮可以对形状的外观进行设置。

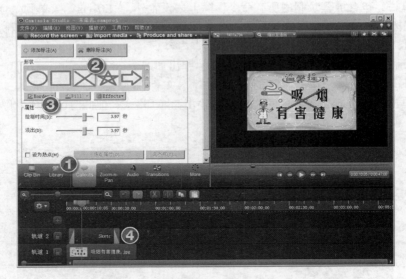

图 7 - 70　添加标注

通过预览窗口能够对形状的大小和位置等进行调整。

3. 删除素材　选中轨道上的素材，按键盘的 Delete 键删除素材。

4. 分割视频　选中轨道中需要分割的视频，移动时间滑块到需要分割的时间位置，单击时间轴工具栏中的分割 按钮或在时间滑块上单击右键，选择"分割"命令，完成视频分割操作。分割后的视频可以作为独立视频进行操作。

需要精确定位分割点时，可以通过时间轴工具栏中的缩放工具放大时间轴，将时间滑块精确到帧进行分割。

5. 裁切视频　选中轨道中的视频，拖动时间滑块左侧的绿色滑块，选择起始时间点；拖动时间滑块右侧的红色滑块，选择结束时间点，鼠标右键单击视频中被选中的部分，在快捷菜单中选择"删除"命令，完成视频的裁切。

6. 转场效果　转场是指在两个图像或视频之间加入的一种过渡效果，使不同素材之间的过渡更加自然、生动、连贯。

选择任务选项卡中的"Transtitions"或选择"工具"菜单中"转场"命令，显示出程序提供的各种转场效果。鼠标双击某种转场效果，可在预览窗口中进行预览。鼠标拖动专场效果到时间轴轨道上，添加转场效果。

在时间轴转场效果上单击鼠标，选定转场效果；鼠标移动到转场效果的左右边框，拖动鼠标，调整转场效果的持续时间；按键盘的 Delete 键，删除选定的转场效果。

（三）音频编辑

选择任务选项卡中"Audio"选项，打开音频编辑工具，利用音频编辑工具可对音频进行降低音量、音量增大、淡入和淡出编辑操作。

1. 调整音量大小　选中时间轴轨道上的音频对象，单击音频编辑工具中的"降低音量"或"音量增大"按钮，可降低或升高选中对象的音量。

单击"静音"按钮，选中对象的音量被调到最小值，播放时没有声音输出。要恢复声音，单击"音量增大"按钮进行还原。

　　2. 设定淡入和淡出效果　利用时间轴滑块在音频对象的起始部分选定一段音频，如图7-71所示，单击音频编辑工具中的"淡入"按钮，给选定的音频部分设定淡入效果。同样，选定一部分音频后，单击"淡出"按钮可设置淡出效果，如图7-72所示。

图7-71　音频淡入效果

图7-72　音频淡出效果

　　3. 删除部分音频　利用时间轴滑块的开始时间和结束时间选定需要删除的音频，按"Delete"键或在选定音频上单击右键，选择快捷菜单中的"删除"命令，删除选定的音频。

　　4. 去除噪声　用麦克录制的声音有时有电流音等噪声，选择"所选媒体属性"项，如图7-73所示，单击选中"启动噪声去除"复选框。由于去除噪声后，正常的声音也会受一定的影响，因此还需调整"调整灵敏度"滑块。最后单击"自动噪音修正"完成去除噪音操作。

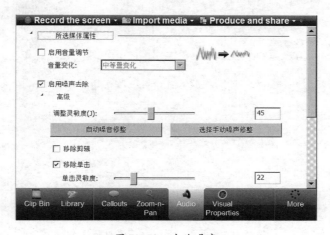

图7-73　去除噪音

四、输出与分享

视频文件编辑完后，需要将编辑的结果输出成视频格式，Camtasia Studio 是以向导的形式一步步引领用户完成操作，以输出 WMV 格式视频为例视频输出的步骤如下：

1. 单击 "Produce and Share" 按钮，如图 7 - 74 所示，Camtasia Studio 默认只有 MP4 视频格式，在下拉列表中选择 "自定义生成设置" 选项，单击 "下一步" 继续。

2. 在选择最终视频格式对话框中，如图 7 - 75 所示，选择其他格式中的 "WMV—Windows Media 视频（W）" 选项，单击 "下一步" 继续。

3. 在弹出的 "生成向导—Windows Media 编码选项" 对话框中，选择默认设置，单击 "下一步" 继续。

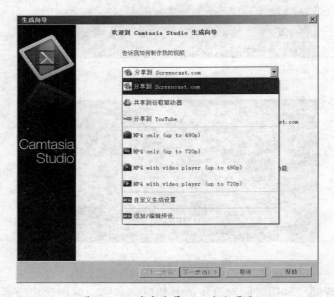

图 7 - 74　生成向导——欢迎页面

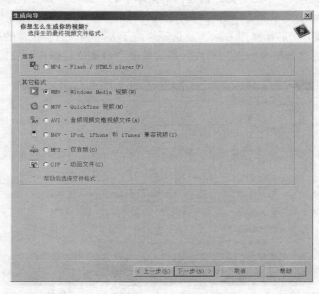

图 7 - 75　生成向导——最终视频格式

4. 在弹出的"生成向导—视频大小"对话框中，设置生成视频的分辨率，选择默认设置，单击"下一步"继续。

5. 在弹出的"生成向导—视频选项"对话框中，如图 7 – 76 所示，单击视频信息后的"选项"按钮，可以添加视频的主题、格式、日期、作者信息等内容；选中"包括水印"复选框，可以给制作的视频添加水印效果；选中"嵌入到 HTML 视频"复选框，可将视频通过 HTML 网页进行发布，单击"下一步"继续。

6. 在弹出的"生成向导—制作视频"对话框中，如图 7 – 77 所示，设置视频的输出文件夹以及文件名。单击"完成"按钮完成设置，程序开始进行渲染，完成视频的制作。

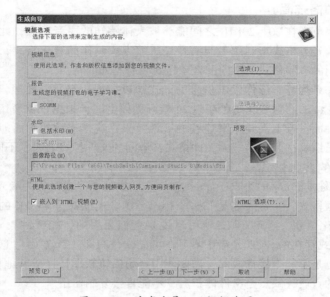

图 7 – 76　生成向导——视频选项

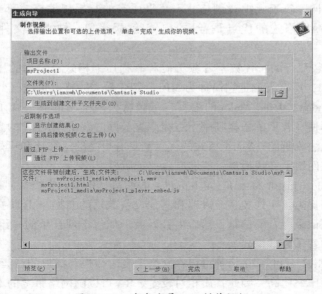

图 7 – 77　生成向导——制作视频

项目四　多媒体格式转换软件

多媒体技术的飞速发展，使得现实生活中的声、形、画能在计算机得以真实再现。人们在享受现代计算机科技的同时，面对纷繁的多媒体文件格式也是一头雾水。由于其格式不同，使得相应的操作也完全不同，这必定会造成操作上的不方便。不同格式的多媒体文件间的相互转换，便成为我们应用中的常见操作。

一、常用音视频格式简介

音频原指频率范围在 20－20KHz 之间能够被人体感知的声音频率，此处指存储在计算机中的声音文件。音频格式指利用不同的音频压缩方式制作的音乐格式，通常以不同的文件扩展名表示不同的音频格式，不同的音乐格式具有不同的特点。

视频泛指将一系列静态影像以电信号的方式加以捕捉、纪录、处理、储存、传送与重现的各种技术。连续的图像变化每秒超过 24 帧画面以上时，根据视觉暂留原理，人眼无法辨别单幅的静态画面，看上去是平滑连续的视觉效果，这样连续的画面即视频。视频格式是指采用不同的压缩算法制作的视频文件格式，不同的文件扩展名表示不同的视频格式。

（一）常见的音频格式

CD 格式，全称是 Compact Disc Digital Audio，数字音频光盘又称为激光数字唱盘，是目前音质最好的音频格式，其扩展名是 .cda。标准 CD 格式也就是 44.1K 的采样频率，速率 88K/秒，16 位量化位数，因此 CD 音轨可以说是近似无损的，能够最大限度地还原声音。CD 是以音轨的形式存在的，CD 光盘中看到的 cda 文件只是一个索引信息，因此直接复制到其他存储器中也是不能直接播放的，需要使用音频抓轨软件转换成其他格式保存。CD 的优点是提供无损的音质，缺点是文件体积大，不能直接复制使用。

WAV，是微软公司开发的一种声音文件格式，用于保存 Windows 平台下的音频源，是音响设备和软件等可以直接读取的波形文件，基本上不存在编解码问题。标准格式的 WAV 文件和 CD 格式一样，属于无损音频格式，几乎所有的有损压缩格式都是从 WAV 格式压缩、转换而来。WAV 格式的优点是音质高，编解码简单；缺点是文件大，占用存储空间多。

MP3，是当今较流行的一种数字音频编码和有损压缩格式，采用的压缩方式的全称是 MPEG Audio Layer3，所有人们把它简称为 MP3。MP3 最大的特点是体积小，音质高。

WMA，是 Windows Media Audio 的缩写，是微软公司推出的数字音乐格式，主要针对 MP3 格式文件，即使在较低的采样频率下也能产生较好的音质。WMA 的高版本支持证书加密，未经许可是无法收听的。WMA 格式的优点是具有更高的压缩比和更好的音质；支持音频流基数，适合在网络上在线播放；能够有效保护版权。

MIDI，是 Musical Instrument Digital Interface 的缩写，乐器数字接口，是为解决电声乐器之间的通信问题而提出，实现数字合成器和其他设备数据的交换。MIDI 文件并不是一段录制好的声音，而是记录声音的信息，然后再告诉声卡如何再现音乐的一组指令。MIDI 格式是编曲界最广泛的音乐标准格式。

RA，全称是 Real Audio，是一种可以在网络上实时传送和播放的音频格式。RA 采用有损文件压缩技术，压缩比高，因此音质相对较差。RA 可以随网络带宽的不同而改变声音质量，以使用户在得到流畅声音的前提下提供更好的音乐质量，适合互联网上使用。

除以上几种常见音频格式外，还有如 APE、VQF、OGG、ASF、MOD、AIF、AU、VOC 等多种音频格式。

（二）常见的视频格式

AVI，音频视频交错（Audio Video Interleaved）的英文缩写，是有微软公司发表的视频格式，其调用方便、图像质量好，压缩标准可任意选择，是应用最广泛，也是应用时间最长的格式之一。

WMV，微软公司推出的一种独立于编码方式的在 Internet 上实时传播多媒体的技术标准，其希望取代 QuickTime 之类的技术标准以及 WAV、AVI 等文件扩展名。

MPEG/MPG/DAT，运动图像专家组（Motion Picture Experts Group）的英文缩写，包括 MPEG－1，MPEG－2 和 MPEG－4 等多种视频格式。

FLV，是 Flash Video 的简称，是一种流媒体视频格式，其形成的文件极小，加载速度极快，使得网络观看视频文件成为可能。

F4V，一种更小更清晰，更利于网络传播的视频格式，已经逐渐取代了 FLV，同时能够被大多数主流播放器兼容，不需要通过转换等复杂的方式即可观看。

RMVB，前身是 RM 格式，是 Real Network 公司指定的音频视频压缩规范，根据不同的网络传输速率，而制定不同的压缩比率，从而实现在低速率网络上进行影像数据实时传送和播放，具有体积小的优点。

MKV，一种新型的视频文件格式，可在一个文件中集成多条不同类型的音轨和字幕轨，而且其视频编码的自由度也非常大，可以是常见的 DivX、XviD、3IVX，甚至可以是 RealVideo、QuickTime、WMV 这类流式视频。

MOV，是 QuickTime 影片格式，是 Apple 公司开发的一种音频、视频文件格式，用于存储常用数字媒体类型。

3GP，是一种 3G 流媒体的视频编码格式，主要是为了配合 3G 网络的高传输速度而开发的，是目前手机中比较常见的一种视频格式。

二、格式工厂的应用

格式工厂（Format Factory）是一套多媒体格式转换软件，支持常见视频格式、音频格式以及图像格式等的转换，还具有从 DVD 复制视频，从 CD 复制音乐等功能。格式工厂启动后主界面，如图 7－78 所示。

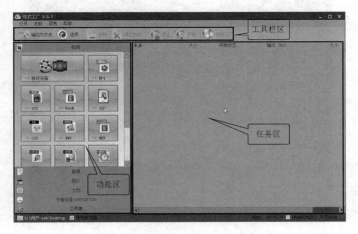

图 7－78　格式工厂主界面

格式工厂中格式的转换通过简单的三步即可完成，以将 AVI 格式视频文件转换为 WMV 格式为例。

首先，在左侧功能区选择功能分类。若需要把一种视频格式转换为另一种视频格式，则选择视频（默认）；若需要把一种音频格式转换为另一种音频格式，则选择音频，以此类推。

其次，在功能分类中选择目标格式对应的按钮，此处选择"－＞WMV"，弹出如图 7－79 所示对话框。

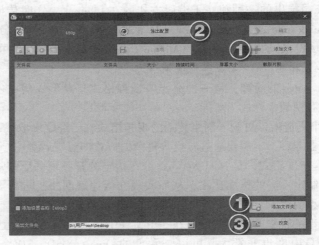

图 7－79　转换设置

1. 选择"添加文件"或"添加文件夹"按钮，把需要转换的视频文件或视频文件所在的文件夹添加到任务区。

2. 单击"输出配置"按钮，可对转换后视频参数进行设置，如图 7－80 所示。通过修改输出视频的参数，可以实现视频文件的压缩、视频中声音大小的调整、增加字幕等操作。在详细配置中，通过修改"视频流"中修改"屏幕大小"等参数的值可以修改输出视频的

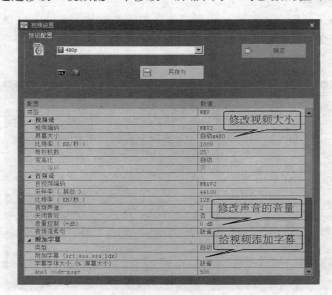

图 7－80　视频设置

尺寸；修改"音频流"中"音量控制"项可以调整视频的音量大小；在"附加字幕（srt；ass；ssa；idx）"中可以附加字幕文件，字幕文件的类型支持 srt、ass、ssa、idx 四种字幕格式。单击"确定"按钮完成修改。

3. 单击"改变"按钮，修改转换后视频文件的存放位置。

4. 单击"确定"按钮完成参数的设置。

最后，添加的文件将显示在主界面的任务区，单击工具栏中"开始"按钮开始视频格式的转换。当任务区的转换状态达到 100% 时，表示转换完成，用户在设置的输出文件夹中可以找到转换后的 WMV 格式的视频文件。

格式工厂虽然可以支持大部分常用音视频以及图像等格式的转换，但格式工厂也不是万能的，有些文件也不能转换，需要利用专用格式工具进行转换。

重点小结

本项目主要介绍了计算机系统设置工具、系统备份工具、磁盘分区工具、磁盘诊断和数据恢复工具、屏幕捕捉软件、音频处理工具和多媒体格式转换软件等计算机实用工具软件的基本功能和使用方法。

实训一　磁盘分区格式化

请按以下步骤进行操作：

1. 启动 VMWare 虚拟机软件，设置 BIOS 的启动顺序，VMWare 界面如图 7 - 81 所示。

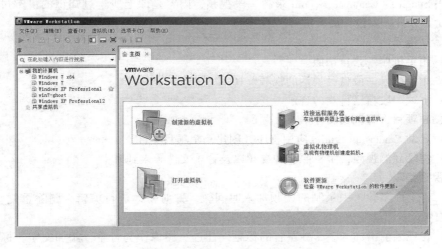

图 7 - 81　VMware Workstation 10 主界面

（1）单击主页中"创建新的虚拟机"，根据向导提示，创建一个 Windows 7 操作系统的虚拟机。

（2）在左侧列表中选择创建的系统，依次选择菜单栏中"虚拟机"→"电源"→"启动时进入 BIOS"，启动虚拟机并进入 BIOS 设置。

（3）在 BOOT 选项中设置系统的第一启动项为"CD - ROM Drive"。

2. 磁盘分区格式化。

（1）启动 Acronis Disk Director。

（2）删除系统盘后的分区。

（3）扩大系统盘 C 盘的大小。

（4）将剩余未分配空间创建一个分区。

实训二　系统管理

请按以下步骤进行操作：

1. 系统还原

（1）启动虚拟机并进入 PE 系统。

（2）利用 Ghost 还原 Windows 7 操作系统。

2. 系统优化

（1）启动虚拟机中 Windows 7 操作系统。

（2）下载并安装系统优化软件（优化大师，腾讯电脑管家或 360 安全卫士等）。

（3）利用优化软件禁用所有自动启动项并停止 Print Spooler 服务。

实训三　视频编辑

请按以下步骤进行操作：

1. 屏幕录制

利用 Snagit 或 Camtasia Record 录制一段视频，内容是课上所学过知识的讲解过程，时长不低于 5 分钟，要包含语音讲解。

2. 素材准备

（1）用手机照一张自拍照。

（2）用手机录一段自己说话的视频（10 秒左右）。

（3）下载一段自己喜欢的音乐。

3. 创建项目，导入素材

（1）启动 Camtasian Studio 应用程序，创建一个项目文件。

（2）将录制的视频，手机照片和视频以及音乐文件导入到库中。

4. 视频编辑

（1）将上面步骤 3 中录制的视频加入时间轨，并对视频进行剪辑，删除重复、无用、错误等内容。

（2）在视频前增加一个 5 秒左右的标题。任选一图像作为背景，添加文字，标明视频的主题以及制作者等信息，制作者信息旁边显示自拍照。

（3）视频的主题与视频之间加入一种转场效果，转场时长 3 秒。

（4）在视频的右下角（不影响显示的内容的情况下）添加手机录制的视频。

（5）给整个视频添加一个背景音乐，音乐声音要小，不能影响视频中录制的声音。

5. 输出与分享

将视频输出为 720P 的 MP4 格式。

实训四　视频格式转换

请按以下步骤进行操作：

1. 运行格式工厂软件，选择"视频"中"－＞WMV"选项。
2. 将实训三中制作的视频转换为WMV格式，清晰度保持不变。
3. 比较WMV和MP4两种格式文件的大小以及视频的清晰度等内容。

目标检测

一、选择题

1. 计算机的硬件信息存储在（　　）中。
   A. ROM　　　　　　B. BIOS　　　　　　C. CMOS　　　　　　D. 硬盘

2. MBR磁盘最多允许有（　　）个主分区。
   A. 1　　　　　　　B. 2　　　　　　　C. 3　　　　　　　D. 4

3. 以下程序不能够对系统进行优化和维护的是（　　）。
   A. Ghost　　　　　　　　　　　B. 优化大师
   C. 腾讯电脑管家　　　　　　　　D. 360安全卫士

4. 目前使用比较普遍的系统还原工具是（　　）。
   A. Ghost　　　　　　　　　　　B. 优化大师
   C. 腾讯电脑管家　　　　　　　　D. 360安全卫士

5. Snagit不能捕获的类型是（　　）。
   A. 图像　　　　　　B. 视频　　　　　　C. 音频　　　　　　D. 文本

6. 使用Snagit抓取不规则形状的素材时，可使用（　　）抓图方式。
   A. 区域　　　　　　B. 自由绘制　　　　C. 多区域　　　　　D. 全屏幕

7. 使用Snagit进行屏幕捕获时，如果希望捕捉一个菜单的一部分菜单选项，应该使用（　　）捕获类型？
   A. 滚动　　　　　　B. 窗口　　　　　　C. 菜单　　　　　　D. 区域

8. 以下不属于Snagit具有的功能的是（　　）。
   A. 捕获图像　　　　B. 编辑图像　　　　C. 压缩图像　　　　D. 保存图像

9. 以下文件扩展名中，不属于视频文件格式的是（　　）。
   A. AVI　　　　　　B. WMA　　　　　　C. WMV　　　　　　D. MOV

10. 要在两段视频之间添加一种过渡效果，应选择（　　）效果。
    A. 滤镜　　　　　　B. 覆叠　　　　　　C. 标题　　　　　　D. 转场

二、填空题

1. BIOS主要包含＿＿＿＿＿＿＿＿＿＿＿＿＿、硬件中断处理与程序服务处理三个功能。

2. 硬盘在使用前必须进行＿＿＿＿＿＿＿＿＿＿＿操作。

3. EasyRecovery工具软件的主要功能是＿＿＿＿＿＿＿＿＿＿＿＿＿。

4. Snagit默认的捕获屏幕的按键是＿＿＿＿＿＿＿＿＿＿＿＿＿＿。

5. 常见的音频格式中，除CD格式外，＿＿＿＿＿＿＿也属于无损音频格式。

参考文献

[1] 周利民，刘虚心. 计算机应用基础 [M]. 天津：南开大学出版社，2013.

[2] 吴长海，陈达，等. 信息技术应用基础实验教程 [M]. 北京：中国医药科技出版社，2013.

[3] 侯冬梅. 计算机应用基础 [M]. 北京：中国铁道出版社，2014.

[4] 于净. 大学计算机基础 [M]. 北京：中国医药科技出版社，2014.

[5] 冯启建，钮靖. 计算机与卫生信息技术 [M]. 郑州：河南科技出版社，2014.

[6] 叶青. 计算机应用基础 [M]. 北京：中国中医药出版社，2015.

[7] 信伟华，夏翃. 大学计算机应用基础 [M]. 北京：中国铁道出版社，2015.

[8] 杜力. 计算机应用基础. 2版. 武汉：武汉大学出版社，2015.

目标检测参考答案

模块一

一、选择题

1. B　2. C　3. D　4. D　5. D　6. B　7. B　8. D　9. A　10. D

11. A　12. C　13. B　14. D　15. B

二、填空题

1. 电子管时代、晶体管时代、集成电路时代、大规模和超大规模集成电路时代

2. 系统软件、应用软件

3. 机器语言

4. 运算器

5. （111001000）$_2$、（710）$_8$、（1C8）$_{16}$

6. 攻击、防御

7. 网络黑客

8. 数据加密技术、访问控制技术、入侵检测技术、病毒防治技术

9. 宏病毒

10. 重新格式化磁盘

模块二

一、选择题

1. D　2. A　3. A　4. C　5. A　6. C　7. C　8. B　9. B　10. B

二、填空题

1. Shift、Ctrl、Ctrl + A

2. 回收站

3. 硬盘、Shift + Delete

4. 只读、隐藏、存档

5. Print Screen、Alt + Print Screen

模块三

一、选择题

1. C　2. C　3. A　4. A　5. D　6. B　7. A　8. D　9. A　10. B

二、填空题

1. 插入　2. 字体　3. 插入　4. 开始　5. 页眉和页脚

模块四

一、选择题

1. C　2. B　3. B　4. B　5. D　6. A　7. C　8. C　9. C　10. D

二、填空题

1. 自动填充

2. 4 月 5 日

3. 相对引用、绝对引用、混合引用

4. 排序

5. 页面设置、页眉/页脚

模块五

一、选择题

1. B 2. A 3. B 4. D 5. C 6. A 7. B 8. A 9. B 10. D

二、填空题

1. 大纲视图、幻灯片浏览视图

2. 普通视图、大纲视图、幻灯片浏览视图、备注页视图、阅读视图

3. 幻灯片母板、讲义母板、备注母板

4. 切换

5. Alt + F4

模块六

一、选择题

1. C 2. A 3. B 4. D 5. B 6. B 7. B 8. B 9. D 10. B

二、填空题

1. 资源共享、信息传递

2. 局域网、城域网、广域网

3. IP 地址

4. 地址栏

5. 添加新用户

模块七

一、选择题

1. C 2. D 3. A 4. A 5. C 6. B 7. D 8. C 9. B 10. D

二、填空题

1. 自检与初始化

2. 分区和格式化

3. 数据恢复

4. PrintScreen

5. WAV

教学大纲

（供药学类、药品制造类、食品药品管理类、食品类专业用）

一、课程任务

　　《计算机基础》是高职高专院校药学类、药品制造类、食品药品管理类、食品类专业一门重要的公共基础课。本课程的主要内容是计算机的基础知识、计算机系统、办公信息处理技术、计算机网络基础、计算机实用工具软件等。本课程的任务是使学生掌握计算机应用基础理论、知识和基本操作技能，解决学生在专业、职业领域以及日常生活中应用计算机进行工作和学习的问题。

二、课程目标

　　1. 了解计算机的产生、发展历程、发展趋势以及在信息社会中的重要作用。

　　2. 领会计算机的基本结构、软硬件基本组成和基本工作原理；掌握计算机中的数据表示法。

　　3. 领会计算机操作系统的概念和基本功能；熟练掌握 Windows 操作系统的基本操作方法。

　　4. 熟练掌握 Word、Excel、PowerPoint 的使用方法，形成使用计算机进行文字处理、数据处理、信息演示的能力。

　　5. 掌握计算机网络的基本知识及应用，形成使用计算机进行信息检索和信息交换的能力。

　　6. 掌握信息安全技术的基本概念和相关应用。遵守国家信息技术的有关法律法规，提高计算机信息安全意识。

　　7. 了解计算机实用工具软件的使用，解决使用计算机中常见问题。

三、教学时间分配

教学内容	学时数		
	理论	实践	合计
一、计算机基础知识	6	2	8
二、Windows 操作系统	6	4	10
三、字处理软件 Word	6	8	14
四、电子表格软件 Excel	8	8	16
五、演示文稿制作软件 PowerPoint	4	4	8
六、计算机网络基础及应用	2	2	4
七、计算机实用工具软件	2	2	4
合计	34	30	64

四、教学内容与要求

单元	教学内容	教学要求	教学活动建议	参考学时	
				理论	实践
模块一、计算机基础知识	项目一　认识计算机	了解	理论讲授	1	
	项目二　计算机的系统组成	掌握	多媒体演示	2	
	任务一　计算机的硬件系统				
	任务二　计算机的软件系统				
	任务三　计算机工作原理和性能指标				
	任务四　个人计算机的基本配置		讨论		
	项目三　数据信息处理	掌握	理论讲授	2	
	任务一　计算机常用的数制及数制转换				
	任务二　计算机常用的信息编码				
	项目四　信息安全防范	掌握	多媒体演示	1	
	任务一　信息安全问题陈述		讨论		
	任务二　常用的网络安全技术				
	任务三　计算机病毒及其防范				
	实训一　计算机基本操作	学会	技能实践		1
	实训二　个人计算机的配置	了解	技能实践		1
模块二、Windows 操作系统	项目一　操作系统基础	了解	理论讲授	2	
	项目二　操作系统的使用	熟悉	多媒体演示	4	2
	任务一　Windows 7 操作系统的设置				
	任务二　操作系统资源管理				
	任务三　Windows 7 控制面板及系统设置				
	实训　Windows 7 基本操作	学会	技能实践		2
模块三、字处理软件 Word	项目一　创建和编辑文档	熟悉	多媒体演示	2	2
	任务一　了解 Word 2010				
	任务二　建立和编辑文档				
	项目二　表格和图文混排	熟悉	多媒体演示	2	2
	任务一　表格的创建				
	任务二　图文混排				
	项目三　文档的排版与打印	熟悉	多媒体演示	2	2
	任务一　文档的排版				
	任务二　文档的打印				
	实训一　Word 基本编辑	学会	技能实践		1
	实训二　Word 表格处理	学会	技能实践		1

续表

单元	教学内容	教学要求	教学活动建议	参考学时	
				理论	实践
模块四、电子表格处理软件Excel	项目一　电子表格基础 　任务一　电子表格的创建和使用 　任务二　电子表格的美化 　任务三　公式与函数的使用	熟悉	多媒体演示	4	3
	项目二　电子表格的数据管理与分析 　任务一　数据管理 　任务二　数据分析	熟悉	多媒体演示	2	2
	项目三　电子表格的图表制作及打印 　任务一　数据的图表化 　任务二　电子表格的打印输出	熟悉	多媒体演示	2	1
	实训一　学生成绩表	学会	技能实践		1
	实训二　政府定价药品表	学会	技能实践		1
模块五、演示文稿制作软件PowerPoint	项目一　演示文稿的基础	掌握	多媒体演示	1	
	项目二　演示文稿的编辑与美化 　任务一　演示文稿的编辑与管理 　任务二　演示文稿的设计与美化 　任务三　演示文稿动画效果的设置	熟悉	多媒体演示	2	2
	项目三　演示文稿的播放和输出 　任务一　播放演示文稿 　任务二　输出演示文稿	掌握	多媒体演示	1	
	实训　制作演示文稿	学会	技能实践		2
模块六、计算机网络基础及应用	项目一　计算机网络的连接与配置 　任务一　计算机网络概述 　任务二　建立网络连接与配置无线路由器	掌握	多媒体演示	1	
	项目二　Intecnet 的应用 　任务一　使用 Internet Explorer 浏览器 　任务二　网络信息检索 　任务三　收发电子邮件 　任务四　了解新—代网络信息技术	熟悉	多媒体演示	1	
	实训一　使用搜索引擎查找信息	学会	技能实践		1
	实训二　申请电子邮箱和发送邮件	学会	技能实践		1
模块七、计算机实用工具软件	项目一　系统管理工具软件 　任务一　BIOS 基本设置 　任务二　系统优化设置工具 　任务三　系统备份恢复工具	学会			
	项目二　磁盘工具软件 　任务一　磁盘分区工具 　任务二　数据恢复工具	学会	多媒体演示	2	

续表

单元	教学内容	教学要求	教学活动建议	参考学时	
				理论	实践
模块七、计算机实用工具软件	项目三　屏幕捕捉软件 　　任务一　Snagit11 　　任务二　Camtasia Studio 8 项目四　多媒体格式转换软件 实训一　磁盘分区格式化 实训二　系统管理 实训三　视频编辑 实训四　视频格式转换	学会	技能实践		2

五、大纲说明

（一）适应专业及参考学时

本教学大纲主要供高职高专院校药学类、药品制造类、食品药品管理类、食品类专业教学使用。总学时为 64 时，其中理论教学为 34 学时，实践教学 30 时。

（二）教学要求

1. 理论教学部分具体要求分为三个层次。了解：要求学生能够记住所学过的知识要点，并能够根据具体情况和实际材料识别是什么。熟悉：要求学生能够领会基本内容，能够运用。掌握：要求在掌握基础的前提下，综合应用，解决所遇到的实际问题，做到融会贯通。

2. 实践教学部分具体要求分为两个层次。了解：能说出操作的目的、要求和要点，在教师的指导下能够正确地完成技能操作。学会：能够全面分析实训要求，熟练运用所学的技能，独立、快速、准确的完成相应操作。

（三）教学建议

1. 本大纲遵循了职业教育的特点，降低了理论难度，突出了技能实践的特点，注重对学生计算机应用技能的培养。

2. 教学内容上要注意计算机应用的基本知识、技能与专业实践相结合，要十分重视理论联系实际，要有重点的介绍计算机应用基本知识和基本技能在现代医药卫生、日常生活和科学技术中的新应用。

3. 教学方法上要充分把握计算机应用的学科特点和学生的认知特点，建议采用"互动式"等教学方法，通过通俗易懂的讲解、课堂讨论和实训，引导学生自主学习，并通过运用不断加深熟悉。合理运用案例驱动、课堂讨论、多媒体课件等来加强直观教学，以培养学生的正确思维能力、观察能力和分析归纳能力。同时教学中要注意结合教学内容，对学生进行爱国主义教育、法制教育、职业素养教育。

4. 教学与考核可以参照国家计算机一级考试标准。通过学习使学生具备通过国家计算机一级考试的水平。

5. 考核方法可采用知识考核与技能考核，集中考核与日常考核相结合的方法，具体可采用：提问、作业、测验、讨论、实践、综合评定等多种方法。